高等学校规划教材

建筑结构设计

（第二版）

西安建筑科技大学　　西安交通大学

宋占海　　宋　东　　贾建东　编著

中国建筑工业出版社

图书在版编目 (CIP) 数据

建筑结构设计/宋占海，宋东，贾建东编著. —2 版.
北京：中国建筑工业出版社，2007
高等学校规划教材
ISBN 978-7-112-08862-1

Ⅰ. 建…　Ⅱ.①宋…②宋…③贾…　Ⅲ. 建
筑结构-结构设计-高等学校-教材　Ⅳ.TU318

中国版本图书馆 CIP 数据核字 (2006) 第 153650 号

高等学校规划教材
建筑结构设计
（第二版）

西安建筑科技大学　　西安交通大学
宋占海　　宋　东　　贾建东　编著
*
中国建筑工业出版社出版、发行（北京西郊百万庄）
各地新华书店、建筑书店经销
霸州市顺浩图文科技发展有限公司制版
北京云浩印刷有限责任公司印刷
*
开本：787×1092 毫米　1/16　印张：29¼　字数：710 千字
2007 年 3 月第二版　　2015 年 3 月第十五次印刷
定价：**38.00** 元
ISBN 978-7-112-08862-1
　　　　（15526）

本书分上、下两册。上册为《建筑结构基本原理》，下册为《建筑结构设计》，两册配套使用。上册共分 9 章，内容有：绪论，建筑结构材料的物理力学性能，建筑结构的基本计算原则，钢结构，木结构，钢筋混凝土结构，无筋砌体结构基本构件与地基的设计原理，计算方法以及一般构造要求。下册共分 7 章，内容有：绪论，装配整体式砖混房屋结构，整体式混凝土楼盖，单层厂房结构，多层与高层建筑结构，中跨与大跨建筑结构以及建筑结构抗震设计。主要讲述结构单元的划分和各种类型建筑的结构选型、结构设计原理、结构计算方法及一般构造要求。两书均配有典型的设计例题、思考题与计算题。

本书系专门为高等学校建筑类各专业（含建筑学、城市规划、室内设计、建筑装饰、景观园林、建筑艺术等）编写的建筑结构课程教材，也可作为土木工程专业大专学科，以及相关专业（环境工程、工程管理、物业管理、工程造价等）的教学用书和有关建筑工程设计与施工技术人员的参考书。

责任编辑：陈　桦
责任设计：赵明霞
责任校对：刘　钰　孟　楠

第二版前言

本书第一版是经高等学校土木工程专业指导委员会评审、建设部审定的高等学校建筑类各专业使用的建筑结构课程教材，也是全国高等学校重点教材之一。

本教材（第一版）自 1994 年出版以来，由于开创了具有建筑类（含建筑学、城市规划、室内设计、建筑装饰、景观园林、建筑艺术等）专业特点的、系统的、完整的教学体系，教材内容紧密联系建筑工程实际，以及全书在表述上尽量做到基本理论深入浅出、设计方法清晰明确、语言表达通俗易懂，而深受读者欢迎。

再版建筑结构教材，仍然按照原教材的教学体系，全书仍分上、下两册。上册《建筑结构基本原理》主要讲述结构材料、结构设计原则、基本构件与地基的基本原理和设计方法；下册《建筑结构设计》主要讲述普通砖混房屋、平面楼盖、单层厂房、多层与高层建筑、中跨与大跨建筑及其基础的结构选型和一般结构设计方法。再版教材是在此基础上全面改编而成的。

本次改版，主要注重以下几个方面：

1. 紧密联系近十年来我国建筑结构工程的科学发展实际、重点阐述已纳入新规范领域的科学研究成果，努力提高教材的科学技术水平。

2. 严格按照新的国家标准规范，对两书进行重新编写。本教材是在相关规范全面修订后改版的，而每部新规范均在原规范的基础上做了很多更新和充实。本教材不仅全面吸收了这些内容，而且按照自身的教学体系，分别引入并予以必要的说明。

3. 通过近十年的教学、设计与施工实践，以及吸收广大读者的有益建议，对原书做了进一步修改、充实和加工，力求再版教材更趋完善、成熟。

4. 再版教材注重例题的典型性和完整性，计算题的代表性和实用性，新增加了围绕中心内容的思考题，以利加深理论基础和培养解决实际问题的能力。

鉴于本教材适用的专业较多，计划学时不一，再版重申：使用时，宜针对各自专业的需要和学时的多少，酌情取舍，务求学以致用。

全书由西安建筑科技大学宋占海（第 1 章、第 5 章）、陕西省建工集团总公司宋东（第 3 章、第 4 章、第 7 章）、西安交通大学贾建东（第 2 章、第 6 章）共同编写。全书由宋占海主审。由于水平有限，书中可能存在一些缺点和问题，敬请批评指正。

编 者

2006 年 10 月

第一版前言

长期以来，建筑学专业的建筑结构课程，一直沿用工业与民用建筑专业的四大结构教学体系，教材合并，分别讲授。地基及基础则摘取统编教材的部分内容，单独设课；结构选型、多层与高层建筑结构、建筑抗震设计等作为选修课，时有时无。这种教学方式，暴露出不少缺点和弊病。

编者通过多年来的教学改革与教学实践，将钢结构、木结构、钢筋混凝土结构、砌体结构、地基及基础、多层与高层建筑结构、结构型式选择以及建筑抗震设计等多门学科，有机地编写成《建筑结构基本原理》和《建筑结构设计》两册教材，从而形成一整套结合建筑学专业特点的、系统的、完整的教学体系。

《建筑结构基本原理》一书，主要内容包括建筑结构的特点及应用；建筑结构的组成；建筑结构所用材料及地基土的物理力学性能；建筑结构的基本计算原则；四种结构基本构件与建筑地基的设计原理和设计方法，并附有计算例题和习题。其基本目的在于，使学生学习后能掌握一般建筑结构的基本原理和主要基本构件的设计方法，为创作结构合理、造型独特的建筑设计，并为从事一般性房屋的结构设计，奠定必要的理论基础。

《建筑结构设计》一书，主要内容包括建筑结构设计的一般知识；砖混结构房屋、单层厂房、多层与高层建筑、中跨与大跨建筑结构方案的确定；刚性方案砖混结构房屋、钢筋混凝土平面楼盖、单层厂房、框架结构房屋（高度小于40m）的结构设计方法及其建筑结构抗震构造措施；并介绍一些较为成功的国内外建筑工程实例，以及结构设计实例和习题。其基本目的在于，使学生学习后能在建筑设计增强建筑中结构的合理性与可行性，以求得建筑艺术与建筑技术的完美结合；同时，加深了解一般性的房屋结构设计方法，拓宽结构专业的知识面，充分发挥建筑师的创造能力。

《建筑结构基本原理》和《建筑结构设计》两书，虽系为建筑学专业本科的建筑结构课编写的教材，但亦可作为建筑工程相关专业（如城乡建设、城市规划等）的本科、专科和成人高校的教学参考书，还可作为建筑工程技术人员和自学者的参考书。

这套教材的主要特点有：

1. 将多门学科有机地结合起来，务求形成适合于建筑学专业应用的、完整的教学体系。

2. 除重点阐述建筑结构基本原理外，始终着眼于如何更好地结合建筑设计和一般房屋结构设计，重在实际应用。

3. 尽量采用易于接受的表达方式，力求作到论据充分可靠，原理和设计方法简单明确，语言通俗易懂，便于自学和理解。

4. 教材全部按我国近期正式批准施行的新规范编写，努力反映我国现阶段在结构方面的新成果。

这套教材，涉及的范围较广，内容较多，教学中可针对各自的需要和学时的多少，酌情取舍。

本教材是在我校暨建筑系领导的支持下编写的。两书曾先后于 1988 年和 1991 年由我校铅印出版，并连续在我校和其他一些院校作为建筑结构教材使用。在编写和使用过程中得到我校陈绍蕃教授、永毓栋教授、童岳生教授、王崇昌教授、王杰贤教授的审阅与指导。浙江大学、江西工业大学、湖南大学、西安交通大学、西北建筑工程学院、郑州工学院，包头钢铁学院等学校的同志们在使用后给予很大鼓励并提出一些改进意见。嗣后又经全国高等学校建筑工程学科专业指导委员会延请同行专家审阅，提出许多宝贵意见。特别是两书主审人——同济大学张誉教授为提高教材质量作了大量的辛苦的主审工作；中国建筑工业出版社在两书的长期编审工作中多次提出富有建设性的意见。所有这些，都对两书的出版给予很大的帮助，这里一并致以衷心的感谢！

两书由全国高等学校建筑工程学科专业指导委员会评定，并经建设部教育司审批，作为高等学校建筑学专业建筑结构教学参考书。

虽然在这次出版前又作了两次慎重的修改，但由于个人的水平和精力所限，书中还可能存在一些缺点和问题，希望读者发现后能够告知，以便今后改进。

目　　录

1 绪　　论

1.1　结构单元的划分

　　建筑结构设计的基本目的是用最经济的手段，使结构在规定时间内和规定条件下，满足各项预期功能的要求。为此，建筑结构设计应符合技术先进、经济合理、安全适用、确保质量的总要求。

　　一个较大型的（或群体的）建筑设计，往往使用功能要求较多，建筑面积较大，而且建筑平面复杂，层数、层高和总高也不尽相同，地质条件也很难均匀理想，还可能受到建筑材料、施工技术条件、施工先后顺序以及建筑造价的限制。为了确保所设计的建筑安全可靠，结构受力合理，在预定的使用年限内能够正常使用，施工先进可行，且不超出造价限额，这就要求建筑设计者，在初步设计阶段，必须同时考虑这些条件，将整个建筑划分成若干个独立的结构单元。进而为每个结构单元选择合理的结构型式、结构体系与基础类型，初步确定结构布置方案、主要构件的形状与截面尺寸等等。显然，一个小型的单体建筑本身可以是一个独立的结构单元。

　　结构单元，系指建筑结构中独立的受力和变形的单体。结构单元的划分，主要应从以下几个方面考虑：

　　（1）根据使用功能要求和房屋的总高度（或跨度）确定房屋的结构型式（包括结构类型或房屋类别）。根据《建筑抗震设计规范》GB 50011—2001（简称《抗震规范》）的有关规定：一般情况下，多层砌体房屋的层数和总高度不应超过表 1-1 的规定；多层和高层钢结构房屋的结构类型和最大高度应符合表 1-2 的规定；对于抗震设防烈度为 6～8 度，砂浆砌筑的料石砌体承重的多层房屋高度和层数值不宜超过表 1-3 的规定；木柱木屋架和穿斗木屋架不宜超过 2 层，总高度不宜超过 6m；木柱木梁房屋宜建单层，高度不宜超过 3m。对于单层工业厂房，《抗震规范》还提出厂房屋架的设置，应符合下列要求：厂房宜采用钢屋架或重心较低的预应力混凝土、钢筋混凝土屋架；跨度不大于 15m 时，可采用钢筋混凝土屋面梁；跨度大于 24m，或 8 度 Ⅲ、Ⅳ 类场地和 9 度时，应优先采用钢屋架；柱距为 12m 时，可采用预应力混凝土托架（梁）；当采用钢屋架时，亦可采用钢托架（梁）；有突出屋面天窗架的屋盖不宜采用预应力混凝土或钢筋混凝土空腹屋架。厂房柱的设置，应符合下列要求：8 度和 9 度时，宜采用矩形、工字形截面柱或斜腹杆双肢柱，不宜采用薄壁工字形柱、腹板开孔工字形柱、预制腹板的工字形柱和管柱；柱底至室内地坪以上 500mm 范围内和阶形柱的上柱宜采用矩形截面。单层工业厂房的同一结构单元内，不应采用不同的结构类型；厂房端部应设屋架，不应采用山墙承重，厂房单元内不应采用横墙和排架混合承重，厂房单元内各柱列的侧向刚度宜均匀。框架结构按抗震设计时，不应采用部分由砌体墙承重的混合形式。框架结构中的楼、电梯间及局部出屋顶的电梯机房、楼梯间、水箱间等，应采用框架承重，不应采用砌体墙承重。

砌体房屋的层数和总高度（m）　　　　　　　　表 1-1

房　屋　类　别		最小墙厚度（mm）	烈　　　　度							
			6 度		7 度		8 度		9 度	
			高度	层数	高度	层数	高度	层数	高度	层数
多层砌体	普通砖	240	24	8	21	7	18	6	12	4
	多孔砖	240	21	7	21	7	18	6	12	4
	多孔砖	190	21	7	18	6	15	5	—	—
	小砌块	190	21	7	21	7	18	6	—	—
底部框架—抗震墙多排柱内框架		240	22	7	22	7	19	6	—	—
		240	16	5	16	5	13	4	—	—

注：1. 房屋的总高度指室外地面到主要屋面板板顶或檐口的高度，半地下室从地下室室内地面算起，全地下室和嵌固条件好的半地下室应允许从室外地面算起；对带阁楼的坡屋面应算到山尖墙的 1/2 高度处；
　　2. 室内外高差大于 0.6m 时，房屋总高度应允许比表中数据适当增加，但不应多于 1m；
　　3. 本表小砌块砌体房屋不包括配筋混凝土小型空心砌块砌体房屋；
　　4. 表中的抗震墙即《混凝土结构设计规范》中的剪力墙。

多层和高层钢结构类型和最大高度（m）　　　　　表 1-2

结　构　类　型	6、7 度	8 度	9 度
框架	110	90	50
框架—支撑（抗震墙板）	220	200	140
筒体（框筒、筒中筒、桁架筒、束筒）和巨型框架	300	260	180

注：1. 房屋的高度指室外地面到主要屋面板板顶的高度（不包括局部突出屋顶部分）；
　　2. 超过本表高度的房屋，应进行专门研究和论证，采取有效的加强措施。

多层石房总高度（m）和层数限值　　　　　　表 1-3

墙体类别	烈　　　度					
	6 度		7 度		8 度	
	高度	层数	高度	层数	高度	层数
细、半细料石砌体（无垫片）	16	5	13	4	10	3
粗料石及毛料石砌体（有垫片）	13	4	10	3	7	2

　　根据《高层建筑混凝土结构技术规程》JGJ 3—2002（简称《高层规程》）的有关规定：钢筋混凝土高层建筑结构的最大适用高度和高宽比应分为 A 级和 B 级。B 级高度高层建筑结构的最大适用高度和高宽比可较 A 级适当放宽，其结构抗震等级、有关的计算和构造措施应相应加严，并应符合《高层规程》有关条文的规定。A 级高度钢筋混凝土乙类和丙类高层建筑的最大适用高度和高宽比应符合表 1-4 和表 1-5 的规定，具有较多短肢剪力墙的剪力墙结构的最大适用高度的规定值应适当降低，且 7 度和 8 度抗震设计时分别不应大于 100m 和 60m。

A 级高度钢筋混凝土高层建筑的最大适用高度（m）　　表 1-4

结 构 体 系		非抗震设计	抗震设防烈度			
			6 度	7 度	8 度	9 度
框架		70	60	55	45	23
框架—剪力墙		140	130	120	100	50
剪力墙	全部落地剪力墙	150	140	120	100	60
	部分框支剪力墙	130	120	100	80	不应采用
筒体	框架—核心筒	160	150	130	100	70
	筒中筒	200	180	150	120	80
板柱—剪力墙		70	40	35	30	不应采用

注：1. 房屋高度指室外地面至主要屋面高度，不包括局部突出屋面的电梯机房、水箱、构架等高度；
　　2. 表中框架不含异形柱框架结构；
　　3. 部分框支剪力墙结构指地面以上有部分框支剪力墙的剪力墙结构；
　　4. 平面和竖向均不规则的结构或Ⅳ类场地上的结构，最大适用高度应适当降低；
　　5. 甲类建筑，6、7、8 度时宜按本地区抗震设防烈度提高一度后符合本表要求，9 度时应专门研究；
　　6. 9 度抗震设防、房屋高度超过本表数值时，结构设计应有可靠依据，并采取有效措施。

A 级高度钢筋混凝土高层建筑结构适用的最大高宽比　　表 1-5

结 构 体 系	非抗震设计	抗震设防烈度		
		6 度、7 度	8 度	9 度
框架、板柱—剪力墙	5	4	3	2
框架—剪力墙	5	5	4	3
剪力墙	6	6	5	4
筒中筒、框架—核心筒	6	6	5	4

框架—剪力墙、剪力墙和筒体结构高层建筑，其高度超过表 1-4 规定时为 B 级高度高层建筑。B 级高度钢筋混凝土乙类和丙类高层建筑的最大适用高度和最大高宽比应符合表 1-6 和表 1-7 的规定。

B 级高度钢筋混凝土高层建筑结构适用的最大适用高度（m）　　表 1-6

结 构 体 系		非抗震设计	抗震设防烈度		
			6 度	7 度	8 度
框架—剪力墙		170	160	140	120
剪力墙	全部落地剪力墙	180	170	150	130
	部分框支剪力墙	150	140	120	100
筒体	框架—核心筒	220	210	180	140
	筒中筒	300	280	230	170

注：1. 房屋高度指室外地面至主要屋面高度，不包括局部突出屋面的电梯机房、水箱、构架等高度；
　　2. 部分框支剪力墙结构指地面以上有部分框支剪力墙的剪力墙结构；
　　3. 平面和竖向均不规则的结构或Ⅳ类场地上的结构，最大适用高度应适当降低。

对于中跨与大跨房屋，根据房屋跨度的大小不同，可以选用桁架、刚架、拱、网架、悬索、壳体以及帐篷、充气结构等类型，详见第 6 章。

B级高度钢筋混凝土高层建筑结构适用的最大高宽比　　　　表 1-7

非抗震设计	抗震设防烈度	
	6度、7度	8度
8	7	6

（2）应注重每个结构单元的建筑设计和建筑结构的规则性。其中，建筑设计的规则性，要求每一个结构单元宜采用规则的建筑设计方案。提倡建筑平面简单规整，均匀对称，开间、进深力求统一；建筑立面和竖向剖面规则或均匀变化。建筑结构的规则性，要求一个结构单元抗侧力结构的平面布置宜规则对称，并应具有良好的完整性，结构的侧向刚度宜均匀变化，竖向抗侧力构件（柱、剪力墙等）的截面尺寸和材料强度，宜自下而上逐渐减小，避免抗侧力结构的侧向刚度和承载力突变。

一个大型建筑的体型，可能有较大的变化，但作为一个结构单元，则要求注重建筑设计和建筑结构的规则性。因为，只有这样才有可能保证结构受力明确合理，传力直接；同时也容易做到平面和立面结构刚度均匀，房屋重心居中，有利于抵抗水平荷载和地震作用；便于同一房屋的开间、进深与柱网布置；也便于统一构件的类型与规格，方便施工，降低造价。例如，多层砌体房屋，应优先采用横墙承重或纵横墙共同承重方案。纵横墙的布置宜均匀对称，沿平面宜对齐，沿竖向应上下连续；同一轴线上的窗间墙宽度宜均匀。

建筑设计，不应采用严重不规则的设计方案。对于规则和不规则的区分，《抗震规范》规定了一些定量的界限，见表 1-8 和表 1-9。不规则，指的是超过表中一项及以上的不规则指标；严重不规则，指的是复杂及多项不规则指标超过表中上限或某一项大大超过规定值者。不规则的建筑结构，应采用空间结构计算模型，并应对内部进行调整，对薄弱部位采取有效的抗震构造措施。

平面不规则类型　　　　表 1-8

不规则类型	定　　义
扭转不规则	楼层的最大弹性水平位移（或层间位移），大于该楼层两端弹性水平位移（或层间位移）平均值的 1.2 倍
凹凸不规则	结构平面凹进的一侧尺寸，大于相应投影方向总尺寸的 30%
楼板局部不连续	楼板的尺寸和平面刚度急剧变化，例如，有效楼板宽度小于该层楼板典型宽度的 50%，或开洞面积大于该层楼面面积的 30%，或较大的楼层错层

竖向不规则类型　　　　表 1-9

不规则类型	定　　义
侧向刚度不规则	该楼层的侧向刚度小于相邻上一层的 70%，或小于其上相邻三个楼层侧向刚度平均值的 80%；除顶层外，局部收进的水平向尺寸大于相邻下一层的 25%
竖向抗侧力构件不连续	竖向抗侧力构件（柱、抗震墙、抗震支撑）的内力由水平转换构件（梁、桁架等）向下传递
楼层承载力突变	抗侧力结构的层间受剪承载力小于相邻上一楼层的 80%

（3）每一个结构单元，应选用同一种结构体系。结构体系应根据建筑功能要求、建筑高度或跨度、结构类型、场地与地基条件、抗震设防烈度、结构材料和施工条件以及技术经济指标等因素，综合比较确定。

为了保证结构单元具有独立的受力和变形性能，要求结构体系应具有明确的计算简图和荷载与作用的传递途径，应具有必要的承载能力、刚度和变形能力；结构的水平和竖向布置宜具有合理的承载力和刚度分布，避免因局部突变和扭转效应而形成薄弱部位；应避免因部分结构或构件的破坏而导致整个结构丧失承受重力荷载、风荷载和地震作用的能力；对可能出现的薄弱部位，应采取有效措施予以加强。

只有这样，才有可能做到结构受力明确合理，传力直接，刚度均匀，变形连续协调和有效地抵抗竖向荷载和水平作用。所以，《高层规程》特别指出：高层建筑结构设计中应注重概念设计，重视结构的选型和平、立面布置的规则性，择优选用抗震和抗风性能好且经济合理的结构体系。

（4）每一个结构单元，要选用同一个合适的基础类型。基础类型的选用，应综合考虑建筑场地的地质情况、上部结构的结构型式与结构体系、荷载的大小、施工条件、使用要求等因素，综合确定。为减少建筑物的沉降和不均匀沉降，对于软弱地基，可采用覆土少、自重轻的基础型式以减小基底压力。对于砌体承重结构的房屋，宜力求纵墙不转折或少转折，并应控制其横墙间距或增强基础刚度和强度。对于建筑体型复杂、荷载差异较大的框架结构，可采用筏基、箱基、桩基等，用以加强基础整体刚度，减少不均匀沉降。

对于高层建筑，应采用整体性好，能满足地基承载力和建筑物容许变形要求，并能调节不均匀沉降的基础形式。如采用筏形基础或箱形基础。当地质条件较好、荷载较小时，也可采用交叉梁基础或其他基础形式。当地基承载力或变形不能满足设计要求时，可采用桩基或复合地基。在地基土比较均匀的条件下，筏形或箱形基础的平面形心宜与上部结构物竖向永久荷载的重心重合。

同一个结构单元，不仅应采用同一种基础形式，而且同一个结构单元的基础也不宜设置在土质截然不同的地基上。

（5）保证每个结构单元设置的变形缝，遵守国家标准规范的规定。变形缝的设置是划分结构单元的依据之一。遵照变形缝的设置原则，可以从总体上初步划分出一个、几个或多个结构单元。

尚需指出，对于每一幢建筑来说，结构单元的个数不是划分得越多越好。因为结构单元越多，变形缝就越多。变形缝过多，不仅增加造价，不便施工，也给建筑处理和其他工种带来麻烦。所以应在遵守有关规范规定的前提下，尽可能不设或少设变形缝。为此，要求建筑设计者在构思初步方案时，了解建筑结构的要求，全面考虑，统筹安排。

如果在初步设计阶段，只注重使用功能要求和创造"新颖的"建筑艺术效果，而忽视结构单元的合理划分，则可能酿成结构受力不合理，甚至导致整个建筑设计被全盘否定的后果。这一点对初参加建筑设计者尤应重视。

1.2　变形缝的设置

变形缝是伸缩缝、沉降缝和防震缝的总称。现将每种变形缝的设置目的、要求及设置方法，分述如下：

1.2.1　伸缩缝

伸缩缝又称温度缝。其设置的目的是防止不同材料（如钢材、木材、混凝土与砌体等）或不同构件（如墙体与基础、墙体与楼板等）之间，由于温度变化所产生的温度应力，超过材料的抗拉强度而产生过大的裂缝，或引起过大的变形，从而影响结构或构件的正常使用。

伸缩缝的最大间距，对于不同的结构型式，由各自的规范作出规定。分别见表1-10、表1-11、表1-12和表1-13。

钢筋混凝土结构伸缩缝最大间距（m）　　　　　　　　　　　　　　　表1-10

结　构　类　别		室内或土中	露　天
排架结构	装配式	100	70
框架结构	装配式	75	50
	现浇式	55	35
剪力墙结构	装配式	65	40
	现浇式	45	30
挡土墙、地下室墙壁等类结构	装配式	40	30
	现浇式	30	20

注：1. 装配整体式结构房屋的伸缩缝间距宜按表中现浇式的数值取用；
　　2. 框架—剪力墙结构或框架—核心筒结构房屋的伸缩缝间距可根据结构的具体布置情况取表中框架结构与剪力墙结构之间的数值；
　　3. 当屋面无保温或隔热措施时，框架结构、剪力墙结构的伸缩缝间距宜按表中露天栏的数值取用；
　　4. 现浇挑檐、雨罩等外露结构的伸缩缝间距不宜大于12m。

高层建筑结构伸缩缝的最大间距（m）　　　　　　　　　　　　　　表1-11

结　构　体　系	施工方法	最大间距（m）
框架结构	现浇	55
剪力墙结构	现浇	45

注：1. 框架—剪力墙的伸缩缝间距可根据结构的具体布置情况取表中框架结构与剪力墙结构之间数值；
　　2. 当屋面无保温或隔热措施，混凝土的收缩较大或室内结构因施工外露时间较长时，伸缩缝间距应当减小；
　　3. 位于气候干燥地区、夏季炎热且暴雨频繁地区的结构，伸缩缝的间距宜适当减小。

伸缩缝的设置部位，应综合考虑使用功能、建筑布局、施工顺序等因素，常常设置在平面转折和体型变化处（图1-1）。当房屋有错层时，宜在错层处设置伸缩缝（图1-2）。

伸缩缝的设置方法，大多采用双墙（图1-3a）、双柱（图1-3b）方案。在单层厂房中，也可设单柱方案（图1-3c），但应用较少。伸缩缝仅需将地面以上直

砌体房屋温度伸缩缝最大间距（m）　　　　　　　　　　表 1-12

屋 盖 或 楼 盖 类 别		间 距
整体式或装配整体式 钢筋混凝土结构	有保温层或隔热层的屋盖、楼盖	50
	无保温层或隔热层的屋盖	40
装配式无檩体系 钢筋混凝土结构	有保温层或隔热层的屋盖、楼盖	60
	无保温层或隔热层的屋盖	50
装配式有檩体系 钢筋混凝土结构	有保温层或隔热层的屋盖	75
	无保温层或隔热层的屋盖	60
瓦材屋盖、木屋盖或楼盖、轻钢屋盖		100

注：1. 对烧结普通砖、多孔砖、配筋砌块砌体房屋取表中数值；对石砌体、蒸压灰砂砖、蒸压粉煤灰砖和混凝土砌块房屋取表中数值乘以 0.8 的系数。当有实践经验并采取有效措施时，可不遵守本表规定；
2. 在钢筋混凝土屋面上挂瓦的屋盖应按钢筋混凝土屋盖采用；
3. 按本表设置的墙体伸缩缝，一般不能同时防止由于钢筋混凝土屋盖温度变形和砌体干缩变形引起的墙体局部裂缝；
4. 层高大于 5m 的烧结普通砖、多孔砖、配筋砌块砌体结构单层房屋，其伸缩缝间距可按表中数值乘以 1.3；
5. 温差较大且变化频繁地区和严寒地区不采暖的房屋及构筑物的伸缩缝的最大间距。应按表中数值予以适当减小；
6. 墙体的伸缩缝应与结构的其他变形缝相重合，在进行立面处理时，必须保证缝隙的收缩作用。

钢结构温度区段长度值（m）　　　　　　　　　　表 1-13

结 构 情 况	纵向温度区段 （垂直屋架或构架跨度方向）	纵向温度区段 （沿屋架或构架跨度方向）	
		柱顶为刚接	柱顶为铰接
采暖房屋和非采暖房屋	220	120	150
热车间和采暖地区的非采暖房屋	180	100	125
露天结构	120	—	—

注：1. 厂房柱为其他材料时，应按相应规范的规定设置伸缩缝；围护结构可根据具体情况参照有关规范单独设置伸缩缝；
2. 无桥式吊车房屋的柱间支撑和有桥式吊车房屋吊车梁或吊车桁架以下的柱间支撑，宜对称布置于温度区段中部；当不对称布置时，上述柱间支撑的中点（两道柱支撑时为两支撑距离的中点）至温度区段端部的距离不宜大于表 1-13 纵向温度区段长度的 60%；
3. 当有充分依据或可靠措施时，表中数字可予以增减。

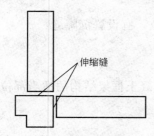

图 1-1　平面转折和体型变化处
　　　　的伸缩缝设置

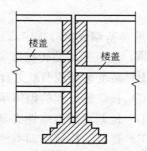

图 1-2　错层处的伸缩缝设置

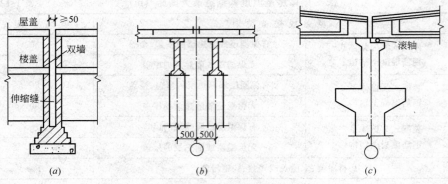

图 1-3　伸缩缝的做法

至屋面的结构分开，保证每个结构单元基础以上部分可以自由伸缩；而基础部分，由于埋在地下，温度变化不大，可以不断开。伸缩缝的宽度，一般不宜小于50mm，缝内填充软质可塑材料（如沥青麻刀等），如图 1-4 所示。

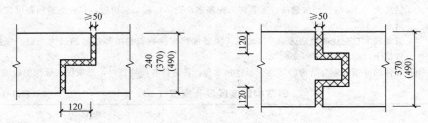

图 1-4　伸缩缝的构造

1.2.2　沉降缝

沉降缝设置的目的是防止因地层复杂，或因地基土压缩性较大，或因上部结构荷载的差异较大，而引起地基的不均匀沉降，进而导致墙体开裂或结构破坏。

按照《建筑地基基础设计规范》GB 50007—2002（简称《地基基础规范》）的要求：对于软弱地基（系指主要由黏土、淤泥质土、冲填土、杂填土或其他高压缩性土层构成的地基），在满足使用要求的前提下，建筑体型应力求简单。当建筑体型比较复杂时，宜根据其平面形状和高度差异情况，在适当部位用沉降缝将其划分为若干个刚度较好的结构单元；当高度差异或荷载差异较大时，可将两者隔开一定距离，当拉开距离后的两个单元必须连接时，应采取自由沉降的连接构造。

《地基基础规范》规定，建筑物的下列部位，宜设置沉降缝：

（A）建筑平面的转折部位；

（B）高度差异或荷载差异处；

（C）长高比过大的砌体承重结构或钢筋混凝土框架结构的适当部位；

（D）地基土的压缩性有显著差异处；

（E）建筑结构或基础类型不同处；

（F）分期建造房屋的分界处。

8

沉降缝的设置方法，常采用如下几种方案：

（A）双墙（或双柱）方案

这种方案适用于沉降缝的两侧均设有承重横墙的情况（图1-5）。其优点是每个结构单元的纵横墙都是封闭连接，房屋的整体刚度较好；缺点是容易引起基础偏心受力或墙体受弯。其解决办法是，可以适当加大沉降缝附近基础底面积，或者对双墙基础采用分段交错布置方案（图1-6），这样可以在很大程度上避免基础的偏心。

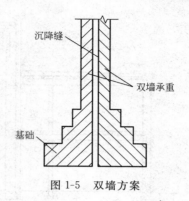

图1-5　双墙方案

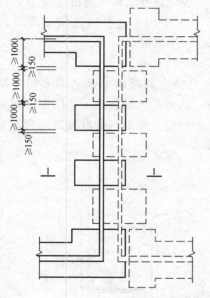

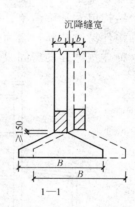

图1-6　双墙基础的分段交错布置

（B）悬挑基础方案

这种方案是混合结构房屋中最常用的方案。一种做法是：一侧结构单元的纵横墙按一般做法，不需作任何特别处理，只是另一侧的纵墙支承在悬挑的基础梁

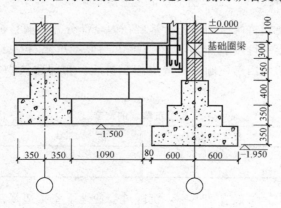

图1-7　基础梁悬挑

9

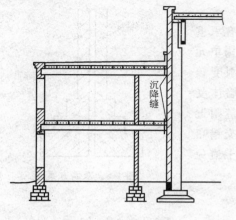

图 1-8 地面以上悬挑

上（图 1-7），纵墙的端部仅设置轻质隔墙，或者不设横墙，以减轻悬臂端的结构重量。这种方案的优点是避免两侧基础的干扰，结构布置简单。缺点是悬挑基础梁受力不够合理，基础构造较复杂，一侧纵墙端部的刚度较差。如果在纵墙端部增设钢筋混凝土框架，则可适当增强此结构单元端部的刚性。另一种做法是：在地面以上各层悬挑出来，悬挑部分不另设基础（图 1-8）。这种做法施工简单，但不宜悬挑过多。

（C）简支连接方案

这种方案是利用简支构件连接两个各自独立的结构单元（图 1-9），其优点是每个结构单元基础简单，结构整体性好。缺点是两结构单元之间沉降缝处的室内装饰构件易被拉断，墙面会出现不规则的裂缝，地面也会开裂或出现不平整现象。这种连接缝处的房间只能用作次要房间。

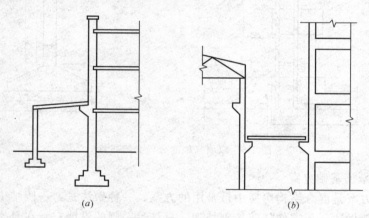

(a)   (b)

图 1-9 简支连接示例

沉降缝不仅要求将两侧结构包括基础在内全部分开，而且沉降缝本身应有足够的宽度。缝宽要求可按表 1-14 选用。缝内一般不填塞材料。当必须填塞材料时，应防止缝的两侧因房屋倾斜而造成相互挤压。相邻建筑物基础间的净距离，可按表 1-15 选用。

房屋沉降缝的宽度 表 1-14

房 屋 层 数	沉降缝宽度（mm）	房 屋 层 数	沉降缝宽度（mm）
2～3	50～80	5 层以上	不小于 120
4～5	80～120		

在高层建筑中，常设有地下室，沉降缝会使地下室构造复杂，设缝部位防水困难。因此《高层规程》特别指出：当采用刚性防水方案时，同一建筑的基础应

相邻建筑物基础间的净距 表 1-15

影响建筑的预估平均沉降量(mm)	被影响建筑的长高比 $2.0 \leqslant \frac{L}{H_f} < 3.0$	$3.0 \leqslant \frac{L}{H_f} < 5.0$
70~150	2~3	3~6
160~250	3~6	6~9
260~400	6~9	9~12
>400	9~12	≥12

注：1. 表中 L 为建筑物长度或沉降缝分隔的单元长度（m）；H_f 为自基础底面标高算起的建筑物高度（m）；

2. 当被影响建筑的长高比为 $1.5 < L/H_f < 2.0$ 时，其间净距可适当缩小。

避免设置变形缝。可沿基础长度每隔 30~40m 留一道贯通顶板、底板及墙板的施工后浇缝，缝宽不宜小于 800mm，且宜设置在柱距三等分的中间范围内。后浇缝处底板及外墙宜采用附加防水层；后浇缝混凝土宜在其两侧混凝土浇灌完毕两个月后再进行浇灌，其强度等级应提高一级，且宜采用早强、补偿收缩的混凝土。

1.2.3 防震缝

防震缝设置的目的是防止出现强烈地震时，建筑物的各个部分因体形不同而产生的振型和侧移不同可能引起的相互碰撞，从而导致房屋的破坏。按照《抗震规范》的要求，对多层砌体房屋，当遇有下列情况之一时，宜设置防震缝：

（A）房屋立面高差在 6m 以上；

（B）房屋有错层，且楼板高差较大；

（C）各部分结构刚度、质量截然不同。

此外，按照《高层规程》要求，当建筑物平面形状复杂而又无法调整其平面形状和结构布置使之成为较规则的结构时，宜设置防震缝将其划分为较简单的几个结构单元。

防震缝的设置方法，应沿房屋全高设置，而基础可不分开。防震缝的缝宽要求，对于多层砖房，可根据房屋高度、场地类别和设防烈度的不同，一般取 50~100mm。对于高层钢筋混凝土结构房屋，其最小宽度应符合下列要求：

（A）框架结构房屋，高度不超过 15m 的部分，可取 70mm；超过 15m 的部分，6 度、7 度、8 度和 9 度相应每增加高度 5、4、3m 和 2m，宜加宽 20mm；

（B）框架—剪力墙结构房屋可按第一项规定数值的 70% 采用，剪力墙结构房屋可按第一项规定数值的 50% 采用，但二者均不宜小于 70mm。当防震缝两侧结构体系不同时，防震缝宽度应按不利的结构类型确定；防震缝两侧房屋高度不同时，防震缝宽度应按较低的房屋高度确定。当相邻结构的基础存在较大沉降差时，宜增大防震缝的宽度。

1.3 建筑结构设计的统一技术条件

在着手进行建筑结构设计时，首先应依据有关审批文件、地质勘察报告和建筑初步设计等必要资料，会同建设单位、施工单位以及设计单位的有关专业（如

11

建筑、结构、水、暖、电、工艺等），共同确定结构设计方案。其中包括确定结构单元的划分；确定结构形式、结构体系与基础类型；确定结构布置方案、标准构件以及个别结构或构件的施工方法等等。与此同时，尚需确定为结构设计所需要的已知条件。所有这些总称之为结构设计的统一技术条件。对于一般性房屋结构，例如，砖混房屋结构设计时所需的统一技术条件，大致包括：

1.3.1　气象、水文、地质条件

其中包括：基本风压；

基本雪压；

冻结深度；

地下水位与水质条件；

抗震设防烈度与场地类别；

地基土层的工程分类、有关物理性质指标与地基土的承载力特征值等等。

1.3.2　材料

其中包括：钢筋混凝土构件的混凝土强度等级；受力钢筋和构造钢筋的级别与种类；砖、石等砌块的类型与强度等级；砂浆的类型与强度等级等等。

1.3.3　屋盖与楼盖构造

例如，屋盖构造：

上人（或不上人）屋面及活荷载的取值；

两毡三油上铺石子及其取值；

冷底子油与 20mm 厚水泥砂浆找平层及其取值；

200mm 厚焦渣混凝土保温层（兼找坡）及其取值；

120mm 厚预应力多孔板（加填缝）及其取值；

12mm 厚板底抹灰及其取值等等。

楼盖构造：

楼面活荷载的取值；

30mm 厚水磨石地面（10mm 厚面层，20mm 厚水泥砂浆打底）及其取值；

120mm 厚预应力多孔板（加填缝）及其取值；

12mm 厚板底抹灰及其取值等等。

1.3.4　上部结构构造

例如：

静力计算方案（或结构体系）和结构布置方案的确定；

现浇（或预制）梁、柱的截面形式与尺寸（初定）；

现浇板厚度的确定或预制板标准图的选用；

楼梯、雨篷、挑檐、圈梁、过梁的形式、设置部位、做法以及其标准图的选用；

墙体（包括壁柱）的厚度与截面尺寸（初定）；

主要抗震设防措施（如构造柱与圈梁的设置、构件之间或构件与墙体之间的拉结、横墙间距与局部尺寸的限值）等等。

1.3.5　地基与基础

例如：

室内、室外地坪的确定（相对于绝对标高）；

地基土的处理方法；

基础类型、做法及其有关构造尺寸（初定）；

持力层与基础埋置深度的确定（初定）等等。

1.3.6　施工技术条件

例如：起重和水平运输机械设备的型号、规格、数量（如起重能力、回转半径、起重臂杆长等）；搅拌机械与焊接条件；材料与预制构件的供应情况；施工技术水平等等。

建筑工程结构设计，就是在确定上述统一技术条件的基础上，对每个结构单元的总体结构或结构构件，进行结构计算（包括荷载计算、内力计算、截面设计与节点设计等）。同时，还要对计算中考虑不到的部分，采取必要的构造措施（有关规范大多有明确的构造要求）。最后，完成施工图设计。

2 装配整体式砖混房屋结构

2.1 结构布置方案与结构布置图

2.1.1 结构布置方案

装配整体式砖混房屋结构，系指以砖墙（柱）和装配整体式钢筋混凝土楼（屋）盖为主的结构形式。其结构设计，包括结构布置、构件选型和钢筋混凝土构件、墙体与无筋扩展基础的设计方法。借此尚可对建筑结构设计的一般原理、步骤和方法有个一般性的了解。

装配整体式砖混房屋的结构布置，包括墙体、柱（含构造柱）、梁、板、楼梯、雨篷、挑檐、圈梁、过梁等结构构件的平面布置。结构布置是否合理，直接影响到房屋结构的承载力、刚度、稳定性、造价以及设计与施工的难易程度。所以，它是结构设计的重要一环。结构布置与建筑设计紧密相关，在进行建筑平面、立面、剖面等布局的同时，就需要考虑结构布置的合理性，并要考虑是否与房屋静力计算方案相符（例如屋盖、楼盖类型的选用、横墙间距的确定等）。

按照墙体的支承情况，结构布置方案有以下几种：

（1）横墙承重方案

当房屋开间不大（一般为3～4m），横墙间距较小时，可采用横墙承重方案。即将楼板、屋面板或檩条沿房屋纵向搁置在横墙上，由横墙承重（图2-1）。

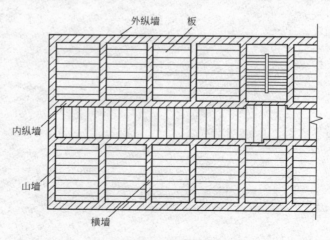

图 2-1 横墙承重方案

横墙承重方案房屋的空间刚度较大，整体性好，有利于抵抗风荷载、地震作用和调整地基的不均匀沉降。由于外纵墙为自承重墙，故对纵墙上的门窗开洞限制较少,但墙体材料用量较多。

(2)纵墙承重方案

对于要求有较大空间的房屋或隔墙位置可能变化的房屋,其横墙的间距较大,可采用纵墙承重方案。当房屋进深不大时,楼板及屋面板可直接搁置在纵墙上(图 2-2a);当房屋进深较大时,可将楼板、屋面板或檩条铺设在屋架(或梁)上,屋架(或梁)则搁置在纵墙上,楼(屋)面荷载经由屋架(或梁)传给纵墙(图 2-2b)。

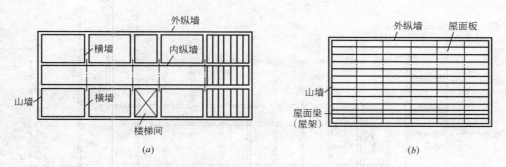

图 2-2 纵墙承重方案

纵墙承重方案的优点是房间大小可根据使用要求确定,不受横墙间距的限制;缺点是房屋的横向刚度较差,设在纵墙上的门窗大小和位置受到一定限制。

(3)纵横墙承重方案

当房屋的开间和进深,按其使用要求变化较多时,为了结构上的合理布置,常采用纵横墙混合承重方案。即将楼板、屋面板(或檩条)一部分搁置在横墙上,一部分搁置在纵墙上,或者一部分搁置在大梁上,大梁则搁置在纵墙上(图2-3)。

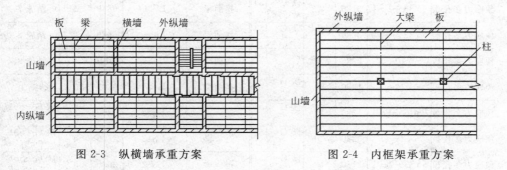

图 2-3 纵横墙承重方案   图 2-4 内框架承重方案

纵横墙承重方案,平面布置灵活方便,房屋的横向刚度比纵墙承重方案有所提高,在实际工程中这种方案应用最多。

(4)内框架承重方案

对于层数较少(5层以下)的工业车间或商店、旅馆等建筑,以及某些上部为住宅、底层为商店或仓库的建筑,也可以采用纵横墙与柱同时承重的内框架承重方案(图2-4)。这时,楼板(或屋面板)沿纵向铺设在大梁上,大梁两端则搁置在纵墙上。

15

2.1.2　结构布置图

　　每一层的结构布置图，要求将该层结构构件的布置、型号（或代号）、平面尺寸、跨度、数量等有关数据，在该层的结构平面图上表示清楚，一般尚辅以构件统计表。以此作为结构构件设计、施工与预算等的依据。

　　图 2-5、图 2-6 和表 2-1 分别为某办公楼（主体 4 层，副体 2 层）的建筑平面图、底层结构布置图和构件统计表。有了 1～4 层的结构布置图及构件统计表，则整个办公楼结构构件的型号、数量、位置等便一目了然，而且全部包括在内了。

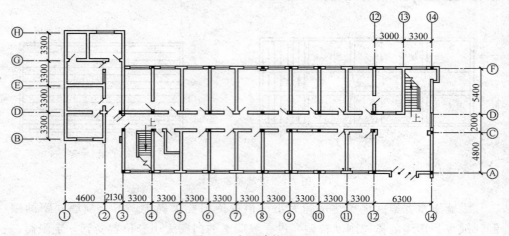

图 2-5　底层建筑平面图

底　层　构　件　统　计　表　　　　　　　　　　　　　　　表 2-1

构件名称	代　号	实长 (mm)	数量	所在图号	构件名称	代　号	实长 (mm)	数量	所在图号
预应力多孔板	6Y33—1	3280	112	陕 G—154 [74]	楼面梁	L—3	5020	2	结施 7
预应力多孔板	6Y33—1—1	3180	22	陕 G—154 [74]	楼面梁	L—4	6840	1	结施 7
预应力多孔板	6Y33—1—2	3080	5	陕 G—154 [74]	楼面梁	L—5	6680	2	结施 8
预应力多孔板	6Y30—1	2980	6	陕 G—154 [74]	楼面梁	L—6	10140	1	结施 8
预应力多孔板	6Y21—1	1980	60	陕 G—154 [74]	楼面梁	L—7	3300	1	结施 10
预应力多孔板	6Y15—1—1	1380	10	陕 G—154 [74]	过　梁	Ⅰ 322	1200	22	陕 G—501 [72]
预应力多孔板	5Y33—1	3280	38	陕 G—154 [74]	过　梁	Ⅰ 342	1700	4	陕 G—501 [72]
预应力多孔板	5Y33—1—1	3180	12	陕 G—154 [74]	过　梁	Ⅰ 352	2000	4	陕 G—501 [72]
预应力多孔板	5Y33—1—2	3080	3	陕 G—154 [74]	过　梁	Ⅲ 353	2000	1	陕 G—501 [72]
预应力多孔板	5Y30—1	2980	3	陕 G—154 [74]	楼　梯	1 号楼梯	—	1	结施 9
预应力多孔板	5Y15—1—1	1380	6	陕 G—154 [74]	楼　梯	2 号楼梯	—	1	结施 10
预制踏步板	用于 2 号楼梯	1630	19	结施 10	雨篷	YP—1	—	1	结施 11
楼面梁	L—1	5640	1	结施 7	雨篷	YP—2	—	1	结施 11
楼面梁	L—2	5040	1	结施 7					

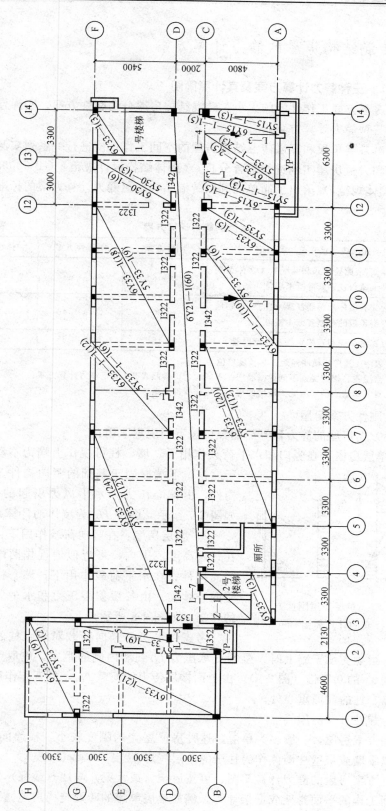

图 2-6 底层结构布置图

2.2 砖混结构房屋的静力计算方案

2.2.1 三种静力计算方案及其计算简图

按照房屋空间工作性能的大小，砖混结构房屋分为刚性方案、刚弹性方案和弹性方案三种静力计算方案。

根据对各类单层和多层砖混结构房屋的空间工作性能进行一系列实测，参照实测结果和大量房屋实例进行综合分析，《砌体结构设计规范》GB 50003—2001（简称《砌体规范》）给出了简单的判别砖混结构房屋静力计算方案的标准，见表2-2。

<table>
<tr><td colspan="5" align="right">房屋的静力计算方案   表 2-2</td></tr>
<tr><td colspan="2" align="center">屋 盖 或 楼 盖 类 型</td><td align="center">刚性方案</td><td align="center">刚弹性方案</td><td align="center">弹性方案</td></tr>
<tr><td>1</td><td>整体式、装配整体式和装配式无檩体系钢筋混凝土屋盖或钢筋混凝土楼盖</td><td>$s < 32$</td><td>$32 \leqslant s \leqslant 72$</td><td>$s > 72$</td></tr>
<tr><td>2</td><td>装配式有檩体系钢筋混凝土屋盖、轻钢屋盖和有密望板的木屋盖或木楼盖</td><td>$s < 20$</td><td>$20 \leqslant s \leqslant 48$</td><td>$s > 48$</td></tr>
<tr><td>3</td><td>冷摊瓦木屋盖和石棉水泥瓦轻钢屋盖</td><td>$s < 16$</td><td>$16 \leqslant s \leqslant 36$</td><td>$s > 36$</td></tr>
</table>

注：1. 表中 s 为房屋横墙间距，其长度单位为"m"；
  2. 当屋盖、楼盖类别不同或横墙间距不同时，可参照表2-3确定静力计算方案；
  3. 对无山墙或伸缩缝处无横墙的房屋，应按弹性方案考虑。

（1）刚性方案房屋

刚性方案房屋的静力计算简图，可按下列规定取用：

1）单层房屋：在竖向和水平荷载作用下，墙、柱可视作上端为不动铰支承于屋盖，下端嵌固于基础的竖向构件。该竖向构件，由偏心压力和水平风力引起的弯矩图，如图2-7所示，图中 H_0 为墙体的计算高度。

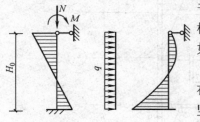

图 2-7 单层房屋刚性方案的计算简图

2）多层房屋：在竖向荷载作用下，墙、柱在每层高度范围内，可近似地视作两端铰支的竖向构件；在水平荷载作用下，墙、柱可视作竖向连续梁。由各层偏心压力和水平风力引起的弯矩，如图2-8所示。

考虑到本层的竖向荷载对墙、柱的实际偏心影响，当梁支承于墙上时，梁端支承压力 N_l 到墙内侧的距离，应取梁端有效支承长度 a_0 的0.4倍（图2-9）。由上面楼层传来的荷载 N_u，可视作作用于上一楼层的墙、柱的截面重心处。

（2）弹性方案房屋

弹性方案房屋，一般多为单层。这种房屋屋盖的刚度较小，横墙间距较大，类似于以纵墙或带壁柱墙体作为柱子的单层厂房。

弹性方案房屋的静力计算简图，可按屋架（或大梁）与墙（或柱）铰接的不考虑空间工作的平面排架或框架计算。例如单层单跨的砖混结构房屋，可以将一

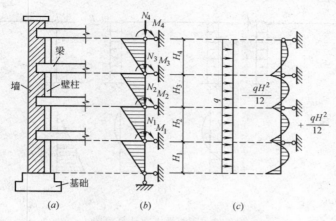

图 2-8　多层房屋刚性方案的计算简图

（a）结构草图；（b）在竖向荷载作用下；

（c）在水平荷载作用下

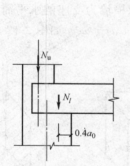

图 2-9　梁端支承压力作用的位置

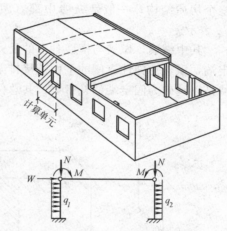

图 2-10　弹性方案计算简图

个开间的中线到相邻一个开间的中线之间的纵墙（包括壁柱）和由它支承的屋面大梁（或屋架）及其相应的部分基础看作是一个平面铰接排架。其计算简图和受力情况，如图 2-10 所示。

（3）刚弹性方案房屋

刚弹性方案房屋的静力计算简图，可按屋架（或大梁）与墙（或柱）铰接，并考虑空间工作的平面排架或框架计算（相当于柱顶有弹性水平支座）。在水平荷载作用下，这种方案的计算简图，如图 2-11（a）所示。

刚弹性房屋的墙（或柱），在水平荷载作用下的内力分析方法是：首先按柱顶有不动铰的排架求支座反力 R（图 2-11b），再将 R 乘以考虑空间工作性能影响系数 η 反向作用于排架（允许侧移）的柱顶（图 2-11c），最后将两种情况下求得的内力叠加，即为具有弹性水平支座排架墙（柱）中的内力。

2.2.2 考虑空间工作性能影响系数

（1）空间受力体系纵墙中部顶点的最大水平位移 $y_空$

19

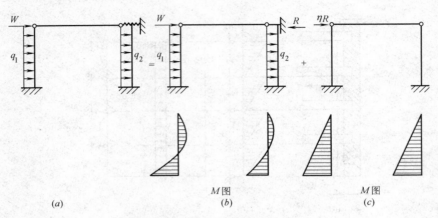

图 2-11　刚弹性方案计算简图

对于单层砖混房屋，当屋盖刚度较大，且横墙间距较小时，由纵墙、横墙、屋盖和基础组成的空间盒子式结构共同工作。在横向水平荷载的作用下，整个房屋结构，一般是纵墙中部（两横墙的中间）墙顶的水平位移最大，用 $u_空$ 表示。

其中纵墙、屋盖与横墙各自的受力简图，可以分别简化为纵墙是以基础为固定端，屋盖为弹性支座的平面铰接排架；屋盖是以横墙为支座的水平简支梁；横墙是以基础为固定端的悬臂梁。共总位移 $u_空 = u_1 + u_2 + u_3$，如图 2-12 所示。

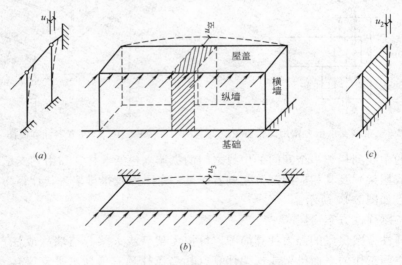

图 2-12　房屋空间工作示意

（a）纵墙；（b）屋盖；（c）横墙

由于纵墙的水平位移要受到屋盖的约束，而屋盖又受到横墙的牵制，所以 $u_空$ 值要比单纯由纵墙、屋盖和基础组成的平面铰接排架的水平位移小得多。

（2）平面受力体系纵墙中部墙顶的最大水平位移 $u_平$

当房屋的屋盖刚度较小，或者横墙间距较大时，其纵墙在水平荷载作用下的受力状态（除靠近两端横墙的局部以外），就相当于由纵墙、屋盖与基础组成的平面铰接排架了。这种平面受力体系纵墙墙顶的最大水平位移，用 $u_平$ 表示。显然，在同样水平荷载作用下，$u_平$ 要比 $u_空$ 大得多。

（3）考虑空间工作性能影响系数 η

考虑空间工作性能影响系数，即定义为考虑空间工作后的空间受力体系纵墙墙顶最大水平位移与不考虑空间工作的平面受力体系纵墙墙顶最大水平位移的比值，即：

$$\eta = \frac{u_空}{u_平}$$

根据上述分析可知，η 值只能在 $0 \sim 1$ 之间变化。而 η 值越小（例如 $u_空 \approx 0$），则说明房屋的空间工作性能好，即整个房屋的空间刚度大；反之，而 η 值越大（例如 $u_空 \approx u_平$），则说明房屋的空间工作性能差，即整个房屋的空间刚度小。

影响房屋空间工作性能（即 η 值大小）的主要因素是屋盖（或楼盖）的结构类型和横墙间距，见表 2-3。其中，可以作为横墙的条件，见上册《建筑结构基本原理》第 8.2 节。

房屋各层的空间性能影响系数 η_i 表 2-3

屋盖或楼盖类别	横 墙 间 距 s(m)														
	16	20	24	28	32	36	40	44	48	52	56	60	64	68	72
1	—	—	—	—	0.33	0.39	0.45	0.50	0.55	0.60	0.64	0.68	0.71	0.74	0.77
2	—	0.35	0.45	0.54	0.61	0.68	0.73	0.78	—	—	—	—	—	—	—
3	0.37	0.49	0.60	0.68	0.75	0.81	—	—	—	—	—	—	—	—	—

注：1. i 取 $1 \sim n$，n 为房屋层数；
    2. 屋盖或楼盖类别，参见表 2-2。

2.3 简支梁（板）的设计

在民用建筑的装配整体式楼（屋）盖中，多数采用预制的钢筋混凝土多孔板（空心板）或预应力混凝土多孔板（空心板）和现浇的钢筋混凝土梁，少数房间（如盥洗间、厕所）采用现浇钢筋混凝土实心板的做法。对此分别介绍如下：

2.3.1 结构代号及多孔板与过梁的通用（标准）图集

目前，常用的钢筋混凝土构件的代号，仍然使用汉语拼音字母表示。例如：

简支梁——L；   屋架——WJ；

连续梁——LL；   檩条——LT；

实心板——B；   楼梯梁——TL；

空心板（多孔板）——KB，   雨篷——YP；

槽板——CB；   预应力的——Y 等等。

需要指出，目前民用建筑中常采用的标准构件，多由各省（市）根据各自地区的特点自行编制成通用图集，代号也不统一。例如，陕西省的《普通钢筋混凝土多孔板》陕 G—103 [74] 所采用的编号是：

这种预制多孔板的宽度有 600mm 和 500mm 两种，其实际尺寸见图 2-13。

《预应力钢筋混凝土多孔板》陕 G—154 [74] 用 "Y" 代表预应力多孔板的代号，板宽也有 600mm 和 500mm 两种，板厚为 120mm，所采用的编号如：6Y36—4，5Y42—2 等。

《过梁通用图集》陕 G—501 [74] 所采用的过梁代号是：

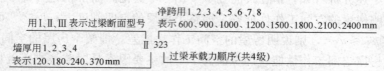

例如：Ⅱ323 表示 Ⅱ 型断面、240mm 墙厚、净跨为 900mm、承载能力为 3 级。

其中三种过梁型号，分别见图 2-14a、b、c。

过梁宽度 b 有 120、180、240、370mm 四种，当 $b=490$mm 时，可选用两根 $b=240$mm 的过梁，合并使用。

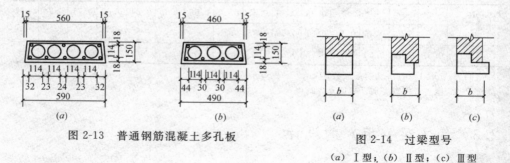

图 2-13　普通钢筋混凝土多孔板

图 2-14　过梁型号

(a) Ⅰ型；(b) Ⅱ型；(c) Ⅲ型

2.3.2　简支梁（板）的设计

简支梁和简支板是典型的钢筋混凝土受弯构件。其有关设计原理与设计方法，已在《建筑结构基本原理》（第二版）一书中作了较详细的论述。下面仅就其中几个问题，补充如下：

（1）简支梁（板）截面尺寸的确定

通常在开始进行简支梁（板）的设计时，需预先确定梁（板）的截面尺寸。常用梁的截面尺寸见表 2-4，常用板的最小厚度不应小于表 2-5 的限值，当受弯构件的截面高度 h 满足表 2-6 的要求时，一般可不进行挠度验算。

（2）简支梁（板）的计算跨度

简支梁，一般取：$l=l_0+a$；且 $l\leqslant 1.05l_0$；

简支板，一般取：$l=l_0+h$。

式中　l_0——净跨；

a——梁一端的实际搁置长度；

h——板厚。

常用梁的截面尺寸（mm）　　　　表 2-4

梁宽 b	梁 高 h		梁宽 b	梁 高 h	
	矩形截面	T 形截面		矩形截面	T 形截面
150	300～400	300～450	400	800～1000	800～1400
200	400～500	400～600	450	900～1100	900～1500
250	500～650	500～800	500	1000～1250	1000～1600
300	600～750	600～1000	550	1100～1400	1100～1700
350	700～900	700～1200	600	1200～1500	1200～1800

常用板的最小厚度（mm）　　　　表 2-5

项 次	构 件 类 型		板 厚 h
1	梁式板或单项板	屋盖	60
		民用房屋楼板	70
		工业房屋楼板	80
		车道下的楼板	100
2	双 向 板		80
3	悬壁板（挑出长度 $l>500$）		80，且 $\geqslant \frac{1}{10}l$

注：1. 地震区，$h \geqslant 80\text{mm}$；

　　2. 混合结构房屋，板厚一般宜在 60～120mm 之间取用；

　　3. l 为板的计算跨度。

一般可不进行挠度验算的受弯构件截面高度 h　　　　表 2-6

项 次	构 件 类 型		简 支	两端连续	悬 臂
1	平版	单向	$\frac{1}{30}l$	$\frac{1}{40}l$	$\frac{1}{12}l$
		双向	$\frac{1}{45}l$	$\frac{1}{50}l$	$\frac{1}{50}l$
2	肋形板（含多孔板）		$\frac{1}{20}l$	$\frac{1}{25}l$	$\frac{1}{10}l$
3	肋形梁	次梁	$\frac{1}{15}l$	$\frac{1}{20}l$	$\frac{1}{8}l$
		主梁	$\frac{1}{12}l$	$\frac{1}{15}l$	$\frac{1}{6}l$
4	独立梁		$\frac{1}{12}l$	$\frac{1}{15}l$	$\frac{1}{6}l$

注：1. 当梁的计算跨度 $l>90\text{mm}$ 时，表中数值应乘以 1.2；

　　2. 肋型梁（板）系指现浇 T 形截面梁；

　　3. 受弯构件的截面宽度，一般取 $b=\left(\frac{1}{3} \sim \frac{1}{2}\right)h$。

（3）梁、板内的经济配筋率

梁一般为：$\rho=0.6\% \sim 1.5\%$；

板一般为：$\rho=0.3\% \sim 0.8\%$。

（4）梁内的架立钢筋

1）梁内架立钢筋的直径

23

当梁跨 $l \leqslant 4\text{m}$ 时，架立钢筋直径 d 不宜小于 6mm；

当 $l = 4 \sim 6\text{m}$ 时，d 不宜小于 8mm；

当 $l > 6\text{m}$ 时，d 不宜小于 10mm。

2）梁内架立钢筋的搭接长度

当采用 $\phi 8$、$\phi 10$ 的架立钢筋时，搭接长度不小于 100mm；

当采用不小于 $\phi 12$ 的架立钢筋时，不少于受力钢筋的搭接长度。

（5）梁内的纵向构造钢筋与拉筋

梁内纵向构造钢筋：当梁的截面高度超过 700mm 时，沿高度每隔 300～400mm，应在梁的两个侧面各设置一根直径不小于 10mm 的纵向构造钢筋，并用拉筋拉牢。

拉筋直径一般与箍筋直径相同；间距一般与箍筋间距相同，或按两倍箍筋间距取用。

（6）多孔板折算成工字形截面的方法

多孔板一般按折算后的工字形截面受弯构件计算，其折算原则：一是，折算前后的截面面积相等；二是，折算前后的惯性矩相等。见图 2-15。

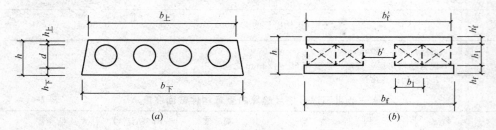

图 2-15 多孔板折算截面

现令：折算前的孔径为 d；折算后的每个矩形孔宽度为 b_1，高度为 h_1。则由

$$\begin{cases} \dfrac{\pi d^4}{4} = b_1 h_1 & ① \\[2mm] \dfrac{\pi d^4}{64} = \dfrac{b_1 h_1{}^3}{12} & ② \end{cases}$$

可解得：

$$h_1 = \frac{\sqrt{3}}{2} d = 0.866 d \tag{2-1}$$

$$b_1 = \frac{\pi}{2\sqrt{3}} d = 0.907 d \tag{2-2}$$

由此，可求得折算后的工字形截面：

$$h_{\mathrm{f}}' = h_{\pm} + \frac{d - h_1}{2} \tag{2-3}$$

$$h_{\mathrm{f}} = h_{\mathrm{下}} + \frac{d - h_1}{2} \tag{2-4}$$

24

$$b' = b - nb_1 \qquad (2-5)$$

式中：n 为孔数；其他符号如图 2-15 所示。

折算后的上、下翼缘宽度和截面高度与折算前的多孔板相同。即 $h'_f = b_上$；$h_f = b_下$；$h = h_上 + b + h_下$。

（7）简支梁的设计例题

简支梁的设计方法，以图 2-6 中的楼面梁 L—1 为例（例 2-1），予以说明。在结构布置中，还可能设置连续梁或四边支承板，其设计方法详见第三章。

【例 2-1】 图 2-6 中的 5.4m 楼面梁（L—1），拟采用花篮形截面，所用材料为 C25 混凝土、HRB335 级受力钢筋和 HPB235 级箍筋与构造钢筋，混凝土保护层最小厚度 $c = 25mm$，试设计此楼面梁。

【解】

1. 结构草图与计算简图（图 2-16）

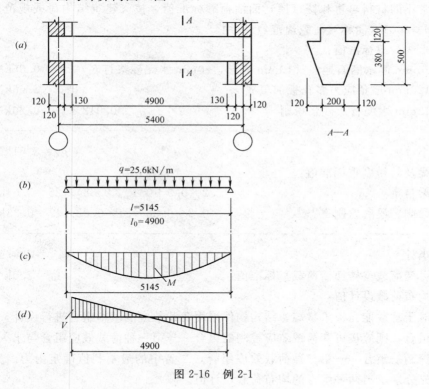

图 2-16 例 2-1

其中，净跨：$l_a = 5400 - 2 \times 250 = 4900mm$

计算跨度 $\begin{cases} l_a + a = 4900 + 370 = 5270mm \\ 1.05 l_a = 1.05 \times 4900 = 5145mm \end{cases}$

取 $l_a = 5145mm$

材料：

混凝土：C25，$f_c = 11.9N/mm^2$，$f_t = 1.27N/mm^2$，$\alpha_1 = 1.0$，$\beta_c = 1.0$；

纵筋：HRB335 级，$f_y = 300N/mm^2$，$\xi_b = 0.55$，$\alpha_{s,max} = 0.399$；

箍筋：HPB235 级，$f_{yv} = 210N/mm^2$。

截面尺寸：

$$h=\left(\frac{1}{16}\sim\frac{1}{8}\right)l=\left(\frac{1}{16}\sim\frac{1}{8}\right)\times5.145=321\sim643\text{mm}$$

取 $h=500\text{mm}$

$$h=>\frac{1}{12}l=429\text{mm}\text{（可不进行挠度验算）}$$

$$b=\left(\frac{1}{3.5}\sim\frac{1}{2}\right)h=\left(\frac{1}{3.5}\sim\frac{1}{2}\right)\times500=142\sim250\text{mm}$$

取 $b=200\text{mm}$

采用花篮形截面，见图 2-16，架立筋 $2\phi10$，构造纵筋 $2\phi10$，拉筋同箍筋。

2. 荷载计算

常用的材料自重和楼（屋）面活荷载标准值，按《建筑结构荷载规范》GB 50009—2001（简称《荷载规范》）取用。

永久荷载标准值：

30mm 厚水磨石地面（10mm 面层，20mm 水泥砂浆打底）	0.65kN/m²
120mm 厚预应力多孔板加填缝	2.66kN/m²
12mm 水泥石灰砂浆粉刷	$0.012\times17=0.20$kN/m²

小计　　　　　　　　　　　　　　　　　　　　　　$g_k=3.51$kN/m²

梁及其粉刷重标准值：

梁自重	$(0.2\times0.5+0.12\times0.38)\times25=3.64$kN/m
梁侧、梁底粉刷重	$(0.2+0.38\times2)\times0.02\times17=0.33$kN/m

小计　　　　　　　　　　　　　　　　　　　　　　$g_k'=3.97$kN/m

可变荷载（楼面活荷载）标准值：　　　　　　　　$q_k=2.0$kN/m²

均布荷载设计值：

对于承载能力极限状态，结构构件采用荷载效应的基本组合进行设计。对于基本组合，则应按可变荷载效应控制的组合——第一种荷载效应组合与永久荷载效应控制的组合——第二种荷载效应组合，二者中的最不利值确定内力。为此，可事先分别求出两种组合的均布荷载设计值。

$$q_1=\gamma_G(g_k\times3.3+g_k')+\gamma_Q(q_k\times3.3)$$

$$=1.2\times(3.51\times3.3+3.97)+1.4\times(2.0\times3.3)=27.90\text{kN/m}$$

$$q_2=\gamma_G(g_k\times3.3+g_k')+\gamma_Q\psi_c(q_k\times3.3)$$

$$=1.35\times(3.51\times3.3+3.97)+1.4\times0.7\times(2.00\times3.3)=27.47\text{kN/m}$$

均布荷载设计值：取 $q=q_1=27.90$kN/m

3. 内力计算

跨中弯矩设计值　$M = \dfrac{1}{8}ql^2 = \dfrac{1}{8} \times 27.90 \times 5.145^2 = 92.32 \text{kN} \cdot \text{m}$

支座边缘剪力设计值　$V = \dfrac{1}{2}ql_0 = \dfrac{1}{2} \times 27.90 \times 4.90 = 68.36 \text{kN}$

4. 正截面承载力计算

计算截面　$bh = 200\text{mm} \times 500\text{mm}$

截面有效高度 $h_0 = h - c - 10 = 500 - 25 - 10 = 465\text{mm}$（一排纵筋）

$$\alpha_s = \frac{M}{\alpha_1 f_c b h_0^2} = \frac{92.32 \times 10^6}{1.0 \times 11.9 \times 200 \times 465^2} = 0.179 < \alpha_{s,\max}$$

$$= 0.399 \text{（满足适用条件一）}$$

$$\xi = 1 - \sqrt{1 - 2\alpha_s} = 1 - \sqrt{1 - 2 \times 0.179} = 0.199$$

$$A_s = \frac{\alpha_1 f_c b \xi h_0}{f_y} = \frac{1.0 \times 11.9 \times 200 \times 0.199 \times 465}{300} = 734\text{mm}^2$$

选用 3Φ18（$A_s = 763\text{mm}^2$）

$$\rho = \frac{A_s}{bh_0} = \frac{763}{200 \times 465} = 0.82\% > \rho_{\min}\frac{h}{h_0} = \frac{0.2}{100} \times \frac{500}{465} = 0.215\%$$

（满足适用条件二，且在经济配筋率 0.6%～1.5% 之内）

5. 斜截面受剪承载力计算

（1）验算截面尺寸

$$\text{对于矩形截面梁} \frac{h_0}{b} = \frac{465}{200} = 2.32 < 4.0$$

$$V_{u,\max} = 0.25\beta_c f_c b h_0 = 0.25 \times 1.0 \times 11.9 \times 200 \times 465 = 276675\text{N} > V = 68360\text{N}$$

（截面满足要求）

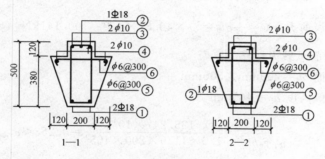

图 2-17　L—1 施工图

（2）验算是否可以仅按构造要求配置箍筋

$$0.7f_t bh_0 = 0.7 \times 1.27 \times 200 \times 465 = 82677N > V = 68360N \text{（可以）}$$

最后，配置箍筋 $\phi6@300$。

6. L—1 结构施工图，见图 2-17。

【例 2-2】 试将例题 2-1 改为 5.4m 屋面梁，该梁截面尺寸、所用材料及混凝土保护层最小厚度均不变，试设计此屋面梁。

【解】

1. 结构草图与设计简图（同例 2-1）

2. 荷载计算

永久荷载标准值：

二毡三油上铺小石子	0.35kN/m^2
冷底子油与 25mm 厚水泥砂浆找平层	$0.025 \times 20 = 0.50\text{kN/m}^2$
200mm 厚焦渣混凝土保温层	$0.2 \times 14 = 2.80\text{kN/m}^2$
120mm 厚预应力多孔板加填缝	2.66kN/m^2
12mm 厚水泥石灰砂浆粉刷	$0.012 \times 17 = 0.21\text{kN/m}^2$

小计 $g_k = 6.52\text{kN/m}^2$

梁及其粉刷重标准值（同例题 2-1）： $g'_k = 3.97\text{kN/m}$

可变荷载（上人屋面活荷载）标准值： $q_k = 2.00\text{kN/m}^2$

均布荷载设计值：

$$q_1 = \gamma_G(g_k \times 3.3 + g'_k) + \gamma_Q(q_k \times 3.3)$$

$$= 1.2 \times (6.52 \times 3.3 + 3.97) + 1.4 \times (2.0 \times 3.3) = 39.82\text{kN/m}$$

$$q_2 = \gamma_G(g_k \times 3.3 + g'_k) + \gamma_Q\psi_c(q_k \times 3.3)$$

$$= 1.35 \times (6.52 \times 3.3 + 3.97) + 1.4 \times 0.7(2.0 \times 3.3) = 40.87\text{kN/m}$$

均布荷载设计值：取 $q = q_2 = 40.87\text{kN/m}$

3. 内力计算

跨中弯矩 $M = \dfrac{1}{8}ql^2 = \dfrac{1}{8} \times 40.87 \times 5.145^2 = 135.247\text{kN} \cdot \text{m}$

支座边缘剪力 $V = \dfrac{1}{2}ql_0 = \dfrac{1}{2} \times 40.87 \times 4.9 = 100.141\text{kN}$

4. 正截面承载力计算

计算截面 $bh = 200\text{mm} \times 500\text{mm}$

截面有效高度 $h_0 = 465\text{mm}$

$$\alpha_s = \frac{M}{\alpha_1 f_c bh_0^2} = \frac{135.247 \times 10^6}{1.0 \times 11.9 \times 200 \times 465^2} = 0.263 < \alpha_{s,\max}$$

$$= 0.399 \text{（满足适用条件一）}$$

$$\xi = 1 - \sqrt{1-2\alpha_s} = 1 - \sqrt{1-2\times0.263} = 0.312$$

$$A_s = \frac{\alpha_1 f_c b \xi h_0}{f_y} = \frac{1.0\times11.9\times200\times0.312\times465}{300} = 1150mm^2$$

选用 3Φ22（$A_s = 1140mm^2$）

$$\rho = \frac{A_s}{bh_0} = \frac{1140}{200\times465} = 1.2\% > \rho_{min}\frac{h}{h_0} = \frac{0.2}{100}\times\frac{500}{465} = 0.215\%$$

（满足适用条件二，且在经济配筋率 0.6%～1.5% 之内）

5. 斜截面受剪承载力计算

（1）验算截面尺寸

$$对矩形截面梁\frac{h_0}{b} = \frac{465}{200} = 2.32 < 4.0$$

$$V_{u,max} = 0.25\beta_c f_c b h_0 = 0.25\times1.0\times11.9\times200\times465 = 276675N > V$$

$$= 100141N（截面满足要求）$$

（2）验算是否可以仅需按构造要求配置箍筋

$$0.7 f_t b h_0 = 0.7\times1.27\times200\times465 = 82677N < V = 100141N$$

需按计算配置箍筋。

（3）初选双肢 $\phi6$，$A_{sv} = 57mm$，$f_{gv} = 210N/mm^2$

$$S = \frac{1.25 f_{gv} A_{sv} h_0}{V - 0.7 f_t b h_0} = \frac{1.25\times210\times57\times465}{100141 - 0.7\times1.27\times200\times465} = 398mm$$

考虑最小配箍率要求，最后配置箍筋 $\phi6@180$。

$$\rho_{sv} = \frac{A_{sv}}{bs} = \frac{57}{200\times180} = 0.158\% > \rho_{sv,min} = 0.24\frac{f_t}{f_{yv}}\times\frac{1.27}{210} = 0.145\%$$

（满足）

2.4 楼梯设计

2.4.1 楼梯的类型

楼梯的类型，按结构构造可分为梁式楼梯（图 2-18）、板式楼梯（图 2-19）、和其他形式楼梯（图 2-20）等。

2.4.2 现浇梁式楼梯的设计

（1）现浇梁式楼梯的组成与传力路线

现浇梁式楼梯，由梯段与休息平台组成。其中，梯段由踏步板和斜梁构成；休息平台由平台板和平台梁组成。踏步板支承在斜梁上，整个梯段通过斜梁支承

29

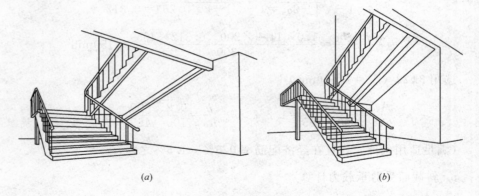

图 2-18 梁式楼梯

(a) 双梁式；(b) 单梁式

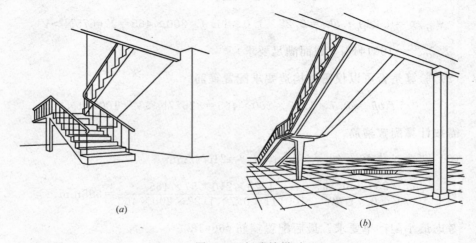

图 2-19 板式楼梯

(a) 薄板式；(b) 厚板式

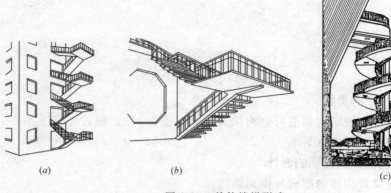

图 2-20 其他楼梯形式

(a) 撑板式；(b) 伸梁式；(c) 螺旋式

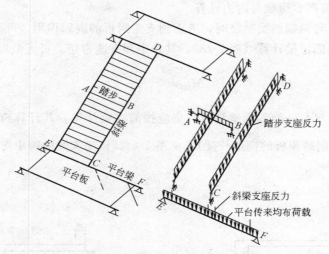

图 2-21 梁式楼梯的组成及传力路线示意图

在平台梁（或楼盖梁、基础梁）上，见图 2-21。每个梯段通常设有两根斜梁，当梯段较窄时，也可只在中间设一根斜梁。整个梁式楼梯的传力路线可表示如下：

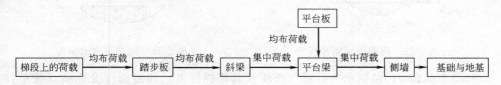

（2）踏步板的设计

1）踏步板截面尺寸的确定

踏步板一般是由三角形踏步和踏步下的斜板组成的两竖边平行的梯形截面。斜板厚度常取 $\delta = 30 \sim 40\mathrm{mm}$。因每个踏步受力情况相同，故计算时可顺竖向截出一个踏步作为计算单元（如图 2-22 的虚线所示）。这一个踏步可按竖向支撑在斜梁上的单跨板考虑。

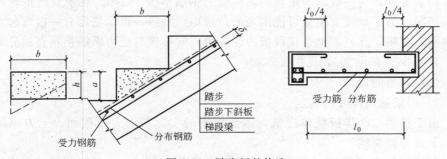

图 2-22 踏步板的构造

单跨板的计算截面高度 h，可取为梯形踏步板的平均高度，计算截面宽度 b 即为一个踏步的水平投影宽度（图 2-22）。

31

2）计算简图、荷载与内力计算

当踏步板与两侧斜梁整浇时，考虑到支座附近的嵌固作用，可按计算跨度等于净跨的两端固定梁计算（图 2-23）。其跨中和支座弯矩，可近似取：

$$M_{\max} = \pm \frac{ql^2}{10} \tag{2-6}$$

当踏步板仅与一侧斜梁整浇时，则应按简支梁计算。其计算跨度取 $l = l_0 + \frac{a}{2}$（a 为另一侧踏步板的搁置长度），见图 2-24。该简支梁的跨中弯矩可取：

$$M = \frac{ql^2}{8} \tag{2-7}$$

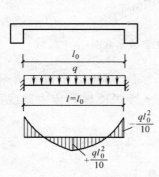

图 2-23 两端固定踏步板

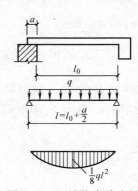

图 2-24 两端简支踏步板

均布荷载 q，包括永久荷载（踏步及其粉刷自重）和楼面可变荷载（按单位水平投影面积上的楼梯均布活荷载标准值计算），并应分别按可变荷载效应的组合——第一种荷载效应组合与按永久荷载效应的组合——第二种荷载效应组合计算，并取其较大值作为计算内力的均布荷载设计值 q。

3）正截面承载力计算与构造要求

根据上述的计算截面尺寸和跨中与支座最大弯矩，按受弯构件即可求得每个踏步所需的纵向受力钢筋。

构造要求：每一级踏步配置的纵向受力钢筋不少于 $2\phi6$。对于只按正弯矩配筋的情况，为了承受支座处可能出现的负弯矩，每隔一根纵筋需有一根弯起 $l_0/4$ 后再伸入支座。此外，整个梯段板内还应沿斜向布置与受力纵筋相垂直的分布钢筋，且不少于 $\phi6@300$，见图 2-22。

（3）斜梁的设计

1）斜梁截面尺寸的确定

由于斜梁与踏步板整体浇筑，因此斜梁的实际截面为变截面，上方呈阶梯形，下方为斜直线。

在计算斜梁自重时，其截面高度应取其平均值 $h_{平}$，而斜梁宽度 b 不变。其中

$$h_{平} = h'' + \delta + \frac{h'}{2}$$

而 $h' = L \cdot \sin\alpha$，且 $\text{tg}\alpha = \dfrac{H}{L}$，$\alpha$ 为斜梁与水平线间的夹角，其余符号，见图 2-25。

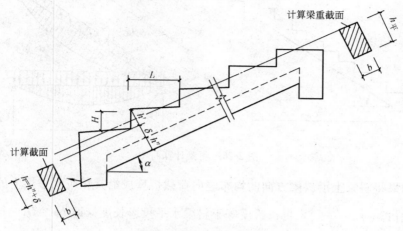

图 2-25 斜梁的截面尺寸

在承载力计算中，其计算截面则应取其最小截面尺寸，即计算截面取为 bh（在此忽略了与板的横向连接部分）。其中，$h = h'' + \delta$。

2）荷载计算

斜梁承受的荷载，可分为踏步板传来的荷载和斜梁及栏杆自重两部分。在内力计算时，通常是将斜梁上的这两部分荷载，全计算成与斜梁跨度的水平投影长度相等的水平梁上的均布荷载。即

$$q_{平1} = \frac{一块踏步重（恒＋活）}{2} \times n \quad (\text{kN/m}) \tag{2-8}$$

式中　$q_{平1}$——沿斜梁水平投影方向每米长踏步板传来的荷载设计值；

　　　n——沿斜梁水平投影方向每米长踏步板的块数。

$$q_{平2} = \frac{q_{斜}}{\cos\alpha} \quad (\text{kN/m}) \tag{2-9}$$

式中　$q_{平2}$——沿斜梁水平投影方向每米长的斜梁及栏杆自重设计值；

　　　$q_{斜}$——沿斜梁长度方向每米长的斜梁及栏杆的竖向自重设计值（kN/m）；

　　　α——斜梁轴线与水平投影面的夹角。

作用于相应水平梁上的总均布荷载设计值：

$$q_{平} = q_{平1} + q_{平2} \tag{2-10}$$

3）内力计算

为了求得简支斜梁的跨中最大弯矩和剪力，本应将沿斜梁方向的均布竖向荷载 $q_{斜}$，全部投影到与斜梁相垂直的方向上（即 $q_{斜} \cdot \cos\alpha$），再按跨度为 $l_{斜}$ 计算内力（图 2-26）。即

$$M_{斜\max} = \frac{1}{8} q_{斜} \cos\alpha \, l_{斜}^2$$

33

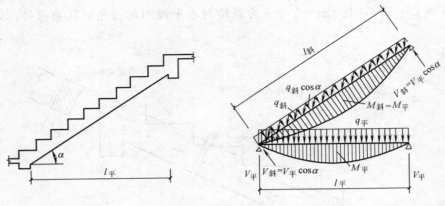

图 2-26 斜梁计算简图

如果将斜梁上沿斜梁方向的均布竖向荷载折算成沿其相应水平梁上的均布竖向荷载 $\left(\text{即 } q_平 = \dfrac{q_斜}{\cos\alpha}\right)$，再按跨度等于斜梁水平投影长度（即 $l_平 = l_斜 \cdot \cos\alpha$）计算跨中弯矩，则得

$$M_{平\max} = \frac{1}{8} q_平 \ l_平^{\ 2} = \frac{1}{8} \cdot \frac{q_斜}{\cos\alpha} \cdot (l_斜 \ \cos\alpha)^2 = \frac{1}{8} q_斜 \cdot \cos\alpha \, l_斜^2 = M_{斜\max}$$

而斜梁两端支座处的剪力，则应将水平梁的剪力再投影到与斜梁垂直的方向上去。

由此可见，要计算斜梁的跨中正弯矩，可以先将所有荷载均化成水平投影方向的线荷载，取斜梁的水平投影长度作为计算跨度，由此按水平梁计算出的跨中弯矩，即为斜梁的跨中正弯矩；而斜梁两端的剪力，则等于水平梁的剪力乘以 $\cos\alpha$。即

$$M_{\max} = \frac{1}{8} q_平 l_平^{\ 2} \tag{2-11}$$

$$V_{\max} = \frac{1}{2} q_斜 l_平 \cdot \cos\alpha \tag{2-12}$$

4）斜梁的正截面和斜截面承载力计算

斜梁的承载力计算方法与一般受弯构件完全相同。只是斜梁的计算截面需要根据踏步板的实际位置确定。一般有下列两种情况：

A. 当踏步板在斜梁的上部时（图 2-27a），可按倒 L 形截面计算；

B. 当踏步板在斜梁的下部时（图 2-27b），则应按矩形截面计算。

（4）平台梁的设计

平台梁一般支承在楼梯间两侧的横墙上，可按简支梁计算。平台梁承受斜梁传来的集中荷载、平台板传来的均布荷载（当平台板支承在侧墙上时则无此项荷载）和平台梁自重。平台梁的计算跨度可取 $l = l_0 + a \leqslant 1.05 l_0$（$l_0$——平台梁净跨；$a$——平台梁在墙内的支承长度）。

34

平台梁的结构草图和计算简图如图 2-28 所示。图（a）中虚线表示可能有斜

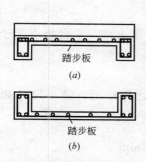

图 2-27　斜梁的计算截面

（a）踏步板在斜梁上部；
（b）踏步板在斜梁下部

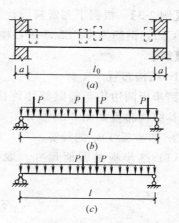

图 2-28　平台梁的计算截面

（a）结构草图；（b）有双边梁；
（c）有单边梁

梁所在的位置。

在设计时，应注意，在平台梁与斜梁相交处，平台梁的底面应低于斜梁的底面（至少与斜梁底面拉平），这样才能保证斜梁主筋放在平台梁主筋之上。当平台板与平台梁整浇时，平台梁为倒 L 形，可按 T 形截面进行强度计算。考虑到其受弯工作时截面的不对称性，和可能受有扭矩影响，也可近似按宽度为肋宽 b 的矩形截面计算，并应适当增加箍筋。同时在斜梁所在的两侧增设吊筋或附加竖向箍筋。

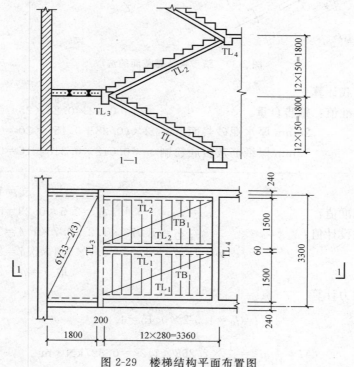

图 2-29　楼梯结构平面布置图

【例 2-3】 根据下列资料设计某办公楼的现浇梁式楼梯。采用混凝土强度等级为 C20，钢筋为 HPB235 级，楼梯均布荷载按 2.5kN/m² 计。

【解】

1. 结构布置

踏步板两边均与斜梁整体连接，踏步位于斜梁上部，平台板支承于两侧墙上，其结构布置如图 2-29 所示。

2. 踏步板 TB$_1$ 的计算

（1）踏步板的截面尺寸。取一个踏步作为计算单元，踏步尺寸如图 2-30 所示。

$$\alpha = \sqrt{280^2 + 150^2} = 318\text{mm}$$

$$\cos\alpha = \frac{280}{318} = 0.882 \quad (\alpha = 28.2°)$$

踏步板截面平均高度 $h_1 = \frac{c}{2} + \frac{\delta}{\cos\alpha} = \frac{150}{2} + \frac{40}{0.882} = 120\text{mm}$，故取计算截面 $b \times h = 280\text{mm} \times 120\text{mm}$。

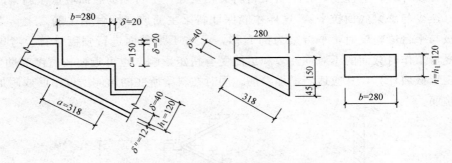

图 2-30 踏步板计算截面的选取

（2）荷载计算

恒载标准值：踏步自重 $\qquad\qquad\qquad\qquad$ $0.12 \times 0.28 \times 25 = 0.840\text{kN/m}$

$\qquad\qquad$ 20mm 厚水泥砂浆面层 $0.02 \times (0.28 + 0.15) \times 20 = 0.172\text{kN/m}$

$\qquad\qquad$ 12mm 厚纸筋灰板底粉刷 $\qquad$ $0.012 \times 0.318 \times 16 = 0.061\text{kN/m}$

小计 $\qquad\qquad\qquad\qquad\qquad\qquad\qquad\qquad\qquad$ $g_k = 1.073\text{kN/m}$

活载标准值： $\qquad\qquad\qquad\qquad\qquad\qquad$ $q_k = 2.5 \times 0.28 = 0.700\text{kN/m}$

总荷载设计值： $\qquad\qquad\qquad$ $q_1 = 1.073 \times 1.2 + 0.7 \times 1.4 = 2.268\text{kN/m}$

$\qquad\qquad\qquad\qquad$ $q_2 = 1.073 \times 1.35 + 0.7 \times 1.4 \times 0.7 = 2.135\text{kN/m}$

$\qquad\qquad\qquad\qquad\qquad\qquad\qquad$ 取 $q = q_1 = 2.268\text{kN/m}$

（3）内力计算

$$l = l_0 = 1.5 - 2 \times 0.15 = 1.2\text{m}$$

$$M = \frac{1}{10}ql^2 = \frac{1}{10} \times 2.268 \times 1.2^2 = 0.327\text{kN} \cdot \text{m}$$

（4）配筋计算

$$h_0 = 120 - c - 5 = 120 - 20 - 5 = 95\text{mm}$$

$$\alpha_s = \frac{M}{\alpha_1 f_c b h_0^2} = \frac{0.327 \times 10^6}{1.0 \times 9.6 \times 280 \times 95^2} = 0.0135 < \alpha_{s,max} = 0.426$$

$$\xi = 1 - \sqrt{1 - 2\alpha_s} = 1 - \sqrt{1 - 2 \times 0.0135} = 0.0136$$

$$A_s = \frac{\alpha_1 f_c b \xi h_0}{f_y} = \frac{1.0 \times 9.6 \times 280 \times 0.0136 \times 95}{210} = 16.5\text{mm}^2$$

$$< A_{s,min} = \rho_{min} bh = \frac{0.236}{100} \times 280 \times 120 = 79.296\text{mm}^2$$

故按构造要求，每个踏步选用 3ϕ6（$A_s = 85\text{mm}^2$），踏步板配筋见图 2-31。

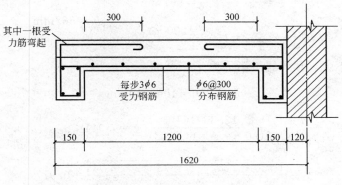

图 2-31　踏步板 TB$_1$ 配筋图

3. 斜梁 TL$_2$ 的计算

（1）荷载计算

斜梁自重计算的截面宽度 $b = 150\text{mm}$，截面高度 h 为：

$$h = \frac{h'}{2} + \delta + h'' = \frac{280 \times \sin\alpha}{2} + \delta + h'' = \frac{120}{2} + 40 + 210 = 310\text{mm}$$

沿水平投影方向的均布荷载为：

恒载标准值：踏步板传来重量　　　　　　$1.073 \times \dfrac{1.5}{2} \times \dfrac{1}{0.28} = 2.874\text{kN/m}$

　　　　　　钢管栏杆（约估）　　　　　　　　　　　　0.200kN/m

　　　　　　斜梁自重　　　　$0.15 \times 0.316 \times 25 \times \dfrac{1}{0.882} = 1.343\text{kN/m}$

小计　　　　　　　　　　　　　　　　　　　$g_k = 4.417\text{kN/m}$

活载标准值：　　　　　　　　　　$q_k = 2.5 \times \dfrac{1.5}{2} = 1.875\text{kN/m}$

总均布荷载设计值：　$q_1 = 4.417 \times 1.2 + 1.875 \times 1.4 = 7.930\text{kN/m}$

　　　　　　　　$q_2 = 4.417 \times 1.35 + 1.875 \times 1.4 \times 0.7 = 7.767\text{kN/m}$

取 $q = q_1 = 7.930\text{kN/m}$

37

（2）内力计算（图 2-32）

$$\left.\begin{array}{l} l=l_0+a=3.36+0.2=3.56\text{m} \\ l=1.05l_0=1.05\times3.36=3.53\text{m} \end{array}\right\} \text{取 } l=3.53\text{m}$$

$$M=\frac{1}{8}ql^2=\frac{1}{8}\times7.930\times3.53^2=12.352\text{kN}\cdot\text{m}$$

$$V=\frac{1}{2}ql_0\cos\alpha=\frac{1}{2}\times7.930\times3.36\times0.882=11.750\text{kN}$$

（3）正截面承载力计算

因踏步板在斜梁上部，故斜梁可按倒 L 形截面计算。翼缘宽度

$$\left.\begin{array}{l} b_\text{f}'=\frac{l}{6}=\frac{1}{6}\times\frac{3530}{0.882}=667\text{mm} \\ b_\text{f}''=b+\frac{1}{2}s_0=150+\frac{1200}{2}=750\text{mm} \end{array}\right\} b_\text{f}'=667\text{mm}$$

因弯矩不大，预计属于第一种 T 形截面。

$$h_0=250-40=210\text{mm}$$

$$\alpha_\text{s}=\frac{M}{\alpha_1 f_\text{c}b_\text{f}'h_0^2}=\frac{12.352\times10^6}{1.0\times9.6\times667\times210^2}=0.044<\alpha_\text{s,max}=0.426$$

$$\gamma_\text{s}=\frac{1+\sqrt{1-2\alpha_\text{s}}}{2}=\frac{1+\sqrt{1-2\times0.044}}{2}=0.977$$

$$A_\text{s}=\frac{M}{\gamma_\text{s}h_0 f_\text{y}}=\frac{12.352\times10^6}{0.977\times215\times210}=257\text{mm}^2$$

选用：$2\phi14$（$A_\text{s}=308\text{mm}^2$），架立筋采用 $2\phi10$。

（4）斜截面受剪承载力计算

验算截面尺寸：$\because \dfrac{h_\text{w}}{b}=\dfrac{250-40}{150}=1.4<4$

$$\therefore V_\text{u,max}=0.25\beta_\text{c}f_\text{c}bh_0=0.25\times1.0\times9.6\times150\times210$$

$$=75.6\text{kN}>V=11.750\text{kN}（截面满足要求）$$

因 $\qquad 0.7f_\text{t}bh_0=0.7\times1.10\times150\times215=24.832\text{kN}>V=11.750\text{kN}$

故可按构造要求配置箍筋，选用 $\phi6@200$。TL_2 配筋见图 2-33。

TL_1 的计算方法与 TL_2 相似，从略。

4. 平台梁 TL_3 的计算

（1）荷载计算

平台梁的截面尺寸应满足上、下斜梁的搁置要求，现采用 $bh=200\text{mm}\times350\text{mm}$。因平台板荷载直接传给两侧横墙，故不计入。由于上、下斜梁等长，斜梁传来的集中荷载相同。

38

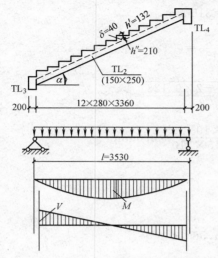

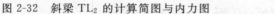

图 2-32　斜梁 TL_2 的计算简图与内力图

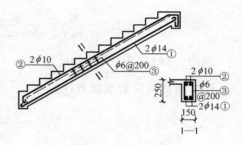

图 2-33　TL_2 配筋图

由平台梁自重：　　$g=0.20\times0.35\times25=1.75kN/m$

可得均布恒载设计值：$q=1.75\times1.35=2.36kN/m$

斜梁传来的集中荷载（已乘荷载分项系数）：

$$P=\frac{1}{2}ql_0=\frac{1}{2}\times7.93\times3.36=13.32kN$$

（2）计算简图

平台梁 TL_3 的两端均搁置于砖墙上，搁置长度 $a=240mm$。

$l=l_0+a=(3.3-0.24)+0.24=$
$3.3m>1.05l_0=3.21m$，故取计算跨
度 $l=3.21m$。

计算简图如图 2-34 所示。

（3）内力计算

因靠近支座处的集中荷载对跨中
弯矩影响不大，可略去不计；中间两

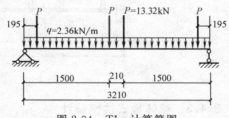

图 2-34　TL_3 计算简图

个集中荷载因位置很靠近，为简化计算，亦近似地认为同时作用于跨度中点。

$$M=\frac{ql^2}{8}+\frac{Pl}{2}=\frac{2.36\times3.21^2}{8}+\frac{13.32\times3.21}{2}=24.42kN\cdot m$$

计算支座边缘处的最大剪力时，显然，靠近支座处的集中荷载不能忽略不
计。计算跨度取净跨 $l_0=3.06m$

$$V=\frac{ql_0}{2}+2P=\frac{2.36\times3.06}{2}+2\times13.32=30.25kN$$

（4）正截面承载力计算

平台梁按 $bh=200mm\times350mm$ 的矩形截面计算。

39

$$h_0 = 350 - 35 = 315\text{mm}$$

$$\alpha_s = \frac{M}{\alpha_1 f_c b h_0^2} = \frac{24.42 \times 10^6}{1.0 \times 9.6 \times 200 \times 315^2} = 0.128 < \alpha_{s,\text{max}} = 0.426$$

$$\gamma_s = \frac{1 + \sqrt{1 - 2\alpha_s}}{2} = \frac{1 + \sqrt{1 - 2 \times 0.128}}{2} = 0.932$$

$$A_s = \frac{M}{\gamma_s h_0 f_y} = \frac{24.42 \times 10^6}{0.932 \times 315 \times 210} = 396\text{mm}^2$$

选用：$3\phi14(A_s = 463\text{mm}^2)$。

（5）斜截面受剪承载力计算

$$\because \frac{h_0}{b} = \frac{315}{200} = 1.58 < 4$$

$$\therefore V_{u,\text{max}} = 0.25\beta_c f_c b h_0 = 0.25 \times 1.0 \times 9.6 \times 200 \times 315$$

$$= 151.20\text{kN} > V = 30.25\text{kN}（截面满足要求）$$

因　　　　$0.7 f_t b h_0 = 0.7 \times 1.10 \times 200 \times 315 = 48.510\text{kN} > V = 30.25\text{kN}$

故可按构造要求配置箍筋，选用 $\phi6@300$。

平台梁 TL_3 配筋见图 2-35。

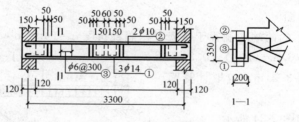

图 2-35　TL₃ 配筋图

2.4.3　整体板式楼梯设计

（1）整体板式楼梯的组成及传力过程

整体板式楼梯的特点是，梯段由踏步下的斜向梯段板组成，而不设斜梁。整块锯齿形斜板支承在平台梁及楼盖梁（或基础梁）上，如图 2-36 所示。

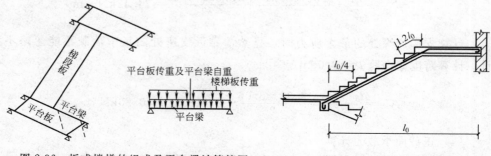

　图 2-36　板式楼梯的组成及平台梁计算简图　　　　图 2-37　折形板式楼梯

板式楼梯构造简单，支模方便，外形美观。为了经济起见，其斜向梯段的水平投影长度一般不大于 3.0m，否则应采用梁式楼梯；当跨度及荷载较小时，也可不设平台梁，即所谓折形板式楼梯，如图 2-37 所示。

板式楼梯的传力过程，可表示如下：

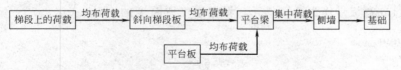

（2）板式楼梯的内力计算与构造要点

斜板为斜置的受弯构件，内力计算与斜梁基本相同。但因斜板刚度较小，常与平台梁、平台板及楼盖梁、板整体浇筑，支座的约束作用较为显著，所以斜板的跨中与支座弯矩可近似地取为：

$$M = \pm \frac{1}{10}ql^2$$

式中　q——斜板沿水平投影每米长度上的竖向均布荷载，设计时，取可变和永久荷载效应组合中较大的竖向均布荷载设计值；

　　　l——斜板的计算跨度，可按平台梁与楼盖梁之间的水平投影净距 l_0 计算。

截面设计时，斜板的截面计算高度 h 应取垂直于斜板轴线的最小高度（图 2-38）。

考虑到三角形踏步部分的作用，一般取 $h = \frac{1}{30}l$ 左右，常取 $h = 100 \sim 120\text{mm}$。斜板的配筋原则与一般板相同，即按跨中弯矩计算所需的受力钢筋截面面积，并沿斜向布置；支座附近板的上部应设负弯矩钢筋，其数量与跨中相同。其配筋方式有弯起式和分离式（图 2-38）。同时要注意每个踏步下至少配置一根直径 8～12mm 的分布钢筋。

【例 2-4】　试根据下列资料设计某教学楼的现浇板式楼梯。楼梯的平、剖面

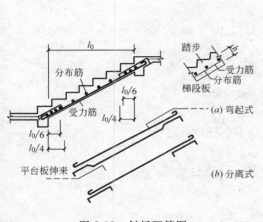

图 2-38　斜板配筋图

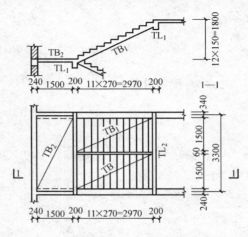

图 2-39　例 2-4 楼梯结构平面布置图

41

尺寸如图 2-39 所示。混凝土强度等级为 C20，钢筋采用 HPB235 级。楼面活荷载 $q_k = 2.5\text{kN/m}^2$。

【解】

1. 斜板 TB_1 的计算

取 1m 宽板带作为计算单元。斜板厚度取跨度的 $\frac{1}{30}l = \frac{1}{30} \times 2970 = 99\text{mm}$ 取 $h = 100\text{mm}$。

$$\cos\alpha = \frac{27}{\sqrt{27^2 + 15^2}} = 0.874$$

（1）荷载计算

恒载标准值：

三角形踏步自重 $\qquad\qquad \frac{1}{2} \times 0.27 \times 0.15 \times \frac{1}{0.27} \times 25 = 1.875\text{kN/m}$

斜板自重 $\qquad\qquad\qquad 0.1 \times 1.0 \times \frac{1}{0.874} \times 25 = 2.860\text{kN/m}$

20mm 厚水泥砂浆面层 $\qquad 0.02 \times (0.27 + 0.15) \times \frac{1}{0.27} \times 20 = 0.622\text{kN/m}$

12mm 厚纸筋灰板底粉刷 $\qquad 0.012 \times 1.0 \times \frac{1}{0.874} \times 16 = 0.220\text{kN/m}$

小计 $\qquad\qquad\qquad\qquad\qquad\qquad\qquad\qquad\qquad g_k = 5.577\text{kN/m}$

活载标准值： $\qquad\qquad\qquad\qquad\qquad\qquad q_k = 2.5 \times 1.0 = 2.500\text{kN/m}$

总荷载设计值：

$$q_1 = g_k \times 1.2 + g_k \times 1.4 = 5.577 \times 1.2 + 2.5 \times 1.4 = 10.192\text{kN/m}$$

$$q_2 = g_k \times 1.35 + g_k \times 1.4 \times 0.7 = 5.577 \times 1.35 + 2.5 \times 1.4 \times 0.7 = 9.979\text{kN/m}$$

$$\text{取 } q = q_1 = 10.192\text{kN/m}$$

（2）内力计算

$$l = l_0 = 2.97\text{m}$$

$$M = \frac{1}{10}ql^2 = \frac{1}{10} \times 10.192 \times 2.97^2 = 8.99\text{kN} \cdot \text{m}$$

（3）配筋计算

$$h_0 = 100 - 25 = 75\text{mm}$$

$$\alpha_s = \frac{M}{\alpha_1 f_c b h_0^2} = \frac{8.99 \times 10^6}{1.0 \times 9.6 \times 1000 \times 75^2} = 0.167$$

$$\gamma_s = \frac{1 + \sqrt{1 - 2\alpha_s}}{2} = \frac{1 + \sqrt{1 - 2 \times 0.167}}{2} = 0.907$$

$$A_s = \frac{M}{\gamma_s h_0 f_y} = \frac{8.99 \times 10^6}{0.907 \times 75 \times 210} = 629\text{mm}^2$$

选用 $\phi10@125$（$A_s=628mm^2$），且每个踏步下设 $1\phi8$ 的分布钢筋，斜板配筋如图 2-40 所示。

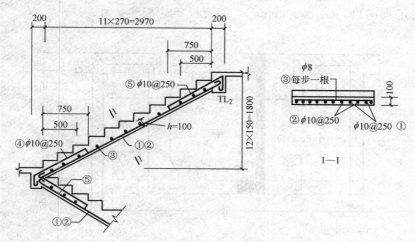

图 2-40　例 2-4TB$_1$ 配筋图

2. 平台板 TB$_2$ 的计算

平台板厚度取 $h=60mm$，且取 1m 宽板作为计算单元。

（1）荷载计算

恒载标准值：

60mm 厚板自重	$0.06\times1\times25=1.500kN/m$
20mm 厚水泥砂浆面层	$0.02\times1\times20=0.400kN/m$
12mm 厚纸筋灰板底粉刷	$0.012\times1\times16=0.192kN/m$

小计　　　　　　　　　　　　　　　　　　　$g_k=2.092kN/m$

活载标准值：　　　　　　　　　　　　　　　$q_k=2.5\times1=2.500kN/m$

总荷载设计值：　　　$q_1=2.092\times1.2+2.5\times1.4=6.010kN/m$

$q_2=2.092\times1.35+2.5\times1.4\times0.7=5.274kN/m$

取 $q=q_1=6.010kN/m$

（2）内力计算

平台板 TB$_2$ 的计算跨度 $l=l_0=1.5m$

$$M=\frac{1}{10}ql^2=\frac{1}{10}\times6.010\times1.5^2=1.352kN\cdot m$$

（3）配筋计算

$$h_0=60-25=35mm$$

$$\alpha_s=\frac{M}{\alpha_1 f_c b h_0^2}=\frac{1.352\times10^6}{1.0\times9.6\times1000\times35^2}=0.115$$

$$\gamma_s=\frac{1+\sqrt{1-2\alpha_s}}{2}=\frac{1+\sqrt{1-2\times0.115}}{2}=0.939$$

$$A_s = \frac{M}{\gamma_s h_0 f_y} = \frac{1.352 \times 10^6}{0.939 \times 35 \times 210} = 196\text{mm}^2$$

选用 $\phi6@140$（$A_s = 202\text{mm}^2$），平台板 TB_2 配筋见图 2-41。

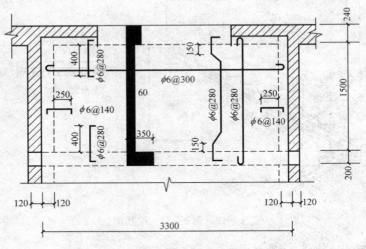

图 2-41 例 2-4TB_2 配筋图

3. 平台梁 TL_1 的计算

（1）荷载计算

平台梁按倒 T 形截面计算 $bh = 200\text{mm} \times 350\text{mm}$。

恒载标准值：

由斜板传来的重量　　　　　　　　　　　　$5.577 \times \dfrac{2.97}{2} = 8.282\text{kN/m}$

由平台传来的重量　　　　　　　　　　　　$2.092 \times \dfrac{1.5}{2} = 1.569\text{kN/m}$

小计　　　　　　　　　　　　　　　　　　　　　$g_k = 9.851\text{kN/m}$

活载标准值：　　　　　　$q_k = 2.5 \times \left(\dfrac{2.97}{2} + \dfrac{1.5}{2} + 0.2 \right) = 6.088\text{kN/m}$

总均布荷载设计值：　　　$q_1 = 9.851 \times 1.2 + 6.088 \times 1.4 = 20.344\text{kN/m}$

$q_2 = 9.851 \times 1.35 + 6.088 \times 1.4 \times 0.7 = 19.265\text{kN/m}$

取 $q = q_1 = 20.344\text{kN/m}$

（2）内力计算

计算跨度：$l = 3.21\text{m}$

净　　跨：$l_0 = 3.06\text{m}$ ｝（同例 2-3）

$$M = \frac{1}{8} q l^2 = \frac{1}{8} \times 20.344 \times 3.21^2 = 26.203\text{kN} \cdot \text{m}$$

$$V = \frac{1}{2} q l_0 = \frac{1}{2} \times 20.344 \times 3.06 = 31.126\text{kN}$$

44

（3）正截面承载力计算

按倒 L 形截面计算

$$b=200\text{mm}，h_0=350-40=310\text{mm}$$

$$h_f'=60\text{mm}$$

翼缘宽度计算：

$$b_f'=\frac{l}{6}=\frac{321}{6}=535\text{mm}$$
$$b_f''=b+\frac{1}{2}s_0=200+\frac{1200}{2}=950\text{mm}$$
取 $b_f'=535\text{mm}$

$$\because \alpha_1 f_c b_f' h_f'\left(h_0-\frac{h_f'}{2}\right)=1.0\times9.6\times535\times60\times\left(310-\frac{60}{2}\right)$$

$$=86.284\text{kN}\cdot\text{m}>M=26.203\text{kN}\cdot\text{m}$$

$\therefore$ 按第一种 T 形截面计算：

$$\alpha_s=\frac{M}{\alpha_1 f_c b_f' h_0^2}=\frac{26.203\times10^6}{1.0\times9.6\times535\times310^2}=0.053$$

$$\gamma_s=\frac{1+\sqrt{1-2\alpha_s}}{2}=\frac{1+\sqrt{1-2\times0.053}}{2}=0.973$$

$$A_s=\frac{M}{\gamma_s h_0 f_y}=\frac{26.203\times10^6}{0.973\times310\times210}=414\text{mm}^2$$

选用：$3\Phi16(A_s=603\text{mm}^2)$，且可弯起 $1\Phi16$。

（4）斜截面受剪承载力计算（同例题 2-3）

$$V_{u,max}=151.200\text{kN}>V=31.126\text{kN}（截面满足要求）$$

因 $$0.7f_t bh_0=47.740\text{kN}>V=31.126\text{kN}$$

故可按构造要求配置箍筋 $\phi6@200$。平台梁 TL$_1$ 配筋见图 2-42。

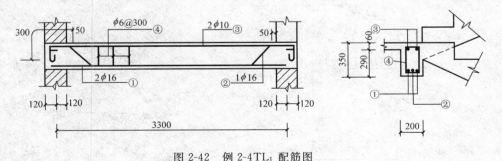

图 2-42 例 2-4TL$_1$ 配筋图

2.4.4 其他形式楼梯的计算与构造特点

（1）折线形楼梯

45

在楼梯设计中，有时为了满足平台梁下的净空要求，而将上下楼梯跑做成不同长度（图 2-43），因此第二跑便出现折线形梯段板。

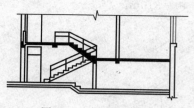

图 2-43 折线形楼梯

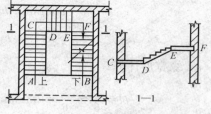

图 2-44 三跑楼梯

此外，在某些公共建筑中，层高往往较大，踏步级数较多，若取两跑梯段，楼梯间进深就较大。当楼梯间进深浅而开间较大时，可做成三跑楼梯，如图 2-44 所示。这时可在楼面平台口处设一平直梁 AB，而在中间平台口处沿 $CDEF$ 设一双折形梁。这样，中间的梯段板及两块平台板便支承在双折梁及墙上，而另外左右两个梯段则支承在双折梁及楼面平台梁上。

折线形楼梯的计算及构造有如下特点：

1）荷载计算

折线形楼梯的荷载计算与普通梁（板）式楼梯一样，只需把沿斜向长度分布的竖向荷载（自重）化为沿水平投影长度方向分布的竖向荷载。由于折梁（板），斜段部分有三角形踏步，其自重较水平段部分大，同时，斜段部分的自重化成水平均布荷载时又要增大 $\frac{1}{\cos\alpha}$ 倍，所以，斜段部分的水平均布荷载一般要比水平部分大。

2）内力计算（图 2-45）

支座反力：

$$\sum X = 0 \qquad H_A = 0$$
$$\sum Y = 0 \qquad R_B = q_1 l_1 + q_2 l_3 + R_A \qquad (2\text{-}13)$$

式中　q_1、q_2——第 1、2 段由荷载效应基本组合的最不利值求得的均布荷载设计值。

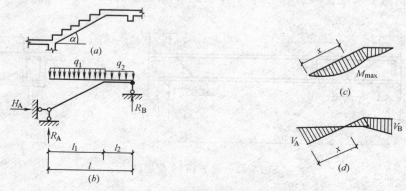

图 2-45 折线形梁（板）的荷载与内力

(a) 梯段示意图；(b) 计算简图；(c) 弯矩图；(d) 剪力图

$$\sum M_B = 0 \qquad R_A = \frac{1}{l}\left[q_1 l_1 \left(\frac{l_1}{2} + l_2\right) + q_2 l_2 \left(\frac{l_2}{2}\right)\right] \qquad (2\text{-}14)$$

令最大弯矩截面距支座 A 为 x：

$$x = \frac{R_A}{q_1 \cdot \cos\alpha} \qquad (2\text{-}15)$$

则

$$M_{max} = \frac{1}{2} R_A \cos\alpha \cdot x = \frac{R_A^2}{2q_1} \qquad$$

因而，对于折线形梁：

$$M_{max} = \frac{R_A^2}{2q_1} \qquad (2\text{-}16)$$

$$V_A = R_A \cdot \cos\alpha \qquad (2\text{-}17)$$

$$V_B = R_B \qquad (2\text{-}18)$$

梁内轴力 N 一般较小，可忽略不计。对于折线形板，考虑到两端支座能承受一定负弯矩，故跨中计算弯矩可取 $M = 0.8 M_{max}$。

3）构造要求

在折形板配筋时，要特别注意转折点处钢筋的放置方法：凸（内）折角处（图 2-46 中的 C 点处），底部钢筋 a 伸至平台板顶后，再向 D 点延伸过去，同时在平台板下部设置相同截面的附加钢筋 b，以避免折角处下部混凝土的保护层被拉脱；而在凹角处（图 2-46 中的 B 点处），则可将钢筋 a 直接向 A 点处延伸过去。

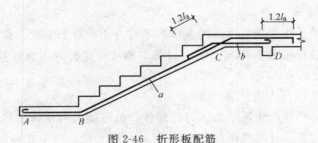

图 2-46 折形板配筋

（2）栏板斜梁楼梯

如果将梁式楼梯中的斜梁与栏杆结合起来做成栏板，用以代替斜梁支承在平台梁与楼盖梁（或基础梁）上，这就是栏板斜梁式楼梯。在此，栏板即为栏板梁。栏板梁一方面起着斜梁的作用，承受由踏步传来的荷载和自重；另一方面又起着栏杆的作用，承受作用在栏板顶部的人群水平推力。通常需对上述两种情况分别进行强度计算。

1）近似按斜梁进行强度计算

（A）荷载计算

栏板梁承受由踏步传来的荷载和自重，并计算成沿水平投影长度上的均布竖向荷载。

（B）计算简图与内力计算

47

其计算简图如图 2-47 所示，计算方法与斜梁相同。按简支梁计算可得：

$$跨中弯矩 \qquad M=\frac{1}{8}ql^2 \qquad (2-19)$$

$$支座剪力 \qquad V=\frac{1}{2}ql_0\cos\alpha \qquad (2-20)$$

式中　l——栏板梁计算跨度；

　　　l_0——栏板梁的净跨度。

（C）配筋计算与构造

根据栏板梁的跨中弯矩 M 和支座剪力 V，计算所需的纵向受力钢筋和箍筋。但因踏步位于栏板梁的受拉区，故应按其矩形截面进行计算。截面宽度为栏板梁的厚度 b，一般常取 70mm，截面高度为垂直于栏板梁轴线的高度（图 2-47）。

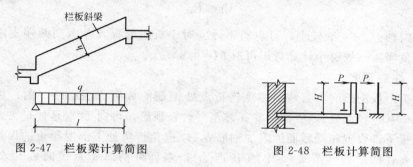

图 2-47　栏板梁计算简图

图 2-48　栏板计算简图

2）按悬臂板进行强度计算

（A）荷载计算

栏板梁还承受作用在它顶部的人群水平推力 P，对于学校、食堂、剧场、商店、礼堂等以沿长每米 1.0kN 计算（计算时取 1m 宽板带作为计算单元），即取 $P=1.0$kN。

（B）计算简图与内力计算

水平推力使栏杆产生出平面（可能向外，也可能向内）弯曲，栏板可按下端固定的悬臂板计算。计算简图如图 2-48 所示。最大弯矩产生在栏板下端 1—1 截

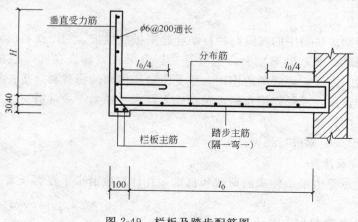

图 2-49　栏板及踏步配筋图

面，其值为：

$$M = PH \tag{2-21}$$

式中　H——截面 1—1 至扶手的距离。

（C）配筋计算与构造

考虑到水平推力可能向内，也可能向外，所以按悬臂端弯矩求得的竖向受力钢筋应配置在栏板厚度的中间处，即栏板截面的有效高度取板厚之半（当板厚为 70mm 时，$h_0 = 35mm$），截面宽度 $b = 1000mm$。栏板及踏步的配筋见图 2-49。

2.5　雨篷、阳台与挑檐设计

雨篷、外阳台、挑檐以及挑廊等，都是房屋建筑工程中常见的悬挑构件。因为悬挑部分的荷载有可能使其支承构件扭转，也可能使整个构件倾覆，所以，在设计计算时，不仅要进行一般受弯构件的承载力计算以及必要时进行刚度和裂缝宽度验算，而且还必须进行它的抗扭承载力计算和整个构件的抗倾覆验算。

2.5.1　钢筋混凝土雨篷

（1）钢筋混凝土雨篷的组成及其破坏形态

雨篷由雨篷板和雨篷梁两部分组成，如图 2-50 所示。

雨篷的破坏形态有三种：

（A）雨篷板一般是固定在雨篷梁上的悬臂板，在荷载作用下，可能会发生受弯破坏。即可能在支座处因受弯而裂断，如图 2-51a 所示。故应对雨篷板进行抗弯承载力计算。

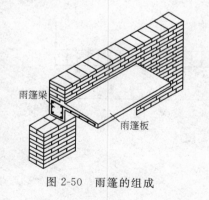

图 2-50　雨篷的组成

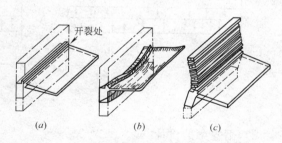

图 2-51　雨篷的破坏类型
(a) 雨篷板断裂；(b) 雨篷梁的弯曲；(c) 雨篷的倾覆

（B）雨篷梁一方面支承雨篷板，另一方面它又兼起过梁的作用。在梁自重、墙体重，以及雨篷板传来的竖向荷载作用下，雨篷梁的正截面和斜截面受弯和受剪；同时，在由雨篷板上荷载引起的扭转力矩作用下，还会使雨篷梁受扭。因此，在荷载作用下，雨篷梁可能会因弯、剪、扭的组合作用而发生弯剪扭破坏。因此，应对雨篷梁进行正截面抗弯承载力，斜截面抗剪承载力和抗扭承载力计算。

（C）整个雨篷靠雨篷梁自重与其上部墙体的重量固定在墙内。如果由这些

49

重量产生的抗倾覆力矩,小于由雨篷板荷载引起的倾覆力矩,则会使整个雨篷发生倾覆破坏,如图 2-51(c)所示。所以还应对整个雨篷进行抗倾覆验算。

(2)雨篷设计

1)雨篷板的设计

(A)雨篷板截面尺寸的确定

当雨篷板有边梁时,应按一般梁板结构设计;无边梁时,应按悬臂板设计。

雨篷板的宽度和挑出长度由建筑要求确定。一般构造要求:雨篷板根部板厚不小于挑出长度的 1/10,而尖部板厚不小于 60mm。

雨篷板在进行承载力计算时,一般取 1m 宽板带作为计算单元,因此计算截面宽度 $b=1000mm$;因根部弯矩最大,故计算截面高度 h,一般取雨篷板根部的厚度。而作为悬臂板跨度,则取板的挑出长度。

(B)雨篷板上的荷载与截面设计

作用在雨篷板上的荷载有恒载(板自重及粉刷重)和活荷载等。其中活荷载有两种情况:一是雪载或 $0.5kN/m^2$ 活荷载(取其较大者);二是每一延米的 1.0kN 施工检修集中荷载(考虑施工或检修时人和工具的重量)。

计算时应考虑下列两种荷载组合:

a)恒载+雪载或 $0.5kN/m^2$ 活荷载中的较大者(图 2-52a);

b)恒载+1.0kN 施工检修集中荷载(图 2-52b)。

为计算简便且偏于安全,可将 1.0kN 集中荷载作用在悬臂端。两种计算简图按照上述两种荷载组合,分别计算其固端负弯矩,再取其较大值进行正截面承载力计算。但需注意,受力钢筋必须配置在板的上部。且伸入雨篷梁内的长度不得小于纵向受拉钢筋的最小锚固长度 l_a。

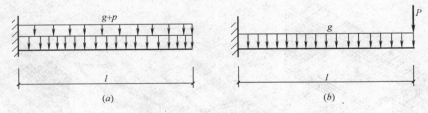

图 2-52　雨篷板计算简图

2)雨篷梁的设计

(A)正截面受弯承载力计算

雨篷梁的正截面受弯承载力,按简支梁计算。计算跨度可取 $l=1.05l_0$。

作用在雨篷梁上的荷载,包括:

a)雨篷梁自重;

b)雨篷梁上部墙体重量;墙体的计算高度可按下述两种情况取用:

当 $h_实 \geqslant \dfrac{l_0}{3}$ 时,取 $h_计 = \dfrac{l_0}{3}$;

当 $h_实 < \dfrac{l_0}{3}$ 时,取 $h_计 = h_实$。

其中　$h_实$——雨篷梁上部墙体的实际高度；

　　　$h_计$——雨篷梁上部墙体的计算高度；

　　　l_0——雨篷梁的净跨度。

c) 楼板传来的荷载（仅当楼板搁置在雨篷梁上时计入。计算时，可取 1/2 楼板范围内的荷载）；

d) 雨篷板传来的竖向荷载。按雨篷板的两种荷载组合分别计算（图 2-53）。为简化计算且偏于安全，也可按恒载、活荷载或雪荷载（取大者）和施工、检修荷载同时作用计算。其中施工、检修荷载按 1.0kN/m 计，当计算弯矩时，集中荷载作用在跨中；当计算剪力时，可将集中荷载作用在支座边缘截面处，见图 2-53。

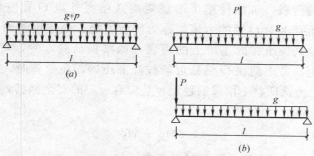

图 2-53　雨篷梁受弯计算简图

（B）斜截面受剪承载力计算

雨篷梁的斜截面抗剪承载力计算，与一般受弯构件完全相同。只是当需要按计算配置箍筋时，最好计算出所需箍筋间距。

（C）受扭承载力计算

对于同时承受弯扭作用的构件，目前是将受弯和受扭分别进行计算的。即先按弯矩和剪力计算梁内所需的纵向受力钢筋和抗剪箍筋；然后再按扭矩计算所需的抗扭纵筋和抗扭箍筋，最后将两者叠加确定纵筋和箍筋的总配筋量。

雨篷梁在自重和雨篷板上荷载的作用下，通常是按两端固定的单跨梁来计算扭矩的。其计算跨度取净跨。雨篷梁在沿梁纵向每米长度内的均布外力偶矩 q_T（kN·m/m）作用下的扭矩图与在均布荷载作用下的剪力图成相似形（图 2-54）。故其支座边缘截面的最大扭矩为：

$$T = \frac{1}{2} q_T l_0 \qquad (2-22)$$

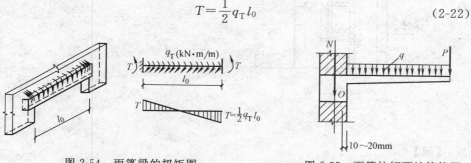

图 2-54　雨篷梁的扭矩图　　　　　图 2-55　雨篷抗倾覆计算简图

51

当雨篷梁的扭矩为已知后，其受扭承载力计算方法，与一般钢筋混凝土受扭构件完全相同。

（D）受扭构件的构造要求

弯扭构件的箍筋配箍率 ρ_{sv} 不得小于配箍率 $\rho_{sv,min}$，箍筋间距不得大于箍筋最大间距，且箍筋应做成封闭式，当采用绑扎骨架时，箍筋的末端应做成 135° 弯钩。

弯扭构件的纵筋配筋率不应小于抗弯纵筋的最小配筋率与抗扭纵筋的最小配筋率之和。其间距不应大于 300mm，且不应大于梁宽。除抗弯纵筋需配置在截面受拉一侧外，抗扭纵筋，首先应布置在截面的四角，然后再沿周边均匀布置。

3）雨篷的抗倾覆验算

雨篷板上的荷载，可能使整个雨篷绕雨篷梁底外缘 O 轴发生转动而倾覆（图 2-55）。板上荷载对 O 轴的力矩，称为倾覆力矩。而作用于雨篷梁上的梁自重、砌体重以及其他压在雨篷梁上的荷载（如梁板荷载）等，对 O 轴的力矩，称为抗倾覆力矩。考虑到在 O 轴处可能被局部压碎，在验算时，力矩点宜向内移 10～20mm。为保证整个雨篷的稳定，且应有一定的安全储蓄，应按下式进行抗倾覆验算：

$$1.5M_{倾} \leqslant M_{抗} \tag{2-23}$$

式中　$M_{抗}$——抗倾覆力矩，计算时只考虑恒载；

　　　$M_{倾}$——倾覆力矩，计算时同时考虑恒载和活荷载。

如不满足公式（2-23）时，一般可增加雨篷梁伸入墙体内的宽度，以增加压在梁上的抗倾覆荷载，或使雨篷梁与周围的构件，如楼边梁、圈梁与楼梯休息平台等连接成整体。

【例 2-5】　试设计如图 2-56 所示的雨篷。雨篷梁全长为 3.0m，门洞宽为 2.0m，雨篷板宽为 2.6m，其挑出长度为 1.2m，混凝土强度等级采用 C20，钢筋采用 HPB235 级。

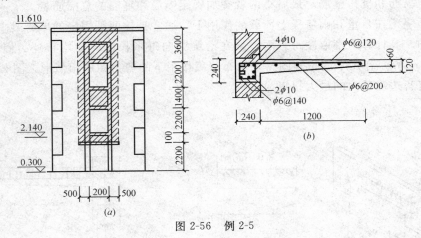

图 2-56　例 2-5

【解】

1. 雨篷板的设计

（1）计算简图与荷载计算

考虑雨篷挑出长度为 1.2m，故取雨篷根部厚度为 120mm，端部厚度为 60mm，并取 1m 宽板带作为计算单元，计算跨度 $l_0=1.2\text{m}$。计算简图如图 2-57 所示。

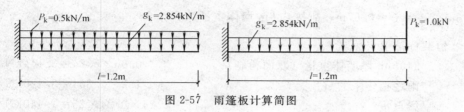

图 2-57　雨篷板计算简图

恒载标准值：

板自重	$0.09\times1\times25=2.250\text{kN/m}$
20mm 厚水泥砂浆面层	$0.02\times1\times20=0.400\text{kN/m}$
12mm 厚纸筋灰板底粉刷	$0.012\times1\times17=0.204\text{kN/m}$
小计	$g_k=2.854\text{kN/m}$

活载标准值：　$q_k=0.5\text{kN/m}$（均布荷载）或 $P_k=1.0\text{kN/m}$（集中荷载）

总均布荷载设计值：　　$q_1=2.854\times1.2+0.5\times1.4=4.125\text{kN/m}$

$$q_2=2.854\times1.35+0.5\times1.4\times0.7=4.343\text{kN/m}$$

取 $q=q_2=4.343\text{kN/m}$

集中荷载设计值：　　　　　　　　$p=1.0\times1.4=1.4\text{kN}$

（2）内力计算

$$M=\frac{1}{2}ql^2=\frac{1}{2}\times4.343\times1.2^2=3.127\text{kN}\cdot\text{m}$$

及　$M=\frac{1}{2}ql^2+Pl=\frac{1}{2}\times2.854\times1.35\times1.2^2+1.4\times0.7\times1.2=3.950\text{kN}\cdot\text{m}$

取其较大值 $M=3.950\text{kN}\cdot\text{m}$

（3）正截面承载力计算

$$h_0=120-25=95\text{mm}$$

$$\alpha_s=\frac{M}{\alpha_1 f_c b h_0^2}=\frac{3.950\times10^6}{1.0\times9.6\times1000\times95^2}=0.046$$

$$\gamma_s=\frac{1+\sqrt{1-2\alpha_s}}{2}=\frac{1+\sqrt{1-2\times0.046}}{2}=0.976$$

$$A_s=\frac{M}{\gamma_s h_0 f_y}=\frac{3.95\times10^6}{0.976\times95\times210}=203\text{mm}^2$$

选用 $\phi6@120$（$A_s=236\text{mm}^2$），分布筋选用 $\phi6@200$。

雨篷板配筋见图 2-56b。

2. 雨篷梁的设计

（1）正截面受弯承载力计算

1）计算简图与荷载计算

设雨篷梁的截面尺寸 240mm×240mm，梁的净跨为 2m，两端各伸入墙内 500mm。取计算跨度 $l = 1.05l_0 = 1.05 \times 2 = 2.1$m。因雨篷梁上的墙高 $H_{实} = 0.6$m $< \dfrac{l_0}{3} = \dfrac{2}{3} = 0.67$m，故按 0.6m 墙体重量计算。

恒载标准值：

240mm 厚墙体重量（双面粉刷）	$0.06 \times 5.24 = 3.144$kN/m
雨篷板传来的重量	$1.2 \times 2.854 = 3.425$kN/m
梁自重	$0.24 \times 0.24 \times 25 = 1.440$kN/m

小计 $g_k = 8.009$kN/m

活载标准值：

均布活荷载 $q_k = 0.5 \times 1.2 = 0.600$kN/m

或施工检修集中荷载 $P_k = 1.0$kN/m

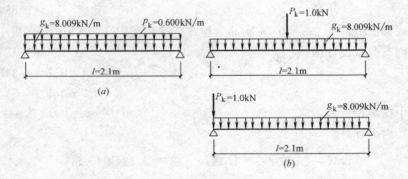

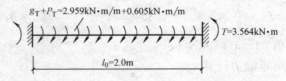

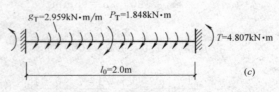

图 2-58 雨篷梁计算简图

总均布荷载设计值：

计算简图（a）：

$q_1 = g_k \times 1.2 + q_k \times 1.45 = 8.009 \times 1.2 + 0.600 \times 1.4 = 10.450$kN/m

$q_2 = g_k \times 1.35 + q_k \times 1.45 \times 0.7 = 8.009 \times 1.35 + 0.600 \times 1.4 \times 0.7$

$= 11.400$kN/m

取 $q=q_2=11.400\mathrm{kN/m}$

计算简图 (b):

$$q_1=8.009\times1.2=9.611\mathrm{kN/m}$$

$$P_1=1.0\times1.4=1.4\mathrm{kN}$$

$$q_2=8.009\times1.35=10.812\mathrm{kN/m}$$

$$P_2=1.0\times1.4\times0.7=0.59\mathrm{kN}$$

取 $q=q_2=10.812\mathrm{kN/m}$

$$P=P_2=0.59\mathrm{kN}$$

2) 内力计算

弯矩:

按计算简图 (a) $M=\dfrac{1}{8}ql^2=\dfrac{1}{8}\times11.400\times2.1^2=6.28\mathrm{kN\cdot m}$

按计算简图 (b) $M=\dfrac{1}{8}ql^2+\dfrac{1}{4}Pl=\dfrac{1}{8}\times10.812\times2.1^2+\dfrac{1}{4}\times0.59\times2.1=$

$6.270\mathrm{kN\cdot m}$

取其较大者: $M=6.28\mathrm{kN\cdot m}$

剪力:

$$V=\frac{1}{2}ql_0=\frac{1}{2}\times11.400\times2.0=11.400\mathrm{kN}$$

或 $\qquad V=\dfrac{1}{2}ql_0+P=\dfrac{1}{2}\times10.812\times2.0+0.59=11.402\mathrm{kN}$

取 $\qquad\qquad\qquad V=11.402\mathrm{kN}$

3) 正截面承载力计算

$$h_0=240-35=205\mathrm{mm}$$

$$\alpha_s=\frac{M}{\alpha_1 f_c bh_0^2}=\frac{6.28\times10^6}{1.0\times9.6\times240\times205^2}=0.065<\alpha_{s,\max}=0.426$$

(满足适用条件一)

$$\gamma_s=\frac{1+\sqrt{1-2\alpha_s}}{2}=\frac{1+\sqrt{1-2\times0.065}}{2}=0.966$$

$$A_s=\frac{M}{\gamma_s h_0 f_y}=\frac{6.28\times10^6}{0.966\times205\times210}=151\mathrm{mm}^2$$

选用 $2\phi10(A_s=157\mathrm{mm}^2)$。

$$A_s>\rho_{\min}bh=\frac{0.2}{100}\times240\times240=115\mathrm{mm}^2 \quad (满足适用条件二)$$

(2) 斜截面受剪承载力计算

$$\because \quad \frac{h_0}{b}=\frac{205}{240}=0.345<4$$

$$\therefore \quad V_{u,max}=0.25\beta_c f_c bh_0=0.25\times1.0\times9.6\times240\times205=118.05kN>V=$$

$11.402kN$ （截面满足要求）

又 $\qquad 0.7f_t bh_0=0.7\times1.1\times240\times205=37.884kN>V=11.402kN$

故箍筋可由抗扭承载力计算确定。

（3）受扭承载力计算（图 2-58c）

1）扭矩计算（按基本组合的最不利值确定）

恒载：$g_T=2.854\times1.2\times1.2\times\dfrac{1.2\times0.24}{2}=2.959kN\cdot m/m$

活载：$q_T=0.5\times1.2\times1.4\times\left(\dfrac{1.2+0.24}{2}\right)=0.605kN\cdot m/m$

或：$\qquad p_T=1.0\times1.4\times\left(1.2+\dfrac{0.24}{2}\right)=1.848kN\cdot m/m$

支座边缘处截面扭矩：

$$T=\frac{1}{2}(g_T+q_T)l_0=\frac{1}{2}\times(2.959+0.605)\times2.0=3.564kN\cdot m$$

或 $\qquad T=\dfrac{1}{2}g_T l_0+p_T=\dfrac{1}{2}2.959\times2.0+1.848=4.807kN\cdot m$

取其较大值：$T=4.807kN\cdot m$

2）验算截面的限制条件

$$W_t=\frac{b^2}{6}(3h-b)=\frac{240^2}{6}\times(3\times240-240)=4608000mm^3$$

$$\frac{V}{bh_0}+\frac{T}{W_t}=\frac{11400}{240\times205}+\frac{4807000}{4608000}=1.275N/mm^2$$

$$<0.25\beta_c f_c=0.25\times1.0\times9.6=2.40N/mm^2$$

$$>0.7f_t=0.7\times1.1=0.77N/mm^2$$

截面满足要求，但应考虑进行受扭和受剪承载力计算。

3）验算是否可不进行受扭承载力计算

因 $\quad 0.175f_t W_t=0.175\times1.1\times\dfrac{240^2}{6}\times(3\times240-240)$

$$=0.887kN\cdot m<T=4.807kN\cdot m$$

故需进行抗扭计算。

4）验算是否可不进行受剪承载力计算

因 $\quad 0.35f_t bh_0=0.35\times1.1\times240\times215=19.866kN>V=11.011kN$

故可忽略剪力影响，仅按受弯构件正截面抗弯承载力和纯扭构件抗扭承载力
分别进行计算。

5）按受扭承载力计算公式计算抗扭箍筋

设抗扭纵筋与抗扭箍筋处于最佳配合状态，取 $\zeta=1.2$。且选用 $\phi 8$ 箍筋（$A_{st1}=50.3mm^2$）。

由公式
$$T \leqslant 0.35\beta_t f_t W_t + 1.2\sqrt{\zeta} f_{yv} \frac{A_{st1} \cdot A_{cor}}{s}$$

其中，混凝土受扭承载力降低系数：
$$\beta_t = \frac{1.5}{1+0.5\dfrac{VW_t}{Tbh_0}} = \frac{1.5}{1+0.5 \times \dfrac{11400 \times 4608000}{4807000 \times 240 \times 205}} = 1.35 > 1.0$$

取 $\beta_t=1.0$
$$A_{cor} = b_{cor} \times h_{cor} = (240-2\times25) \times (240-2\times25) = 36100mm^2$$

代入相应数据：
$$4807000 = 0.35 \times 1.0 \times 1.1 \times 4608000 + 1.2\sqrt{1.2} \times \frac{210 \times 50.3 \times 36100}{s}$$

解得：$s=165mm$，故选用箍筋 $\phi 8@150$。

6）按抗扭承载力计算抗扭纵筋
$$A_{stl} = \zeta U_{cor} \frac{A_{st1}}{s} \cdot \frac{f_{yv}}{f_y} = 1.2 \times 2 \times (190+190) \times \frac{50.4}{150} \times \frac{210}{210} = 306mm^2$$

抗扭纵筋选用 $4\phi 10$（$A_s=314mm^2$）。

3. 雨篷的抗倾覆验算

（1）倾覆力矩

雨篷板上恒载产生的倾覆力矩为：
$$2.854 \times 1.2 \times 2.6 \times \left(\frac{1.2}{2}+0.02\right) = 5.52kN \cdot m$$

雨篷板上活荷载产生的倾覆力矩为：

在均布活载作用下：$0.5 \times 1.2 \times 2.6 \times \left(\dfrac{1.2}{2}+0.02\right) = 0.97kN \cdot m$

在施工荷载作用下：$1.0 \times (1.2+0.02) = 1.22kN \cdot m$

取后两项的较大值，则总倾覆力矩为：
$$M_{倾} = 5.52+1.22 = 6.74kN \cdot m$$

（2）抗倾覆力矩

在计算抗倾覆力矩时，采用雨篷梁全长 $l=3.0m$ 范围内的全部墙体重量（即取图 2-56a 中阴影线部分的墙体）。为简化计算，假定钢筋混凝土过梁和圈梁重，均按墙体重量考虑。雨篷梁上部的墙高为 $11.64-2.14=9.5m$，窗重近似按 $0.3kN/m^2$ 计，墙重按 $5.24kN/m^2$ 计。

57

墙体重量　$9.5 \times 3.0 \times 5.24 - (2 \times 2.0 \times 2.2) \times (5.24 - 0.3) = 105.80 \text{kN}$

梁自重　$0.24 \times 0.24 \times 3 \times 25 = 4.32 \text{kN}$

小计　$N = 110.12 \text{kN}$

抗倾覆力矩：

$$M_{抗} = 110.12 \times \left(\frac{0.24}{2} - 0.02 \right) = 11.012 \text{kN} \cdot \text{m}$$

（3）抗倾覆验算

$$\frac{M_{抗}}{M_{倾}} = \frac{11.012}{6.74} = 1.63 > 1.5 （安全）$$

2.5.2　钢筋混凝土阳台

（1）阳台的类别

阳台分全凹阳台和悬挑阳台等几种形式。

全凹阳台的结构布置，一般采用与楼板同类的板搁置在两侧墙上（图2-59）。它的计算方法与楼板相似。当选用标准板时，板的承载等级应根据阳台的使用荷载确定。

悬挑阳台的结构布置，常采用悬板式和悬梁式两种方案。悬板式阳台的荷载

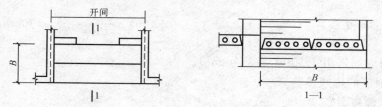

图 2-59　全凹阳台

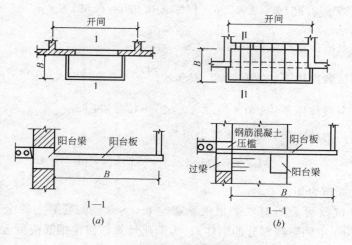

图 2-60　悬板式阳台

（a）现浇全挑悬板式阳台；（b）预制半挑（带外伸）悬板式阳台

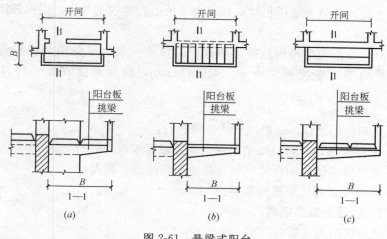

图 2-61 悬梁式阳台

是通过悬挑板传给支承构件（图 2-60）；悬梁式阳台荷载通过悬挑梁传给支承构件（图 2-61）。

悬板式阳台通常采用现浇方法施工，而悬梁式阳台挑梁采用现浇，阳台板多用预制。

（2）悬挑阳台的设计特点

悬板式阳台的破坏形态与雨篷相同，因此，阳台的设计与雨篷相似，只是阳台多了个阳台栏板。因阳台栏板在水平荷载作用下，可能出现栏板根部破坏，故尚需进行阳台栏板的抗推力承载力计算。

根据《荷载规范》的规定，栏板的水平荷载分别按下列数值取用：

住宅、宿舍、旅馆、办公楼、医疗病房、托儿所、幼儿园，按 0.5kN/m 计；

学校、食堂、剧院、车站、商店、礼堂、展览馆或体育场，按 1.0kN/m 计。

当阳台栏板与阳台板焊接时，在一般情况下，焊接强度足以承担上述水平推力，故可不作计算。

当阳台栏板为砖砌时，则每隔 4～6m 需在阳台板上设不小于 100mm×100mm 的钢筋混凝土短柱来抵抗上述水平推力。其短柱在水平荷载作用下按受弯构件计算。

阳台的抗倾覆验算也与雨篷相同，即 $1.5M_倾 \leqslant M_抗$。只是位于房屋顶层的阳台，往往不易满足。此时，可在阳台板的两侧设两根托梁伸入承重横墙内，借助屋面板传给承重墙的重量及承重墙自重，压住托梁以加大抗倾覆力矩。伸入承重墙的托梁长度，可预先按 1.5 倍的阳台的挑出长度估计。

悬梁式阳台的主要构件有阳台、阳台挑梁、阳台封口梁和阳台栏板组成。

阳台板多采用预制多孔板铺设在阳台挑梁上。

阳台挑梁是这种阳台的主要承重构件。其截面宽度一般多取 $b = 240mm$，截面高度可按 $\left(\frac{1}{6} \sim \frac{1}{5}\right)l$ 取用（l 为挑出长度）。此外，阳台挑梁必须设置在建筑物

59

的主轴线位置，并伸入墙体长度一般不少于挑出长度的 1.5 倍，以保证阳台不致倾覆。

阳台封口梁的两端与阳台挑梁相连。封口梁一般只承受阳台栏板传来的荷载。封口梁的截面宽度通常为 $b = 80 \sim 120$mm，截面高度宜大于封口梁跨度的 $\frac{1}{15}$。

悬挑式阳台的设计，一般按下述步骤进行：

（A）按简支梁计算封口梁的正截面和斜截面承载力；

（B）按悬臂梁计算阳台挑梁的正截面和斜截面承载力；

（C）阳台挑梁的抗倾覆验算等。

2.5.3 钢筋混凝土挑檐

（1）钢筋混凝土挑檐的类型

钢筋混凝土挑檐的形式很多，常用的有下列几种：

（A）将挑檐和圈梁整浇在一起（图 2-62a）；

（B）用预制钢筋混凝土挑檐板（图 2-62b）；

（C）靠挑梁及屋面板外伸（图 2-62c、d）。

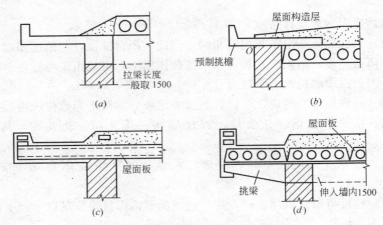

图 2-62　钢筋混凝土屋面挑檐的类型

第一种，挑檐构件与圈梁整浇，整体性强，外形能随设计要求变化。当屋面板不压在圈梁上时，单靠圈梁自重和屋面构造层的重量往往不足以抵抗倾覆，尤其是外挑长度较大时更甚。因此，常在垂直于外墙的内墙上设置拉梁，并与圈梁整浇，以抵抗挑檐的倾覆。

第二种，挑檐构件直接搁置在屋面板和砖墙上。它的优点是施工方便，但钢筋和混凝土用量大，屋面荷载也相应增加，而且要求保温层有一定厚度才能找坡排水。这种形式在北方采用较多。

第三种，当屋面板垂直于外墙时，利用屋面板外伸形成挑檐，当屋面板与外墙平行时，则靠挑梁上铺屋面板形成挑檐。这种挑檐构件，施工也较方便，但在屋面板平行外墙时有挑梁外露。

60

（2）钢筋混凝土挑檐的计算与构造特点

1）现浇挑檐

挑檐板的承载力计算与现浇雨篷板相似。但在南方地区，计算挑檐板荷载时，尚应考虑 100mm 厚的积水重量。

挑檐的抗倾覆验算也与现浇雨篷板相似。但应注意，抗倾覆荷载除圈梁自重、圈梁上屋面构造重量外，增加了拉梁和压在梁上的屋面重量，而且这部分抗倾覆荷载的力臂大（拉梁的长度常采用 1.5m），因而大大增加了抗倾覆力矩。

与挑檐板整浇的圈梁内的配筋，除按构造要求设置外，由于挑檐板上的荷载作用，使圈梁受扭，故圈梁尚需进行抗扭承载力计算，以满足抗扭所需的配筋。圈梁的抗扭计算可按雨篷梁抗扭计算步骤进行。由于挑檐板上的荷载产生的力矩使圈梁转动，而圈梁在拉梁处被嵌固阻止圈梁转动，所以，最大扭矩产生在拉梁与圈梁连接处。

此外，在这种挑檐转角处，须配置辐射状附加钢筋（图 2-63），间距（按 $\frac{1}{2}$ 处计算）不大于 200mm 时，锚固长度 $l_a \geqslant l$，直径与边跨支座的负筋相同。l 为挑檐板挑出长度。当 $l \leqslant 500mm$ 时，可采用 $3\phi6$，$l_a \geqslant 500mm$；当 $l \leqslant 800mm$ 时，可采用 $5\phi6$，$l_a \geqslant 800mm$。

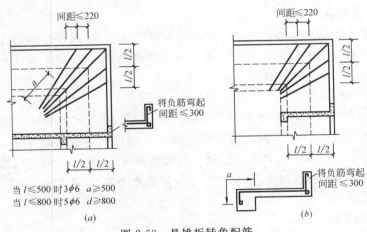

图 2-63 悬挑板转角配筋

2）预制钢筋混凝土挑檐板

预制挑檐板应进行承载力计算和倾覆验算。在进行倾覆验算时，要考虑施工阶段和使用阶段两种情况。

预制挑檐板的承载力计算与雨篷板相似。在倾覆验算时，应考虑以下荷载：

（A）施工阶段作用在预制挑檐板上的倾覆荷载，有挑出部分的构件自重和作用在檐口板上的施工荷载；抗倾覆荷载，有搁置在屋面板和墙上的构件自重。

（B）使用阶段作用在预制挑檐板上的倾覆荷载，有挑出部分的挑檐板自重和抹灰重量，以及检修集中荷载；抗倾覆荷载，有搁置在屋面板上的构件自重和板上抹灰以及屋面构造重量。

无论施工阶段和使用阶段，在倾覆验算时，均须保证对力矩中心的倾覆力矩小于抗倾覆力矩，并应满足：$1.5M_倾 \leqslant M_抗$。

2.6 过梁与圈梁

2.6.1 过梁

为了支承门窗洞口以上的砌体重量和梁板传来的荷载，并将其传给窗间墙，就需要在门窗洞顶设置过梁。

在一般混合结构房屋中，常见的过梁有砖砌平拱过梁、钢筋砖过梁和钢筋混凝土过梁三种类型。砖砌平拱过梁的跨度不宜超过 1.8m；钢筋砖过梁的跨度不宜超过 2.0m；对有较大振动荷载或可能产生不均匀沉降的房屋，应采用钢筋混凝土过梁。本节只介绍钢筋混凝土过梁的计算与构造。

（1）过梁上的荷载

试验表明，过梁受力后的工作情况不同于简支梁。由于过梁上的砌体和窗间墙的砌体连成一片，因而形成过梁和过梁以上的砌体共同工作，亦即过梁上面的砌体协助过梁受弯而构成"组合梁"。组合梁的内力分析比较复杂，为简化起见，通常是将过梁按简支梁计算，但在确定荷载时，予以考虑"组合梁"的有利因素。

1）梁板荷载

对砖和小型砌块砌体，当梁、板的墙体高度 $h_w < l_n$ 时（l_n 为过梁的净距），应计入梁、板传来的荷载。当梁、板下的墙体高度 $h_w \geq l_n$ 时，可不考虑梁、板荷载。

2）墙体荷载

（A）对砖砌体，当梁上的墙体高度 $h_w < l_n/3$ 时，应按墙体的均布自重采用。当墙体高度 $h_w \geq l_n/3$ 时，应按高度为 $l_n/3$ 墙体的均布自重采用。

（B）对混凝土砌块砌体，当过梁上的墙体高度 $h_w < l_n/2$ 时，应按墙体的均布自重采用。当墙体高度 $h_w \geq l_n/2$ 时，应按高度为 $l_n/2$ 墙体的均布自重采用。

（2）过梁的计算

1）砖砌平拱过梁

砖砌平拱过梁的受弯和受剪承载力，可按砌体受弯构件的公式并采用沿齿缝截面的弯曲抗拉强度和抗剪强度设计值进行计算。

2）钢筋砖过梁

钢筋砖过梁受弯承载力可按下式计算：

$$M \leqslant 0.85 h_0 f_y A_s \tag{2-24}$$

式中　M——按简支梁计算的跨中弯矩设计值；

f_y——钢筋的抗拉强度设计值；

A_s——受拉钢筋的截面面积；

h_0——过梁截面的有效高度 $h_0 = h - a_s$，a_s 为受拉钢筋重心至截面下边缘的距离；

h——过梁的截面计算高度取过梁底面以上的墙体高度，但不大于 $l_n/3$；

当考虑梁板传来的荷载时，则按梁板下的高度采用。

钢筋砖过梁受剪承载力，可按下式计算：

$$V \leqslant f_v bz \tag{2-25}$$

$$z = \frac{I}{S} \tag{2-26}$$

式中　V——剪力设计值；

f_v——砌体的抗剪强度设计值；

b——截面宽度；

z——内力臂，当截面为矩形时，取 $z = \frac{2h}{3}$；

I——截面惯性矩；

S——截面面积矩；

h——截面高度。

3）钢筋混凝土过梁

钢筋混凝土过梁应根据钢筋混凝土受弯构件计算。验算砌体局部受压承载力时，可不考虑上层荷载的影响。

（3）砖砌过梁的构造要求

1）砖砌过梁截面内的砂浆不宜低于 M5；

2）砖砌平拱用竖砖砌筑部分的高度不应小于 240mm；

3）钢筋砖过梁底面砂浆层处的钢筋，其直径不应小于 5mm，间距不宜大于 120mm。钢筋伸入支座砌体内的长度不宜小于 240mm，砂浆层的厚度不宜小于 30mm。

此外，钢筋混凝土过梁可采用现浇或预制，过梁的高度最好是砖厚的倍数，一般可取 $(1/15 \sim 1/10)l_0$，通常取 120mm、180mm、240mm 等；过梁的宽度一般与墙体同厚，如果墙体较厚时可取墙厚的 1/2（用两根过梁）。钢筋混凝土过梁两端伸入支座长度不宜小于 240mm。

2.6.2　圈梁

（1）圈梁的作用

在混合结构房屋（尤其是多层混合结构房屋）中，圈梁的设置起着很重要的作用。圈梁可以箍住屋盖和楼盖，并使之与纵横墙加强联系，从而增强楼、屋盖的平面刚度和房屋的空间刚度，增强房屋的整体稳定性；圈梁还可以约束墙体的裂缝开展以及抑制由于地基不均匀沉降而造成基础的塌陷与局部破坏等等。

特别是在地震区，由于圈梁与构造柱的同时设置和整体连接，犹如多道钢筋混凝土箍，自上下左右，从前到后，将整个房屋箍成一个整体，这对加强房屋的空间工作和提高房屋的抗震性能极其有利，所以它是多层混合结构房屋必不可少的抗震设防措施。

（2）圈梁的设置原则（非地震区）

对于非地震区的一般工业与民用房屋，可参照下列规定设置圈梁：

（A）对车间、仓库、食堂等空旷的单层砖砌体房屋，檐口标高为 5～8m 时，应在檐口标高处设置圈梁一道，檐口标高大于 8m 时，应增加设置数量；单层砌块及料石砌体房屋，檐口标高为 4～5m 时，应在檐口标高处设置圈梁一道，檐口标高大于 5m 时，应增加设置数量。

（B）对有吊车或较大振动设备的单层工业房屋，除在檐口或窗顶标高处设置现浇钢筋混凝土圈梁外，尚应增加设置数量。

（C）对宿舍、办公楼等多层砌体民用房屋，且层数为 3～4 层时，应在檐口标高处设置圈梁一道。当层数超过 4 层时，应在檐口标高处设置圈梁一道。当层数超过 4 层时，应在所有纵横墙上隔层设置。

（D）对多层砌体工业房屋，应每层设置现浇钢筋混凝土圈梁。

（E）对设置墙梁的多层砌体房屋，应与托梁、墙梁顶面和檐口标高处设置现浇钢筋混凝土圈梁，其他楼层处应在所有纵横墙上每层设置。

（F）对建筑在软弱地基或不均匀地基上的砌体房屋，在基础和房屋顶层处宜各设置一道圈梁，其他层可隔层设置。必要时也可层层设置。对于单层工业厂房、仓库等，可结合基础梁、连系梁、过梁等酌情处理。

（G）对采用现浇钢筋混凝土楼（屋）盖的多层砌体结构房屋，当层数超过 5 层时，除在檐口标高处设置一道圈梁外，可隔层设置圈梁，并与楼（屋）面板一起现浇。未设置圈梁的楼面板嵌入墙内的长度不应小于 120mm，并沿墙长配置不少于 $2\phi10$ 的纵向钢筋。

地震区房屋中的圈梁设置原则，详见第 7 章的有关内容。

（3）圈梁的构造要求

1）圈梁宜连续地设在同一水平面上，并形成封闭状；当圈梁被门窗洞口截断时，应在洞口上部增设相同截面的附加圈梁。附加圈梁与圈梁的搭接长度不应小于其中到中垂直间距的二倍，且不得小于 1m（图 2-64）。

2）纵横墙交接处的圈梁，应有可靠的连接。刚弹性和弹性方案房屋，圈梁应与屋架、大梁等构件可靠连接。

3）钢筋混凝土圈梁的宽度宜与墙厚相同。当墙厚 $h \geqslant 240mm$ 时，其宽度不宜小于 $2h/3$。圈梁高度不应小于 120mm。纵向钢筋不应少于 $4\phi10$，绑扎接头的搭接长度按受拉钢筋考虑，箍筋间距不应大于 300mm，圈梁截面形式如图 2-65 所示。

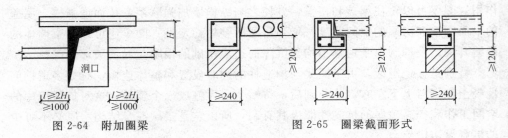

图 2-64　附加圈梁　　　　　　　图 2-65　圈梁截面形式

4）圈梁兼作过梁时，过梁部分的钢筋应按计算用量另行增配。

64　5）圈梁在房屋转角处、丁字交叉处，其钢筋连接的构造处理，可参

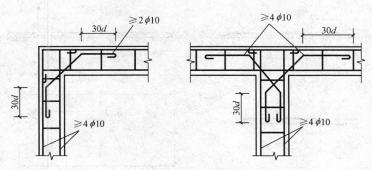

图 2-66 圈梁连接构造

见图 6-66。

6）有关地震区房屋圈梁与构造柱等的抗震设防措施与构造要求，详见第7章。

2.7 刚性方案房屋墙体的承载力计算与高厚比验算及其构造要求

2.7.1 墙体的承载力计算

（1）计算单元的选取

一幢砖混结构房屋的纵、横墙有若干条，在其承载力计算中，没必要也很难对每条墙体逐一进行计算。那么，需要计算那些墙体（作为计算单元），才能确保整个房屋所有墙体的承载力都能得到满足呢？

从无筋砌体受压构件的承载力计算公式——$N \leqslant \varphi f A$ 中，对承载力计算单元的选取，可以得出如下几项原则：

（A）承受纵向力较大，或者纵向力的偏心距较大的墙体；

（B）高厚比较大的墙体；

（C）计算截面较小的墙体，特别是独立砖柱；

（D）砖、石、砌块和砂浆强度等级较低的墙体；

（E）为了便于基础设计，还应选取有代表性的内外纵墙、横墙作为承载力计算单元。

其具体选取方法，可作如下建议：

（A）外纵墙、内纵墙、外横墙、内横墙，至少各选取一个计算单元；

（B）当每个开间外墙的窗（或门）洞口大小基本相同、位置均匀，且荷载相差不大时，可仅取一个相邻两开间中线至中线之间的墙体，作为计算单元（图2-67a）；

（C）整体实体墙（无洞口、无壁柱），可取其中 1m 长的墙体作为计算单元（图 2-67b）；

（D）带壁柱的墙体，可仅取其中一个相邻壁柱中线至中线之间的墙体，作为计算单元（图 2-67c）；

（E）独立柱，单独作为一个计算单元；

65

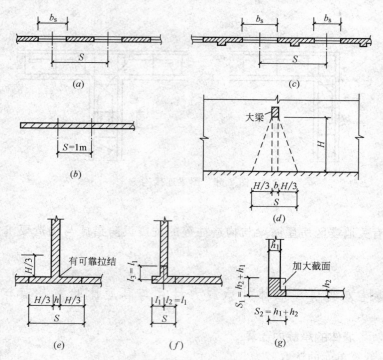

图 2-67 计算单元的选取

S—计算单元长度；h—墙厚；b_s—洞口宽度；H—墙高；b—梁宽；l—局部墙长

（F）在整片实体墙上承受大梁荷载时，可取长度 $S=b+\dfrac{2}{3}H$ 的墙体（图 2-67d）作为计算单元（式中 b 为梁宽，H 为墙高）；

（G）丁字墙承受集中荷载时，可取 $S=h+\dfrac{2}{3}H$ 的水平墙体作为计算单元（h 为墙厚），当有可靠拉结时，尚可另加垂直墙体的 $H/3$（图 2-67e）；

（H）靠近门、窗洞口处的丁字墙上承受大梁荷载时（图 2-67f），可各取靠近洞口的墙体长度作为计算单元（每边长度不超过 $H/3$）；

（I）拐角墙承受集中荷载时，可取两个方向各为两端墙厚之和（h_1+h_2）作为计算单元（图 2-67g），如截面强度不足，可在拐角内加大截面，如图 2-67（g）中的虚线所示；

（J）要特别注意，对于沿房屋高度方向墙体厚度的改变和材料强度等级变化部位计算单元的选取。

（2）计算截面的确定

在一个计算单元的各层内，有无穷多个截面，不可能也没必要对每个截面都进行承载力计算。只需选择其中内力较大（轴向压力较大，或弯矩较大），或截面较小的危险截面作为计算截面。

对于计算截面确定的具体方法，可作如下建议：

（A）每层大梁（或楼板）的梁底（或板底）下面计算单元的墙体截面（一般弯矩较大）；

66

（B）每层大梁（或楼板）的梁顶（或板顶）上面计算单元墙体的截面（一般轴力较大）；

（C）对有门窗洞口的计算单元墙体，在洞口的上、下墙体截面（截面较小，相应的弯矩或轴力较大）；

（D）基础顶面计算单元的墙体截面（轴力最大）。

（3）计算简图

刚性方案房屋，在竖向荷载作用下，单层房屋的墙、柱可视为上端不动铰支承于屋盖，下端嵌固于基础的竖向构件；多层房屋的墙、柱在每层高度范围内，可近似地视作两端铰支的竖向构件。其各层铰支点的位置均可近似地取在每层大梁（或楼板）的底面处，底层下铰支点的位置可取在基础顶面处，并以此确定每层墙体的实际高度 H。

（4）荷载计算

单层或多层混合结构房屋的竖向荷载，包括计算截面以上的上部结构（或上面楼层）传来的荷载 N_u，和本层的竖向荷载（主要是指梁端的支承压力 N_l 以及本层计算截面以上的墙重）两部分。其中 N_u 可视为作用在上一楼层墙体的截面重心处；N_l 则应考虑对计算截面的实际偏心影响，其作用点如图 2-9 所示；本层墙重则作用在本层墙体的截面重心处。

对于跨度小于 9m 的钢筋混凝土梁，其梁端有效支承长度，可近似按下式计算：

$$a_0 = 10\sqrt{\frac{h_c}{f}} \tag{2-27}$$

《砌体结构设计规范》规定：当刚性方案多层房屋的外墙符合下列要求时，静力计算可不考虑风荷载的影响：

（A）洞口水平截面面积不超过全截面面积的 2/3；

（B）层高和总高不超过表 2-7 的规定；

（C）屋面自重不小于 0.8kN/m²。

外墙不考虑风荷载影响的最大高度   表 2-7

基本风压值 （kN/m²）	层高（m）	总高（m）	基本风压值 （kN/m²）	层高（m）	总高（m）
0.4	4.0	28	0.6	4.0	18
0.5	4.0	24	0.7	3.5	18

（5）内力计算

在竖向荷载作用下，按两端铰支的竖立简支梁计算轴力和弯矩。

在水平荷载作用下，按竖立的连续梁计算。当必须考虑风荷载时，为了简化可按下式计算：

$$M = \frac{wH^2}{12} \tag{2-28}$$

式中　w——沿楼层高度均布风荷载设计值（kN/m）；

　　　H——层高（m）。

（6）截面承载力计算

对于一般墙体，可按计算截面在弯矩和轴力共同作用下的偏心受压构件进行承载力计算。

对于两侧荷载对称的内墙，可按轴心受压构件进行承载力计算。当两侧楼面活荷载较大时，尚应按一侧半个开间有恒载和活荷载，而另一侧半个开间只有恒载作用下的偏心受压构件进行强度校核。

（7）墙体局部受压承载力计算

局部受压承载力验算，包括单独柱下的局部均匀受压砌体的承载力验算和梁端局部受压砌体的承载力验算。通过验算，除应满足局部受压承载力要求外，对于梁端局部受压验算，还应明确梁端所设置的垫块（或垫梁）是按计算要求设置的，还是按构造要求设置的，并同时确定垫块的具体尺寸及其构造配筋（参见图2-68）。

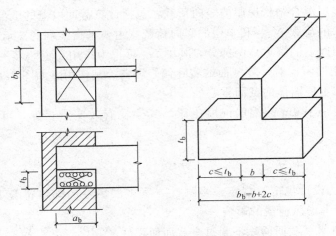

图 2-68 垫块构造

2.7.2 墙、柱的高厚比验算

（1）高厚比验算单元的选取

根据墙、柱高厚比验算公式，可以得出如下几项选取原则：

（A）计算高度较大的墙体，亦即墙体的实际高度较大，且横墙间距较大的墙体；

（B）墙体的厚度（或 T 形截面的折算厚度）较小的墙体；

（C）条件相同的承重墙体和非承重墙，可只验算承重墙；

（D）开设门窗洞口较大的墙体；

（E）砂浆强度较低的墙体。

（2）墙、柱的高厚比验算

1）对于每个矩形截面验算单元应按《砌体结构设计规范》给出的验算公式：

$$\beta = \frac{H_0}{h} \leqslant \mu_1 \mu_2 [\beta] \tag{2-29}$$

68   进行验算。

2）对于带壁柱墙和带构造柱墙，应按下列规定进行高厚比验算：

（A）按式（2-29）验算带壁柱墙的高厚比，此时公式中 h 应改用带壁柱墙截面的折算厚度 h_T，在确定截面回转半径时，墙截面的翼缘宽度 b_f：多层房屋，当有门窗洞口时，可取窗间墙宽度；当无门窗洞口时，每侧翼墙宽度可取壁柱高度的 1/3；单层房屋，可取壁柱宽度的 2/3 墙高，但不大于窗间墙宽度和相邻壁柱间距离。在确定带壁柱墙的计算高度 H_0 时，S 应取相邻横墙间的距离。

（B）当构造柱截面宽度不小于墙厚时，可按公式（2-29）验算带壁柱墙的高厚比，此时公式中 h 取墙厚；当确定墙的计算高度时，S 应取相邻横墙间的距离；墙的允许高厚比 $[\beta]$ 可乘以提高系数 μ_c：

$$\mu_c = 1 + \gamma \frac{b_c}{l} \tag{2-30}$$

式中　γ——系数。对细料石、半细料石砌体，$\gamma = 0$；对混凝土砌块、粗料石、毛料石及毛石砌体，$\gamma = 1.0$；其他砌体，$\gamma = 1.5$。

b_c——构造柱沿墙长方向的宽度。

l——构造柱的间距。

当 $b_c/l > 0.25$ 时取 $b_c/l = 0.25$，当 $b_c/l < 0.25$ 时取 $b_c/l = 0$。

注：考虑构造柱有利作用的高厚比验算不适用于施工阶段。

（C）按式（2-29）验算壁柱间墙或构造柱间墙的高厚比，此时，S 应取相邻壁柱间或相邻构造柱间的距离。

（3）一般构造要求

1）5 层及 5 层以上房屋的墙，以及受振动或层高大于 6m 的墙、柱所用材料的最低强度等级，应符合下列要求：

（A）砖采用 MU10；

（B）砌块采用 MU7.5；

（C）石料采用 MU30；

（D）砂浆采用 M5；

注：对安全等级为一级或设计使用年限大于 50 年的房屋，墙柱所用材料的最低强度等级应至少提高一级。

2）地面以下或防潮层以下的砌体，潮湿房间的墙、所用材料的最低强度等级应符合表 2-8 的要求。

地面以下或防潮层以下的砌体最低强度等级　　　　　　表 2-8

基土的潮湿程度	烧结普通砖、蒸压灰砂砖		混凝土砌块	石　材	水泥砂浆
	严寒地区	一般地区			
稍潮湿的	MU10	MU10	MU7.5	MU30	MU5
很潮湿的	MU15	MU10	MU7.5	MU30	MU7.5
含水饱和的	MU20	MU15	MU10	MU40	MU10

注：1. 在冻胀地区，地面以下或防潮层以下的砌体，不宜采用多孔砖，如采用时，其孔洞应用水泥砂浆灌实；当采用混凝土砌块时，其孔洞应采用强度等级不低于 Cb20 的混凝土灌实；

2. 对安全等级为一级或设计使用年限大于 50 年的房屋，表中材料强度等级应至少提高一级。

3）承重的独立柱截面尺寸不应小于 240mm×370mm。毛石墙的厚度不宜小于 350mm，毛石柱较小边长不宜小于 400mm。

4）跨度大于 4.8m（砖砌体）、4.2m（砌块和料石砌体）和 3.9m（毛石砌体）的梁和跨度大于 6m 的屋架，应在支座处设置混凝土或钢筋混凝土垫块；当墙中设有圈梁时，垫块与圈梁宜浇成整体。

5）当梁跨度 $l \geqslant 6m$（240mm 砖墙）或 $l \geqslant 4.8m$（180mm 砖墙或砌块、料石墙）时，其支座处宜加设壁柱，或采取其他加强措施。

6）预制钢筋混凝土板的支承长度，在墙上不宜小于 100mm；在钢筋混凝土圈梁上不宜小于 80mm。

7）支承在墙、柱上的屋架、吊车梁及跨度 $l \geqslant 9m$（砖砌体）或 $l \geqslant 7.2m$（砌块和料石砌体）的预制梁，应采用锚固件与墙、柱上的垫块锚固。

8）山墙处的壁柱宜砌在山墙顶部，屋面构件应与山墙可靠拉结。

9）填充墙、隔墙应分别采取措施与周边构件可靠连接。

10）砌块砌体应分皮错缝搭砌，上下皮搭砌长度不得小于 90mm。如不满足上述要求，应在水平灰缝内设置不小于 2φ4 的焊接钢筋网片（横向钢筋间距不宜大于 200mm），网片每端均应超过该垂直缝，其长度不得小于 300mm。

11）墙体转角处和纵横墙交接处，沿竖向每隔 400～500mm 设拉结钢筋，其数量为每 120mm 墙厚不少于 1φ6 或焊接钢筋网片，埋入长度从墙的转角或交接处算起，每边不小于 600mm。

（4）梁端垫块的构造要求（图 2-68）

1）垫块长度 $b_b = b + 2c$；

2）垫块宽度 a_b，一般取为墙厚或墙厚减 60mm（清水墙），且 $a_b \geqslant 180mm$；

3）垫块厚度 $t_b \geqslant 180mm$，且 $t_b \geqslant c$；

4）垫块内配筋的总体积不小于垫块体积的 0.05%，且宜采用双层钢筋网片。如采用绑扎骨架，箍筋应做成封闭式。

此外，为防止或减轻房屋顶层墙体和底层墙体裂缝，尚可根据情况采取有效的构造措施。详见《砌体结构设计规范》。

有关地震区墙体的构造要求，详见第 7 章。

【例 2-6】 试对图 2-69 的某办公楼（主体四层）L-1 所在的外纵墙和内横墙进行高厚比验算和承载力计算。墙体材料：烧结普通砖 MU10，砂浆 M2.5。5.4m 钢筋混凝土大梁（L-1）截面 $bh = 200mm×500mm$。

【解】

1. 外窗间墙的高厚比验算和承载力计算

（1）计算单元与计算简图

该办公楼主体为四层，因外墙开间和窗洞口相同，而 L-1 的跨度略大于 L-2，故可取其中一个 L-1 下的相邻开间中线至中线 3.3m 范围的墙体作为计算单元（图 2-69a）。又因该计算单元自下而上墙体的截面与所用材料相同，且除底层较高外，二层以上层高相同，故可仅对该计算单元的底层墙体进行验算。

该计算单元墙体的计算简图，按两端铰支的竖立简支梁计算，如图 2-69（c）

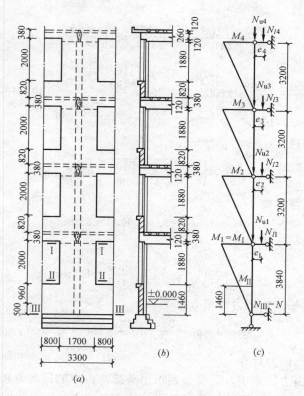

图 2-69 例 2-6

(a) 立面；(b) 剖面；(c) 计算简图

所示。

（2）计算截面及其截面几何特征

根据上述分析，在墙体强度计算中，可取底层大梁梁底（Ⅰ—Ⅰ截面）、窗洞下口（Ⅱ—Ⅱ截面）和基础顶面（Ⅲ—Ⅲ截面）作为计算截面。在局部承压强度计算中，尚应验算顶层梁底墙体截面（此处大梁支承压力 N_l 较大）。

在底层墙体高厚比验算中，应按计算单元内较小的截面（窗间墙截面）计算，此截面尺寸如图 2-70 所示。

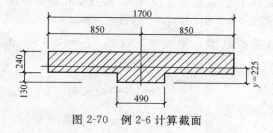

图 2-70 例 2-6 计算截面

截面几何特征：

1）截面面积

$$A = 1700 \times 240 + 490 \times 130 = 471700 \text{mm}^2$$

71

2）形心位置

$$y = \frac{240 \times 1700 \times 250 + 130 \times 490 \times 65}{240 \times 1700 + 130 \times 490} = 225\text{mm}$$

3）截面惯性矩

$$I = \frac{1700 \times 240^2}{12} + 1700 \times 25 \times 25^2 + \frac{490 \times 130^2}{12} + 130 \times 490 \times 160^2$$

$$= 3.93 \times 10^9 \text{m}^4$$

4）回转半径

$$i_T = \sqrt{\frac{I}{A}} = \sqrt{\frac{3.93 \times 10^9}{471700}} = 91.3\text{mm}$$

5）截面折算厚度

$$h_T = 3.5 i_T = 3.5 \times 91.3 = 320\text{mm}$$

6）截面有效支承长度

$$a_0 = 10\sqrt{\frac{h_c}{f}} = 10\sqrt{\frac{500}{1.3}} = 196\text{mm}$$

7）各层梁端支承压力的偏心距

$$e = \frac{h_T}{2} - 0.4 a_0 = \frac{320}{2} - 0.4 \times 190 = 81.6\text{mm}$$

（3）荷载与内力计算

在荷载与内力计算中，需要分别求出荷载与内力的标准值和设计值。标准值用于基础设计，设计值用于墙体承载力计算。承载力计算时，对于基本组合，考虑本例题属于以永久荷载为主的结构构件，且仅有一个可变荷载，故均按以永久荷载效应控制的组合进行设计，即取 $\gamma_G = 1.35$，$\gamma_Q \cdot \psi_c = 1.4 \times 0.7 = 0.98$。此外，双面粉刷 240mm 墙自重标准值平均取 5.24kN/m²，130mm×490mm 壁柱加粉刷标准值平均取 1.5kN/m（沿竖向）。荷载与内力计算结果见表 2-9，具体计算过程从略。

（4）墙体高厚比验算

如前所述，在此仅验算底层墙体，且取窗间墙截面（图 2-70）作为计算截面。横墙间距 $S = 6.6$m，横墙长度按 12.2m 计算（走廊有可靠拉结，视为洞口），墙体实际高度 $H = 3.84$m。由砂浆强度等级 M5，可查得允许高厚比 $[\beta] = 24$。

由 $2H = 7.68$m $> S = 6.6$m $> H = 3.84$m

按《建筑结构基本原理》中表 8-2 查得 $H_0 = 0.4S + 0.2H = 0.4 \times 6.6 + 0.2 \times 3.84 = 3.4$m

$$\beta = \frac{H_0}{h_T} = \frac{3400}{320} = 10.6$$

$$\mu_1 = 1.0 \text{（240mm 承重墙）}$$

$$\mu_2 = 1 - 0.4\frac{b_s}{S} = 1 - 0.4\frac{3.3 - 1.7}{3.3} = 0.806$$

$\because \beta = 10.6 < \mu_1 \mu_2 [\beta] = 1.0 \times 0.806 \times 24 = 19.34$

$\therefore$ 高厚比满足要求（稳定）。

荷载与内力计算结果

表 2-9

层次	轴向力 N 和弯矩 M	标准值 (kN、kN·m)	设计值 (kN、kN·m)	注
顶层	N_{u4}	6.135	8.282	$M_4 = N_{l4} \cdot e$
	N_{l4}	78.611	100.141	$e = 0.0816$
	M_4	6.415	8.172	
三层	N_{u3}	128.112	166.967	$N_{u3} = N_{u4} + N_{l4} + N_4$(墙重)
	N_{l3}	54.275	67.297	$N_{4k} = 19.567 + 23.799 = 43.366$kN(墙重标准值)
	M_3	4.429	5.491	$N_4 = 43.366 \times 1.35 = 58.544$kN(墙重设计值)
				$M_3 = N_{l3} \cdot e$
二层	N_{u2}	225.753	292.808	$N_{u2} = N_{u3} + N_{l3} + N_3$(墙重)
	N_{l2}	54.275	67.297	$N_{3k} = 43.366$kN(墙重标准值)
	M_2	4.429	5.491	$N_3 = 58.544$kN(墙重设计值)
				$M_2 = N_{l2} \cdot e$
一层	N_{u1}	323.594	418.649	$N_{u1} = N_{u2} + N_{l2} + N_2$(墙重)
	N_{l1}	54.275	67.297	$N_{2k} = 43.366$kN(墙重标准值)
	M_1	4.429	5.491	$N_2 = 58.544$kN(墙重设计值)
				$M_1 = N_{l1} \cdot e$
基础顶面处	N	424.872	549.400	$N = N_{u1} + N_{l1} + N_1$(墙重)
				$N_{1k} = 19.567 + 27.436 = 47.003$kN(墙重标准值)
				$N_1 = 47.003 \times 1.35 = 63.454$kN(墙重设计值)

(5)墙体承载力计算

1)Ⅰ—Ⅰ截面(底层楼面大梁梁底处)

$$N_{\text{I}} = 418.649 + 67.297 = 485.946\text{kN}$$

$$M_{\text{I}} = 5.491\text{kN} \cdot \text{m}$$

$$e_0 = \frac{M_{\text{I}}}{N_{\text{I}}} = \frac{5.491}{485.946} = 11\text{mm}$$

$$\frac{e_0}{h_{\text{r}}} = \frac{11}{320} = 0.34$$

又 $\beta = 10.6$

按 M5 查《建筑结构基本原理》中表 8-5 得：$\varphi = 0.77$

∵ $\varphi A f = 0.77 \times 471700 \times 1.5 = 544.814\text{kN} > N_{\text{I}} = 485.946\text{kN}$

∴截面满足承载力要求(安全)

2)Ⅱ—Ⅱ截面(底层窗洞下口处)

$$N_{\text{II}} = 485.946 + 19.567 \times 1.35 = 512.361\text{kN}$$

$$M_{\text{II}} = \frac{1460}{3840} M_{\text{I}} = \frac{1460}{3840} \times 5.491 = 2.09\text{kN} \cdot \text{m}$$

$$e_0 = \frac{M_{\text{II}}}{N_{\text{II}}} = \frac{2.09}{512.361} = 0.004 = 4\text{mm}$$

$$\frac{e_0}{h_{\text{r}}} = \frac{4}{320} = 0.0125$$

又 $\beta = 10.6$

按 M5 查《建筑结构基本原理》中表 8-5 得：$\varphi = 0.83$

$\varphi A f = 0.83 \times 471700 \times 1.5 = 587.266 \text{kN} > N_{\text{II}} = 512.361 \text{kN}$（安全）

3）Ⅲ—Ⅲ 截面（基础顶面处）

$$A = 3300 \times 240 + 130 \times 490 = 855700 \text{mm}^2$$

$$N_{\text{III}} = N = 549.4 \text{kN}$$

$$M_{\text{III}} = 0$$

$$\frac{e_0}{h_{\text{r}}} = 0$$

$$\beta = 10.6$$

按 M5 查《建筑结构基本原理》中表 8-5 得：$\varphi = 0.86$

$\varphi A f = 0.86 \times 855700 \times 1.5 = 1103.85 \text{kN} > N = 594.4 \text{kN}$（安全）

（6）梁端局部受压承载力验算

因屋顶大梁支承压力较大，其他条件相同，故可只验算屋顶大梁梁底截面的局部受压承载力。

1）计算截面面积 $A = 855700 \text{mm}^2$

2）梁端支承压力 $N_{l4} = 100.141 \text{kN}$

3）梁端局部受压面积 $A_l = b \cdot a_0 = 200 \times 320 = 6400 \text{mm}^2$

4）影响局部抗压强度的计算面积

$$A_0 = h(b + 2h) = 240 \times (200 + 2 \times 240) = 163200 \text{mm}^2$$

5）砌体局部抗压强度提高系数

$$\gamma = 1 + 0.35 \sqrt{\frac{A_0}{A_1} - 1} = 1 + 0.35 \sqrt{\frac{163200}{64000} - 1} = 1.373 < 2.0$$

取 $\gamma = 1.373$

6）局部受压承载力验算

$\gamma f A_1 = 1.373 \times 1.5 \times 64000 = 131.8 \text{kN} > N_{l4} = 100.141 \text{kN}$

（满足局部受压要求）

2. 内承重墙的高厚比验算与承载力计算

（1）计算单元与计算简图

内承重墙为实体墙，可选取 1m 长度墙体（如在 ⑤ 轴线横墙上选取）作为计算单元。因该承重墙左右两开间相同，故各层可按两端铰支的竖向轴心受压构件计算。

74

（2）计算截面

因该墙体 1~4 层截面与材料完全相同，故可只选取基础顶面处的 1m 长墙体作为计算截面。其截面面积 $A=bh=1000\times240=240000mm^2$。

（3）荷载与内力计算

荷载设计值，经计算按下列数值取用：

屋面荷载 $\qquad\qquad 6.52\times1.35+2.0\times0.98=10.762kN/m^2$

楼面荷载 $\qquad\qquad 3.51\times1.35+2.0\times0.98=6.699kN/m^2$

每平方米墙重（两面粉刷） $\qquad 5.24\times1.35=7.704kN/m^2$

$N=10.762\times3.3\times1.0+6.699\times3.3\times1.0\times3^*+7.704\times3.2\times1.0\times3^*$

$\qquad+7.704\times3.84=35.5+66.32+67.91+27.16=196.9kN$

（*2~4 层楼面与墙体重）

（4）墙体高厚比验算（底层）

已知横墙间距 $S=5.4m$，墙高 $H=3.84m$，$[\beta]=24$，墙厚 $h=240mm$，无洞口。

由 $2H=7.68m>S=5.4m>H=3.84m$

查《建筑结构基本原理》中表 8-2 得：

$$H_0=0.4S+0.2H=0.4\times5.4+0.2\times3.84=2.928m$$

$$\beta=\frac{H_0}{h_T}=\frac{2928}{240}=12.2$$

$$\mu_1\mu_2[\beta]=1.0\times1.0\times24=24>\beta=12.2\text{（稳定）}$$

（5）墙体承载力计算

由 $\beta=12.2$，$\dfrac{e_0}{h_r}=0$，按 M5 查得：$\varphi=0.815$

$$\varphi Af=0.815\times240000\times1.5=293.4kN>N=196.9kN\text{（安全）}$$

2.8 无筋扩展基础设计

2.8.1 刚性角与刚性基础

（1）刚性角

刚性角为地基或基础所承压力的扩散角。亦即其压力的扩散线与铅垂线的夹角 α，见图 2-71。

刚性角的大小主要取决于地基土质或基础所用材料的种类（主要取决于弹性模量）和地基反力（基础底面的平均压力，单位为 kN/m^2）的大小。一般情况下，地基土或基础材料的弹性模量越大，α 越大；而地基反力越大，α 越小。

（2）无筋扩展基础

无筋扩展基础，因基础底面宽度 b 不超出刚性角以外，在上部结构传来的荷载作用下，基础本身以受压为主，弯矩和剪力小到足以忽略的程度。因而在基础

75

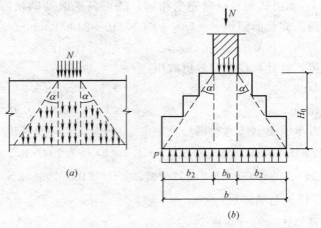

图 2-71 地基与基础的刚性角

内不需按计算配置受力钢筋。

无筋扩展基础，一般可分为墙下条形基础和柱下独立基础两种。其一般构造，见图 2-72。

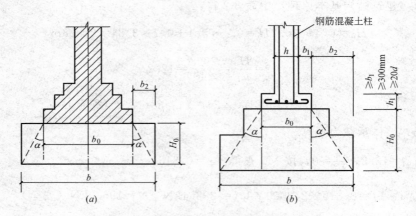

图 2-72 无筋扩展基础构造示意
（a）墙下条形基础；（b）柱下独立基础
d—柱中钢筋直径

无筋扩展基础，按所用材料不同，常见的有：砖基础、毛石基础、灰土基础、毛石混凝土基础、三合土基础以及混凝土基础等类型。它们所用的材料及其质量要求，可参见表 2-10。其中前三种基础应用较多，其大方脚作法如图 2-73所示（括号内为施工尺寸）。

2.8.2 无筋扩展基础台阶宽高比与基础高度

对于无筋扩展基础，一般采用基础台阶宽高比允许值来控制地基反力扩散范围。

基础宽高比为刚性角 α 的正切值（图 2-72），即

$$\tan\alpha = \frac{b_2}{H_0}$$

(2-31)

式中　b_2——基础台阶宽度；

　　　H_0——基础高度。

为此，基础高度，应符合式（2-32）要求：

$$H_0 = \frac{b-b_0}{2[\tan\alpha]} \qquad (2-32)$$

式中　b——基础底面宽度；

　　　b_0——基础顶面的墙体宽度或柱脚高度；

　　　$[\tan\alpha]$——基础台阶宽高比允许值，可按表 2-10 选用。

无筋扩展基础台阶宽高比允许值　　　　表 2-10

基础材料	质 量 要 求	台阶宽高比允许值		
		$p_k \leqslant 100$	$100 < p_k \leqslant 200$	$200 < p_k \leqslant 300$
混凝土基础	C15 混凝土	1：1.00	1：1.00	1：1.25
毛石混凝土基础	C15 混凝土	1：1.00	1：1.25	1：1.50
砖基础	砖不低于 MU10、砂浆不低于 M5	1：1.50	1：1.50	1：1.50
毛石基础	砂浆不低于 M5	1：1.25	1：1.50	—
灰土基础	体积比为 3：7 或 2：8 的灰土，其最小密度： 粉土 1.55t/m³ 粉质黏土 1.50t/m³ 粉土 1.45t/m³	1：1.25	1：1.50	—
三合土基础	体积比 1：2：4～1：3：6（石灰：砂：骨料），每层约虚铺 220mm，夯至 150mm	1：1.50	1：2.00	—

注：1. p_k 为荷载效应标准组合时基础底面处的平均压力值（kPa）；

　　2. 阶梯形毛石基础的每阶伸出宽度，不宜大于 200mm；

　　3. 当基础由不同材料叠合组成时，应对接触部分作抗压验算；

　　4. 基础底面处的平均压力值超过 300kPa 的混凝土基础，尚应进行抗剪验算。

采用无筋扩展基础的钢筋混凝土柱，其柱脚高度 h_1 不得小于 b_1（图 2-72），并不应小于 300mm 且不小于 $20d$（d 为柱内的纵向受力钢筋的最大直径）。当柱纵向钢筋在柱脚内的在竖向锚固长度不满足锚固要求时，可沿水平方向弯折，弯折后的水平锚固长度不应小于 $10d$ 也不应大于 $20d$。

图 2-73 为几种不同材料做成的无筋扩展基础示例。

2.8.3　基础底面宽度计算

刚性方案房屋的无筋扩展基础，当不考虑水平荷载作用时，仅承受轴向压力。设计要求：基础底面的平均压应力标准值 p_k，不得超过修正后的地基承载力特征值 f_a，即：

$$p_k \leqslant f_a \qquad (2-33)$$

式中　p_k——相应于荷载效应标准组合时，基础底面处的平均压力值（kN/m²）；

　　　f_a——修正后的地基承载力特征值（kN/m²）。

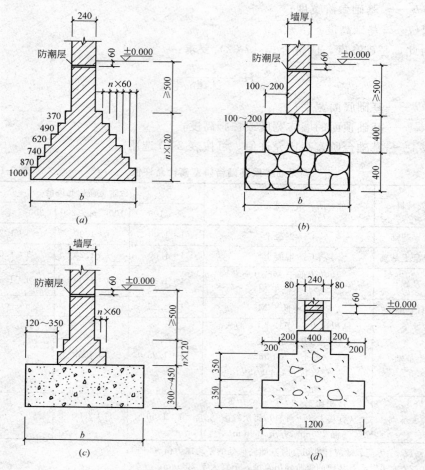

图 2-73　无筋扩展基础示例

(a) 砖基础；(b) 毛石基础；(c) 灰土基础；(d) 混凝土基础

当考虑水平荷载时，则应按偏心受压基础设计，此时，除应符合公式（2-33）要求外，尚应符合下式要求：

$$p_{k,max} \leqslant 1.2 f_a \tag{2-34}$$

式中　$p_{k,max}$——相应于荷载效应标准组合时，基础底面边缘的最大压力值。

由此，对于轴心受压基础，基础底面宽度可通过下式求得：

$$p_k = \frac{F_k + G_k}{A} \tag{2-35}$$

式中　F_k——相应于荷载效应标准组合时，上部结构传至基础顶面的竖向力值（kN）；

　　　G_k——基础自重和基础上的土重（kN），设计时可近似按下式计算：

$$G_k = \gamma A H \tag{2-36}$$

78　式中　γ——基础加填土的平均容重，一般可按 $\gamma = 20 kN/m^3$ 计算；

H——基础的埋置深度（m）；

A——基础底面面积（m²）。

对于条形基础：
$$A = b \cdot l \tag{2-37}$$

式中　b——基础底面宽度（m）；

l——墙体计算单元长度（m）。

将式（2-36）和式（2-37）代入式（2-35），可得条形基础底面宽度的计算公式：

$$b \geqslant \frac{F_k}{(f_a - 20H)l} \tag{2-38}$$

2.8.4　基础埋置深度 H 的确定

基础的埋置深度，一般系指自室内地坪（±0.000）至基础底面的高度。在确定基础的埋置深度时，应考虑下列一些条件：

（A）建筑物的用途，有无地下室、设备基础和地下设施，以及基础的类型和构造；

（B）作用在地基上的荷载大小和性质；

（C）工程地质和水文地质条件；

（D）相邻建筑物的基础埋深；

（E）地基土冻胀和融陷的影响。

为此，在具体设计时，应考虑：

（A）在满足地基稳定和变形要求的前提下，基础应尽量浅埋，当上层地基的承载力大于下层土时，宜利用上层土作持力层。除应考虑基础自身高度外，对非岩石地基，基础埋深不宜小于 0.5m。

（B）位于土质地基上的高层建筑，其基础埋深应满足稳定要求。位于岩石地基上的高层建筑其基础埋深应满足抗滑移要求。

（C）基础埋置在地下水位以上。当必须埋在地下水位以下时，应采取地基土在施工时不受扰动措施。当基础埋置在易风化的软质岩层上，施工时应在基坑挖好后立即铺筑垫层。

（D）当存在相邻建筑物时，新建建筑物的基础埋深不宜大于原有建筑基础。否则，两基础间应保持一定净距，其数值应根据荷载大小和土质情况而定，一般取相邻两基础底面高差的 1～2 倍。如上述要求不能满足时，应采取分段施工、设临时加固支撑、打板桩、地下连续墙等施工措施，或加固原有建筑物地基。

（E）基础宜埋置在冻结深度以下。否则，对于埋置在冻土地基上的基础埋置深度，应满足地基基础规范的有关规定和构造措施。

【例 2-7】　试对例 2-6 的外窗间墙和内承重墙进行基础底面宽度计算，并绘制基础剖面图。修正后的地基承载力特征值 $f_a = 200 \text{kN/m}^2$，基础埋置深度 $H = 1.1\text{m}$。基础采用素混凝土及砖墙基础。

【解】

1. 外纵墙、基础顶面轴向力标准值见表 2-9。

79

$$F_k = N_k = 424.872 \text{kN}$$

$$l = 3.3 \text{m}$$

$$b = \frac{F_k}{(f_a - 20H)l} = \frac{427.872}{(200 - 20 \times 1.1) \times 3.3} = 0.723 \text{m}$$

2. 内横墙基础顶面轴向力标准值

　　屋面荷载标准值　　　　　　　　　　　　　　　　　以 8.52kN/m² 计；

　　楼面荷载标准值　　　　　　　　　　　　　　　　　以 5.51kN/m² 计；

　　每米墙重标准值　　　　　　　　　　　　　　　　　以 5.24kN/m² 计。

$$N_k = 8.52 \times 3.3 + 5.51 \times 3.3 + 5.24 \times 3.2 \times 3 + 5.24 \times 3.84$$

$$= 28.116 + 54.549 + 50.304 + 20.122 = 153.09 \text{kN}$$

$$F_k = N_k = 153.091 \text{kN}$$

$$l = 1.0 \text{m}$$

$$b = \frac{F_k}{(f_a - 20H)l} = \frac{153.091}{(200 - 20 \times 1.1) \times 1.0} = 0.86 \text{m}$$

3. 基础剖面图

基础剖面拟均按 $b = 0.9 \text{m}$ 设计。其基础剖面图如图 2-74 所示。

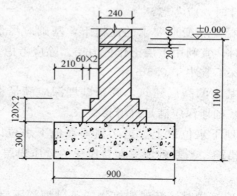

图 2-74　例 2-7 基础剖面图

3 整体式混凝土楼盖

3.1 整体式混凝土楼盖的结构选型

整体式混凝土楼盖，又称现浇混凝土楼盖，它既可用作砖混房屋的楼（屋）盖，也可用作厂房的工作平台、多层与高层房屋的楼（屋）盖、水池的顶盖与底板以及整片式基础等，应用十分广泛。本章叙述中，一般将楼盖与屋盖统称为楼盖。

3.1.1 混凝土楼盖的结构类型

混凝土楼盖，按施工方法，可分为整体式（现浇）楼盖、装配式楼盖和装配整体式楼盖三种。整体式楼盖属于全部现浇的梁板结构，整体性好，刚度大，抗震抗冲击性能好，防水性好，对不规则平面的适应性强，开洞容易。其缺点是需要大量模板，现场的作业量大，工期也较长。装配式楼盖主要由预制的梁、板组成，其施工进度快，但整体性差，刚度差，抗震性能差。装配整体式楼盖通常是在预制梁板面上做钢筋混凝土现浇层或在现浇混凝土梁上铺设多孔板或槽形板等预制板而成。其优缺点介于前两种楼盖之间。

目前，我国装配整体式楼盖主要用于单层和多层砌体房屋，特别是多层住宅中。在抗震设防区，有限制使用的趋势。随着商品混凝土、泵送混凝土以及工具式模板的广泛使用，钢筋混凝土结构，包括楼盖在内，大多采用现浇。我国《高层规程》规定，在高层建筑中，当房屋高度超过50m时，框架—剪力墙、筒体结构应采用现浇楼盖结构；剪力墙结构和框架结构宜采用现浇楼盖结构。当房屋高度不超过50m时，8、9度抗震设计的框架—剪力墙结构宜采用现浇梁板结构；6、7度抗震设计的框架—剪力墙结构可采用装配整体式楼盖，但每层楼盖宜设置钢筋混凝土现浇层。现浇层厚度不应小于50mm，楼盖的预制板缝宽度不宜小于40mm。板缝大于40mm时应在板缝内配置钢筋并宜贯通整个结构单元。房屋的顶层、结构转换层、加强层、错层、平面复杂或开洞过大的楼层、作为上部结构嵌固部位的地下室楼层，应采用现浇楼盖结构。

整体式混凝土楼盖，按结构类型，可分为单向板肋梁楼盖、双向板肋梁楼盖、无梁楼盖、井式楼盖、密肋楼盖和扁梁楼盖等（图3-1）。其中，用得最普遍的是单向板肋梁楼盖和双向板肋梁楼盖。

现浇梁板结构，一般是将板上所承受的荷载通过四边的支承梁传递给柱或墙，再传给基础。而四边支承梁也将板分隔成一个或若干个板块（又称区格）。就一个由四边支承的板块而言，板上所承受的荷载，自然是沿短边方向传递得多，沿长边方向传递得少。

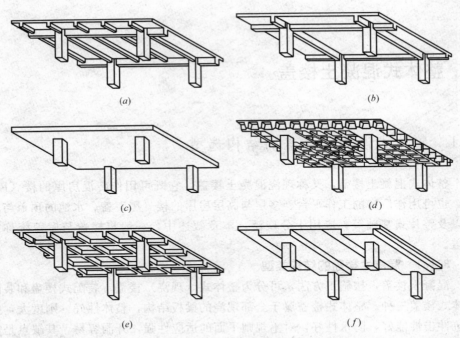

图 3-1 楼盖结构类型

(a) 单向板肋梁楼盖；(b) 双向板肋梁楼盖；(c) 无梁楼盖；

(d) 密肋楼盖；(e) 井式楼盖；(f) 扁梁楼盖

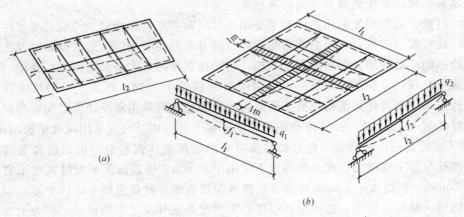

图 3-2

(a) 四边简支单向板；(b) 四边简支双向板

例如一块四边简支板，参见图 3-2 (b)，其长边 l_2 为短边 l_1 的两倍，承受总均布荷载为 q（kN/m²），长短边两个方向各分担的荷载为 q_2 和 q_1。若在两个方向各取 1m 宽板带，则其跨中挠度分别为：

$$f_1 = \frac{5}{384} \cdot \frac{q_1 l_1^4}{EI}; \quad f_2 = \frac{5}{384} \cdot \frac{q_2 l_2^4}{EI}$$

由变形协调条件：$f_1 = f_2$，可得：

$$q_1 l_1^4 = q_2 l_2^4$$

将 $l_2 = 2l_1$ 代入上式，可知：

$$q_2 = \frac{1}{16} q_1$$

由此可见，当 $l_2 = 2l_1$ 时，长边承受的荷载仅为短边承受荷载的 1/16。为此。《混凝土结构设计规范》GB 50010—2002（简称《混凝土规范》）规定：两对边支承的板应按单向板计算；四边支承的板应按下列规定计算：

1）当长边与短边长度之比 $l_2 / l_1 \leqslant 2$ 时，应按双向板计算；

2）当长边与短边长度之比 $2 < l_2 / l_1 < 3$ 时，宜按双向板计算；当按沿短边方向受力的单向板计算时，应沿长边方向布置足够数量的构造钢筋；

3）当长边与短边长度之比 $l_2 / l_1 \geqslant 3$ 时，可按沿短边方向受力的单向板计算。

单向板与双向板的区别在于：单向板为单向受力，板上的荷载主要通过短边传递，受力后主要在短边方向产生弯曲变形，可以只在短边方向配置受力钢筋；双向板为双向受力，板上的荷载通过短边和长边两个方向传递，受力后在两个方向产生弯曲变形，需要在两个方向配置受力钢筋。

3.1.2 整体式混凝土楼盖的结构布置方案

设计现浇梁板结构时，首先应确定其结构布置方案。结构布置方案是否合理，对于结构受力是否合理、结构刚度的大小、工程造价的多少，以及建筑物的使用与美观等都有直接的影响。为此，在选择和确定结构布置方案时，应当既能满足房屋的正常使用要求，又能做到结构受力合理和节约材料、降低造价。一般地说，板跨越小，板厚越薄，材料总耗量越少，造价也就越低；梁板布置得愈简单整齐，施工愈简便，相应也愈会降低造价。因此，如无特殊要求，应把整个柱网布置成正方形或长方形，板、梁的跨度应力求或接近相等，采用统一的板厚和梁的截面尺寸，也便于计算和施工。

（1）单向板肋梁楼盖

单向板肋梁楼盖，一般由板、次梁和主梁整体浇筑而成。其荷载的传递路线是：板→次梁→主梁→柱（或墙）→基础。一般情况下，板的中间支座为次梁，次梁的中间支座为主梁，主梁的中间支座为柱；而它们的边支座，可以是墙，也可以是梁或柱。

单向板肋梁楼盖，按主梁的布置方向可分为主梁沿横向布置方案和主梁沿纵向布置方案两种。

主梁沿横向布置方案（图 3-3a），由于主梁加强了横向刚度，故房屋的整体刚度也因而增大，而且便于开设较大的窗口和采光。

主梁沿纵向布置方案（图 3-3b），房屋整体刚度较差，有时还会由于次梁支承在窗过梁上而限制了窗洞的高度。但这种方案可以加大室内净空，而且可以获得顶棚明亮的建筑效果。

（2）双向板肋梁楼盖

双向板肋梁楼盖，可以由板、次梁、主梁组成；当两个方向梁跨相等或接近相等时，也可以不分主次梁，而统称为支承梁（相当于次梁）。后者一般由两个

83

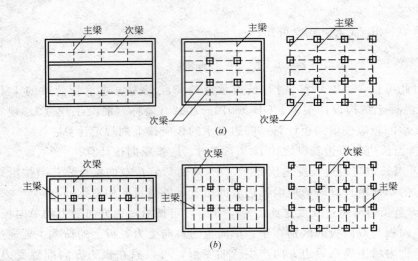

图 3-3 单向板肋梁楼盖

(*a*) 主梁沿横向布置；(*b*) 主梁沿纵向布置

方向的支承梁共同承受板上荷载，再各自传给外墙或柱。

双向板肋梁楼盖，按梁的布置情况，又可分为普通双向板楼盖、井式楼盖和密肋楼盖等。

当建筑平面接近正方形，且房屋开间、进深尺寸与楼面荷载不很大时，可采用普通双向板楼盖（图 3-4*a*）。这时，因室内无梁而省去吊顶（顶棚），在保持

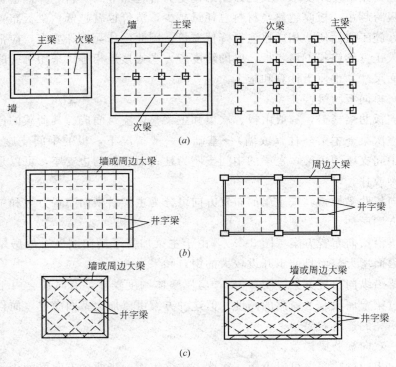

图 3-4 双向板肋梁楼盖与双重井式楼盖

(*a*) 普通双向板楼盖；(*b*)、(*c*) 双重井式楼盖

室内净高相同的前提下，可以使建筑层高减小，且可减少模板的数量，便于施工。多用于高层建筑。

当柱网间距或房间平面面积较大时，例如建筑物的门厅、会议厅等，若在室内不设支承梁，则必然因板跨增大而增加板厚。此时，可采用双重井式楼盖（图3-4b、c）。这种楼盖的特点是两个方向交叉的梁（井字梁）截面相同，跨度相等，没有主次之分，共同承受板上传来的荷载。这种楼盖除楼板是四边支承的双向板外，其交叉梁格属于四边支承的双向受弯结构体系。交叉梁的布置多采用正交，也有斜交成45°或60°的。这样，在室内装饰上可直接利用肋梁做成各式图案，加上艺术处理，可以获得很好的建筑艺术效果。

（3）无梁楼盖

无梁楼盖，按楼面结构型式分为平板式和双向密肋式（也可在双向密肋的空隙内填以轻质块材）；按施工方法分为现浇式或装配整体式（后者可采用升板法施工，这在《升板建筑结构设计与施工暂行规定》中有具体论述）；按有无柱帽分为轻型无梁楼盖和有柱帽无梁楼盖。

无梁楼盖由柱网将楼板划分为若干区格，区格大多接近正方形。为使楼盖具有足够的刚度，规定板厚 h 不宜小于区格长边的1/35。此外，无梁楼盖的周边还应设置圈梁，且圈梁的截面高度不小于板厚的2.5倍。其作用是与相连的半个柱上板带（见图3-5）一起承受弯矩和扭矩，所以圈梁内还应设置抗扭的构造钢筋。

无梁楼盖按平面布置的不同，有在边缘设置悬臂板的，或者不设置悬臂板的。前者可减少边跨跨中弯矩和柱上的不平衡弯矩，同时也减少了柱帽的类型，这在冷库建筑中应用较多；但在一般建筑中，由于悬臂部分不便使用，而且外墙设柱，可采用预制墙板，安装在柱的侧面，施工也较方便，所以多采用不设悬臂板的无梁楼盖。

在无梁楼盖中，当荷载和跨度较大时，为了承受板内弯矩和柱支承处的冲切力，多采用带有柱帽的无梁楼盖。

柱帽可以有多种设计方案，但就其结构型式与尺寸要求来说，一般有Ⅰ型、Ⅱ型、Ⅲ型三种，见图3-5。

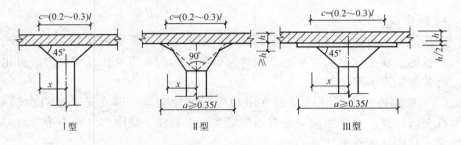

图 3-5　柱帽类型

总之，设计时应根据房屋的性质、用途、平面尺寸、荷载大小、抗震设防烈度以及技术经济指标等因素，综合考虑选择合适的楼盖结构型式。

3.2 单向板肋梁楼盖设计

3.2.1 按弹性理论进行设计

所谓按弹性理论进行设计，系指仅在内力分析时，将钢筋混凝土构件视为匀质弹性体系，按普通结构力学的原理及计算图表进行静力计算；而在承载能力和正常使用极限状态设计中，仍按考虑塑性的钢筋混凝土受弯构件进行计算。下面介绍弹性理论设计的原理、步骤和方法。

（1）常用梁板的截面尺寸

单向板肋梁楼盖中，板、次梁和主梁的适用跨度、截面尺寸及其经济配筋率，可参照表 3-1 取用。

常用梁板截面尺寸

表 3-1

项 次		板	次 梁	主 梁
1	适用跨度	1.7～2.5(m)	4～6(m)	5～8(m)
2	截面尺寸	$h = 60 \sim 120 (\text{mm})$	$h = \left(\dfrac{1}{18} \sim \dfrac{1}{12}\right) l$ $b = \left(\dfrac{1}{3} \sim \dfrac{1}{2}\right) h$	$h = \left(\dfrac{1}{15} \sim \dfrac{1}{10}\right) l$ $b = \left(\dfrac{1}{3.5} \sim \dfrac{1}{3}\right) h$
3	计算跨度 中间跨	$l = l_{轴}$	$l = l_{轴}$	$l = l_{轴}$
	边跨	$l = l_{轴} - c + \dfrac{h}{2}$ $l \leqslant 1.025 l_0 + \dfrac{b}{2}$	$l = l_{轴} - c + \dfrac{a}{2}$ $l \leqslant 1.025 l_0 + \dfrac{b}{2}$	$l = l_{轴}$
4	经济配筋率	0.3%～0.8%	0.6%～1.5%	0.9%～1.8%

注：$l_{轴}$——按轴线计算的跨度；

　　h——板厚或梁截面高度；

　　b——梁截面宽度；

　　a——次梁支承长度；

　　c——边轴线至边支座内边缘的距离。

计算跨度中的 b 为第一跨内支座的支承长度。

（2）计算简图

1）简化假定

在现浇单向板肋梁楼盖中，板、次梁、主梁的计算简图一般均为连续板或连续梁。板的支座是次梁，次梁的支座是主梁，主梁的支座是柱或墙。为了简化计算，通常作如下的简化假定：

（A）假定连续板或连续梁的支座均为不动铰支座，即支座可以自由转动，但没有竖向位移。对于主梁，只有当主梁线刚度与柱子线刚度之比小于 5 时，才需按梁、柱刚接的框架计算。

（B）在荷载计算中，忽略板、次梁的连续性，简化按简支构件计算支座竖向反力。

86　　（C）跨度超过五跨的连续梁、板，当各跨荷载相同，且跨度相差不超过

10%时，可按五跨的等跨连续梁、板计算。即取中间各跨的内力均与第三跨相同。

2）计算跨度

连续梁某一跨的计算跨度，系指内力计算时所采用的跨间长度，理论上应取该跨两端支承处转动点之间的距离。当按弹性理论计算时，中间各跨取支承中心线之间的距离；边跨则按实际支承情况取用，即当梁、板在边支座与构件整浇时，边跨也取支承中心线之间的距离；当梁板端部搁置在支承构件上时，对于梁（支承长度为 a），伸入边支座的计算长度可取 $0.025l_0$ 和 $a/2$ 中的较小值；对于板（板厚为 h），伸入支座的计算长度。可取 $0.025l_0$ 和 $h/2$ 中的较小值。为简化计算，主梁边跨的计算长度宜近似取为轴线间距，其具体取值方法，见表 3-1。

3）计算简图及荷载作用方式

（A）板

板的计算简图为支承在次梁上的连续板。这主要是考虑次梁的抗弯刚度较大，可以认为没有竖向位移；而次梁的抗扭刚度较小，即次梁对板扭转的约束能力较小，所以次梁可以作为板的不动铰支座。

在计算时，一般取 1m 宽板带作为计算单元，故其连续板的截面宽度始终取为 $b=1000$mm，截面高度即为板厚 h。

板上作用的荷载，按 1m 宽板带上承受的均布荷载（包括板自重）计算。在计算时需将恒载与活荷载分开。板的结构草图和计算简图，见图 3-6 或图 3-7。

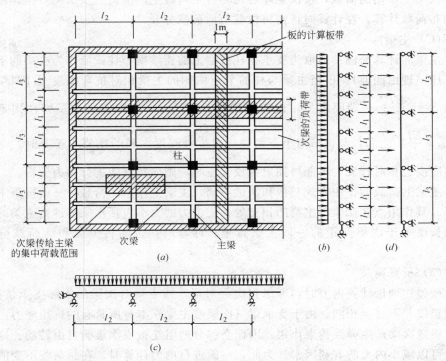

图 3-6　单向板肋梁楼盖的组成及梁板计算简图

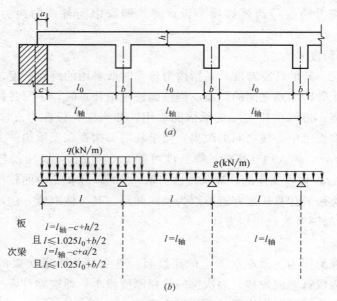

图 3-7 板、次梁的计算简图

（B）次梁

次梁的计算简图取为支承在主梁或墙上的连续梁，主梁或墙作为次梁的不动铰支座。这同样是忽略了主梁的竖向变形和扭转的约束能力对次梁的影响。见图3-6 或图3-7。

次梁上作用的荷载，按次梁左右两侧各半跨板上的活荷载及次梁自重作用下的均布荷载计算。在计算时，需将恒载与活荷载分开。

（C）主梁

主梁的计算简图一般取为支承在柱或墙上的连续梁，柱或墙作为主梁的不动铰支座（理由同前）。仅当主梁与柱的节点两侧的主梁相对抗弯刚度 S（两端固定时 $S=4\dfrac{EI}{l}$；一端固定另一端铰支时 $S=3\dfrac{EI}{l}$；一端固定另一端弹性固定时 $S=3.6\dfrac{EI}{l}$）之和，与该节点上下两柱相对抗弯刚度之和的比值小于 5 时，由于柱的刚度也相对较大，不能再抽象为铰支座时，则应按框架进行内力分析。

主梁上荷载的作用方式与板和次梁不同，主梁上作用的荷载，一般按集中力计算。其作用点在次梁与主梁的相交处，集中力的大小包括次梁传递给主梁的荷载和长度等于次梁间距的一段主梁自重。计算时，也需将恒载和活荷载分开计算。

（3）折算荷载

按弹性理论计算内力时，考虑到次梁对板，或主梁对次梁的实际支承情况，与理想铰并不完全相同。由于支承梁（次梁或主梁）本身所具有的抗扭能力，必会对板或次梁产生弹性约束作用。因而会部分地阻止板或次梁的自由转动。这是一个可以减小内力的有利因素。为此，一般进行内力计算时，在总荷载不变的条件下，常采取加大恒载，减小活荷载的办法来考虑这一有利影响，以求得与其连续的板、连续的次梁与实际产生的内力相接近。

而主梁因为梁柱刚度相差较大，柱的抗扭能力（即弹性约束作用）有限，难以阻止主梁的自由转动，同时，考虑到主梁的重要性，应保留有较大的安全储备，在计算内力时，仍按实际荷载计算。

综上所述，在按弹性理论计算板与次梁内力时所取用的计算荷载，又称折算荷载，一般可按表 3-2 取用。

折 算 荷 载 取 值　　　　　　　表 3-2

项　次	构　件	折算荷载（计算荷载）	
		恒　载	活　载
1	连续板	$g_计 = g_实 + \dfrac{q_实}{2}$	$q_计 = \dfrac{q_实}{2}$
2	连续次梁	$g_计 = g_实 + \dfrac{q_实}{4}$	$q_计 = \dfrac{3}{4} q_实$
3	连续主梁	$G_计 = G_实$	$Q_计 = Q_实$

（4）连续梁上活荷载的不利布置规律

按弹性理论计算连续梁的内力时，之所以需要将恒载和活荷载分开计算，是因为并非在各跨全部布置上活荷载就能得到各跨跨内和支座截面处的最大内力。为了求得内力最大值，可以从活荷载布置在不同跨产生的弯矩图（图 3-8）中找出最不利的布置规律。

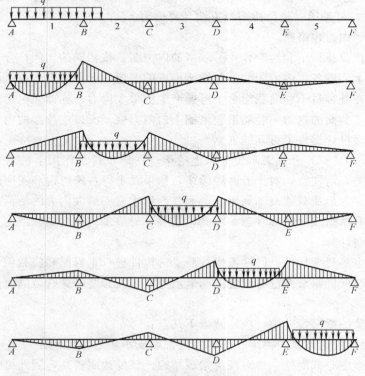

图 3-8　活荷载作用不同跨度的弯矩图

例如，为求得第一跨跨中最大正弯矩，需要将活荷载布置在第一、三、五跨内，因为这时在第一跨跨中均产生正弯矩；再如为求得支座 B 截面的最大负弯矩和最大剪力，需将活荷载布置在第一、二、四跨内，因为这时在支座 B 处，均产生负弯矩，而且剪力最大等等。

由此，可以总结出下列四条连续梁上活荷载的最不利布置规律：

1）欲求某跨跨内 $+M_{max}$，除将活荷载布置在本跨外，还应向两侧隔跨布置活荷载；

2）欲求某跨跨内 $-M_{max}$，除本跨不布置而在相邻两跨布置活荷载外，还应向两侧隔跨布置活荷载；

3）欲求某支座 $-M_{max}$，除在该支座两侧跨内布置活荷载外，还应向两侧隔跨布置活荷载；

4）欲求某支座左右截面 $\pm V_{max}$，其活荷载布置规律同第 3 条。

必须指出，恒载不能随意布置。所以在荷载的最不利组合中，各跨均不能漏掉恒载。

（5）内力计算

为了求得各跨跨内与支座的 $\pm M_{max}$ 和 $\pm V_{max}$，首先将恒载和按活荷载最不利布置规律布置的各组活荷载分别组合在一起（每组只有一种活荷载布置情况，但必须有恒载），然后分别求出在各组荷载组合作用下的内力。当连续梁（板）的各跨跨度相等或相差不超过 10％时，可采用查表法计算内力（见附录一）。当超过五跨时，中间跨皆按第三跨计算。具体计算方法见【例 3-1】。当跨度相差大于 10％时，可采用一般结构力学方法计算内力。

（6）绘制内力包络图

将各组在荷载最不利组合作用下求得的内力图，按相同的比例，分别画在同一个坐标轴上，则各组内力图的外包线所形成的图形，即称为内力包络图。它反映出连续梁在各种最不利荷载组合下可能产生的最大内力。亦即无论荷载如何分布，连续梁各截面的内力不会超出包络图上的内力值。所以连续梁的内力包络图为该梁的截面设计提供了可靠的依据。

图 3-9 (a)、(b) 分别表示出五跨连续梁，在均布荷载作用下的弯矩包络图和剪力包络图。请注意，对于五跨连续梁，如果要求得各跨跨内和支座的内力最大值，共需有六组荷载的最不利组合。而在四组求支座最大内力的活荷载最不利布置中，各有两组成反对称状态。因此，在叠合时最多只能看到四条内力图线。

（7）截面计算

连续梁也是受弯构件，同样需要按照受弯构件进行正截面和斜截面承载力计算，亦应采取保证斜截面抗弯强度的构造措施，以及必要时进行裂缝宽度和挠度验算。

在连续梁的截面设计中，应注意以下几点：

1）按弹性理论计算内力时，计算跨度常取支承中心线的间距，支座 $-M_{max}$ 必定是在支座中心截面处。而对现浇梁板结构，该处截面较高，因此可按支座边缘处的弯矩值和剪力值，进行正截面和斜截面承载力计算，见图 3-10。其计算

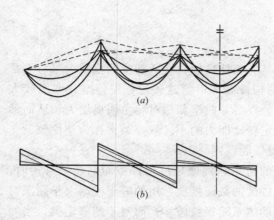

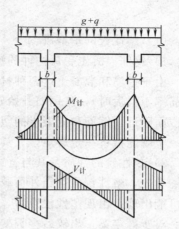

图 3-9 五跨连续梁弯矩与剪力包络图

(a) 承受均布荷载的五跨连续梁的弯矩包络图；
(b) 承受均布荷载的五跨连续梁的剪力包络图

图 3-10 支座处的计算内力

方法为：

$$M_{计} = M_{max} - V_0 \cdot \frac{b}{2} \tag{3-1}$$

均布荷载
$$V_{计} = V_{max} - (g+q) \cdot \frac{b}{2} \tag{3-2a}$$

集中荷载
$$V_{计} = V_{max} \tag{3-2b}$$

式中　　$M_{计}$——在正截面承载力计算中，所取用的弯矩设计值；

$\quad\quad V_{计}$——在斜截面承载力计算中，所取用的剪力设计值；

$\quad M_{max}$——按弹性理论计算的支座最大负弯矩；

$\quad V_{max}$——按弹性理论计算的支座最大剪力；

$\quad\quad V_0$——按简支梁在恒载和活荷载以及两端支座负弯矩共同作用下的支座剪力，亦可近似按 $V_0 = V_{max}$ 取用；

$\quad\quad b$——支座宽度，对主梁一般为柱宽。

需要指出：当连续梁的支座为墙体时，则不宜按支座边缘的内力计算。而应直接按弹性理论计算的最大内力值进行承载力计算。

2）由于梁板整体浇筑，连续梁的计算截面，在对跨中正弯矩进行承载力计算时，应按 T 形截面取用（上部受压）；而对支座负弯矩进行承载力计算时，应按矩形截面取用（下部受压）。

3）当梁上作用有集中荷载时，需要在一定的范围（S 长度）内设置附加横向钢筋——吊筋或加密箍筋。其承载力计算与设置方法见式（3-8）和图 3-19。

3.2.2 按考虑塑性内力重分布理论进行设计

所谓按考虑塑性内力重分布理论进行设计，系指仅在内力分析时，考虑钢筋混凝土连续梁在出现塑性铰以后会引起内力重分布的实际情况来计算内力；而截面设计，则与一般受弯构件的设计方法完全相同。为论述方便，此种方法常简称为"按塑性理论"进行设计，下面介绍按塑性理论进行设计的基本原理和设计

91

方法。

（1）塑性铰的基本概念

1）钢筋混凝土受弯构件的塑性铰

由于钢筋和混凝土这两种材料均具有塑性性能，在适筋梁的范围内（特别是配筋率不很大时），从钢筋开始屈服到构件破坏以前这一过程里，常在弯矩较大的截面附近，钢筋和混凝土的塑性充分发展，曲率和相对转角明显增大，从而形成一个既能抵抗一定弯矩，又具有一定转动能力的小区域，通常称为塑性铰。

2）塑性铰的性质及其与普通理想铰的区别

首先，塑性铰只有当外荷载产生的弯矩达到或超过构件截面的屈服弯矩时，才可能出现。出现塑性铰以后，塑性铰区的截面抵抗弯矩约等于或略大于屈服弯矩。对于静定梁，出铰后会因变成机动体系而很快破坏；而对于超静定梁，当外荷载继续增加时，则会因向未出铰的截面传递弯矩而在其他截面出现新铰，直到整个构件变成机动体系或达到破坏为止。而理想铰既不能承担任何弯矩，更不能传递弯矩。

其次，塑性铰的转动能力是有限的，更不能反向转动。其转动能力的大小，主要取决于钢筋级别与配筋率的多少，亦即受压区高度的大小。塑性铰的转动能力大，则有利于内力重分布，但同时在塑性铰区也会引起较大的裂缝，并加大构件的挠度。相比之下，普通理想铰则认为可以自由转动。

再其次，塑性铰一般发生在某一个小区域，即有一定长度的塑性铰区；而普通理想铰，则认为只是一个点。

（2）钢筋混凝土超静定梁的内力重分布

1）考虑塑性内力重分布

对于承受外荷载的钢筋混凝土超静定梁，如果将其视为匀质弹性体系，则其内力分布显然可以用结构力学的方法通过计算得知。

由于钢筋混凝土梁的弹塑性性质，会导致内力较大的截面塑性发展，弹性模量降低；特别由于梁内裂缝的出现和开展，截面的惯性矩减小，因而使梁的截面刚度减小，内力必然会推卸给刚度较大的截面。这种内力重新分布的过程，可称为第一过程的内力重分布。这种内力重分布在简支梁内也会发生。

由于钢筋混凝土超静定梁塑性铰的出现，每出现一个塑性铰，相当于减少一个约束，从而形成新的结构体系。此后再继续施加的荷载将按新的结构体系分布内力。一直到出现足够数目的塑性铰，致使超静定梁形成机动体系，则丧失其承载能力。这与匀质弹性体系的内力分布有很大的不同，见图 3-11。这种内力重新分布的过程，可称为第二过程的内力重分布。一般第二过程的内力重分布较第一过程显著，故本书论及的考虑塑性内力重分布，主要指的是第二过程的内力重分布。

现以图 3-12（a）的两跨连续梁为例，说明超静定梁内力重分布的全过程。该梁距支座 B 截面左、右各 $l/3$（截面 A）处，各作用有一个集中力 P。其内力重分布的 P-M 图，如图 3-12（b）所示。

图中两条斜虚线，分别表示跨中截面 A 和支座截面 B 随荷载 P 的增加按弹

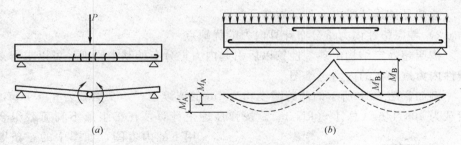

图 3-11　塑性铰与塑性内力重分布示意

（a）简支梁的塑性铰；（b）两跨连续梁在均布荷载作用下的塑性内力重分布

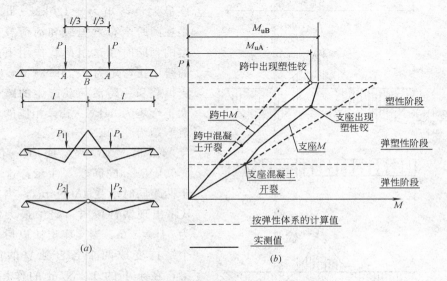

图 3-12　双跨连续梁内力重分布 P-M 图

性体系计算所得的弯矩。两虚线之间的粗实线分别为两个截面的实测弯矩值。从中可见：

（A）当梁内尚未开裂以前，虚线与实线重合，说明实测内力与按弹性体系计算的内力分布相同，并未引起内力重分布。

（B）当支座 B 处混凝土开裂后，随荷载 P 的加大，支座 B 截面内力增长速度减慢，而跨中 A 截面内力增长速度加快，这说明 B 截面因刚度降低而向刚度较大的 A 截面进行了内力重分布。

（C）当跨中 A 处混凝土也开裂后，随 P 的加大，A 截面内力增长速度有所减慢，而 B 截面内力增长速度略有增加，这说明由于跨中截面 A 刚度降低的速率较快，所以又引起 A 截面向 B 截面的内力重分布。

（D）在支座 B 处的配筋率不高于 A 处的前提下，由于 B 截面内力大于 A 截面内力，故支座 B 会首先出现塑性铰，接着便引起向跨中截面 A 的内力重分布，即第二过程内力重分布。由图可见，这一过程的内力重分布非常明显。

（E）随着荷载 P 的继续增加，内力继续向跨中进行重新分布，直到跨中 A

93

处也出现塑性铰，此时连续梁将因成为机动体系而破坏。

这就是该连续梁内力重分布的全过程。

2）考虑塑性内力重分布计算内力的优缺点

按照超静定结构出现塑性铰以后引起内力重分布的基本原理，可以求得考虑塑性内力重分布的内力包络图。

例如，图 3-13 所示的两跨跨度均为 4m 的连续梁。承受恒载为 20kN/m，活荷载为 40kN/m（总计 60kN/m）。按弹性理论计算，在三组最不利荷载组合作用下的内力图，如图中的三条虚线所示。显然，其外包线即为按弹性理论求得的弯矩包络图。其中，支座最大负弯矩为 −120kN·m，这是在两跨全布置恒载和活荷载下产生的，同时在这组荷载作用下产生的跨中正弯矩为 67.5kN·m，由两跨恒载和一跨活荷载产生的跨中最大正弯矩为 84kN·m，相应的支座负弯矩为 −80kN·m。

如果，对于支座 B，仅按 −96kN·m 配筋，（注意：这相当于两跨同时承受 48kN/m），当支座 B 将出现塑性铰时，跨中最大弯矩为 54kN·m。当支座出铰以后，整个结构变成两个各自独立的简支梁，在余下的 12kN/m 的作用下，按简支梁计算，此相应截面内力为 23.4kN·m。总计为 77.4kN·m，并未超出按弹性体系（活荷载仅在一跨布置）求得的跨中最大正弯矩。最后的考虑塑性内力重分布的包络图，如图中的粗实线所示。这就说明，如果支座截面按 −96kN·m 配筋，跨中按 84kN·m 配筋，显然，尽管在支座处会出现塑性

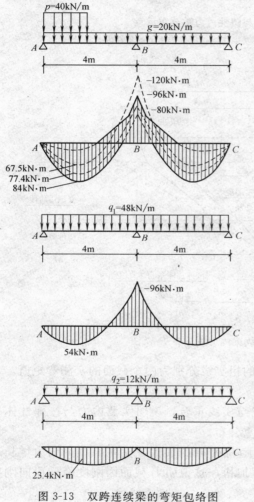

图 3-13 双跨连续梁的弯矩包络图

铰，但整个结构还是安全可靠的。

从这一实例中，可以看出考虑塑性内力重分布进行内力计算的优缺点：

（A）较按弹性体系计算内力，更符合钢筋混凝土超静定结构的实际内力情况；

（B）可以人为地调整内力的变化幅度，借以达到节省钢材和使钢筋的配置较为均匀，以便于施工；

（C）按塑性理论进行截面设计，构件的裂缝较宽，挠度较大。

所以，考虑塑性内力重分布，目前主要用于连续板和连续次梁的内力计算。

（3）弯矩调幅法及按塑性理论进行连续板、连续次梁的内力计算

1）弯矩调幅法

所谓弯矩调幅法，即先按弹性理论求出结构的截面弯矩值；再根据需要，人为地对结构中一些较大的截面内力（多为支座内力）调整一定的幅度。最后按调幅后的弯矩及相应的剪力进行截面设计。

2）调幅的原则

第一，由于钢筋混凝土结构塑性铰的转动能力是有限的，弯矩调整幅度必需与截面的转动能力相适应。如果调整幅度过大，将会导致截面因塑性铰的转动能力不足而发生破坏，所以截面弯矩调整的幅度不能过大。

截面弯矩的调整幅度用弯矩调幅系数 β 来表示，即：

$$\beta = \frac{M_e - M_a}{M_a} \tag{3-3}$$

式中 M_e——调幅前按弹性理论计算得的弯矩值；

M_a——考虑塑性内力重分布调幅后的弯矩值。

在设计中，弯矩调幅系数 β 一般不宜超过 0.25。且调幅后的支座和跨中截面弯矩值均不小于按简支梁计算的跨中弯矩值的 1/3。

第二，为了保证塑性铰的如期形成，并且有足够的转动能力，力求实现充分的内力重分布，因此受压区高度不能太大，截面配筋率不能过多。设计要求：弯矩调幅后的截面相对受压区高度 ξ 不应超过 0.35，且受力钢筋宜采用 HPB235、HRB335、HRB400 及 RRB400 级热轧钢筋；混凝土强度等级宜在 C20～C45 范围内选用。另外，考虑到截面配筋率也不能太小，这样会增大结构在使用阶段的裂缝宽度，故要求 ξ 值也不宜小于 0.10。

第三，为了满足静力平衡条件，对连续梁中的任一跨，调幅后的弯矩均应满足下式要求：

$$\frac{M_A + M_B}{2} + M_C \geqslant 1.02 M_0 \tag{3-4}$$

亦即：调整后的两端支座弯矩 M_A 和 M_B（绝对值）的平均值，与调整后的跨中弯矩 M_C 之和，应不小于按简支梁计算的跨中弯矩值 M_0 的1.02 倍。见图 3-14。

对承受均布荷载的梁，调整后的所有支座和跨中弯矩（绝对值），均应满足：

$$M \geqslant \frac{1}{24}(g+q) \cdot l^2 \tag{3-5}$$

此外，为了保证连续梁内力重分布能充分发展，在结构形成机动体系之前，不致发生斜截面

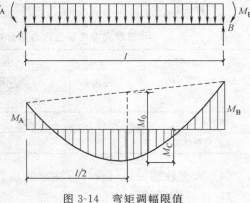

图 3-14   弯矩调幅限值

95

剪切破坏，结构构件必须要有足够的受剪承载能力。为了防止因塑性转动能力过大，而使塑性铰附近截面的裂缝过宽，结构的挠度过大，不能满足正常使用要求，一般要求在正常使用阶段不应出现塑性铰。

除上述一般应遵守的原则以外，还应注意到：为了尽可能地节约钢材，宜使调整后的弯矩包络图面积为最小；为了在梁内均匀布置钢筋，有利于混凝土的浇筑，应尽量使调幅后的支座弯矩与跨中弯矩相近。

3）等跨连续板和连续梁在均布荷载作用下的内力计算

根据上述调幅法的原则，并考虑到设计方便，对承受均布荷载的等跨连续单向板、连续次梁，当考虑塑性内力重分布时，其截面弯矩与剪力值，可按下列公式计算。

连续单向板及连续次梁的跨中正弯矩与支座负弯矩：

$$M = \alpha_m (g+q) \cdot l^2 \qquad (3-6)$$

连续次梁的剪力：

$$V = \alpha_v (g+q) \cdot l_0 \qquad (3-7)$$

式中　α_m、α_v——分别为弯矩系数和剪力系数，按表 3-3、表 3-4 的给出值取用；

　　　　l——计算跨度；

　　　　l_0——净跨。

连续梁和连续单向板考虑塑性内力重分布的弯矩计算系数 α_m　　　表 3-3

支　承　情　况		截　　面　　位　　置					
		端支座	边跨跨中	离端第二支座	离端第二跨跨中	中间支座	中间跨跨中
		A	I	B	Ⅱ	C	Ⅲ
梁、板搁支在墙上		0	1/11	二跨连续： −1/10 三跨以上连续： −1/11	1/16	−1/14	1/16
板	与梁整浇连接	−1/16	1/14				
梁		−1/24					
梁与柱整浇连接		−1/16	1/14				

注：1. 表中系数适用于荷载比 $q/g > 0.3$ 的等跨连续梁和连续单向板。

　　2. 连续梁或连续单向板的各跨长度不等，但相邻两跨的长跨与短跨之比值小于 1.10 时，仍可采用表中弯矩系数值。计算支座弯矩时应取相邻两跨中的较长跨度值，计算跨中弯矩时应取本跨长度。

连续梁考虑塑性内力重分布的剪力计算系数 α_v　　　表 3-4

支　承　情　况	截　　面　　位　　置				
	A 支座内侧	离端第二支座		中间支座	
	A_{in}	外侧 B_{ex}	内侧 B_{in}	外侧 C_{ex}	内侧 C_{in}
搁支在墙上	0.45	0.60	0.55	0.55	0.55
与梁或柱整体连接	0.50	0.55			

（4）按塑性理论进行设计应注意的几个问题

1）计算跨度的取值

考虑到塑性铰可能出现的位置，按塑性理论计算时，计算跨度按下列规定取用：

连续板：中间跨 $\qquad l=l_0$

$\qquad\qquad$ 边 跨 $\qquad l=l_0+\dfrac{h}{2}$

连续次梁：中间跨 $\qquad l=l_0$

$\qquad\qquad$ 边 跨 $\left\{\begin{array}{l} l=l_0+\dfrac{a}{2} \\ \text{且 } l=1.025l_0 \end{array}\right.$

上列各式的符号，与按弹性理论计算相同。

2）计算荷载的取用

因为支承梁对连续板、梁的转动约束作用以及活荷载的不利布置等因素，已在弯矩系数和剪力系数中作了考虑，所以不需再考虑折算荷载，而是直接按全部均布荷载（$g+q$）进行内力计算。

3）内力计算

因为弯矩和剪力系数是按在均布荷载作用下考虑塑性内力重分布以后的内力包络图给出的，所以，对于承受均布荷载的等跨（或跨度相差不大于 10%）连续板、梁，不需再进行荷载的最不利组合，也不需再画内力包络图，直接按公式（3-6）和公式（3-7）计算各截面的内力值。

4）截面设计

对于中间区格板，由于周边具有刚度较大的支承梁限制板的水平移动，而支座处在负弯矩作用下会在上部开裂；跨中在正弯矩作用下，会在下部开裂，这就在板内形成一个"拱形结构"。于是，在竖向荷载作用下，刚度较大的支承梁便会对板产生横向推力（图 3-15）。这项推力可以减少板中各计算截面的弯矩，其减少程度则视板的边界条件而异，按《混凝土结构设计规范》规定，对四边与梁整体浇筑的 T 形板，其中间区格的跨中弯矩和支座弯矩，在截面设计时，可以减少 20%，但边跨的跨中截面正弯矩及支座截面负弯矩则不折减。而对于次梁和主梁，则均不考虑推力影响。由于板的跨高比远比梁小，对于一般工业与民用建筑楼盖的现浇板，仅板内混凝土就足以承担剪力。故不必进行斜截面承载力计算。

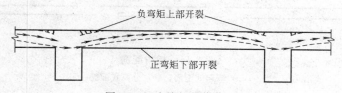

图 3-15 连续板的拱作用

3.2.3 连续板、次梁与主梁内的配筋

连续板、次梁与主梁内的受力钢筋（纵筋与箍筋）一般要由计算决定。下面仅就其受力筋的弯起和截断，以及构造钢筋的设置要求，予以必要的陈述。

（1）连续单向板

1）板内受力钢筋

受力钢筋一般采用 HPB235 级钢筋，其直径通常采用 $\phi6$、$\phi8$、$\phi10$ 及 $\phi12$。为便于架立与施工，宜优先选用较粗直径的钢筋作负筋。

受力钢筋的间距，一般不小于 70mm，且每米宽度内不少于三根。当板厚 h ≤150mm 时，间距不应大于 200mm；h>150mm 时，间距不应大于 $1.5h$。伸入支座的负弯矩受力钢筋，间距不应大于 400mm，其截面面积不小于跨中正弯矩受力钢筋截面面积的 1/3。

板的跨中受力钢筋可弯起 1/2 以承受负弯矩，但不得超过 2/3。弯起角度一般采用 30°；当板厚 h>120mm 时，可用 45°。板内钢筋一般采用半圆弯钩，但对于上部负钢筋，为保证施工不致改变有效高度的位置，宜做成直钩以便支撑在模板上。

连续板内受力钢筋的配置，可采用弯起式或分离式，见图 3-16。弯起式配筋锚固较好，可节约用钢量，但施工较复杂；分离式配筋锚固较差，耗钢量稍高，但施工方便，一般多在无动力荷载且 h≤120mm 时采用。

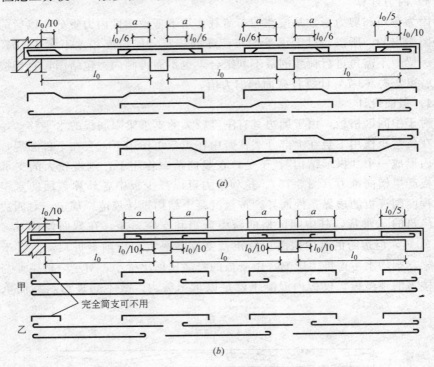

图 3-16 板内配筋

(a) 弯起式配筋；(b) 分离式配筋

当 $\dfrac{p}{g}$≤3 时 $a=l_0/4$；当 $\dfrac{p}{g}$>3 时 $a=l_0/3$

2）板内构造配筋

板内分布钢筋：分布筋按构造要求布置在单向板的长方向。其作用是：固定受力筋位置；抵抗收缩和温度应力；承受和分布板上局部荷载产生的内力。分布筋布置于受力筋的内侧，除沿受力筋长度每米不少于三根外，且应在所有受力筋弯折处布置。分布筋的截面面积不应小于受力筋截面面积的10%。

垂直于主梁的板面附加钢筋：在单向连续板中，受力筋与主梁平行。但是，在靠近主梁附近的部分荷载，将由板直接传递给主梁，因而产生一定的负弯矩，为防止板与主梁相连处产生裂缝或裂缝过大，应在板面沿主梁方向配置不少于 $\phi 6@200$ 的构造筋，其伸出梁边长度不小于板净跨 l_0 的 1/4（图 3-17（a））。

嵌入墙内的板面附加钢筋：为防止板角和嵌入边出现裂缝，对于嵌入承重砖墙内的板沿墙长应配置 $\phi 6@200$ 的构造筋，其伸出墙面长度不小于 $l_1/7$，对板角部分应双向配置，且伸出长度应不小于 $l_1/4$（l_1 为单向板短边跨度），见图 3-17（b）。

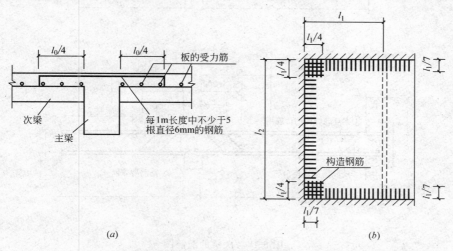

图 3-17 板内构造配筋

（a）板中与梁肋垂直的构造配筋；（b）嵌入承重墙内板的构造配筋

（2）连续次梁受力钢筋的弯起与截断

梁中受力钢筋的弯起与截断，原则上应按抵抗弯矩图确定。但对于承受均布荷载的次梁，当跨度相差不超过20%，且活荷载与恒载之比不大于 3 时，可按图 3-18 布置钢筋。

（3）主梁内的附加横向钢筋（吊筋、箍筋）

主梁受力钢筋的弯起和截断，应通过在弯矩包络图上做抵抗弯矩图确定。

此外，在次梁和主梁相交处，为了防止因发生倾斜裂缝而引起局部破坏，应设置附加横向钢筋（吊筋，或箍筋，或同时配置）。附加横向钢筋布置在长度为 $S = 3b + 2h_1$ 的范围内，见图 3-19。

附加横向钢筋的承载力，应大于所承受的集中荷载。即：

$$A_{SV} \geqslant \frac{F}{f_{yv} \cdot \sin\alpha} \tag{3-8}$$

式中 A_{SV}——承受集中荷载所需的附加横向钢筋总截面面积；

         F——作用在梁的上部或梁截面高度范围内的集中荷载设计值；

         f_{yv}——附加横向钢筋的抗拉强度设计值；

         α——附加横向钢筋与梁轴线间的夹角。

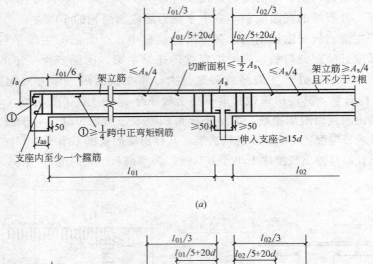

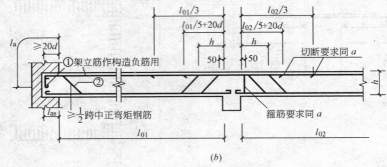

图 3-18 次梁的配筋图

（a）无弯起钢筋时；（b）有弯起钢筋时

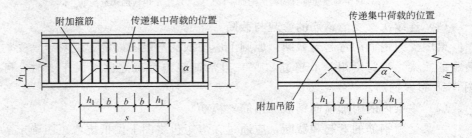

图 3-19 承受集中荷载处附加横向钢筋的布置

3.2.4 单向板肋梁楼盖设计例题

【例 3-1】 某多层金工装配厂房，采用现浇整体式单向板肋梁楼盖。楼面活荷载标准值为 $7kN/m^2$，楼面面层为水磨石地面（20mm 厚水泥砂浆打底，10mm 厚水磨石面层），顶棚抹灰为 15mm 厚石灰砂浆。梁、板均采用 C25 级混凝土。梁内受力主筋采用 HRB335 级钢筋，其余用 HPB235 级钢筋。楼盖结构平面布置如图 3-20 所示，试设计此楼盖。

【解】

1. 板的计算

按考虑塑性内力重分布方法计算内力。取 1m 宽板带作为计算单元，板厚取

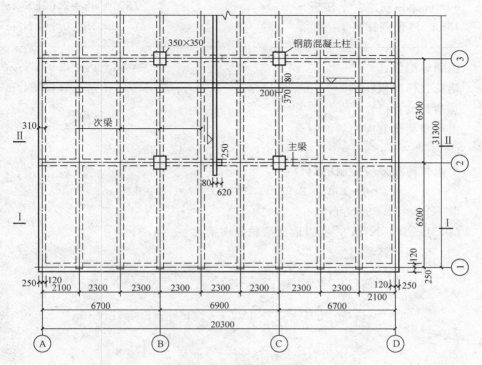

图 3-20　楼盖结构平面布置

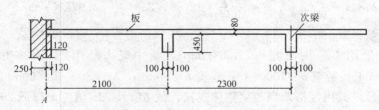

图 3-21　板的计算简图

80mm。有关尺寸及跨度见板的计算简图（图 3-21）。

（1）计算简图

设次梁截面为 200mm×450mm，计算跨度：

$$边　跨　l=l_0+\frac{h}{2}=1880+\frac{80}{2}=1920mm$$

$$中间跨　l_2=l_0=2100mm$$

边跨与中间跨的跨度差（2100－1920)/2100＝8.6%，故可按等跨连续板，用考虑塑性内力重分布的弯矩系数进行计算。

（2）荷载计算

20mm 水泥砂浆打底 10mm 水磨石面层　　　　　　　　　　　　0.65kN/m²

80mm 厚钢筋混凝土楼板	$25 \times 0.08 = 2.00 \text{kN/m}^2$
15mm 厚顶棚抹灰	$17 \times 0.015 = 0.26 \text{kN/m}^2$

恒载标准值： $\qquad g_k = 2.91 \text{kN/m}^2$

活荷载标准值： $\qquad q_k = 7.00 \text{kN/m}^2$

总荷载设计值：

由可变荷载效应控制的组合

$$g + q = 1.2 \times 2.91 + 1.3 \times 7.00 = 12.59 \text{kN/m}^2$$

由永久荷载效应控制的组合

$$g + q = 1.35 \times 2.91 + 1.3 \times 0.7 \times 7 = 10.30 \text{kN/m}^2$$

取 $g + q = 12.59 \text{kN/m}^2$

（因为 $q_k > 4 \text{kN/m}^2$，所以取活荷载分项系数 $\gamma_G = 1.3$）

(3) 弯矩计算

$$M_1 = \frac{1}{11}(g + q)l^2 = \frac{1}{11} \times 12.59 \times 1.92^2 = 4.22 \text{kN} \cdot \text{m}$$

$$M_B = -\frac{1}{11}(g + q)l^2 = \frac{1}{11} \times 12.59 \times 2.1^2 = -5.047 \text{kN} \cdot \text{m}$$

$$M_2 = \frac{1}{16}(g + q)l^2 = \frac{1}{16} \times 12.59 \times 2.1^2 = 3.47 \text{kN} \cdot \text{m}$$

$$M_C = -\frac{1}{14}(g + q)l^2 = -\frac{1}{14} \times 12.59 \times 2.1^2 = -3.97 \text{kN} \cdot \text{m}$$

(4) 配筋计算

混凝土采用 C25 时，$f_c = 11.9 \text{N/mm}^2$，板中受力筋用 HPB235 级钢筋，$f_y = 210 \text{N/mm}^2$。板宽 $b = 1000 \text{mm}$，厚度 $h = 80 \text{mm}$，$h_0 = 80 - 20 = 60 \text{mm}$。截面 Ⅱ—Ⅱ 的板带，其内区格四周与梁整体连接，故 M_2 及 M_C 值考虑降低 20%，计算结果详见表 3-5。

板的内力及配筋计算 表 3-5

截　面	1	B	2	C
弯矩设计值(kN·m)	4.22	5.047	3.47 (2.78)	3.97 (3.18)
$\alpha_s = \dfrac{M}{\alpha_1 f_c b h_0^2}$	0.0985	0.118	0.081 (0.065)	0.093 (0.074)
$\gamma_s = 0.5(1 + \sqrt{1 - 2\alpha_s})$	0.948	0.937	0.958 (0.967)	0.951 (0.961)
$A_s = \dfrac{M}{\gamma_s h_0 f_y}$	353.29	427.49	287.47 (228.16)	331.31 (262.62)
选用钢筋(mm²)	$\phi 8/10@150$ $A_s = 429$ $\begin{bmatrix} \phi 8/10@150 \\ A_s = 429 \end{bmatrix}$	$\phi 8/10@150$ $A_s = 429$ $\begin{bmatrix} \phi 8/10@150 \\ A_s = 429 \end{bmatrix}$	$\phi 8@150$ $A_s = 335$ $\begin{bmatrix} \phi 6/8@150 \\ A_s = 262 \end{bmatrix}$	$\phi 8@150$ $A_s = 335$ $\begin{bmatrix} \phi 8@150 \\ A_s = 335 \end{bmatrix}$

注：（ ）括号内用于内区格；

　　[ ] 括号内数值用于剖面Ⅱ—Ⅱ板带的配筋。

2．次梁设计

次梁按考虑塑性内力重分布计算．截面尺寸 $b \times h = 200\text{mm} \times 450\text{mm}$。主梁为其支座，设主梁截面为 $250\text{mm} \times 700\text{mm}$。次梁计算跨度及其他尺寸见计算简图（图 3-22）。

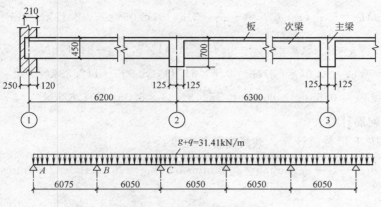

图 3-22　次梁的计算简图

（1）计算简图
计算跨度：

边　跨　$l = l_0 + \dfrac{a}{2} = 5955 + \dfrac{240}{2} = 6075\text{mm}$，同时与 $l_1 = 1.025 l_0$

$= 1.025 \times 5955 = 6140\text{mm}$ 相比较取其中较小值，故 $l_1 = 6075\text{mm}$。

中间跨　$l_2 = l_0 = 6050\text{mm}$。

跨度差 $(6050 - 6075)/6050 = -0.41\%$，故可按等跨连续梁计算。

（2）荷载计算

板传来的恒载	$2.91 \times 2.3 = 6.69\text{kN/m}$
次梁自重	$25 \times 0.2 \times (0.45 - 0.08) = 1.85\text{kN/m}$
次梁粉刷	$17 \times 0.015 \times (0.45 - 0.08) \times 2 = 0.19\text{kN/m}$

恒载标准值：　　　　　　　　　　　　　　　　　　　$g_k = 8.73\text{kN/m}$

活荷载标准值；　　　　　　　　　　　　　$q_k = 7.00 \times 2.3 = 16.10\text{kN/m}$

总荷载设计值：

由可变荷载效应控制的组合

$$g + q = 1.2 \times 8.73 + 1.3 \times 16.10 = 31.41\text{kN/m}$$

由永久荷载效应控制的组合

$$g + q = 1.35 \times 8.73 + 1.3 \times 0.7 \times 16.1 = 26.44\text{kN/m}$$

取 $g + q = 31.41\text{kN/m}$

（因为 $p_k > 4\text{kN/m}^2$，所以取活荷载分项系数 $\gamma_G = 1.3$）

（3）内力计算

弯矩：　$M_1 = \dfrac{1}{11}(g + q)l_1^2 = \dfrac{1}{11} \times 31.41 \times 6.075^2 = 105.38\text{kN} \cdot \text{m}$

103

$$M_B = -\frac{1}{11}(g+q)l_1^2 = -\frac{1}{11} \times 31.41 \times 6.075^2 = -105.38 \text{kN} \cdot \text{m}$$

$$M_2 = \frac{1}{16}(g+q)l_2^2 = \frac{1}{16} \times 31.41 \times 6.05^2 = 71.86 \text{kN} \cdot \text{m}$$

$$M_C = -\frac{1}{14}(g+q)l^2 = -\frac{1}{14} \times 31.41 \times 6.05^2 = -82.12 \text{kN} \cdot \text{m}$$

剪力：$V_A = 0.45(g+q)l_{01} = 0.45 \times 31.41 \times 5.955 = 84.17 \text{kN}$

$\qquad V_{B左} = 0.6(g+q)l_{01} = 0.6 \times 31.41 \times 5.955 = 112.23 \text{kN}$

$V_{B右} = V_C = 0.55(g+q)l_{02} = 0.55 \times 31.41 \times 6.05 = 104.52 \text{kN}$

（4）配筋计算

跨中按 T 形截面计算，其翼缘计算宽度：

边跨 $b'_f = \frac{1}{3}l_1 = \frac{1}{3} \times 6075 = 2025 \text{mm} < b+s_0 = 200+2100 = 2300 \text{mm}$，取 $b'_f = 2025 \text{mm}$；

中间跨 $b'_f = \frac{1}{3} \times 6050 = 2017 \text{mm} < 2300 \text{mm}$，取 $b'_f = 2017 \text{mm}$；

支座按矩形截面计算。

截面1、2均按单排配筋，$h_0 = 450 - 35 = 415 \text{mm}$；

截面 B、C 按双排配筋，$h_0 = 450 - 60 = 390 \text{mm}$；

翼缘高度 $h'_f = 80 \text{mm}$。

因为 $\alpha_1 f_c b'_f h'_f \left(h_0 - \frac{h'_f}{2}\right) = 1.0 \times 11.9 \times 2017 \times 80 \times \left(415 - \frac{80}{2}\right) = 720 \text{kN} \cdot \text{m} >$

$M_1 = 105.38 \text{kN} \cdot \text{m}$ 及 $M_2 = 71.86 \text{kN} \cdot \text{m}$，故次梁跨中截面均可按第一类 T 形截面计算。C25 混凝土，纵筋 HRB335 级，进行正截面及斜截面承载力计算，分别见表3-6及表3-7。

次梁正截面承载力计算　　　　　　　表 3-6

截　　面	1	B	2	C
弯矩设计值(kN·m)	105.8	-105.38	71.86	-82.10
b 或 b'_f(mm)	2025	200	2017	200
$\alpha_s = \frac{M}{\alpha_1 f_c b'_f h_0^2}$ 或 $\alpha_s = \frac{M}{\alpha_1 f_c b h_0^2}$	0.025	0.291	0.017	0.227
$\gamma_s = 0.5(1+\sqrt{1-2\alpha_s})$	0.987	0.823	0.991	0.869
$A_b = \frac{M}{\gamma_s h_0 f_y}$ (mm²)	857.57	1094.39	582.43	707.69
选用钢筋及截面面积(mm²)	2Φ16(直) 2Φ18(弯) $A_s = 911$	3Φ16(直) 2Φ18(弯) $A_s = 1112$	2Φ16(直) 1Φ16(弯) $A_s = 603$	2Φ18(直) 1Φ16(弯) $A_s = 710$

注：计算中取 $\alpha_1 f_c = 11.9 \text{N/mm}^2$，$f_y = 300 \text{N/mm}^2$，跨中 $h_0 = 415 \text{mm}$，支座 $h_0 = 390 \text{mm}$。

次梁斜截面承载力计算　　　　　　　　　　　　　　表 3-7

截　　面	A	$B_{左}$	$B_{右}$	C
剪力设计值 V(kN)	84.17	112.23	104.52	104.52
$0.25 \cdot \beta_c f_c b h_0$(kN)	246.9>V（截面满足）	232>V（截面满足）	232>V（截面满足）	232>V（截面满足）
$0.7 \cdot f_t b h_0$(kN)	73.78<V 按计算配置腹筋	69.34<V 按计算配置腹筋	69.34<V 按计算配置腹筋	69.34<V 按计算配置腹筋
$1.25 f_{yv} \dfrac{A_{sv}}{S} h_0$(kN)	φ6@200 双肢 31.05	φ6@200 双肢 29.18	φ6@200 双肢 29.18	φ6@200 双肢 29.18
$0.8 f_y A_{sb} \sin\alpha$(kN)	1Φ18 弯筋 43.1 ☆	1Φ18 弯筋 43.1	1Φ16 弯筋 34.1	1Φ16 弯筋 34.1
$V_u = 0.7 f_t b h_0 + 1.25 f_{yv} \dfrac{A_{sv}}{S} h_0$ $+ 0.8 f_y A_{sb} \sin\alpha$(kN)	147.94>84.17（安全）	141.62>112.23（安全）	132.62>104.52（安全）	132.62>104.52（安全）

注：计算中取 $\beta_c f_c = 11.9 \text{N/mm}^2$，$f_t = 1.27 \text{N/mm}^2$，$f_{yv} = 210 \text{N/mm}^2$，$f_y = 300 \text{N/mm}^2$；$A$ 截面 $h_0 = 415 \text{mm}$，$B_{左}$、$B_{右}$、C 截面 $h_0 = 390 \text{mm}$，☆ 按构造要求配置。

由计算结果可知，对 $B_{左}$、$B_{右}$ 及 C 支座截面尚不满足斜截面抗剪要求，需增加箍筋或再配置弯起钢筋。现支座 $B_{左}$ 已配有 1Φ18 弯起筋，$B_{右}$ 及 C 支座也均已配有 1Φ16 弯起筋。考虑了 1Φ16 弯起筋之后的截面承载力，对 C 支座：

$$V_{CV} = 0.7 f_t b h_0 + 1.25 f_{yv} \cdot \frac{A_{SV}}{S} \cdot h_0 + 0.8 f_y A_{sb} \cdot \sin\alpha$$

$$= 0.7 \times 1.27 \times 200 \times 390 + 1.25 \times 210 \times \frac{57}{200} \times 390 + 0.8 \times 300 \times 201 \times 0.707$$

$$= 132.625 \text{kN} > V = 104.52 \text{kN}（满足要求）$$

故考虑 1Φ18、1Φ16 弯筋的抗剪力，B 支座左、右也同样能满足要求。

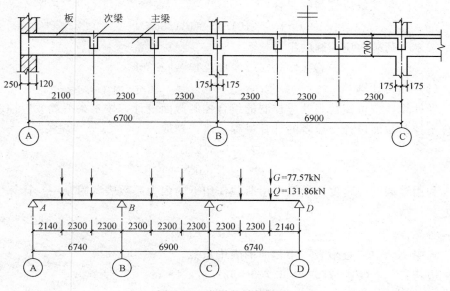

图 3-23　主梁的计算简图

105

3. 主梁设计

主梁按弹性理论计算，视为与柱顶铰接的连续梁。为了简化计算，主梁自重也按集中荷载考虑。有关尺寸及计算跨度见图 3-23。

(1) 计算简图

边跨计算跨度　　$l_1 = l_0 + \dfrac{a}{2} + \dfrac{b}{2} = 6405 + \dfrac{370}{2} + \dfrac{350}{2} = 6765\text{mm}$

$$> 1.025 \times 6405 + \frac{350}{2} = 6740\text{mm}，取 \ l_1 = 6740\text{mm}，$$

中间跨计算跨度 $l_2 = 6900\text{mm}$，平均跨度 $l = (6740 + 6900)/2 = 6820\text{mm}$，跨度差 $(6900 - 6740)/6900 = 2.3\% < 10\%$。故可按等跨连续梁计算弯矩和剪力，计算简图如图 3-23。

(2) 荷载计算

次梁传来的恒载　　　　　　　　　　　　　　　$8.37 \times 6.3 = 55.60\text{kN}$

主梁自重　　　　　　　$25 \times 0.25 \times (0.7 - 0.08) \times 2.3 = 8.91\text{kN}$

主梁粉刷　　　　　$17 \times 0.015(0.7 - 0.08) \times 2 \times 2.3 = 0.73\text{kN}$

恒载标准值：　　　　　　　　　　　　　　　　　　$G_k = 64.64\text{kN}$

活荷载标准值：　　　　　　　　　　　　　$Q_k = 16.1 \times 6.3 = 101.43\text{kN}$

恒荷载设计值：

按可变荷载效应控制的组合

$$G = 1.2 \times 64.64 = 77.57\text{kN}$$

按永久荷载效应控制的组合

$$G = 1.35 \times 64.64 = 87.26\text{kN}$$

活荷载设计值：

按可变荷载效应控制的组合

$$Q = 1.3 \times 101.43 = 131.86\text{kN}$$

按永久荷载效应控制的组合

$$Q = 1.3 \times 0.7 \times 101.43 = 92.30\text{kN}$$

(3) 内力计算

经计算，按可变荷载效应控制的组合控制截面设计，按永久荷载效应控制的组合不控制截面设计，后者的计算过程从略，现取：

$$G = 77.57\text{kN}$$

$$Q = 131.86\text{kN}$$

利用等截面等跨度连续梁常用荷载作用下的内力系数表（附录一）计算主梁内力。

弯矩：　　　　　　　　　　$M = K_1 G l + K_2 Q l$

式中 K_1、K_2 查附表一中相应的表中系数。

边跨：　　　$G l_1 = 77.57 \times 6.740 = 522.82\text{kN} \cdot \text{m}$

　　　　　　$Q l_1 = 131.86 \times 6.740 = 888.74\text{kN} \cdot \text{m}$

中间跨：　　$Gl_2 = 77.57 \times 6.90 = 535.23 \text{kN} \cdot \text{m}$

　　　　　　$Ql_2 = 131.86 \times 6.90 = 909.83 \text{kN} \cdot \text{m}$

支座 B：　　$Gl = 77.57 \times 6.820 = 529.03 \text{kN} \cdot \text{m}$

　　　　　　$Ql = 131.86 \times 6.820 = 899.29 \text{kN} \cdot \text{m}$

主梁的弯矩计算结果列于表 3-8。

剪力：　　　$V = K_3 G + K_4 Q$

式中 K_3、K_4 查附表一中的相应系数。主梁的剪力计算结果列于表 3-9。

主 梁 弯 矩 计 算　　　　　　　　　　表 3-8

项 次	荷 载 简 图	$\dfrac{K}{M_1}$	$\dfrac{K}{M_B}$	$\dfrac{K}{M_2}$
1		$\dfrac{0.244}{127.57}$	$\dfrac{-0.267}{-141.25}$	$\dfrac{0.067}{35.86}$
2		$\dfrac{0.289}{256.85}$	$\dfrac{-0.133}{-119.61}$	$\dfrac{-0.133}{-121.01}$
3		$\dfrac{-0.044}{-39.10}$	$\dfrac{-0.133}{-119.61}$	$\dfrac{0.200}{181.97}$
4		$\dfrac{0.229}{203.52}$	$\dfrac{-0.311(-0.089)}{-279.68(-80.04)}$	$\dfrac{0.170}{154.67}$
M_{min} 及组合项次		①+③，88.47	①+④，−420.93	①+②，−85.15
M_{max} 及给合项次		①+②，384.42	(−221.29)	①+③，217.83

主 梁 剪 力 计 算　　　　　　　　　　表 3-9

项 次	荷 载 简 图	$\dfrac{K}{V_A}$	$\dfrac{K}{V_{B左}}$	$\dfrac{K}{V_{B右}}$
1		$\dfrac{0.733}{56.86}$	$\dfrac{-1.267}{-98.28}$	$\dfrac{1.000}{77.57}$
2		$\dfrac{0.866}{114.19}$	$\dfrac{-1.134}{-149.53}$	$\dfrac{0}{0}$
4		$\dfrac{0.689}{90.85}$	$\dfrac{-1.311}{-172.87}$	$\dfrac{1.222}{161.13}$
组合项次		①+②	①+④	①+④
V_{max} 或 V_{min}		171.05	−271.15	238.70

注：项次 3，从略。

根据计算结果绘制主梁弯矩与剪力包络图，见图 3-24。

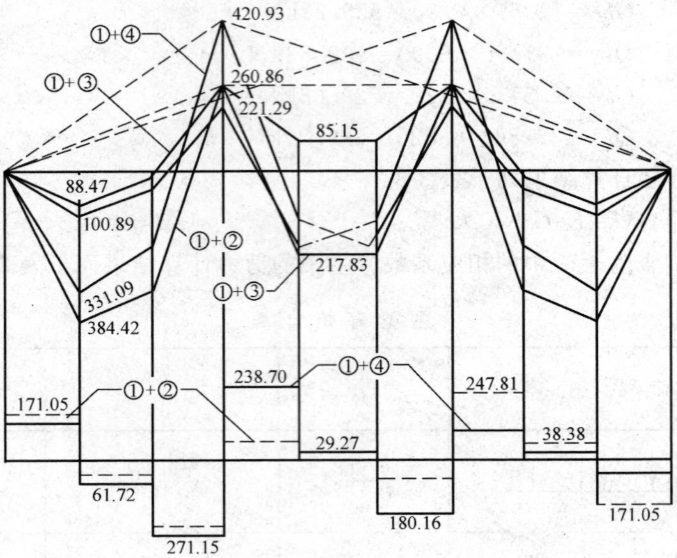

图 3-24 主梁弯矩、剪力包络图

（4）配筋计算

跨中按 T 形截面计算，其翼缘宽度考虑：

边跨 $b'_f = \dfrac{1}{3} l_1 = \dfrac{1}{3} \times 6740 = 2247\text{mm} < b + s_0 = 250 + 6050 = 6300\text{mm}$，取 $b'_f = 2247\text{mm}$；

中间跨 $b'_f = \dfrac{1}{3} \times 6900 = 2300\text{mm} < 6300\text{mm}$，取 $b'_f = 2300\text{mm}$；

支座按矩形截面计算。

跨中截面按单排配筋，$h_0 = 700 - 40 = 660\text{mm}$；

支座截面按双排配筋，$h_0 = 700 - 90 = 610\text{mm}$；

翼缘高度 $b'_f = 80\text{mm}$。

因 $\alpha_1 f_c b'_f h'_f (h_0 - h'_f/2) = 1.0 \times 11.9 \times 2247 \times 80 \times (660 - 80/2)$

$\qquad = 1326.27\text{kN} \cdot \text{m} > M_1 = 384.42\text{kN} \cdot \text{m}$ 及 $M_2 = 217.83\text{kN} \cdot \text{m}$

故主梁的跨中截面均可按第一类 T 形截面计算。支座处按矩形截面计算。

主梁的正截面承载力计算见表 3-10，主梁抵抗弯矩图见图 3-25。

主梁的斜截面承载力计算，见表 3-11。

主梁内支承次梁处附加横向钢筋的计算如下：

次梁传来的集中荷载

$$F = 31.41 \times 6.3 = 197.88\text{kN}$$

所需的附加吊筋截面面积

$$A_{sb} = \frac{F}{2F_y \sin\alpha} = \frac{197.88 \times 10^3}{2 \times 300 \times 0.707} = 466.48\text{mm}^2$$

选用 2Φ18，$A_{sb} = 509\text{mm}^2$。

4. 构件结构施工图

板、次梁与主梁的结构施工图，分别见图 3-26、图 3-27、图 3-28。

主梁正截面承载力计算　　　　　　　　　　　　　　表 3-10

截　　面	1	B	2	
弯矩设计值(kN·m)	384.42	−420.93	217.83	−85.15
弯矩计算值(kN·m)	384.42	$M - V_0 \cdot \dfrac{b}{2}$ $= 420.93$ $-238.70 \times \dfrac{0.35}{2}$ $= 379.16$	217.83	−85.15
b 或 b'_f(mm)	2247	250	2300	250
$\alpha_s = \dfrac{M}{a_1 f_c b'_f h_0^2}$ 或 $\alpha_s = \dfrac{M}{a_1 f_c b h_0^2}$	0.033	0.343	0.018	0.066
$\gamma_s = 0.5(1 + \sqrt{1-2\alpha_s})$	0.983	0.780	0.991	0.966
$A_b = \dfrac{M}{\gamma_s h_0 f_y}$(mm²)	1975.09	2656.30	1110.14	445.19
选用钢筋	2Φ25(直) 2Φ25(弯) $A_s = 1964$ (误差 0.56% 尚可)	2Φ25(直) 2Φ25(弯) 2Φ22(弯) $A_s = 2724$	2Φ16(直) 2Φ22(弯) $A_s = 1162$	2Φ25(直) $A_s = 982$

注：表中 $\alpha_1 f_c = 11.9\text{N/mm}^2$，$f_y = 300\text{N/mm}^2$，跨中 $h_0 = 660\text{mm}$，支座 $h_0 = 610\text{mm}$。

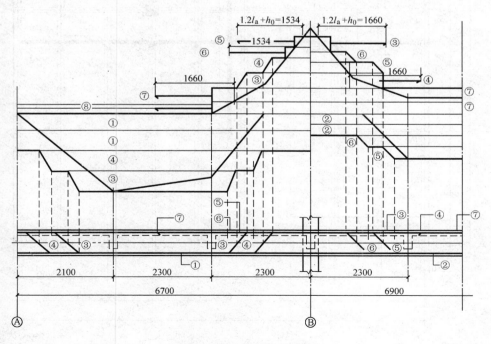

图 3-25　主梁抵抗弯矩图

主梁斜截面承载力计算 表 3-11

截 面 部 位	A 支座右	B 支座左	B 支座右
剪力设计值 $V(\text{kN})$	171.05	271.15	238.70
$0.25\beta_c f_c bh_0(\text{kN})$	490.88>V (截面满足)	453.69>V (截面满足)	453.69>V (截面满足)
$0.7f_t bh_0(\text{kN})$	146.69<V 按计算配置腹筋	135.57<V 按计算配置腹筋	135.57<V 按计算配置腹筋
箍筋选用 A_{sv}/s	$\phi8@200$ 0.503	$\phi8@200$ 0.503	$\phi8@200$ 0.503
$1.25f_{yv}\dfrac{A_{sv}}{s}h_0(\text{kN})$	87.491	80.863	80.863
$V_{cs}=0.7f_t bh_0+1.25f_{yv}\dfrac{A_{sv}}{s}h_0(\text{kN})$	234.17	216.436	216.436
$A_{sb}=\dfrac{V-V_{cv}}{0.8f_{yb}\cdot\sin45°}(\text{mm}^2)$	—	322.45	131.21
弯起钢筋配置	按构造要求 配置	$1\Phi25$ $A_{sb}=491$	$1\Phi25$ $A_{sb}=491$

注：表中 $f_t=1.27\text{N/mm}^2$，$f_{yv}=210\text{N/mm}^2$（箍筋），$f_{yb}=300\text{N/mm}^2$（弯筋）。
h_0 见表 3-10。

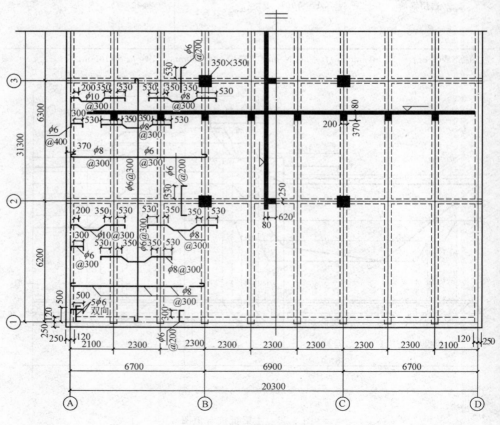

图 3-26 板的配筋图

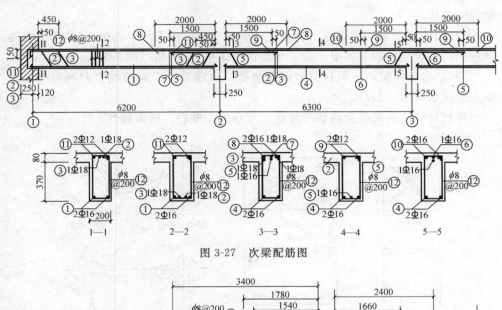

图 3-27 次梁配筋图

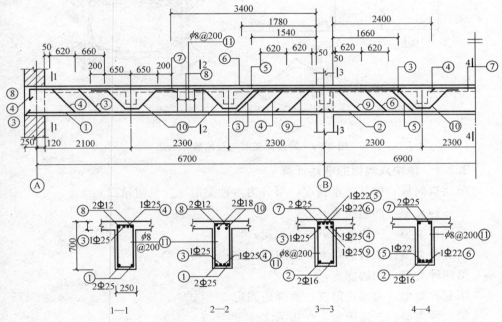

图 3-28 主梁配筋图

3.3 双向板肋梁楼盖设计

双向板的计算方法，也有按弹性理论计算方法和按考虑塑性内力重分布计算方法两种。目前，在实际工程中，按弹性理论的计算方法应用较多，故本节只介绍这种方法。

3.3.1 四边简支双向板的破坏特征

根据四边简支的双向板，在均布荷载作用下的试验表明：

1）在裂缝出现之前，板的受力状态基本上处于弹性工作阶段。板的四角有

111

翘起的趋势。

2）板的底面第一批裂缝出现在板底中部（矩形板平行于长边方向），荷载逐渐增加时，裂缝向四角伸展，裂缝与板边大体呈 45°夹角（图 3-29a、b）。

3）即将破坏时，板的顶面靠近四角处，出现垂直于对角线方向的裂缝。大体上呈环状（图 3-29c）。

环状裂缝的出现促使板底裂缝进一步开展，此后，板即破坏。

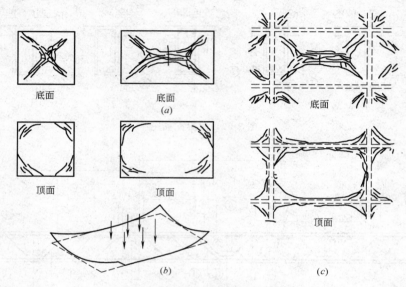

图 3-29　四边简支双向板的破坏示意

3.3.2　单块双向板的弯矩计算

单块双向板，按其支承情况，可分为六种类型（参见附录二）：

第一种类型：四边简支；

第二种类型：三边简支，一边固定；

第三种类型：两对边简支，两对边固定；

第四种类型：四边固定；

第五种类型：两邻边简支，两邻边固定；

第六种类型：三边固定，一边简支。

利用附录二，可以直接计算出泊松比 $\mu＝0$ 时的板内跨中正弯矩和支座负弯矩，以及板中点处的挠度。此计算公式分别为：

$$m＝表中系数 \times (g+q)l^2 \tag{3-9}$$

$$f＝表中系数 \times \frac{(g+q)l^4}{B_c} \tag{3-10}$$

式中　B_c——钢筋混凝土受弯构件的抗弯刚度。

在截面设计时，通常对钢筋混凝土材料按 $\mu＝1/5$ 考虑。例如，跨中正弯矩的设计值取：

$$m_{x计}＝m_x+\frac{1}{5}m_y \tag{3-11}$$

$$m_{y\text{计}} = m_y + \frac{1}{5}m_x \qquad\qquad (3\text{-}12)$$

以此考虑一个方向弯矩，会因另一方向的变形而增大的不利影响。而支座负弯矩，不会受另一方向变形的影响。故设计时，直接取 $m'_\text{计}$（或 $m''_\text{计}$），例如：

$$m'_{x\text{计}} = m'_x \qquad\qquad (3\text{-}13)$$

$$m'_{y\text{计}} = m'_y \qquad\qquad (3\text{-}14)$$

此外，对于板上作用其他形式荷载，或不属于以上六种支承情况的单块板，可查阅《建筑结构静力计算手册》中的有关用表。

公式（3-9）和公式（3-10）的表中系数所考虑的主要因素有：

1）考虑板上总荷载 q 向板的长、短两个方向的分配比例不同；

2）考虑板的支承情况可能不同；

3）考虑扭矩对平面内弯矩的有利影响；

4）考虑计算方便，在公式中统一按短向跨度取用等。

3.3.3 连续双向板的弯矩计算

（1）跨中正弯矩的计算方法

连续双向板活荷载的不利布置规律与连续单向板相同。由此可以得知，连续双向板的活载不利布置呈棋盘形，如图 3-30 所示。

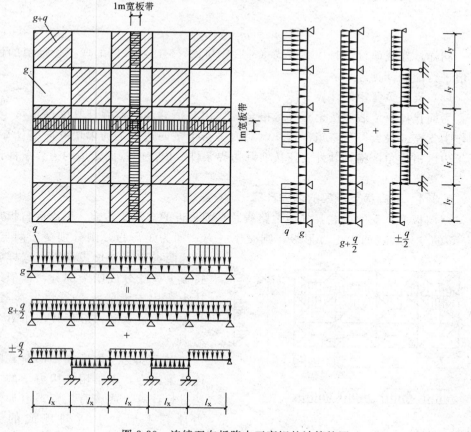

图 3-30　连续双向板跨中正弯矩的计算简图

113

为便于利用附录二中的系数，一般采用如下的方法计算连续双向板的跨中正弯矩。即先将恒载与活载分为 $g+\dfrac{q}{2}$ 与 $\pm\dfrac{q}{2}$ 两部分，分别作用于相应区格，见图 3-30。

在第一部分荷载 $g+\dfrac{q}{2}$ 的作用下，整个连续板属于对称结构上作用对称荷载。因而，中间支座转角为零，即支座截面不发生转动，这相当于固定支座。于是可将中间区格看作是四边固定的双向板，按四边固定的单块板计算跨中正弯矩 m_{x1} 和 m_{y1}。

在第二部分荷载 $\pm\dfrac{q}{2}$ 的作用下，整个连续板属于对称结构上作用反对称荷载。因而，中间支座的弯矩为零，即支座截面为反弯点，这相当于铰支座。于是可将中间区格看作是四边简支的双向板，按四边简支单块板计算跨中正弯矩 m_{x2} 和 m_{y2}。

至于上述两种情况下的边区格和角区格，其边界条件则应按实际支承情况考虑。

最后，将所要计算的区格在两部分荷载作用下的跨中正弯矩叠加，即可得出该区格的最大正弯矩：

$$m_x = m_{x1} + m_{x2} \tag{3-15}$$

$$m_y = m_{y1} + m_{y2} \tag{3-16}$$

同样，在截面设计时，应按式（3-11）和式（3-12）求出的弯矩设计值的计算值进行配筋计算。

（2）支座负弯矩的计算方法

为简化计算，假定按全板各区格全部作用有恒载和活荷载计算支座负弯矩，即作为支座"最大"负弯矩。这样，对内区格可按四边固定的单块双向板计算。至于边区格或角区格，其外支座按实际边界条件、内支座按固定边的边界条件计算支座负弯矩。

3.3.4 双向板支承梁的内力计算

双向板上承受的荷载，其传力路线总是朝最近的支承梁传递，因而可自板角作 45°的分角线。如为正方形板，则交于一点；如为矩形板，则分别交于两点，且此两点连线与长边平行。这样就将板上荷载分成四个部分，近似地认为短边支承梁承受三角形荷载，长边支承梁承受梯形荷载，如图 3-31 所示。

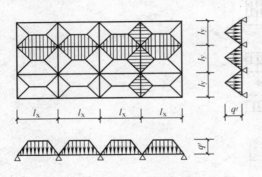

图 3-31　双向板支承梁的荷载分配

对于承受三角形或梯形荷载的连续梁内力，不难用结构力学的方法进行计算，或查有关资料（如静力计算手册）中所列现成的系数表。

3.3.5 双向板的截面设计与受力钢筋配置

双向板的板底配筋数量按跨中最大正弯矩求得。考虑到靠近板的边缘正弯矩已减少很多，一般在配置钢筋时，常将全板划分成三个条带，如图3-32所示。两边条带宽各为短跨的1/4，配置计算或构造所需受力筋的一半即可；中间条带宽为短跨的1/2，需要配置计算或构造所需的全部受力筋。

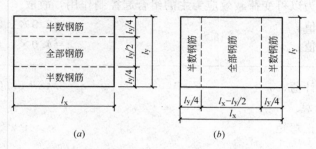

图3-32 双向板内配筋

(*a*) 平行于l_x的钢筋；(*b*) 平行于l_y的钢筋

双向板边界支座处的板顶面配筋，按"最大"负弯矩的计算值配置。考虑到此计算值较按活荷载不利布置的实际弯矩偏小，而且四角还要承受扭矩作用，故可适当增加一些配筋量，并沿支座全长均匀布置，两边条带也不减少。

3.3.6 双向连续板设计例题

【**例3-2**】 某厂房工作平台的结构布置如图3-33*a*。所示。平台板与梁整体浇筑。板厚100mm，上有20mm水泥砂浆抹面。混凝土强度等级采用C20，钢筋采用HPB235级。板上活荷载$q=4\mathrm{kN/m^2}$。试按弹性理论设计该工作平台的平台板。

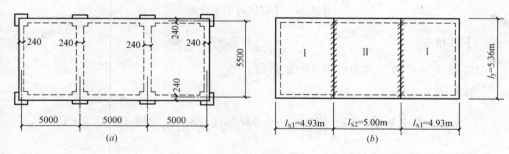

图3-33 例3-2

【**解**】

1. 计算简图

计算简图，如图3-33 (*b*) 所示。

计算跨度：$l_{x1}=l_{轴}+\dfrac{h}{2}=(5000-120)+\dfrac{100}{2}=4930\mathrm{mm}$

$$1.05l_0=1.05\times(5000-240)=4998\mathrm{mm}$$

取　$l_{x1}=4.93\mathrm{m}$

$l_{x2}=l_{轴}=5.0\mathrm{m}$

115

$$l_y = l_0 + 2 \times \frac{h}{2} = (5500 - 240) + 2 \times \frac{100}{2} = 5360mm = 5.36m$$

2. 荷载计算

恒载标准值：板自重　　　　　　　　　　　　　　　　$0.1 \times 25 = 2.50kN/m^2$

　　　　　　　面层重　　　　　　　　　　　　　　　$0.02 \times 20 = 0.40kN/m^2$

本平台板为以可变荷载效应为主的组合起控制作用，故取

恒载设计值：　　　　　　　　　　　　　　　　　$g = 2.9 \times 1.2 = 3.48kN/m^2$

活载设计值：　　　　　　　　　　　　　　　　　$q = 4.0 \times 1.4 = 5.60kN/m^2$

总荷载设计值：　　　　　　　　　　　　　$g + q = 3.48 + 5.60 = 9.08kN/m^2$

3. 内力计算

（1）跨中正弯矩

$$g + \frac{q}{2} = 3.48 + \frac{5.60}{2} = 6.28kN/m^2$$

$$\frac{q}{2} = \frac{5.60}{2} = 2.80kN/m^2$$

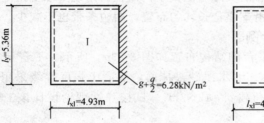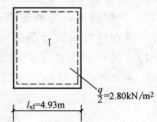

图 3-34　I 区格跨中正弯矩

I 区格：
$$\frac{l_x}{l_y} = \frac{4.93}{5.36} = 0.92$$

由图 3-34，两个方向各取 1m 宽板带。

查附表 2-2 得：

$$m_{x1} = 表中系数 \times \left(g + \frac{q}{2}\right) l_{x1}^2 = 0.0382 \times 6.28 \times 4.93^2 = 5.83kN \cdot m$$

$$m_{y1} = 表中系数 \times \left(g + \frac{q}{2}\right) l_{x1}^2 = 0.0234 \times 6.28 \times 4.93^2 = 3.57kN \cdot m$$

查附表 2-1 得

$$m_{x2} = 表中系数 \times \frac{q}{2} l_{x1}^2 = 0.428 \times 2.80 \times 4.93^2 = 2.91kN \cdot m$$

$$m_{y2} = 表中系数 \times \frac{q}{2} l_{x1}^2 = 0.362 \times 2.80 \times 4.93^2 = 2.46kN \cdot m$$

两者叠加，得 I 区格跨中正弯矩：

$$m_x = m_{x1} + m_{x2} = 5.83 + 2.91 = 8.74kN \cdot m$$

$$m_y = m_{y1} + m_{y2} = 3.57 + 2.46 = 6.03 \text{kN} \cdot \text{m}$$

Ⅱ区格： $\dfrac{l_x}{l_y} = \dfrac{5.0}{5.36} = 0.93$

由图 3-35，两个方向各取 1m 宽板带。

查附表 2-3 得：

$$m_{x1} = \text{表中系数} \times \left(g + \frac{q}{2}\right) l_{x2}^2 = 0.0305 \times 6.28 \times 5^2 = 4.79 \text{kN} \cdot \text{m}$$

$$m_{y1} = \text{表中系数} \times \left(g + \frac{q}{2}\right) l_{x1}^2 = 0.0143 \times 6.28 \times 5^2 = 2.25 \text{kN} \cdot \text{m}$$

查附表 2-1 得

$$m_{x2} = \text{表中系数} \times \frac{q}{2} l_{x2}^2 = 0.0419 \times 2.8 \times 5^2 = 2.93 \text{kN} \cdot \text{m}$$

$$m_{y2} = \text{表中系数} \times \frac{q}{2} l_{x2}^2 = 0.0363 \times 2.8 \times 5^2 = 2.54 \text{kN} \cdot \text{m}$$

两者叠加，得Ⅱ区格跨中正弯矩：

$$m_x = m_{x1} + m_{x2} = 4.79 + 2.93 = 7.72 \text{kN} \cdot \text{m}$$

$$m_y = m_{y1} + m_{y2} = 2.25 + 2.54 = 4.79 \text{kN} \cdot \text{m}$$

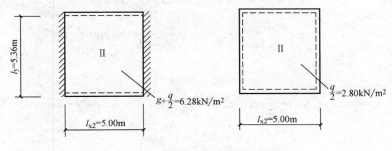

图 3-35 Ⅱ区格跨中正弯矩

（2）支座负弯矩

Ⅰ区格： $\dfrac{l_x}{l_y} = 0.93$

由图 3-36 （a），两个方向各取 1m 宽板带，查附表 2-2 得：

$$m'_{x1} = \text{表中系数} \times (g + q) l_{x1}^2 = 0.0897 \times 9.08 \times 4.93^2 = 19.80 \text{kN} \cdot \text{m}$$

Ⅱ区格： $\dfrac{l_x}{l_y} = 0.94$

由图 3-36 （b），两个方向各取 1m 宽板带，查附表 2-3 得：

$$m'_{x\text{Ⅱ}} = \text{表中系数} \times (g + q) l_{x2}^2 = 0.0725 \times 9.08 \times 5^2 = 16.46 \text{kN} \cdot \text{m}$$

取两者平均值：

$$m'_x = \frac{m'_{x1} + m'_{x\text{Ⅱ}}}{2} = \frac{19.80 + 16.46}{2} = 18.13 \text{kN} \cdot \text{m}$$

4. 配筋计算

117

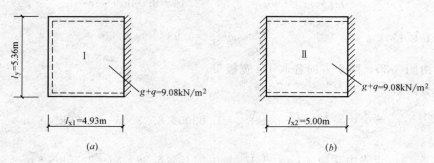

图 3-36 支座负弯矩

（1）按跨中正弯矩计算板底配筋

Ⅰ区格，沿 l_x 方向：

$$m_{x计} = m_x + \frac{1}{5}m_y = 8.74 + \frac{1}{5} \times 6.03 = 9.95 \text{kN} \cdot \text{m}$$

$$h_0 = h - 15 = 100 - 15 = 85\text{mm}$$

$$\alpha_s = \frac{m_{x计}}{\alpha_1 f_c b h_0^2} = \frac{9.95 \times 10^6}{1.0 \times 9.6 \times 1000 \times 85^2} = 0.143$$

查得 $$\gamma_s = 0.5(1 + \sqrt{1 - 2 \times 0.143}) = 0.922$$

$$A_s = \frac{m_{x计}}{\gamma_s h_0 f_y} = \frac{9.75 \times 10^6}{0.922 \times 85 \times 210} = 603\text{mm}^2$$

Ⅰ区格，沿 l_y 方向：

$$m_{y计} = m_y + \frac{1}{5}m_x = 6.03 + \frac{1}{5} \times 8.74 = 7.78 \text{kN} \cdot \text{m}$$

$$h_0 = h - 25 = 75\text{mm}$$

$$\alpha_s = \frac{m_{x计}}{\alpha_1 f_c b h_0^2} = \frac{7.78 \times 10^6}{1.0 \times 9.6 \times 1000 \times 75^2} = 0.144$$

查得 $$\gamma_s = 0.5(1 + \sqrt{1 - 2 \times 0.144}) = 0.922$$

$$A_s = \frac{m_{x计}}{\gamma_s h_0 f_y} = \frac{7.78 \times 10^6}{0.922 \times 75 \times 210} = 536\text{mm}^2$$

沿 l_x 方向选用 $\phi10@130$（$A_s = 601\text{mm}^2$）；
沿 l_y 方向选用 $\phi10@140$（$A_s = 561\text{mm}^2$）。

Ⅱ区格，沿 l_x 方向：

$$m_{x计} = m_x + \frac{1}{5}m_y = 7.72 + \frac{1}{5} \times 4.79 = 8.68 \text{kN} \cdot \text{m}$$

$$\alpha_s = \frac{m_{x计}}{\alpha_1 f_c b h_0^2} = \frac{8.68 \times 10^6}{1.0 \times 9.6 \times 1000 \times 85^2} = 0.125$$

查得 $\qquad \gamma_s = 0.5(1+\sqrt{1-2\times 0.125}) = 0.933$

$$A_s = \frac{m_{x计}}{\gamma_s h_0 f_y} = \frac{8.68\times 10^6}{0.933\times 85\times 210} = 521\text{mm}^2$$

Ⅱ区格，沿 l_y 方向：

$$m_{y计} = m_y + \frac{1}{5}m_x = 4.79 + \frac{1}{5}\times 7.72 = 6.33\text{kN}\cdot\text{m}$$

$$\alpha_s = \frac{m_{x计}}{\alpha_1 f_c b h_0^2} = \frac{6.33\times 10^6}{1.0\times 9.6\times 1000\times 75^2} = 0.117$$

查得 $\qquad \gamma_s = 0.5(1+\sqrt{1-2\times 0.117}) = 0.938$

$$A_s = \frac{m_{x计}}{\gamma_s h_0 f_y} = \frac{6.33\times 10^6}{0.938\times 75\times 210} = 428\text{mm}^2$$

沿 l_x 方向选用 $\phi 10@150$（$A_s = 523\text{mm}^2$）；

沿 l_y 方向选用 $\phi 10@180$（$A_s = 436\text{mm}^2$）。

（2）按支座负弯矩计算板顶配筋

$$m'_x = 18.13\text{kN}\cdot\text{m}$$

$$\alpha_s = \frac{m'_x}{\alpha_1 f_c b h_0^2} = \frac{18.13\times 10^6}{1.0\times 9.6\times 1000\times 85^2} = 0.261$$

查得 $\qquad \gamma_s = 0.5(1+\sqrt{1-2\times 0.261}) = 0.845$

$$A_s = \frac{m'_x}{\gamma_s h_0 f_y} = \frac{18.10\times 10^6}{0.845\times 85\times 210} = 1201\text{mm}^2$$

沿 l_x 方向选用 $\phi 10@300$（由板底配筋弯起一半）和 $\Phi 12@100$（$A_s = 262+1131 = 1393\text{mm}^2$）。

5. 配筋图（略）

3.4　无梁楼盖设计

无梁楼盖设计，也有按弹性理论设计和按塑性理论设计之分。在按弹性理论计算内力时，又有精确计算法、等代框架法、经验系数法等。这里仅对平板式无梁楼盖的两种常用计算方法加以阐述。

3.4.1　等代框架法

（1）等代框架与计算简图

将整个结构看成是以柱轴线为中心的若干榀横向框架和几榀纵向框架。每榀框架的框架柱，即为原来的柱；每榀框架的框架横梁，即为楼板（用楼板等代横梁）。见图 3-37（a）。

因此，单层或多层无梁楼盖的结构计算简图，即为框架的计算简图。为简化计算，在利用分层法计算内力时，可将每个柱的上、下端均视为固定端。这样，对于层高相等的无梁楼盖则可简化成两层或一层框架进行内力分析，如图 3-37（a）。

119

等代框架横梁的计算跨度，取：

横向框架

$$l = l_y - \frac{2}{3}c \tag{3-17}$$

纵向框架

$$l = l_x - \frac{2}{3}c \tag{3-18}$$

式中　l_x——横向柱间距；

　　　l_y——纵向柱间距；

　　　c——柱帽宽度，即柱帽与板底交点之间的距离（图 3-37b）。

等代框架柱的计算高度，取：

$$H_{0i} = H_i - d \tag{3-19}$$

式中　H_i——第 i 层层高；

　　　d——柱帽高度（参见图 3-37b）。

需要指出：用楼板来等代框架横梁，毕竟是与柱靠近的板带内力大，而两柱中间的板带内力小。为了合理地分配弯矩，有必要将每一榀横向或纵向框架横梁，再划分为"柱上板带"和"跨中板带"（见图 3-37a），每条板带各为两个 $l_x/4$ 或两个 $l_y/4$。

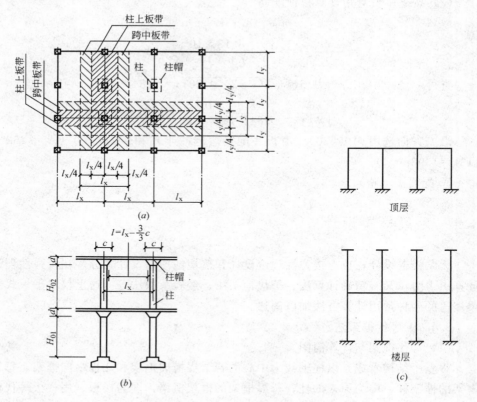

图 3-37　等代框架与计算简图

（2）等代框架的截面尺寸

因为等代后的框架柱，就是原来的柱，所以框架柱截面形状、尺寸与原柱相同。

120

至于框架横梁，其截面高度 h，即为原来的楼板厚度；而横梁的截面宽度 b，考虑到水平荷载主要由柱上板带承受，故按下列规定取用：

在竖向荷载作用下 $\qquad b=l_x$（横向框架）

$\qquad\qquad$ 或 $\qquad\qquad b=l_y$（纵向框架）

在水平荷载作用下 $\qquad b=\dfrac{l_x}{2}$（横向框架）

$\qquad\qquad$ 或 $\qquad\qquad b=\dfrac{l_y}{2}$（纵向框架）

（3）荷载与内力计算

在竖向荷载作用下，不论是计算横向框架，还是计算纵向框架，都各自考虑全部恒载和活荷载（不按纵横两个方向进行分配）。但在对横向框架或者在对纵向框架进行内力分析时，则应各考虑荷载的不利组合。

通过按弹性理论进行框架内力分析以后，所算得的等代框架柱内力，即为无梁楼盖的柱内力，所得的等代框架横梁的弯矩，则按表 3-12 所列的系数分配给柱上板带和跨中板带。并依此进行板的截面设计。

无梁楼盖内力系数   表 3-12

位置	截　　面	等代框架法		经验系数法	
		柱上板带	跨中板带	柱上板带	跨中板带
内跨	支座负弯矩	0.75	0.25	$0.50M_0$	$0.17M_0$
	跨中正弯矩	0.55	0.45	$0.18M_0$	$0.15M_0$
外跨	第一支座负弯矩	0.75	0.25	$0.50M_0$	$0.17M_0$
	跨中正弯矩	0.55	0.45	$0.22M_0$	$0.18M_0$
	边支座负弯矩	0.90	0.10	$0.48M_0$	$0.05M_0$

注：M_0 为任一区格板的跨中总弯矩（按全部均布荷载计算，不考虑活荷载的不利布置）。

等代框架法的适用范围是：任一区格的长跨与短跨之比不得大于 2。

3.4.2 经验系数法

经验系数法是最简便的方法，因而得到广泛采用。其实质是在试验研究与实践经验的基础上，给出了一整套总弯矩分配系数。进行内力计算时，只要算出总弯矩，再乘上弯矩系数，即得各截面的弯矩。正因为是"经验系数"，使用此法时，必须符合下列条件：

（A）每个方向至少应有三个连续跨，并且具有抗侧力的支撑或剪力墙；

（B）同一方向上的最大跨度（即柱距）与最小跨度之比，应不大于 1.2，且两端跨不大于相邻的内跨；

（C）任一区格内的长跨与短跨之比不大于 1.5；

（D）活荷载不大于恒载的三倍。

经验系数法的计算荷载，只考虑全部均布荷载，不考虑活荷载的不利组合。以中间区格的弯矩为准，对边区格的弯矩，则另乘以不同的分配系数。

进行内力计算时，首先求出一个中间区格的简支梁跨中正弯矩 M。即

对 x 方向为：
$$M_{0x} = \frac{q l_y \left(l_x - \frac{2c}{3} \right)^2}{8} \qquad (3\text{-}20)$$

对 y 方向为：
$$M_{0y} = \frac{q l_x \left(l_y - \frac{2c}{3} \right)^2}{8} \qquad (3\text{-}21)$$

然后，将此中间区格的总弯矩，按表 3-12 中所列内跨的分配系数，分配给柱上板带和跨中板带。至于边区格的弯矩，则按表 3-12 所列边跨的分配系数，分配给柱上板带和跨中板带。

截面设计时，对垂直荷载作用下有柱帽的板，考虑柱帽的加腋对板的拱作用，从而减小板内弯矩，除边跨边支座外，其余截面的计算弯矩均可乘以 0.8 的折减系数。

板的有效高度，如同双向板一样，同一区格在两个同号弯矩作用下，由于两个方向钢筋叠置在一起，故应分别采用不同的有效高度 h_0。当为正方形区格时，为了简化起见，可取两个方向有效高度的平均值。

3.4.3 柱帽设计

无梁楼盖的楼面荷载，是通过板与柱的连接面上的剪力传给柱子的。由于板柱连接面的面积较小，当楼面荷载较大时，可能因连接面抗剪能力不足，沿柱周边出现 45° 方向的斜裂缝，进而导致板、柱之间的错位，即所谓板的冲切破坏，为此，应对柱帽进行抗冲切验算。

（1）冲切力计算

设楼盖承受的恒载与均布活荷载为 $g+q$，每柱所负荷的面积为 $l_x \cdot l_y$。由柱帽向上沿 45° 引出的冲切破坏锥体的上表面面积为 $2 \times (x+h_0) \times 2(y+h_0)$，见图 3-38，则冲切力为：

$$F_1 = (g+q) l_x l_y - (g+q) \left[2(x+h_0) \times 2(y+h_0) \right]$$

$$F_1 = (g+q) l_x l_y - 4(g+q)(x+h_0)(y+h_0) \qquad (3\text{-}22)$$

式中　$x = \dfrac{c}{2}$；$y = \dfrac{c_1}{2}$。

c、c_1——分别为柱帽与板底在 x、y 方向交点之间的距离值。

（2）抗冲切力计算

冲切破坏锥体，系指柱帽与板共同连接的 x、y 两个方向，截面均为梯形的锥形六面体。它沿 x 和 y 方向相对两个斜侧面面积分别为：

$$A_y = 2x \cdot \frac{\left[2(y+h_0) + 2y \right] \dfrac{h_0}{\cos 45°}}{2} = \frac{2(2y+h_0)h_0}{\cos 45°}$$

和
$$A_x = \frac{2(2x+h_0)h_0}{\cos 45°}$$

122　四个斜侧面上的抵抗拉力在铅垂方向上的分力，即为之抗冲切力：

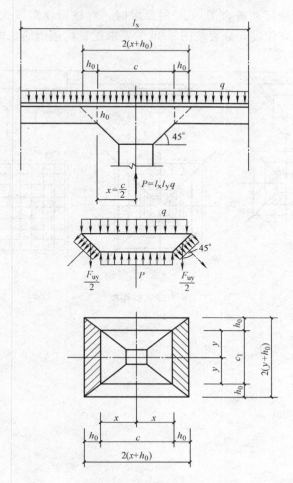

图 3-38　冲切内力分析

$$F_u = F_{ux} + F_{uy} \left[\frac{2(2x+h_0)h_0}{\cos 45°} + \frac{2(2y+h_0)h_0}{\cos 45°} \right] f_t \cos 45°$$

$$= [2(2x+h_0) + 2(2y+h_0)] h_0 f_t$$

令　　　　　　　　$$U_m = 2(2x+h_0) + 2(2y+h_0)$$　　　　　　　　（3-23）

则　　　　　　　　　　　$$F_u = U_m h_0 f_t$$　　　　　　　　　　　　（3-24）

式中　U_m——相当于距冲切锥体周边 $h_0/2$ 处的周长；

　　　h_0——冲切破坏锥体的垂直截面的有效高度；

　　　f_t——混凝土抗拉强度设计值。

（3）冲切验算

为了对楼板的抗冲切能力赋予更大一些安全储备，故对抗冲切力乘以 0.6 的经验系数，最后得出冲切验算公式为：

$$F_l \leqslant 0.6 U_m h_0 f_t$$　　　　　　　　　　　（3-25）

如不满足上述要求，则应加大板厚或提高混凝土强度等级。如板厚受到限制，亦可按计算配置抗冲切钢筋，详见《混凝土结构设计规范》的有关规定。

（4）柱帽设计

123

当柱帽的构造尺寸符合图 3-39 的要求时，对柱帽仅需按式（3-25）进行冲切验算。至于抗弯强度，只要按图 3-39 的要求配置构造钢筋，即可满足要求。

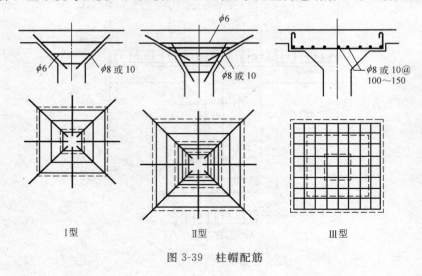

图 3-39 柱帽配筋

4 单层厂房结构

4.1 概述

4.1.1 单层厂房的结构型式

一般工业厂房，按照生产产品、工艺流程、机械设备和使用性质的不同，可能需要建造单层厂房、多层厂房和层数混合的厂房。单层厂房多用于冶金或机械制造厂的炼钢、轧钢、铸造、锻压、金工、装配车间等；多层厂房多用于精密仪表、电子、食品等工业厂房；层数混合的厂房多用于化工、热电厂等工业厂房。

其中，单层厂房对各种类型的工业厂房乃至无吊车的某些民用公共建筑，都具有较大的适用性，其应用范围相当广泛。特别是设有大型或数量较多的机械设备，或是加工和生产较重或轮廓尺寸较大零部件和产品的车间，更为适用。

单层厂房按所用结构材料的不同，可分为混合结构（由砖柱和钢筋混凝土屋架或轻钢屋架组成）、钢筋混凝土结构和钢结构。承重结构的选择主要取决于厂房的跨度、高度和吊车起重量等因素。对于无吊车或吊车起重量不超过 5t、跨度在 15m 以内、柱顶标高不超过 8m 且无特殊工艺要求的小型厂房，可采用混合结构；对有重型吊车（吊车起重量在 250t 以上、吊车工作级别为 A_4、A_5 级的中级载荷状态）、跨度大于 36m 或有特殊工艺要求（如设有 10t 以上的锻锤以及高温车间的特殊部位）的大型厂房，一般采用钢屋架和钢筋混凝土柱或全钢结构；其他大部分厂房均可采用混凝土结构。而且除特殊情况之外，一般均可采用装配式钢筋混凝土结构。

单层厂房按承重结构体系可分为排架结构和刚架结构两类。参见《建筑结构基本原理》第 1 章的第 4 节。

装配式钢筋混凝土排架结构是目前单跨厂房结构的基本结构型式，也是单层厂房中应用最广泛的一种结构型式。它是由钢筋混凝土屋架（或屋面梁）、柱和基础所组成，柱顶与屋架为铰接，柱底与基础为刚接。根据生产工艺和使用要求的不同，排架结构可做成等高、不等高和锯齿形等多种形式。其跨度可超过30m，高度可达 20~30m 或更高，吊车起重量可达 150t，甚至更大。

目前常用的刚架结构为装配式钢筋混凝土门式刚架。它的特点是柱和横梁刚接成一个构件，柱与基础通常为铰接。刚架顶点做成铰接的称为三铰刚架，做成刚接的称为两铰刚架。前者是静定结构，后者是超静定结构。刚架的优点是梁柱合一，构件种类少，制作较简单，且结构轻巧；当跨度和高度较小时，其经济指标稍优于排架结构。刚架的缺点是刚度较差，承载后会产生跨变，梁柱转角处易产生早期裂缝，所以对于吊车起重量较大的厂房，刚架的应用受到一定限制。门式刚架结构，适用于屋盖较轻的无吊车或吊车起重量一般不超过 10t（个别用至 20t）、跨度一般不超过 18m（国内已建成的两铰刚架最大跨度已达 38m）、檐口高度一般不超过 10m（最高已达 14m）的中小型单层厂房或仓库等。对某些民用公共建筑（如礼堂、食堂、训练馆等）也可采用门式刚架结构。

本章主要讲述单层厂房装配式钢筋混凝土排架结构的基本设计方法。

4.1.2　单层厂房结构设计的几个特点

1）单层厂房在施工和使用期间，所承受的荷载种类较多。按随时间的变异区分，主要有永久荷载和可变荷载两类。永久荷载（习称恒载）主要包括结构构件与围护结构自重，以及固定在厂房结构上的设备、管道等。可变荷载（习称活载）主要包括屋面活荷载、雪荷载、积灰荷载、吊车竖向荷载、吊车水平荷载、风荷载和地震作用等。有些车间尚需考虑动力荷载的影响。

为了以最经济的手段满足结构安全性的功能要求，既要明确各种荷载的传力路线，又要考虑各种可变荷载同时作用的可能性以及同时作用机遇的大小。所以，在结构设计中，对于可变荷载必须结合具体工程作出符合实际的判断。例如，风荷载不可能从左边作用的同时，又从右边作用；吊车荷载在考虑吊车制动力的同时，必须考虑吊车竖向荷载的作用；在考虑最大雪压的同时，出现最大屋面活荷载的机遇就很小；等等。

2）单层厂房结构构件的种类较多，为了简化设计，缩短工期、提高综合经济效益，在满足正常使用要求的前提下，在厂房结构设计中，应力求做到柱网布置定型化、结构构件标准化、生产制作工厂化和运输安装机械化。由于单层厂房结构除屋盖和围护结构自重以及作用其上的活荷载和吊车荷载由厂房结构所承受以外，厂房内部大部分荷载直接作用于地面，这就使厂房设计与施工的定型化、标准化、工厂化、机械化成为可能。

尽管单层厂房结构构件种类很多，但只要符合我国颁布的《厂房建筑模数协调标准》（原《厂房建筑统一化基本准则》），多数构件（柱与基础除外）都可以根据工程具体情况，从工业厂房结构构件标准图集中选用合适的标准构件，不必另行设计。

工业厂房结构构件标准图可分为三类：经国家建设部批准的全国通用标准图集，适用于全国各地；经某地区（省、市）审定的通用图集，适用于该地区（省、市）所属的部门；经某设计院审定的定型图集，适用于该设计院所设计的工程。图集一般包括设计和施工说明、结构布置图、构件选用表、构件模板与配筋图、连接大样图、预埋件详图、钢筋和钢材用量表等。可直接作为结构施工图使用。柱和基础一般应由设计者进行设计。

3）单层厂房排架结构和刚架结构，均属于平面受力体系，而且一般单层厂房的跨度和净空较大，所以单层厂房结构空间刚度较弱，特别是地震区的单层厂房更显突出。为了保证厂房的整体稳定性，增强厂房的横向、纵向与整体刚度和抗震性能，在厂房结构设计中，应注意以下三个方面：一是按《建筑抗震设计规范》的规定设置支撑体系；二是按《砌体结构设计规范》的规定，在围护结构内设置封闭式钢筋混凝土圈梁，以及连系梁、过梁、基础梁，并注意各种构件（包

括屋盖构件）的可靠连接；三是注意增强主要受力构件（屋架、排架柱、抗风柱
等）的延性，并符合规范规定的配筋构造要求。

4.2 单层厂房结构的组成及其作用

钢筋混凝土单层厂房结构（图 4-1）的结构组成，可以归纳为如下四个结构
体系。

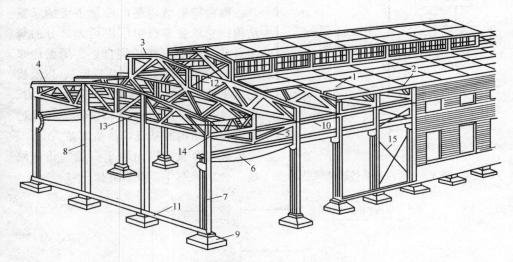

图 4-1 单层厂房的组成

1—屋面板；2—天沟板；3—天窗架；4—屋架；5—托架；6—吊车梁；7—排架柱；
8—抗风柱；9—基础；10—连系梁；11—基础梁；12—天窗架垂直支撑；
13—屋架下弦横向水平支撑；14—屋架端部垂直支撑；15—柱间支撑

4.2.1 屋盖结构体系

单层厂房的屋盖结构体系，又分为无檩体系和有檩体系两种。

无檩体系，包括大型屋面板、屋架（或屋面梁）、屋盖支撑系统，以及可能
有的天窗架、托架等构件。

这种屋盖的屋面刚度大，整体性好，构件的种类和数量较少，施工速度快。
适用于吊车起重量较大或有较大振动的大、中型或重型工业厂房，是单层厂房中
应用较广的一种屋盖结构形式。

有檩体系，包括小型屋面板（或瓦材）、檩条、屋架（或屋面梁）、屋盖支撑
系统等构件（图 4-2）。

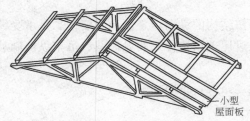

小型
屋面板

图 4-2 有檩体系屋盖

这种屋盖的构件小而轻，便于吊
装和运输，但其构造和荷载传递都比
较复杂，整体性和刚度也较差，适用
于一般中、小型厂房。

屋盖结构的作用，主要是维护和
承重。它承受屋盖结构的自重、层面

127

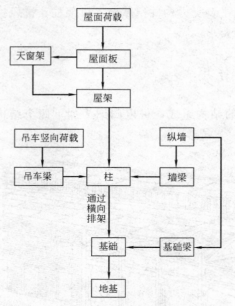

图4-3 竖向荷载传递路线

活荷载、雪荷载以及其他荷载（如积灰荷载）等，并将这些荷载，通过屋架传给排架柱。此外，还有采光和通风的作用。

4.2.2 横向排架结构体系

横向排架结构体系，主要由屋架（或屋面梁）、横向柱列、横向基础三种构件组成，并由它们组成横向平面排架。

横向排架结构是厂房最主要的承重结构。它承受着整个厂房绝大部分的竖向荷载（其中包括结构自重、屋盖传来的竖向荷载、吊车竖向荷载等），以及横向水平荷载（其中包括吊车横向制动力、横向风荷载、横向地震作用等），并通过横向排架结构的基础，传给地基。

竖向荷载和横向水平荷载的传递路线，分别见图4-3和图4-4。

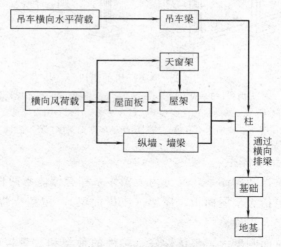

图4-4 横向水平荷载传递路线

4.2.3 纵向排架结构体系

纵向排架结构体系，主要由纵向柱列、连系梁、吊车梁、柱间支撑和纵向基础组成。

纵向排架结构的作用：一是保证厂房结构的纵向稳定性和刚度；二是承受纵向水平荷载，包括由山墙和天窗端壁通过屋盖结构传来的风荷载、吊车纵向制动力、纵向地震作用以及温度荷载等。

纵向吊车制动力和纵向风荷载的传递路线，见图4-5。

4.2.4 围护结构体系

围护结构体系，包括纵墙和山墙、墙梁、抗风柱（有时还有抗风梁或抗风桁

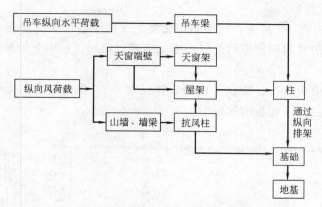

图 4-5 纵向水平荷载传递路线

架）、基础梁以及基础等构件。

　　围护结构的作用，除承受墙体构件自重以及作用在墙面上的风荷载以外，主要起围护、采光、通风等作用。

　　围护结构的竖向荷载，除悬墙自重通过墙梁传给横向柱列或抗风柱外，墙梁以下的墙体及其围护构件（如门窗，圈梁等）自重，直接通过基础梁传给基础和地基。

4.3 单层厂房结构的构件选型

　　如本章第一节所述，单层厂房，一般遵照《厂房建筑模数协调标准》GBJ6—86 进行设计，其中绝大部分构件均有国家或省（市）标准图集，以及比较成熟的施工图。但如何根据具体设计、施工与经济条件，选择较为合适的标准构件，及其截面形式与尺寸，这本身就是建筑和结构设计的一项重要工作。

　　从各部分构件的造价来看，屋盖结构费用最多，从材料用量来看，屋面板、屋架、吊车梁、柱的耗钢量较多，而屋面板和基础的混凝土用量较多。对于一般中型厂房，各部分构件的造价和材料用量，可参考表 4-1 和表 4-2。

厂房各部分造价占土建总造价百分比 表 4-1

项目	屋盖	柱、梁	基础	墙	地面	门窗	其他
百分比（%）	30～50	10～20	5～10	10～18	4～7	5～11	3～5

中型厂房各主要承重构件材料用量表 表 4-2

材料	每平方米建筑面积构件材料用量	各种构件材料用量占总用量百分比（%）				
		屋面板	屋架	吊车梁	柱	基础
混凝土	$0.13\sim0.18m^3/m^2$	30～40	8～12	10～15	15～20	25～35
钢材	$0.18\sim0.20kN/m^2$	25～30	20～30	20～32	18～25	8～12

　　为了便于构件型式的选择，现对其主要构件，作如下介绍。

129

4.3.1 屋面板

从表 4-1 和表 4-2 可见,屋盖结构在整个厂房中造价最高和用料最多,而作为既起承重作用又起围护作用的屋面板又是屋盖结构体系中造价最高、用料最多的构件。

常用的屋面板形式、特点及适用条件见表 4-3。图 4-6 为 1.5m×6.0m 的先张法预应力混凝土屋面板的模板图。

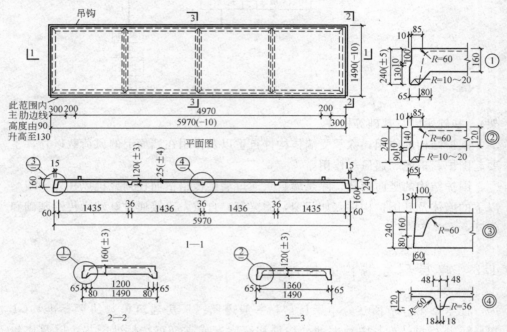

图 4-6　1.5m×6.0m 的先张法预应力混凝土屋面板

4.3.2 檩条

檩条在有檩体系屋盖中起支承上部小型屋面板或瓦材,并将屋面荷载传给屋架(或屋面梁)的作用,同时还和屋盖支撑系统一起增强屋盖的总体刚度。

根据厂房柱距的不同,檩条长度一般为 4m 或 6m,目前应用较多的是倒 L 形或 T 形截面普通或预应力混凝土檩条,见表 4-4。轻型瓦材屋面也常用轻钢组合桁架式檩条。檩条与屋架的连接见图 4-7。

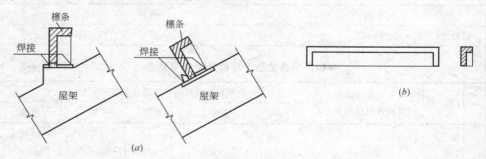

图 4-7　檩条与屋架的连接及檩条
(a) 檩条与屋架的连接;(b) 檩条

屋面板类型表 　　　　　　　　　　　　　　　　　表 4-3

序号	构件名称(标准图号)	形 式	特点及适用条件
1	预应力混凝土屋面板 (G410) (CG411)	5970,8970 1490 240,300	1. 屋面有卷材防水及非卷材防水两种 2. 屋面水平刚度好 3. 适用于中、重型及振动较大、对屋面刚度要求较高的厂房 4. 屋面坡度:卷材防水最大 1/5,非卷材防水 1/4
2	预应力混凝土 F型屋面板(CG412)	5370 1490 200	1. 屋面自防水,板沿纵向互相搭接,横缝及脊缝加盖瓦和脊瓦 2. 屋面材料省,屋面水平刚度及防水效果较预应力混凝土屋面板差,如构造和施工不当,易飘雨、飘雪 3. 适用于中、轻型非保温厂房,不适用于对屋面刚度及防水要求高的厂房 4. 屋面坡度 1/4
3	预应力混凝土单肋板	935,1200 3980,5980 180,250	1. 屋面自防水,板沿纵向互相搭接,横缝及脊缝加盖瓦和脊瓦,主肋只有一个 2. 屋面材料省,但屋面刚度差 3. 适用于中、轻型非保温厂房,不适用于对屋面刚度及防水要求高的厂房 4. 屋面坡度 1/4～1/3
4	预应力混凝土夹心保温屋面板(三合一板)	130 1490 5950	1. 具有承重、保温、防水三种作用,故称三合一板 2. 屋面材料省,如处理不当,易开裂、渗漏 3. 适用于一般保温厂房,不适用于气候寒冷、冻融频繁地区和有腐蚀性气体及温度大的厂房 4. 屋面坡度 1/12～1/8
5	钢筋混凝土槽瓦	100 3300～3900 990	1. 在檩条上互相搭接,沿横缝及脊缝加盖瓦及脊瓦 2. 屋面材料省,构造简单,施工方便,刚度较差,如构造和施工处理不当,易渗漏 3. 适用于轻型厂房,不适用于有腐蚀性气体、有较大振动、对屋面刚度及隔热要求高的厂房 4. 屋面坡度 1/5～1/3
6	钢丝网水泥波形瓦	1700,2000 990	1. 在纵横向互相搭接,加脊瓦 2. 屋面材料省,施工方便,刚度较差,运输、安装不当,易损坏 3. 适用于轻型厂房,不适用于有腐蚀性气体、有较大振动、对屋面刚度及隔热要求高的厂房 4. 屋面坡度 1/5～1/3
7	瓦楞木质纤维板	765 1800	1. 利用木材加工厂废料制成,轻而经济,需涂防水材料,不耐火,耐久性不及钢筋混凝土制品,保温隔热性能差 2. 适用于轻型厂房、仓库,不适用于有较大振动、对屋面刚度及隔热要求高的厂房 3. 屋面坡度 1/5～1/2.5
8	石棉水泥瓦	720～994 1820～2800	1. 重量轻,耐火及防腐蚀性好,施工方便,刚度差,易损坏 2. 适用于轻型厂房、仓库 3. 屋面坡度 1/5～1/2.5
9	钢筋混凝土挂瓦板	100～160 635 2380～5980	1. 挂瓦板密排,上铺黏土瓦,有平整的屋顶 2. 适用于黏土瓦的轻型厂房、仓库 3. 屋面坡度 1/2.5～1/2

131

檩　条　类　型　表

表 4-4

序号	构件名称(标准图号)	形　式	跨度 l(m)
1	钢筋混凝土倒 L 形檩条(原 GI44)	L	4~6
2	钢筋混凝土 T 形檩条(原 GI44)	L	4~6
3	预应力混凝土倒 L 形檩条	L	6
4	预应力混凝土 T 形檩条	L	6

4.3.3　屋架、屋面梁

屋架（或屋面梁）是屋盖结构体系最主要的承重构件，它除承受屋面板传来的屋面荷载外，有时还要承受厂房中的悬挂吊车、高架管道等荷载。

屋面梁为梁式结构，它便于制作和安装，但由于自重大、费材料，所以一般只用于跨度较小的厂房。屋架则由于矢高大、受力合理、自重轻，故适用于较大的跨度。

常用的钢筋混凝土屋架和屋面梁形式、特点及适用条件，见表 4-5。

屋架的外形有三角形、梯形、拱形、折线形等几种。屋架的外形不同，其受力大小与合理性也不相同。图 4-8 给出了在同样的屋面均布荷载作用下具有相同高跨比（$f/L=1/6$）的四种不同外形屋架的杆件轴力大小及正负号（"＋"表示受拉，"－"表示受压）。

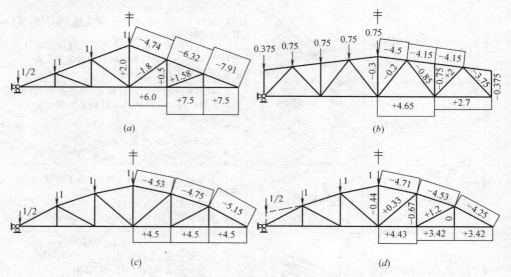

图 4-8　屋架外形及杆件受力分析（$f/L=1/6$）

(a) 三角形；(b) 梯形；(c) 拱形；(d) 折线形

钢筋混凝土屋架类型　　　　　　　　　　　　　　　表 4-5

序号	构件名称(标准图号)	形　式	跨度(m)	特点及适用条件
1	预应力混凝土单坡屋面梁(G414)		6 9	1. 自重较大 2. 适用于跨度不大,有较大振动或有腐蚀性介质的厂房 3. 屋面坡度 1/12～1/8
2	预应力混凝土双坡屋面梁(G414)		12 15 18	
3	预应力混凝土空腹屋面梁		12 15 18	
4	先张法预应力混凝土拱式屋架上海冶金设计院(TCF95)		9 12 15	1. 下弦施加预应力,自重较屋面梁轻 2. 适用于跨度不大的厂房 3. 屋面坡度 1/5
5	钢筋混凝土两铰拱屋架(G310,CG3311)		9 12 15	1. 上弦为钢筋混凝土构件,下弦为角钢,顶节点刚接,自重较轻、构造简单,应防止下弦受压 2. 适用于跨度不大的中、轻型厂房 3. 屋面坡度,卷材防水 1/5,非卷材防水 1/4
6	钢筋混凝土三铰拱屋架(G312、CG313)		9 12 15	顶节点铰接,其他同上
7	预应力混凝土三铰拱屋架(CG424)		9 12 15 18	上弦为先张法预应力混凝土构件、下弦为角钢,其他同上
8	钢筋混凝土组合式屋架(CG315)		12 15 18	1. 上弦及受压腹杆为钢筋混凝土构件,下弦及受拉腹杆为角钢,自重较轻,刚度较差 2. 适用于中、轻型厂房 3. 屋面坡度 1/4
9	钢筋混凝土下撑式五角形屋架		12 15	1. 构造简单、自重较轻,但对房屋净空有影响 2. 适用于仓库和中、轻型厂房 3. 屋面坡度 1/10～1/7.5
10	钢筋混凝土三角形屋架(原 G145,G146)		9 12 15	1. 自重较大、屋架上设檩条或挂瓦板 2. 适用于跨度不大的中、轻型厂房 3. 屋面坡度 1/3～1/2
11	钢筋混凝土折线形屋架(卷材防水屋面 G314)		15 18 21 24	1. 外形较合理,屋面坡度合适 2. 适用于卷材屋面的中型厂房檩 3. 屋面坡度 1/15～1/5

序号	构件名称(标准图号)	形 式	跨度(m)	特点及适用条件
12	预应力混凝土折线形屋架(卷材防水屋面)(G415)	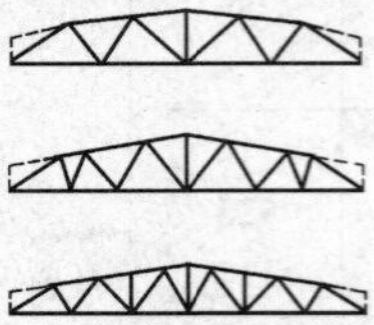	15 18 21 24 27 30	1. 外形较合理,屋面坡度合适,自重较轻 2. 适用于卷材防水屋面的中、重型厂房 3. 屋面坡度 1/15～1/5
13	预应力混凝土折线形屋架(非卷材防水屋面)(CG423)	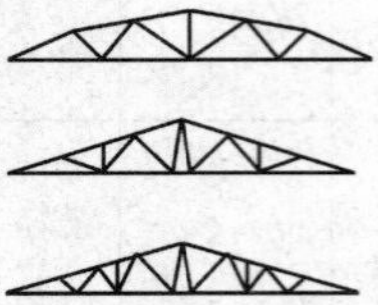	18 21 24	1. 外形较合理,屋面坡度合适,自重较轻 2. 适用于非卷材防水屋面的中型厂房 3. 屋面坡度 1/4
14	预应力混凝土拱形屋架(原G215)	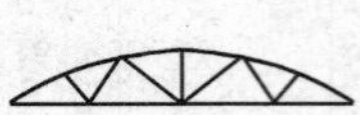	18～30	1. 外形合理,自重轻,但屋架端部屋面坡度太陡 2. 适用于卷材防水屋面的中、重型厂房 3. 屋面坡度 1/30～1/3
15	预应力混凝土梯形屋架	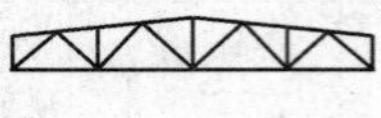	18～30	1. 自重较大、刚度好 2. 适用于卷材防水的重型、高温及采用井式或横向天窗的厂房 3. 屋面坡度 1/12～1/10
16	预应力混凝土空腹屋架	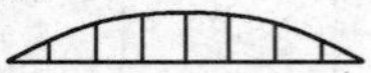	15～36	1. 无斜腹杆、构造简单 2. 适用于采用横向天窗或井式天窗的厂房

由图可见,三角形屋架(图 4-8a)中各杆件内力分布很不均匀,弦杆内力两端大而中部小,腹杆内力则两端小而中部大。由于其杆件内力大而不均匀,矢高大,腹杆长,因而自重大,材料费。这种屋架坡度较大,构造简单,适用于有檩体系的中、小型厂房。

梯形屋架(图 4-8b)中各杆件内力分布也不均匀,弦杆内力中部大而两端小;腹杆内力恰好相反。这种屋架刚度好,构造简单,但自重较大,由于屋面坡度小,对高温车间和炎热地区的厂房,可避免出现屋面沥青、油膏流淌、屋面施工、检修、清扫和排水处理较方便。

拱形屋架(图 4-8c)的上弦呈二次抛物线形,其受力合理,弦杆内力均匀,而腹杆内力为零;由于曲线形构件制作不方便,上弦可改做成多边形,但上弦节点仍应落在抛物线上。拱形屋架具有受力合理,自重轻,材料省,构造简单,但其两端坡度较陡,高温时卷材屋面沥青、油膏易流淌,施工及维修均不安全。目前已很少采用。

折线形屋架(图 4-8d)的上弦改为折线形杆件(图中虚线杆不参加内力分析,仅保持屋面为一斜面便于铺设屋面板,端部竖直虚线杆为屋架端部的钢筋混凝土小柱),它吸收了拱形屋架的优点,弦杆受力较小,又改善了拱形屋架端部陡的缺点。其外形较合理，屋面坡度较合适，自重轻且制作方便。

在单层厂房中，有时采用钢结构梯形屋架和平行弦屋架，尽管受力不够合理，但由于杆件内力与屋架高度成反比，所以适当增加屋架高度，杆件内力可相应减小，适用于跨度较大的情况；而钢结构折线形屋架，则由于节点复杂，制造困难，一般不用。

总之，屋架的选型，必须综合考虑建筑的使用要求、跨度和荷载的大小，以及材料供应、施工条件等因素，进行全面的技术经济分析。

屋架选型一般可参照以下几方面考虑：

（1）建筑跨度在 30m 以上时，宜选用钢屋架，但在有侵蚀介质（如酸性物质）的厂房中，则不宜采用钢结构。

（2）柱距为 6m，跨度为 15～30m 时，宜优先选用预应力混凝土折线形屋架；6～12m 时，宜优先选用钢筋混凝土屋面梁。无条件施工预应力混凝土结构，跨度为 15～18m 时，可选择钢筋混凝土折线形屋架；屋面积灰的厂房可采用梯形屋架；有檩体系，常选用三角形钢筋混凝土屋架；在有振动、侵蚀性介质或高温车间，最好选用预应力钢筋混凝土屋架，因为下弦施加预应力后，可以提高结构的抗裂性，防止钢筋受腐蚀。

（3）建筑跨度在 18m 以下时，也可选用钢筋混凝土组合屋架。这种屋架技术经济指标较好，也不需较大的起重设备。由于它的下弦刚度较差，不宜用于振动较大（如吊车起重量超过 10t）的厂房。

（4）房屋内部以及所在地区的相对湿度大于 75%，且通风不良，或有侵蚀性介质的建筑，则不宜选用钢屋架和木屋架。

有关钢筋混凝土屋面梁和屋架的外形及截面尺寸，可分别参照下列图、表确定。

钢筋混凝土屋面梁，见图 4-9 和表 4-6。

6m 柱距折线形钢筋混凝土屋架，参见表 4-7 及图 4-10；

6m 柱距梯形钢筋混凝土屋架，参见表 4-8 及图 4-11；

钢筋混凝土屋面梁的外形及截面参考尺寸（mm） 表 4-6

跨度（m）	屋面坡面	截面形式	端部高度 H_0	端部加厚长度	上翼缘尺寸 $b_t' \times h_t'$	下翼缘尺寸 $b_t \times h_t$	腹板厚度	翼缘与腹板交接处斜坡高度
6		T 形等截面	600～900	≥400	300×120		160	$h_\triangle' = 30$
9		T 字形等截面	700～1000		300×120	180×120	≥80	$h_\triangle' = 30$
12	单坡		800～1100		400×160	220×140		
12			800～1100		400×180	280×170	≥100	
15			900～1200	≥1700	400×200	300×200		
9		工字形变截面	600～900		300×120	180×120	≥80	$h_\triangle' = 50$
12	双坡		700～900		300×140	200×120		
15			900～1200		400×160	200×140		

注：9～15m 双坡屋面梁采用竖向浇筑时，腹板厚度不小于 100mm。

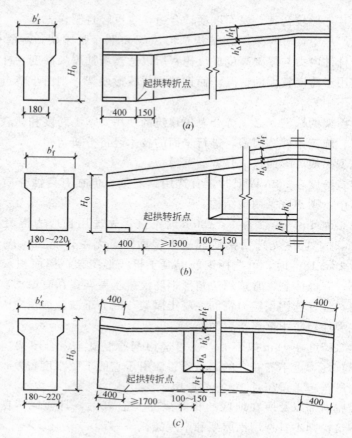

图 4-9 钢筋混凝土屋面梁

(a) 6m 钢筋混凝土单坡屋面梁；(b) 9～15m 钢筋混凝土双坡屋面梁；

(c) 9～12m 钢筋混凝土单坡屋面梁

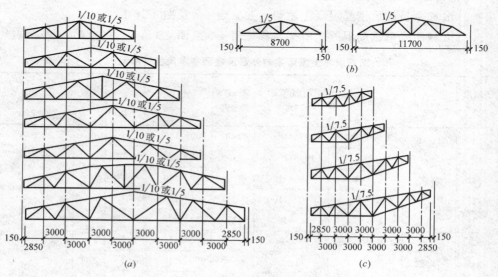

图 4-10 折线形屋架简图

(a) 15～30m 双坡折线形屋架；(b) 9、12m 双坡折线形屋架；(c) 单坡折线形屋架

折线形屋架尺寸的确定   表 4-7

屋面坡度	双坡	9、12m 屋架采用 1/5 15～30m 屋架采用 1/5(端部)，1/10(中部)
	单坡	15～30m 屋架采用 1/7.5
上弦节间长度		一般采用 3m，个别采用 1.5m 及 4.5m；9、12m 屋架一律采用 1.5m
下弦节间长度		一般采用 4.5m 及 6m，个别采用 3m。第一节间长度，宜一律采用 4.5m。9、12m 屋架采用 2～3m
高跨比		一般采用 1/6～1/10
端部高度	双坡	一般采用 1200～1800mm。15～30m 屋架宜优先一律采用 1200mm；9～12m 屋架采用 600mm
	单坡	15～20m 屋架宜采用 1200～1800mm
跨中起拱值		钢筋混凝土屋架采用 $l/700～l/600$ 预应力混凝土屋架采用 $l/1000～l/900$

注：1. 高跨比是指屋架跨中最大高度与跨度的比例。
    2. l 为厂房跨度。

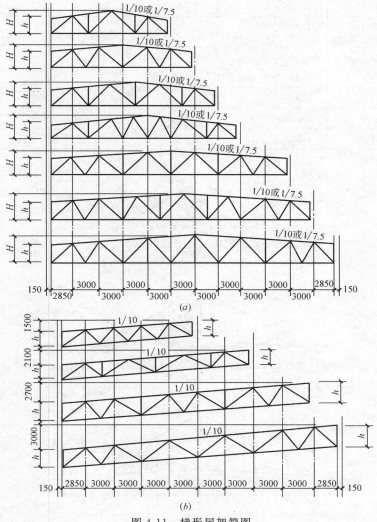

图 4-11　梯形屋架简图

(a) 双坡梯形屋架简图；(b) 单坡梯形屋架简图

137

屋面坡度	双坡	1/7.5,1/10	
	单坡	1/10	
上弦节间长度	一般采用 3m，个别采用 1.5m 及 4.5m		
下弦节间长度	一般采用 4.5m 及 6m，个别采用 3m；第一节间长度，宜一律采用 4.5m		
高跨比	一般采用 1/10～1/6		
端部高度 h	1200～2400mm		
跨中起拱值	对钢筋混凝土屋架采用 $l/700～l/600$ 对预应力混凝土屋架采用 $l/1000～l/900$		

梯形屋架尺寸的确定　　　表 4-8

4、6m 柱距三角形钢筋混凝土屋架，参见表 4-9 及图 4-12。

三角形屋架尺寸的确定　　　表 4-9

屋面坡度	1/2.5
上弦节间长度	2.0～2.69m
下弦节间长度	2.175m(用于 9m 屋架) 2m(用于 12m 屋架) 2.5m(用于 15m 屋架)
高跨比	1/5
端部高度	350mm
跨中起拱值	$l/600$

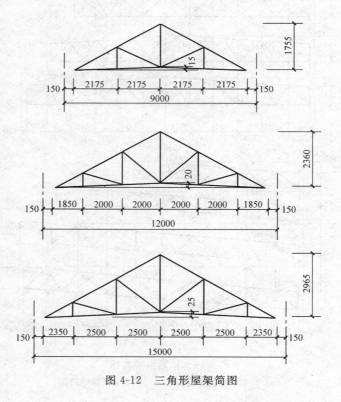

图 4-12　三角形屋架简图

必须注意，屋架的节点是屋架的重要组成部分，该处截面发生突变，受力复杂。特别是端节点尤为重要，此处上、下弦的轴向力和支座反力都较大。如果构造处理不当或施工质量不好，在节点附近会过早产生裂缝，影响屋架的使用和安全。

端节点的外形一般如图4-13所示。屋架端部的外边线自定位轴线缩进 $200 \sim 300\text{mm}$（一般为 250mm），以避免由于制作误差造成屋架安装困难。为便于安放锚具，端节点下部应再缩进一段距离。端节点的高度 h 一般不小于 500mm，长度 d 一般不小于 800mm，下弦底部突出的尺寸不宜小于 50mm，上、下弦内夹角处应做成圆弧形，以减小"应力集中"现象。

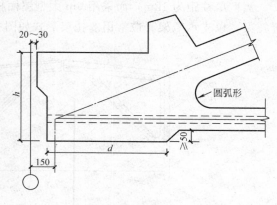

图4-13　端节点外形

屋架的中间节点应适当放大，形成突出部分，但突出尺寸不宜过大，以减少次应力。突出部分的周边与杆件边的交角不得小于 $90°$。

图4-14介绍了两种屋架与柱、墙的连接构造。

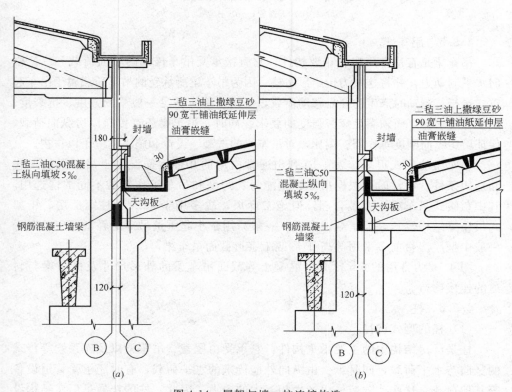

图4-14　屋架与墙、柱连接构造

（a）天沟板的一边嵌进封墙；（b）天沟板不嵌进封墙

4.3.4 天窗架、托架

天窗架随天窗跨度的不同而有不同形式。目前用得最多的是三铰刚架式天窗架（图 4-15a），两个三角形刚架在脊节点及下部与屋架的连接均为铰接。

当厂房柱距为 12m，而采用 6m 大型屋面板时，则需在沿纵向柱与柱之间设置托架，以支承屋架。最常用的托架形式如图 4-15（b）所示。

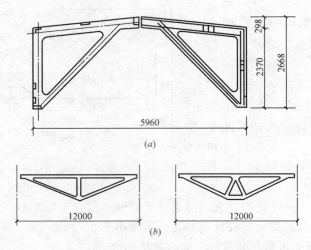

图 4-15　常用的天窗架和托架
(a) 天窗架；(b) 托架

4.3.5 吊车梁

吊车梁是有吊车厂房的重要构件，它直接承受吊车传来的竖向荷载和纵、横向水平制动力，并将这些力传给厂房柱。因为吊车梁所承受的吊车荷载属于吊车起重、运行、制动时产生的往复移动荷载，所以，除应满足一般梁的强度、抗裂度、刚度等要求外，尚须满足疲劳强度的要求。同时，吊车梁还有传递厂房纵向荷载、保证厂房纵向刚度等作用。因比，对吊车梁的选型、设计和施工均应予以重视。

吊车梁的形式很多，表 4-10 列出通常应用的几种钢筋混凝土吊车梁的形式和适用条件。设计时可根据吊车起重能力、跨度和吊车工作制的不同酌情选用。其中鱼腹式吊车梁受力最合理，但施工麻烦，故多用于 12m 大柱距厂房。桁架式吊车梁结构轻巧，但承载能力低，一般只用于小起重量吊车的轻型厂房，对于一般中型厂房目前多采用等高 T 形或工字形截面吊车梁。

图 4-16 为常用的 6m 预应力混凝土等截面吊车梁的外形尺寸及吊车梁与轨道的连接构造。

4.3.6 柱

（1）柱的型式选择

柱是厂房结构中的主要承重构件，它承受由屋盖、吊车梁以及连系梁等传来的竖向与水平荷载，同时承受由纵向外墙传来的水平荷载，有时还承受管道设备等其他荷载。这些荷载使柱内产生相当大的内力。因此，柱的选择是厂房结构设计的一个重要环节，对厂房的安全、刚度、施工与经济指标都有很大影响。

140

吊车梁类型表　　　　　　　　　　　　　表 4-10

序号	构件名称(标准图号)		形　式	适用条件
1	钢筋混凝土等截面吊车梁	厚腹$\left(\begin{array}{l}原\,G157\\厚\,G158\end{array}\right)$	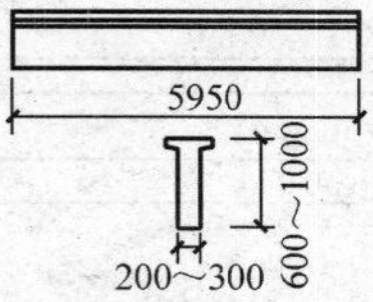 5950 200~300　600~1000	跨度:6m 吊车吨位:3~75t(轻级制) 3~30t(中级制) 5~20t(重级制)
		薄腹(G323)	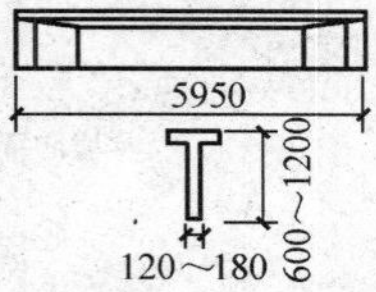 5950 120~180　600~1200	跨度:6m 吊车吨位:3~50t(轻级制) 3~30t(中级制) 5~20t(重级制)
2	预应力混凝土等截面吊车梁	厚腹(原 G234)	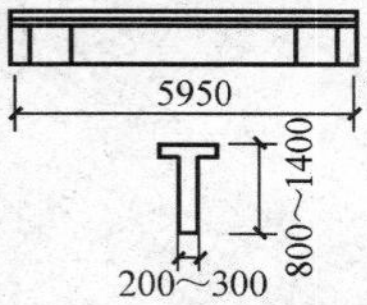 5950 200~300　800~1400	跨度:6m 吊车吨位:5~75t(重级制)
		薄腹$\left(\begin{array}{l}G425\\G426\end{array}\right)$	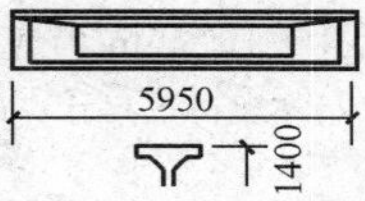 5950 1400	跨度:6m 吊车吨位:5~75t(中级制) 5~50t(重级制)
3	预应力混凝土鱼腹式吊车梁(CG427)		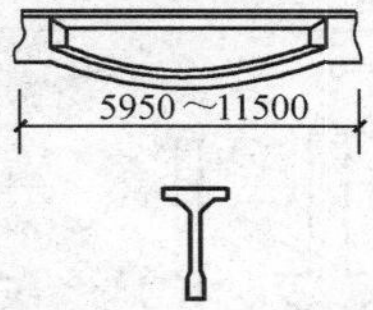 5950~11500	跨度:6m 吊车吨位:10~120t
4	预应力混凝土折线式吊车梁		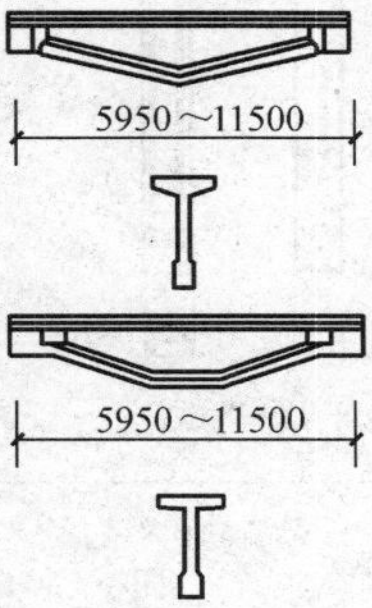 5950~11500 5950~11500	跨度:6m 吊车吨位:10~120t
5	轻型桁架式吊车梁		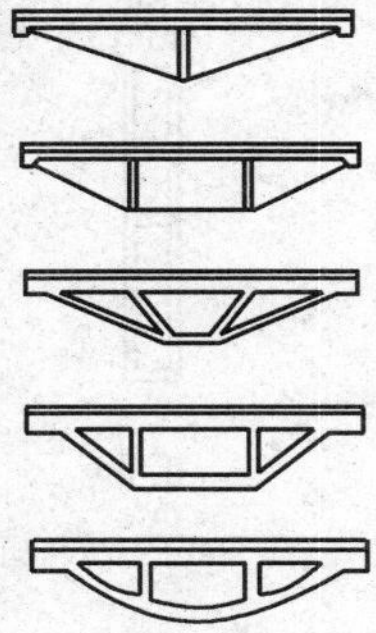	跨度:4~6m 吊车吨位:≤5t

141

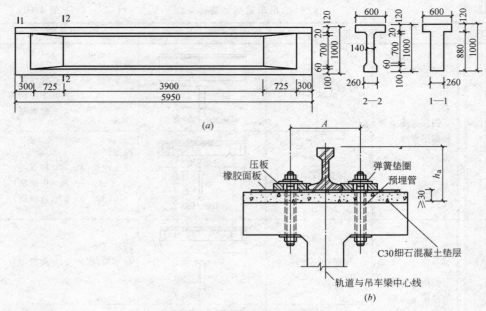

图 4-16　6m 预应力混凝土吊车梁

（*a*）吊车梁外形尺寸；（*b*）吊车梁与轨道连接

钢筋混凝土柱类型表　　　　　　　　　　　　　表 4-11

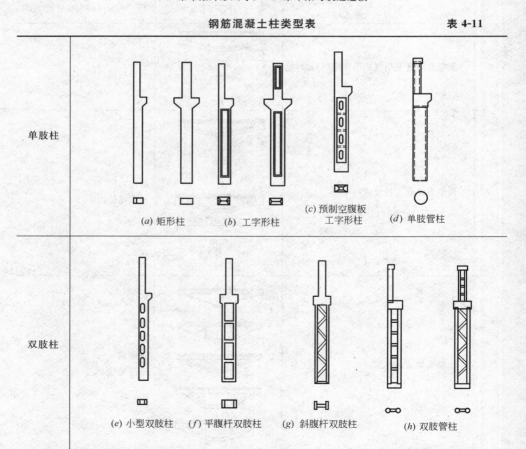

　　柱的型式很多，大体上可分为单肢柱和双肢柱两大类。常用的钢筋混凝土柱的类型列于表 4-11。

　　矩形柱外形简单，施工方便，但不能充分发挥混凝土的承载能力，自重大，材料费，经济指标较差。它主要用作轴心受压柱、现浇柱和截面较小的偏心受压柱（例如截面高度小于 600mm 的柱）。而牛腿以上的上柱，除非其高度相当大，一般均采用矩形柱。设有悬臂吊车柱，为了保证有足够的抗扭刚度，一般也用矩形柱。

　　工字形柱在材料的使用上比矩形柱合理，它省去了受力较小部分的腹部混凝土，而对承载力和刚度影响很小，制作也不复杂。因此，目前在单层厂房中应用最为普遍。

　　当柱的高度和荷载较大时，采用双肢柱较为经济。双肢柱是由两根主要承受轴向力的肢杆用腹杆联系而成。小型双肢柱实际上是开了空洞的矩形柱，它的腹杆宽度与肢杆宽度相同，制作方便，当柱的截面高度不太大（一般为 500～800mm）时可采用。当柱的截面高度很大（例如大于 1400mm）时，宜采用平腹杆或斜腹杆双肢柱。平腹杆比斜腹杆双肢柱构造较简单，制作较方便，腹部开洞整齐，便于布置工艺管道和工具柜等，但受力性能不及斜腹杆双肢柱好。斜腹杆双肢柱呈桁架形式，杆件的内力基本为轴向力，弯矩很小，可以充分利用混凝土的强度，材料较省，但节点多，施工较复杂，多用于吊车起重量大、水平作用力大的厂房中。

　　钢筋混凝土管柱有圆管和方管等形式。方管柱外方内圆，可在离心制管机上成型，也可用钢管抽芯或用胶囊成型。可做成单肢、双肢或四肢柱，目前应用较多的是双肢管柱。管柱的管壁很薄，仅为 50～100mm，自重轻，省混凝土，可机械化生产，质量好，但钢筋一般节省不多。由于目前受到高速离心制管机的限制，加之管柱的节点构造复杂，现场拼装麻烦，抗震性能较差，因而影响了它的推广。

　　（2）柱截面尺寸的确定

　　柱截面的几何尺寸不仅应满足结构强度的要求，防止因截面过小而出现超筋的情况，而且更主要的还应使柱具有足够的刚度，以保证厂房在正常使用中不致出现过大的变形，造成吊车运行不畅，吊车轮与轨道磨损严重，或造成墙体开裂。为此柱截面尺寸不应太小。表 4-12 给出了柱距为 6m 的单层厂房最小柱截面几何尺寸的限值，对于一般厂房，如能满足该限值，便可满足柱的刚度和厂房侧移的要求。

　　根据大量的设计经验，表 4-13 还给出了单层厂房柱常用的截面形状和几何尺寸，可供设计者参考。

　　对于工字形截面柱，翼缘高度不宜小于 100mm，腹板厚度不宜小于 80mm，当处于高温或侵蚀性环境时，翼缘高度及腹板厚度均应适当增大。对腹板横向居中开孔的工字形柱，当孔的横向尺寸小于截面高度的一半，竖向尺寸小于相邻两孔中距的一半时，柱的刚度可按实腹工字形柱计算，但强度计算应扣除孔洞的削弱部分。当开孔尺寸超过上述范围时，柱的刚度和强度均应按双肢柱计算。

143

6m柱距单层厂房矩形、工字形柱截面尺寸限值　　　　　　　表 4-12

柱的类型	b	$Q \leqslant 100\text{kN}$	$100\text{kN} < Q < 300\text{kN}$	$300\text{kN} \leqslant Q < 500\text{kN}$
有吊车的下柱	$\geqslant \dfrac{H_l}{22}$	$\geqslant \dfrac{H_l}{14}$	$\geqslant \dfrac{H_l}{12}$	$\geqslant \dfrac{H_l}{10}$
露天吊车柱	$\geqslant \dfrac{H_l}{25}$	$\geqslant \dfrac{H_l}{10}$	$\geqslant \dfrac{H_l}{8}$	$\geqslant \dfrac{H_l}{7}$
单跨无吊车厂房柱	$\geqslant \dfrac{H}{30}$	$\geqslant \dfrac{1.5H}{25}$（或 $0.06H$）		
多跨无吊车厂房柱	$\geqslant \dfrac{H}{30}$	$\geqslant \dfrac{H_l}{20}$		
仅承受风载及自重的山墙抗风柱	$\geqslant \dfrac{H_b}{40}$	$\geqslant \dfrac{H_l}{25}$		
同时承受由连系梁传来山墙重的山墙抗风柱	$\geqslant \dfrac{H_b}{40}$	$\geqslant \dfrac{H_l}{25}$		

注：H_l——下柱高度（算至基础顶面）；

$\quad H$——柱全高（算至基础顶面）；

$\quad H_b$——山墙抗风柱从基础顶面至柱平面外（宽度）方向支撑点的高度。

6m柱距中级工作制吊车单层厂房柱截面形式、尺寸参考表　　　表 4-13

吊车起重量 (kN)	轨顶标高 (m)	边柱		中柱	
		上柱 (mm×mm)	下柱 (mm×mm×mm)	上柱 (mm×mm)	下柱 (mm×mm×mm)
$\leqslant 50$	6～8	□400×400	Ⅰ400×600×100	□400×400	Ⅰ400×600×100
100	8	□400×400	Ⅰ400×700×100	□400×600	Ⅰ400×800×150
	10	□400×400	Ⅰ400×800×150	□400×600	Ⅰ400×800×150
150～200	8	□400×400	Ⅰ400×800×150	□400×600	Ⅰ400×800×150
	10	□400×400	Ⅰ400×900×150	□400×600	Ⅰ400×1000×150
	12	□500×400	Ⅰ500×1000×200	□500×600	Ⅰ500×1200×200
300	8	□400×400	Ⅰ400×1000×150	□400×600	Ⅰ400×1000×150
	10	□400×500	Ⅰ400×1000×150	□500×600	Ⅰ500×1200×200
	12	□500×500	Ⅰ500×1000×200	□500×600	Ⅰ500×1200×200
	14	□600×500	Ⅰ600×1200×200	□600×600	Ⅰ600×1200×200
500	10	□500×500	Ⅰ500×1200×200	□500×700	双500×1600×300
	12	□500×600	Ⅰ500×1400×200	□500×700	双500×1600×300
	14	□600×600	Ⅰ600×1400×200	□600×700	双600×1800×300

注：□——矩形截面 $b \times h$；

$\quad$ Ⅰ——Ⅰ字形截面 $b \times h \times h_f$；

$\quad$ 双——双肢柱截面 $b \times h \times h_c$。

4.3.7　基础

基础支承着厂房上部结构的全部重量，并将其传递到地基中去，起着承上传下的作用，也是厂房结构的重要构件之一。

常用的基础型式、特点及适用条件见表 4-14。

基 础 类 型 表　　　　　　表 4-14

序号	名称	简　图	特　点	适 用 条 件
1	杯形基础	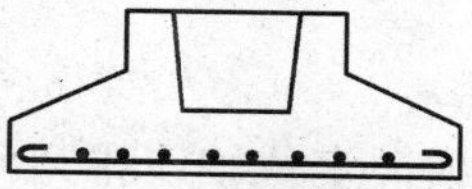	外形简单施工方便	适用于地基土质均匀,地基承载力较大,荷载不很大的一般厂房
2	双杯形基础	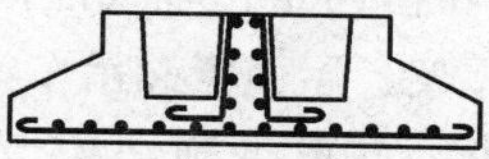	外形简单施工方便	适用于伸缩缝处的双柱或双肢柱的两个柱肢
3	条形基础	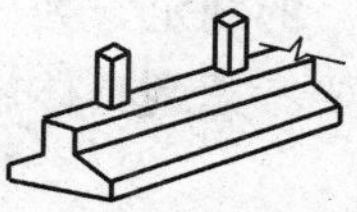 (a) 现浇柱条形基础 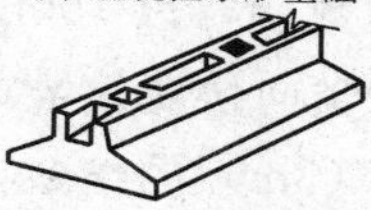 (b) 预制柱条形基础	刚度大,能调整纵向柱列的不均匀沉降,材料用量较大	适用于地基承载力小而柱荷载较大时,或为了减小地基不均匀沉降时
4	高杯基础	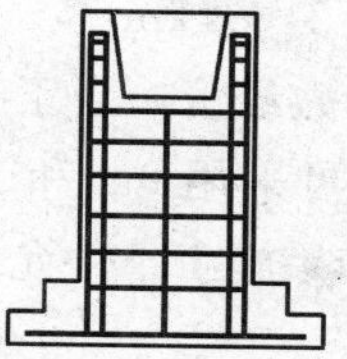	基础由杯口、短柱和底板组成	适用于地基土受地质条件限制或附近有设备基础需要深埋时
5	爆扩桩基础	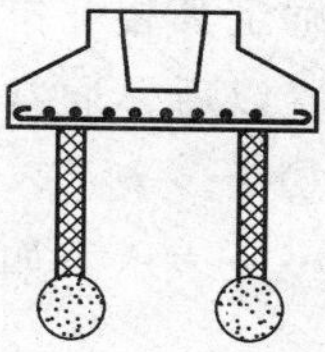	通过端部扩大的短桩将荷载传递到持力层,从而减少土方量,且节省混凝土	适用于上部结构荷载较大,表层土质松软、持力层较深时
6	桩基础	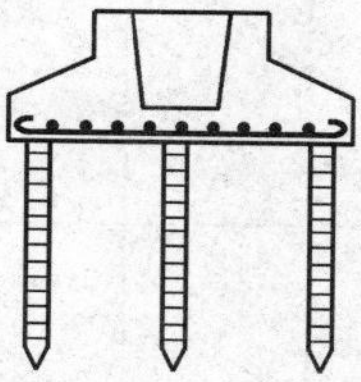	通过长桩,将上部荷载传到桩尖和桩侧土中,地基承载力高、变形小,造价高,施工周期长	适用于上部荷载大,地基土软弱,而坚实土层较深,或对地基变形值限制较严的情况

　　基础型式的选择,主要取决于上部结构荷载的大小和性质、工程地质条件等。在一般情况下,多采用杯形基础。当上部结构荷载较大,而地基承载力较小,如采用杯形基础则底面积过大,致使距相邻基础太近,或者地基土质条件较差时,可采用条形基础。当地基的持力层较深时,可采用高杯基础或爆扩桩基础;当上部结构的荷载很大,且对地基的变形限制较严时,可考虑采用桩基础等。

　　随着基础型式的不断革新,还出现了薄壁的壳体基础,以及无钢筋倒圆台基础等。其共同的特点是受力性能较好,用料较省,但施工比较复杂。

145

4.4　单层厂房的结构布置

4.4.1　柱网布置

柱网是指厂房承重柱在平面上沿纵向和横向定位轴线排列而成的网格。柱网布置就是确定纵向定位轴线之间（即跨度）和横向定位轴线之间（即柱距）的尺寸。柱网尺寸既关系到柱的位置，也涉及到屋架、屋面板和吊车梁等构件的跨度。

柱网布置既要满足生产工艺流程的要求，又要做到结构设计经济合理。为此，柱网布置应遵守《厂房建筑模数协调标准》的规定，为厂房结构构件的统一与通用化、施工工厂化与机械化创造条件。并要考虑到具体施工条件、生产发展和技术革新的要求。

《厂房建筑模数协调标准》规定的统一模数制，以 100mm 为基本单位，用"M"表示。见图 4-17。并规定建筑的平面和竖向协调模数的基数值为 3M。对厂房的跨度，当跨度不大于 18m 时，取 30M（3m）的倍数，即 9、12、15m 和 18m；当厂房跨度大于 18m 时，取 60M（6m）的倍数，即 24、30、36m 等。当生产设备有特殊要求时，厂房跨度也可以采用 21、27m 等。

对于厂房的柱距，一般采用 60M（6m）较为经济，当工艺有特殊要求时，可局部抽柱；对于某些有扩大柱距要求的厂房也可采用 9m 和 12m 的柱距。因 12m 为 6m 的扩大模数，所以在考虑扩大柱距时，如果施工条件允许，12m 优于 9m。

4.4.2　定位轴线

厂房定位轴线是划分厂房主要承重构件和确定其相互位置的基准线，同时也是施工放线和设备定位的依据。确定了柱网布置以后，通常将沿厂房柱距方向的轴线称为纵向定位轴线，一般用编号Ⓐ、Ⓑ、Ⓒ……表示，沿厂房跨度方向的轴线称为横向定位轴线，一般用编号①、②、③……表示，如图 4-17 所示。

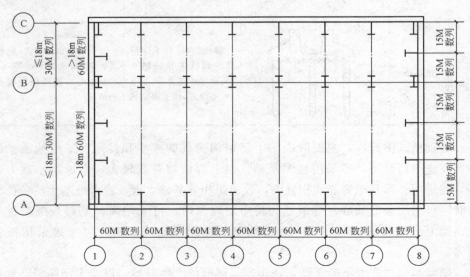

图 4-17　柱网布置和定位轴线

定位轴线之间的距离与主要构件的标志尺寸是一致的，并且符合建筑模数。标志尺寸是指构件的实际尺寸加上两端必要的构造尺寸。如大型屋面板的实际尺寸为 1490mm×5970mm，标志尺寸为 1500mm×6000mm；18m 屋面梁（或屋架）的实际跨度为 17950mm，标志跨度为 l8000mm，如图 4-18 所示。当横向定位轴线之间的距离与屋面板、吊车梁、连系梁等主要构件的标志尺寸相一致，或纵向定位轴线之间的距离与屋架、屋面梁等主要构件的标志尺寸相一致时，使构件的端头与端头及端头与墙内缘相重合，不留缝隙，形成封闭结合，这种轴线称为封闭式定位轴线。否则，形成非封闭式结合，为非封闭式定位轴线。

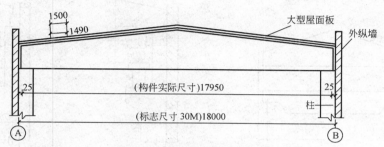

图 4-18　封闭式纵向定位轴线

（1）纵向定位轴线。对无吊车或吊车起重量不大于 30t 的厂房，边柱外缘和纵墙内缘应与纵向定位轴线相重合，形成封闭结合，如图 4-18 和图 4-19（b）所示。对吊车起重量大于 30t 的厂房，纵向定位轴线还与吊车的起重量和柱截面尺寸有关。为了吊车梁和柱间的构造连接以及吊车的安全行驶，纵向定位轴线之间的距离 L 和吊车轨距 L_k 之间一般有如下的关系（图 4-19（a））：

$$L=L_k+2e \tag{4-1}$$

$$e=B_1+B_2+B_3 \tag{4-2}$$

式中　L_k——吊车跨度，即吊车轨道中心线间的距离，可由吊车的规格表查得；

　　　e——吊车轨道中心线至纵向定位轴线间的距离，一般取 750mm，当吊车起重量大于 75t 时宜取为 1000mm；

　　　B_1——吊车轨道中心线至吊车桥架外边缘的距离，可由吊车规格表查得；

　　　B_2——吊车桥架外边缘至上柱内边缘的净空宽度，当吊车起重量不大于 50t 时取 $B_2 \geqslant 80mm$，当吊车起重量大于 50t 时取 $B_2 \geqslant 100mm$；

　　　B_3——边柱的上柱截面高度或中柱边缘至其纵向定位轴线的距离。

对厂房的边柱，当按 $e=B_1+B_2+B_3$ 计算得 $e \leqslant 750mm$ 时，则取 $e=750mm$，纵向定位轴线可以与纵墙内边缘重合，其纵向定位轴线为封闭式，如图 4-19（b）所示。当 $e>750mm$ 时，纵向定位轴线在距吊车轨道中心线 750mm 处，不与纵墙内边缘重合，其纵向定位轴线为非封闭式，如图 4-19（c）所示。非封闭轴线与纵墙内边缘之间的距离称为联系尺寸，根据吊车起重量的大小可取 150、250mm 或 500mm。

147

对多跨等高厂房，当 $e\leqslant750mm$ 时，则取 $e=750mm$，纵向定位轴线一般与中柱的上柱中心线重合，如图 4-19（d）所示；当 $e>750mm$ 时，需设两条纵向定位轴线，两条定位轴线间的距离即为插入距，插入距的中线应与上柱的中心线重合，如图 4-19（e）所示。

对多跨不等高厂房，当相邻两跨不等高时，纵向定位轴线一般与较高部分厂房上柱的外边缘重合，如图 4-19（f）所示；当 $e>750mm$ 时，必须增设一条纵向定位轴线，两条定位轴线间的距离即为插入距，如图 4-19（g），其值一般也可取 150、250mm 等。

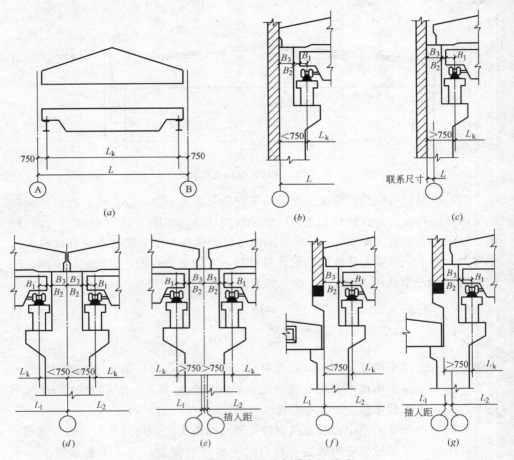

图 4-19 纵向定位轴线与吊车的关系

（2）横向定位轴线。横向定位轴线一般通过柱截面的几何中心。当横向定位轴线与屋面板的标志尺寸一致时，厂房尽端横向定位轴线与山墙内边缘重合，将山墙处端柱中心线内移 600mm，此时端部屋面板为一端伸臂板，其目的是使端部屋架与抗风柱和山墙的位置不发生冲突，这时屋面板端头与山墙内边缘重合，形成封闭式的横向定位轴线（图 4-20）。为了使与山墙处屋面板的构造统一，伸缩缝两侧的柱中心线也需向两边各移 600mm，使伸缩缝中心线与横向定位轴线重合，如图 4-20 所示。

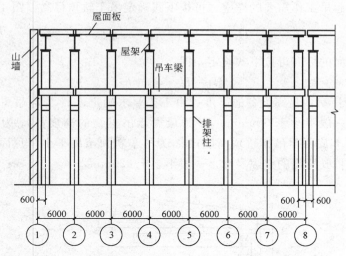

图 4-20　厂房的横向定位轴线

4.4.3　变形缝的设置

关于变形缝的设置原则，已在第 1 章有所论述。这里仅就单层厂房变形缝设置的特点，补充介绍如下：

（1）伸缩缝的设置

当建筑物的长度或宽度过大，由于气温变化（如冬夏气温的变化或建造时的温度与使用时的温度不等），将在厂房结构产生附加温度应力和变形。严重时可使墙面、屋面、墙梁开裂，影响使用。温度应力的大小与厂房长度（或宽度）成比例关系，为了减小温度应力，可用温度伸缩缝将厂房分成几个温度区段。在一个温度区段内，当上部结构气温变化时，水平方向可以自由地发生变形从而减小温度应力。温度区段的长度（伸缩缝之间的距离）取决于结构类型和温度变化情况，详见表 1-10。当超过表中的规定或对厂房有特殊要求时，应验算温度应力。

（2）沉降缝的设置

在下列情况下应设置沉降缝：厂房相邻两跨高度相差在 10m 以上；两跨间吊车起重量相差悬殊；地基承载力或下卧层土质有很大差别；土层的压缩程度不同；厂房各部分的施工时间先后相差很长等。

（3）防震缝的设置

防震缝是为了减轻厂房在地震发生时而引起的震害所采取的措施之一。当厂房平、立面布置复杂或结构高度（或刚度）相差很大；或在厂房侧边贴建有生活间、变电所、炉子间等房屋构筑物时，应设置防震缝将相邻部分分开。注意，在地震区的厂房，其伸缩缝和沉降缝的间距、宽度均应符合防震缝的要求。

4.4.4　厂房的剖面设计

厂房设计时须按生产工艺要求和有无吊车等因素，确定室内地面至屋架下弦底面及吊车轨道顶面的距离，分别以屋架下弦底面和吊车轨道顶面的标高来表示，这两个数值是厂房结构设计中的重要参数。

对无吊车厂房，屋架下弦底面标高由设备高度和生产需要来确定，对有吊车

149

厂房，根据起吊工作需要的净空，可按下式确定吊车轨顶标高（图 4-21）：

$$H_2 = h_1 + h_2 + h_3 + h_4 + h_5 \tag{4-3}$$

屋架下弦底面的标高可按下式确定，即

$$H_1 = H_2 + h_6 + h_7 \tag{4-4}$$

式中，h_1 为厂房内最高设备的高度，由工艺要求确定；h_2 为起吊重物时的超越安全高度，一般不小于 500mm；h_3 为最大起吊重物的高度；h_4 为最小吊索高度；h_5 为吊车底面至吊车轨顶高度；h_6 为吊车轨顶至吊车小车顶面的尺寸；h_7 为吊车安全行驶所需的空隙尺寸，一般不小于 220mm。

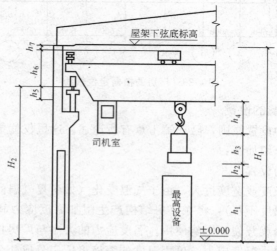

图 4-21　厂房剖面高度示意图

按照《厂房建筑模数协调标准》的规定，一般厂房自室内地面至屋架下弦底面的高度为 300mm（3M）的倍数，对有吊车厂房，自室内地面至吊车轨顶的标志高度为 600mm（6M）的倍数，至排架柱牛腿顶面的高度为 300mm（3M）的倍数。

对多跨连续单层厂房，应按下列原则确定各相邻跨的高度：

（A）当高跨一侧仅有一个低跨时，若高度差不大于 2m，可不设高低跨；

（B）当高跨一侧连续有两个低跨时，若高度差不大于 1.8m，可不设高低跨；

（C）当高跨一侧连续有三个或更多个低跨时，若高度差不大于 1.5m，可不设高低跨。

4.4.5　支撑布置

在装配式单层厂房中，支撑虽属非承重构件，但却是联系主体结构，以使整个厂房形成整体的重要组成部分。支撑的主要作用是：增强厂房的空间刚度和整体稳定性，保证结构构件的稳定与正常工作；将纵向风荷载、吊车纵向水平荷载及水平地震作用传递给主要承重构件；保证在施工安装阶段结构构件的稳定。工程实践表明，如果支撑布置不当，不仅会影响厂房的正常使用，还可能导致某些构件的局部破坏，乃至整个厂房的倒塌。

这里主要讲述支撑的种类、作用及布置原则。至于支撑的具体设计，可参见相应的屋架与柱间支撑标准图集。

(1) 屋盖支撑系统

屋盖支撑系统，包括屋架上弦横向水平支撑、屋架下弦横向水平支撑、垂直支撑、水平系杆、屋架下弦纵向水平支撑以及天窗架支撑等。这些支撑不一定在同一个厂房中全都设置。

1) 屋架上弦横向水平支撑（图 4-22）

屋架上弦横向水平支撑，系指厂房每个伸缩缝区段端部用交叉角钢、直腹杆和屋架上弦共同构成的、连接于屋架上弦部位的水平桁架。其作用是：在屋架上弦平面内构成刚性框，用以增强屋盖的整体刚度，保证屋架上弦平面外的稳定，同时将抗风柱传来的风荷载及地震作用传递到纵向排架柱顶。

其布置原则是：当屋盖采用有檩体系或无檩体系的大型屋面板与屋架无可靠连接时，在伸缩缝区段的两端（或在第二柱间、同时在第一柱间增设传力系杆）设置；当山墙风力通过抗风柱传至屋架上弦时，在厂房两端（或在第二柱间）设置；当有天窗时，在天窗两端柱间设置；地震区，尚应在有上、下柱间支撑的柱间设置。

2) 屋架下弦横向水平支撑（图 4-23）

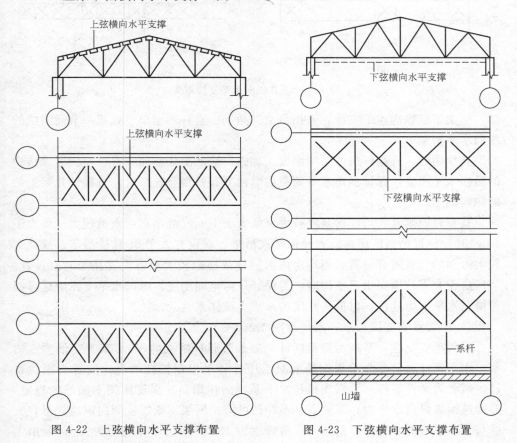

图 4-22 上弦横向水平支撑布置   图 4-23 下弦横向水平支撑布置

151

屋架下弦横向水平支撑，系指在屋架下弦平面内，由交叉角钢、直腹杆和屋架下弦共同构成的水平桁架。

其作用是：将山墙风荷载或吊车纵向水平荷载及地震作用传至纵向列柱，同时防止屋架下弦的侧向振动。

其布置原则是：当山墙风力通过抗风柱传至屋架下弦时，宜在厂房两端（或在第二柱间）设置；当屋架下弦有悬挂吊车且纵向制动力较大或厂房内有较大振动时，应在伸缩缝区段的两端（或在第二柱间）设置。

3）屋架下弦纵向水平支撑（图 4-24）

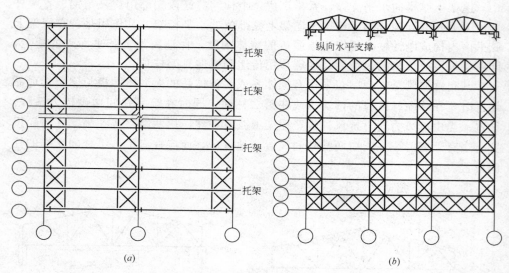

图 4-24　下弦纵向水平支撑布置

屋架下弦纵向水平支撑，系指由交叉角钢、直杆和屋架下弦第一节间组成的纵向水平桁架。

其作用是：提高厂房的空间刚度，加强厂房的工作空间；直接增强屋盖结构的横向水平刚度，保证横向水平荷载的纵向分布；当有托架时，可保证托架上弦的侧向稳定。

其布置原则是：当厂房高度较大（如大于 15m）或吊车起重量较大（如大于 50t）时宜设置；当厂房内设有硬钩桥式吊车、或设有大于 5t 悬挂吊车、或设有较大振动的设备时宜设置；当厂房内因抽柱或柱距较大而需设置托架时宜设置。当厂房设有下弦横向水平支撑时，为保证厂房空间刚度，纵向水平支撑应尽可能与横向水平支撑连接，以形成封闭的水平支撑体系。

4）屋架垂直支撑和水平系杆（图 4-25）

屋架垂直支撑，系指由角钢杆件与屋架直腹杆组成的 W 形或十字形垂直桁架。水平系杆通常分为单根钢筋混凝土压杆和单根钢拉杆两类，前者为刚性系杆，后者为柔性系杆。垂直支撑和水平系杆的作用是：保证屋架平面外的稳定，并传递屋盖纵向水平力；下弦水平系杆还可防止屋架下弦发生侧向颤动。垂直支撑与水平系杆的布置原则是：当厂房跨度为 18～30m、屋架间距为 6m、采用大

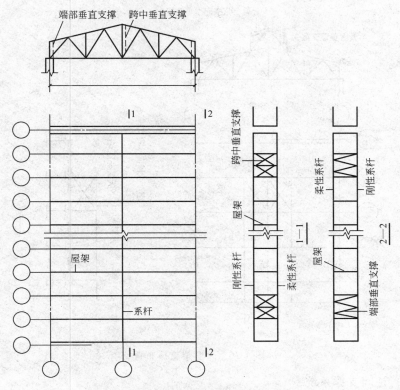

图 4-25 垂直支撑和水平系杆布置

型屋面板时，应在每一伸缩缝区段端部设置垂直支撑；当跨度大于 30m 时，应在屋架跨度 1/3 左右的节点处，设置两道垂直支撑；当屋架端部高度大于 1.2m 时，还应在屋架端部设置垂直支撑。

当屋盖设置垂直支撑时，应在未设置垂直支撑的屋架间，在相应于垂直支撑平面内的屋架上弦和下弦节点处设置通长的水平系杆。凡设在屋架两端主要支承节点处和屋架上弦屋脊节点处的通长水平系杆，均应采用刚性系杆，其余均可采用柔性系杆。

当屋架横向水平支撑设在伸缩缝区段两端的第二柱间内时，第一柱间的水平系杆均应采用刚性系杆。

5）天窗架支撑（图 4-26）

天窗架支撑包括天窗架上弦横向水平支撑、天窗架间的垂直支撑和水平系杆。其作用是：保证天窗上弦的侧向稳定和将天窗端壁上的风荷载传给屋架。天窗架支撑的布置原则是：天窗架上弦横向水平支撑和垂直支撑一般均设置在天窗端部第一柱间内。当天窗区段较长时，还应在区段中部设有柱间支撑的柱间设置天窗垂直支撑。垂直支撑一般设置在天窗的两侧，当天窗架跨度不小于 12m 时，还应在天窗中间竖杆平面内增设一道垂直支撑。天窗有挡风板时，在挡风板立柱平面内也应设置垂直支撑。在未设置上弦横向水平支撑的天窗架间，应在上弦节点处设置柔性水平系杆。

153

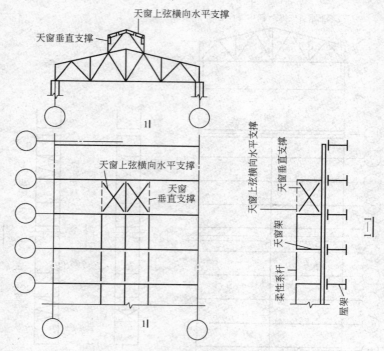

图 4-26　天窗架支撑布置

（2）柱间支撑系统

柱间支撑包括有上柱柱间支撑及下柱柱间支撑（图 4-27a）。前者位于吊车梁上部，用以承受作用在山墙上的风力并保证厂房上部的纵向刚度，后者位于吊车梁下部，承受上部支撑传来的纵向风荷载、纵向水平地震作用和吊车梁传来的吊车纵向制动力，并把它传至基础。前者一般设在厂房端部及有下柱柱间支撑的跨间。后者一般设在伸缩缝区段的中央，这样有利于在温度变化或混凝土收缩时，厂房可以自由变形，而不致发生较大的温度或收缩应力。一般凡属下列情况之一者，均应设置柱间支撑：

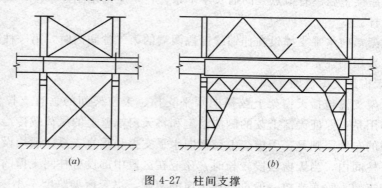

图 4-27　柱间支撑

（A）厂房设有悬壁式吊车或起重量在 3t 以上的悬挂式吊车；

（B）厂房设有工作级别为 A6～A8 的吊车，或 A1～A5 的吊车起重量在 10t 或 10t 以上时；

（C）厂房跨度不小于 18m，或柱高不小于 8m 时；

（D）纵向柱列内每列柱的总数不少于 7 根时；

（E）露天吊车栈桥的柱列。

（3）支撑的有关构造

1）屋盖系统的水平支撑一般采用十字交叉形式。交叉的倾角一般在 25°～65° 之间。无檩体系的屋盖支撑，常采用型钢制作；有檩体系的屋盖支撑，常用圆钢制作。

2）屋架的垂直支撑，当高度小于 3m 时为 W 形，当高度不小于 3m 时为十字交叉形。一般多采用型钢制作。

3）梯形屋架的端部垂直支撑，往往采用钢筋混凝土制作。

4）所有的刚性系杆均采用钢筋混凝土制作，柔性系杆用型钢制作。

5）柱间支撑一般采用十字交叉形式，交叉的倾角一般在 35°～55° 之间，但在特殊情况下或柱距大于 6m 时，可采用门形支撑，如图 4-27（b）所示。柱间支撑一般采用型钢制作，杆件截面尺寸应经强度和稳定验算确定。支撑杆件不要与吊车梁相连，以免受吊车梁竖向变形的影响。

以上所有支撑的设置均不包括地震区的要求，在地震区厂房设置支撑，应根据不同的抗震设防烈度，参照《抗震规范》的有关规定设置。

4.4.6 围护结构的布置

单层厂房的围护结构包括屋面板、墙体、抗风柱、圈梁、连系梁、过梁和基础梁等构件。其作用是承受风、积雪、雨水、地震作用和墙体重力作用，以及防止由于地基不均匀沉降或较大振动对厂房的不利影响。下面主要论述抗风柱、圈梁、连系梁、过梁和基础梁的作用及布置原则。

（1）抗风柱

单层厂房的山墙受风面积较大，一般需设置抗风柱将山墙分成几个区段，使墙面受到的风荷载，一部分（靠近纵向柱列的区段）直接传给纵向柱列，另一部分则经抗风柱下端传递传至基础，上端通过屋盖系统传至纵向柱列。

当厂房跨度和高度均不大（如跨度不大于 12m，柱顶标高 8m 以下）时，可在山墙内砌筑壁柱作为抗风柱。当厂房跨度和高度均较大时，一般都设置钢筋混凝土抗风柱，柱外侧再贴砌山墙。当厂房很高时，为不使抗风柱的截面尺寸过大，可加设水平抗风梁或抗风桁架，作为抗风柱的中间铰支点，见图 4-28（a）。

抗风柱下端，一般采用插入基础杯口的刚接方式。如果厂房端部需要扩建时，则柱脚与基础连接构造宜考虑抗风柱拆迁的可能。抗风柱上端与屋架连接，这种连接必须满足两个要求：一是在水平方向必须与屋架有可靠的连接，以保证有效地传递风荷载；二是在竖向与屋架之间允许有一定的相对位移，以防止厂房与抗风柱沉降不均匀时产生不利影响。所以抗风柱与屋架之间一般采用竖向可以移动、水平方向又有较大刚度的弹簧板连接，见图 4-28（b）。若不均匀沉降可能较大时，则宜采用螺栓连接方案，见图 4-28（c）。

（2）圈梁、连系梁、过梁和基础梁

当采用砌体作为厂房的围护结构时，一般要设置圈梁、连系梁、过梁和基础梁。

155

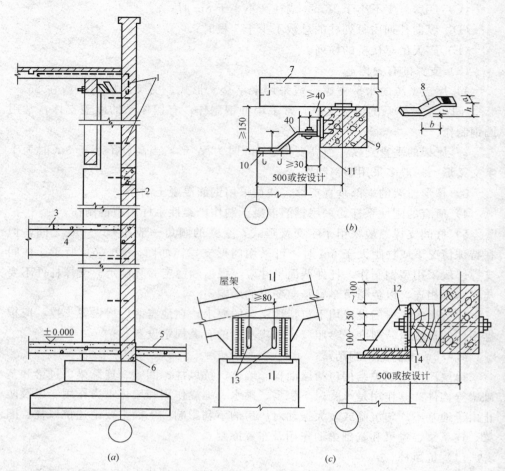

图 4-28 抗风柱

1—锚拉钢筋；2—抗风柱；3—吊车梁；4—抗风梁；5—散水坡；6—基础梁；7—屋面纵筋或檩条；

8—弹簧板；9—屋架上弦；10—柱中预埋件；11—≥2φ16 螺栓；

12—加劲板；13—长圆孔；14—硬木块

圈梁是将设置于墙体内并与柱子连接的现浇钢筋混凝土构件，其作用是将墙体与排架柱、抗风柱等箍在一起，以增强厂房的整体刚度，防止由于地基的不均匀沉降或较大振动荷载对厂房产生不利影响。圈梁与柱仅起拉结作用，不承受墙体自重，所以柱上不必设置支承圈梁的牛腿。

圈梁的布置与墙体高度、对厂房刚度要求以及地基情况有关。一般单层厂房圈梁布置的原则是：对无桥式吊车的厂房，当墙厚不大于 240mm、檐口标高为 5～8m 时，应在檐口附近布置一道；当檐高大于 8m 时，宜增设一道；对有桥式吊车或有较大振动设备的厂房，除在檐口或窗顶布置圈梁外，尚宜在吊车梁标高处或其他适当位置增设一道；外墙高度大于 15m 时，还应适当增设。

圈梁宜连续地设置在同一平面上，并形成封闭圈。当圈梁被门窗洞口截断时，应在洞口上部增设相同截面的附加圈梁，其与圈梁的搭接长度不应小于其垂直距离的二倍，且不得小于 1.0m，见图 4-29。

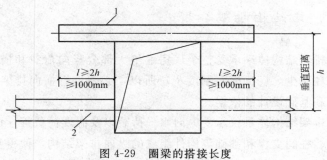

图 4-29 圈梁的搭接长度

1—附加圈梁；2—圈梁

圈梁的截面宽度宜与墙厚相同，当墙厚 $h > 240\text{mm}$ 时，其宽度不宜小于 $2h/3$。圈梁截面高度应为砌体每层厚度的倍数，且不小于 120mm。圈梁内纵向钢筋不宜小于 $4\phi10$，钢筋搭接长度为 $1.2l_0$（l_0 为锚固长度），箍筋间距不大于 250mm。当圈梁兼作过梁时，过梁部分配筋应按计算确定。

连系梁的作用除联系纵向柱列，增强厂房的纵向刚度并把风荷载传递到纵向柱列外，还承受其上部墙体的重量。连系梁通常是预制的，两端搁置在柱的牛腿上，其连接可采用螺栓连接或焊接连接。

过梁的作用是承托门、窗洞口上的墙体重量。

在进行厂房结构布置时，应尽可能将圈梁、连系梁和过梁结合起来，使之起到三种构件的作用，以节省材料、简化施工。

在一般厂房中，通常用基础梁用来承托围护墙体的重量，而不另作基础。基础梁通常直接搁置在柱基础的杯口上，或当柱基础埋置较深时，放置在基础上面的混凝土垫块上，见图 4-30。基础梁底部离开地基土表面一定距离，使基础梁可随基础一起沉降而不受地基土的约束，同时还可以防止地基土冻结膨胀时将梁顶裂。

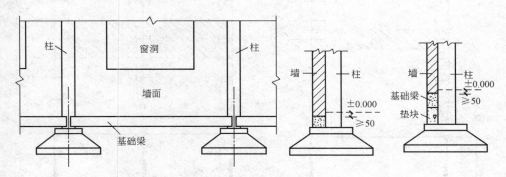

图 4-30 基础梁的布置

当厂房高度不大、地基比较好、柱基础又埋置较浅时，也可不设基础梁而作砖石或混凝土的墙基础。

连系梁、过梁及基础梁均有全国通用图集，如连系梁图集 04G321，过梁图集 93G322，以及基础梁图集 04G320。设计时可直接选用。

157

4.5 单层厂房结构排架分析

因为横向排架结构体系承受整个厂房的绝大部分竖向荷载和横向水平荷载，而且横向柱列柱子少，厂房横向刚度小，所以，必须进行横向排架的内力分析，以此作为柱子和基础设计的依据。

由于纵向排架结构体系仅承受纵向水平荷载以及温度荷载等，而且由柱、连系梁、吊车梁、柱间支撑和基础等构件组成的纵向排架结构，使得整个厂房的纵向刚度较大，所以，一般可不必计算；而在地震区，则应同时进行纵向排架分析，以便验算柱间支撑的截面强度与长细比。当伸缩缝区段长度超过规定限值时，尚应进行温度内力计算。

本节仅论述单层厂房横向排架的内力分析方法。

4.5.1 计算单元与计算简图

（1）计算单元的选取

在进行横向排架内力分析时，首先沿厂房纵向选取出一个或几个有代表性的区段作为计算单元；然后将此计算单元的屋架、柱和基础抽象为合理的计算简图；再在该单元全部荷载的作用下计算其内力。

计算单元的选取原则，主要是：在屋面荷载相同、屋架、柱与基础及连接方法相同、同一跨内吊车型号与起重量相同、横向跨度不变、纵向柱距相等的情况下，可选取其中任一个横向排架作为计算单元（图 4-31a）。其负荷范围，一般取为左右各半个柱距（图中阴影部分），只是吊车荷载应按左右各一个柱距考虑。

当厂房中有局部抽柱时，则应根据具体情况选取计算单元。当屋盖刚度较大或设有可靠支撑时，可以选取较宽的计算单元（如图 4-31b 中的阴影部分）来进

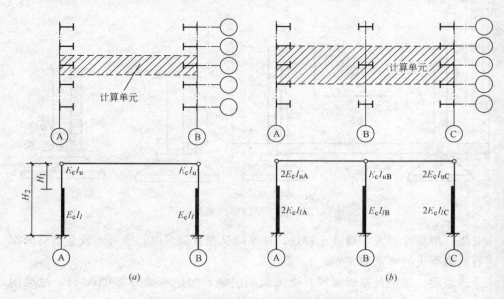

(a) (b)

图 4-31 横向排架计算单元与计算简图

158

行内力分析。此时，计算单元内的排架可以合并为一榀排架。Ⓐ、Ⓒ柱列应计为两根柱（由一根和两个半根合并而成），B柱列则为一根柱，如图如图 4-31 （b）所示。

（2）横向排架计算简图

为了简化计算，根据厂房结构的连接构造，对于钢筋混凝土排架结构通常作如下假定：

（A）由于屋架与柱顶靠预埋钢板焊接或螺栓连接，抵抗弯矩的能力很小，但可以有效地传递竖向力和水平力，故假定柱与屋架为铰接；

（B）由于柱子插入基础杯口有一定深度，用细石混凝土嵌固，且一般不考虑基础的转动（有大面积堆载和地质条件很差时除外），故假定柱与基础为刚接；

（C）由于屋架（或屋面梁）的轴向变形与柱顶侧移相比非常小（用钢拉杆作下弦的组合屋架除外），故假定屋架为刚性连杆。

因此，可得出如图 4-31 所示的计算简图。在内力计算中，柱的轴线分别取为上柱和下柱各自的纵向形心轴，在计算下柱内力时，上柱传下的竖向力 N 改为此竖向力作用于下柱纵向形心轴，再加上一个力矩 $M = Ne$，e 为上下柱截面形心线间的距离。图 4-31 中 H_2 为柱的总高，它取自基础顶面至柱顶；H_1 为上柱高度，它取自牛腿顶面至柱顶。

考虑排架的实际侧移，再对计算简图作如下简化：

（A）对于多跨厂房（等高三跨以上，不等高四跨以上），当吊车吨位不大（$Q \leqslant 3t$）时，因柱顶侧移很小，故排架柱顶可视为不动铰（图 4-32a）。

（B）对于少跨厂房（例如二三跨），当吊车吨位不大时，在竖向荷载作用

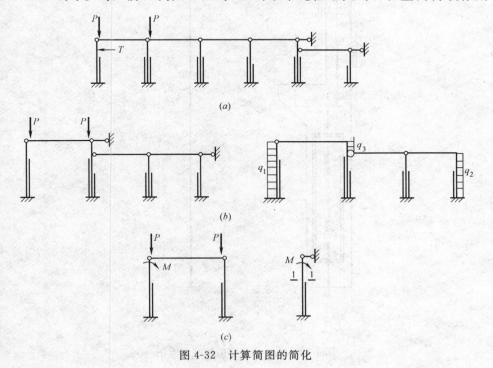

(a)

(b)

(c)

图 4-32　计算简图的简化

下，侧移较小，柱顶可视为不动铰；在水平荷载作用下，需考虑侧移，故应按平面排架计算内力（图 4-32b）。

（C）对单跨厂房，必须考虑侧移，按平面排架计算内力，同时尚应对上柱变截面处，按柱顶为不动铰进行承载力验算（图 4-32c）。

4.5.2 荷载计算

（1）恒载

在一般情况下，恒载可能有：

G_1——屋盖传来的恒载（包括屋面和屋架自重、屋面支撑系统及天窗结构自重等），其作用点，一般距轴线为 150mm；

G_2——柱自重，包括上柱自重 $G_2^{上}$ 和下柱自重 $G_2^{下}$，分别作用在各自的纵向形心轴上；

G_3——吊车梁自重及轨道与连接件、走道板等自重，其作用点，一般距轴线为 750mm；

G_4——悬墙与墙梁重，其作用点在 1/2 墙厚处。

必须指出，由于上述各项恒载，大多不作用在相应的柱几何轴线上，所以由它们作用在计算简图上的荷载，不仅有轴向荷载，同时还有因偏心而产生的力矩。前者不必通过排架分析便可确定柱截面的轴向力，而后者必须通过排架分析

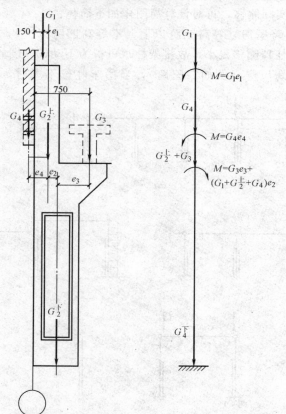

图 4-33 单柱承受竖向恒载示意图

来计算柱截面的弯矩和剪力。见图 4-33。考虑到柱子和吊车梁是在屋架吊装之前就位的，这时排架还没有形成，因此对柱自重和吊车梁重产生的内力不应按排架计算，而应按悬臂柱来分析（有的设计单位仍按排架计算，因这部分内力值不大，两种分析方法最终结果差别不大）。

（2）屋面活荷载（或雪荷载）和积灰荷载

屋面活荷载，按现行《建筑结构荷载规范》GB 5000—2001（以下简称《荷载规范》）的规定，屋面水平投影面上的屋面均布活荷载标准值，按表 4-15 取用。

表 4-15

屋面均布活荷载

项次	类别	标准值 (kN/m²)	组合值系数 ψ_c	频遇值系数 ψ_f	准永久值系数 ψ_q
1	不上人的屋面	0.5	0.7	0.5	0.0
2	上人的屋面	2.0	0.7	0.5	0.4
3	屋顶花园	3.0	0.7	0.6	0.5

注：1. 不上人的屋面，当施工或维修荷载较大时，应按实际情况采用；对不同结构应按有关设计规范的规定，将标准值作 0.2kN/m² 的增减；

    2. 上人的屋面，当兼作其他用途时，应按相应楼面活荷载采用；

    3. 对于因屋面排水不畅、堵塞等引起的积水荷载，应采取构造措施加以防止；必要时，应按积水的可能深度确定屋面活荷载；

    4. 屋顶花园活荷载不包括花圃土石等材料自重。

屋面雪荷载，即作用在建筑物或构筑物顶面上计算用的雪压。屋面水平投影面上的雪荷载标准值按下式计算：

$$S_k = \mu_r S_0 \tag{4-5}$$

式中　S_k——雪荷载标准值（kN/m²）；

    μ_r——屋面积雪分布系数，应根据不同类别的屋面形式，按《荷载规范》表 6.2.1 采用；排架计算时，可近似按积雪全跨均匀分布考虑，取 $\mu_r = 1$；

    S_0——基本雪压（kN/m²），它是以当地一般空旷平坦地面上统计所得 50 年一遇最大积雪的自重确定的，各地的基本雪压应按《荷载规范》中的全国基本雪压分布图确定。

屋面积灰荷载，设计生产中有大量排灰的厂房及其邻近建筑时，对于具有一定除尘设施和保证清灰制度的机械、冶金、水泥等的厂房屋面，其水平投影面上的屋面积灰荷载应按《荷载规范》中表 4.4.1-1 和表 4.4.1-2 采用。对于屋面上易形成堆灰处，当设计屋面板、檩条时，积灰荷载标准值可乘以下列增大系数：在高低跨处两倍于屋面高差但不大于 6m 的分布宽度内取 2.0；在天沟处不大于 3m 的分布宽度内取 1.4。

请注意，考虑到上述屋面可变荷载同时出现的可能性，《荷载规范》规定，屋面均布荷载不与雪荷载同时考虑，只要两者中的较大值；当有屋面积灰荷载时，则积灰荷载应与屋面活荷载和雪荷载的较大值一起考虑。

161

上述三种屋面可变荷载均以竖向集中力的形式作用于柱顶，作用点与屋盖自重 G_1 相同。

（3）吊车荷载

1）吊车竖向荷载

单层厂房常用的吊车有悬挂吊车、手动吊车、电动葫芦和桥式吊车等。其中，悬挂吊车的水平荷载不列入排架计算，而由相关支撑系统承受；手动吊车和电动葫芦可不考虑水平荷载，桥式吊车是最常用的一种形式，因此这里讲述的是桥式吊车。桥式吊车由大车（即桥架）和小车组成，大车在吊车梁轨道上沿厂房纵向运行，小车在大车的轨道上沿厂房横向运行。在小车上安装带有吊钩的起重卷扬机，用以起吊重物，如图 4-34 所示。

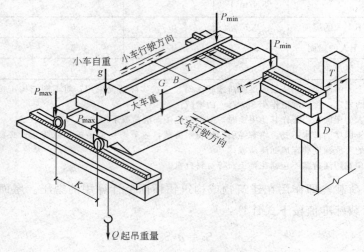

图 4-34　吊车荷载作用示意

我国国家标准《起重机设计规范》GB 3811—83 参照国际标准《起重设备分级》（ISO 4301—1980）中的原则，按吊车在使用期内要求的总工作循环次数和载荷状态（最大起重量和工作时间等）将吊车分为 8 个工作级别（A1～A8），作为吊车设计的依据。吊车工作级别越高，表示其工作繁重程度越高，利用次数越多。

由于吊车轨道接头的高低不平和工作翻转时的振动，应考虑吊车运行时对吊车梁及其连接的动力影响。为此，《荷载规范》规定，当计算吊车梁及其连接的强度时，吊车竖向荷载应乘以动力系数。对悬挂吊车（包括捣链）及工作级别 A1～A5 的软钩吊车，动力系数可取 1.05；对工作级别为 A6～A8 的软钩吊车、硬钩吊车和其他特种吊车，动力系数可取为 1.10。

吊车竖向荷载，系指吊车负荷达到最大起重量并运行至计算排架柱的最不利位置时，对该柱所产生的最大压力——最大竖向反力 D_{max} 和同时对本跨相对柱所产生的最小压力——最小竖向反力 D_{min}。

为了计算 D_{max} 与 D_{min}，首先要了解吊车的组成及其有关的一些数据资料，参见表 4-16。

5～50/5t 一般用途电动桥式起重机基本参数和尺寸系列　　表 4-16

起重量 Q(t)	跨度 L_k(m)	尺寸				吊车工作级别 A4～A5			
		宽度 B(mm)	轮距 K(mm)	轨顶以上高度 H(mm)	轨道中心至端部距离 B_1(mm)	最大轮压 P_{max}(t)	最小轮压 P_{min}(t)	起重机总重 G(t)	小车总重 g(t)
5	16.5	4650	3500	1870	230	7.6	3.1	16.4	2.0 (单闸) 2.1 (双闸)
	19.5	5150	4000			8.5	3.5	19.0	
	22.5					9.0	4.2	21.4	
	25.5	6400	5250			10.0	4.7	24.4	
	28.5					10.5	6.3	28.5	
10	16.5	5550	4400	2140	230	11.5	2.5	18.0	3.8 (单闸) 3.9 (双闸)
	19.5	5550	4400			12.0	3.2	20.3	
	22.5					12.5	4.7	22.4	
	25.5	6400	5250	2190		13.5	5.0	27.0	
	28.5					14.0	6.6	31.5	
15	16.5	5650	4400	2050	230	16.5	3.4	24.1	5.3 (单闸) 5.5 (双闸)
	19.5	5550				17.0	4.8	25.5	
	22.5			2140	260	18.5	5.8	31.6	
	25.5	6400	5250			19.5	6.0	38.0	
	28.5					21.0	6.8	40.0	
15/3	16.5	5650	4400	2050	230	16.5	3.5	25.0	6.9 (单闸) 7.4 (双闸)
	19.5	5550				17.5	4.3	28.5	
	22.5			2150	260	18.5	5.0	32.1	
	25.5	6400	5250			19.5	6.0	36.0	
	28.5					21.0	6.8	40.5	
20/5	16.5	5650	4400	2200	230	19.5	3.0	25.0	7.5 (单闸) 7.8 (双闸)
	19.5	5550				20.5	3.5	28.0	
	22.5			2300	260	21.5	4.5	32.0	
	25.5	6400	5250			23.0	5.3	30.5	
	28.5					24.0	6.5	41.0	
30/5	16.5	6050	4600		260	27.0	5.0	34.0	11.7 (单闸) 11.8 (双闸)
	19.5	6150	4800	2600		28.0	6.5	36.5	
	22.5					29.0	7.0	42.0	
	25.5	6650	5250		300	31.0	7.8	47.5	
	28.5					32.0	8.8	51.5	
50/5	16.5	6350	4800	2700		39.5	7.5	44.0	14.0 (单闸) 14.5 (双闸)
	19.5					41.5	7.5	48.0	
	22.5			2750	300	42.5	8.5	52.0	
	25.5	6800	5250			44.5	8.5	56.0	
	28.5					46.0	9.5	61.0	

注：1. 表列尺寸和重量均为该标准制造的最大限值；

　　2. 起重机总重量根据带双闸小车和封闭式操纵室重量求得；

　　3. 本表未包括工作级别为 A6、A7 的吊车，需要时可查《5～50 一般用途电动桥式起重机基本参数和尺寸》（ZQ1—62）；

　　4. 本表重量单位为吨（t），使用时要折算成法定重力计算单位千牛顿（kN），故理应将表中值乘以 9.81；为简化，近似以表中值乘以 10.0。

吊车一般由大车（桥架）和小车组成。大车在吊车梁的轨道上沿厂房纵向行驶，小车在大车的轨道上沿厂房横向运行，带有吊钩的起重卷扬机安装在小车上。当小车吊有额定最大起重量开到大车某一侧的限定位置时（图 4-34），在这一侧的大车轮压称为吊车最大轮压 P_{max}，相应另一侧即为最小轮压 P_{min}。P_{max}、P_{min} 的大小可由表 4-16 或有关资料查得，但 P_{min} 有时在有关资料中并未给出，此时 P_{min} 可由全部轮压（等于吊车总重与吊车起重量之和）求得。对于常用的四轮吊车：

$$P_{min} = \frac{G_1 + G_2 + Q}{2} - P_{max} \tag{4-6}$$

式中 G_1——大车（吊车桥架）重量；

$\quad\quad G_2$——小车重量；

$\quad\quad Q$——吊车的额定起重量；

$\quad P_{max}$——每个大车轮的最大轮压。

厂房中同一跨内可能有多台吊车，《荷载规范》规定：计算排架考虑多台吊车竖向荷载时，对单跨厂房的每个排架参与组合的吊车不宜多于 2 台；对多跨厂房的每个排架，不多于 4 台。

因为吊车竖向荷载是通过吊车的大车轮作用在计算排架柱的吊车梁上，属于移动的集中荷载，所以可利用简支梁的支座反力影响线（图 4-35）求得。其吊车竖向荷载（最大、最小支座反力）的设计值，可由下式求得：

$$D_{max} = P_{max} \cdot \sum y_i \tag{4-7}$$

$$D_{min} = P_{min} \cdot \sum y_i \tag{4-8}$$

式中 P_{max}、P_{min}——吊车最大轮压、最小轮压；

$\quad\quad \sum y_i$——可能作用于与相连的两个吊车梁上各大车轮所对应的支座反力影响线的纵坐标之和。

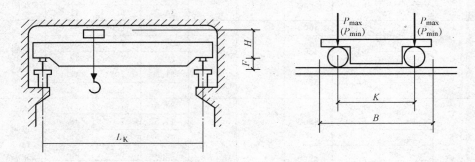

图 4-35 吊车主要数据示意图

2）吊车横向水平荷载

当吊车吊起重物，小车运行至某一位置刹车时，将会由重物和小车的惯性产生横向水平制动力，这个力通过小车制动轮和桥架轨道之间的摩擦力传给大车，再通过大车轮传给吊车梁，而后，由吊车梁与柱的连接钢板传给柱。因此，对排架柱的作用点，在吊车梁顶面处。

吊车总的横向水平荷载，可按下式取值，即：

$$\sum T = \alpha(Q + G_2)g \tag{4-9}$$

式中　Q——吊车的额定起重量（t）；

　　G_2——小车重量（t）；

　　g——重力加速度（可近似按 10kN/t 计）；

　　α——横向水平荷载系数，现行《荷载规范》规定：

对于软钩吊车：

当额定起重量不大于 10t 时，$\alpha = 0.12$；

当额定起重量为 15～50t 时，$\alpha = 0.10$；

当额定起重量大于 75t 时，$\alpha = 0.08$；

对于硬钩吊车，取 $\alpha = 0.20$。

吊车横向水平制动力应按两侧柱子的刚度比例分配，为简化设计，通常近似地平均分配给两侧柱。当一般四轮吊车满载运行时，在每一个大车轮子上产生的横向水平制动力应按下式计算：

$$T = \frac{1}{4}\alpha(Q + G_2)g \tag{4-10}$$

对吊车横向水平荷载，无论是单跨或多跨厂房，最多考虑两台吊车同时刹车。

在确定了每个轮子的横向水平制动力 T 后，便可按与吊车竖向荷载完全相同的方式确定最终作用于排架柱上的吊车横向水平荷载。由图 4-36 得：

$$T_{\max} = T \cdot \sum y_i \tag{4-11}$$

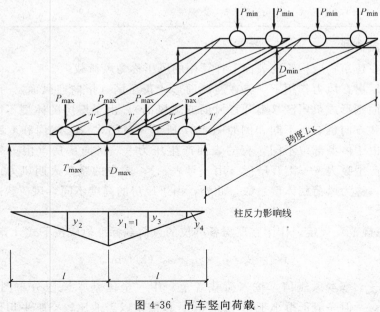

图 4-36　吊车竖向荷载

165

3）吊车纵向水平荷载

吊车纵向水平荷载，系指当吊车沿厂房纵向启动或制动时，由吊车自重和吊车的惯性力在纵向排架上所产生的水平制动力，它通过吊车制动轮与吊车轨道的摩擦经吊车梁传给纵向柱列或柱间支撑。

吊车纵向水平荷载 T_0，按作用在一边轨道上所有刹车轮的最大轮压之和的10%取用，即

$$T_0 = nP_{max}/10 \qquad (4\text{-}12)$$

式中 n 为施加在一边轨道上所有刹车轮数之和，对于一般的四轮吊车，$n=1$。

吊车纵向水平荷载的作用点位于刹车轮与轨道的接触点，其方向与轨道方向一致。当厂房纵向有柱间支撑时，全部吊车纵向水平荷载由柱间支撑承受；当厂房纵向无柱间支撑时，全部吊车纵向水平荷载由同一伸缩缝区段内的全部柱承担，并按各柱沿厂房纵向的抗侧刚度比例分配给各柱。

《荷载规范》规定：无论单跨或多跨厂房，在计算吊车纵向水平荷载时，一榀纵向排架最多只能考虑2台吊车。

4）多台吊车的荷载折减系数

考虑多台吊车同时出现 D_{max} 和 D_{min} 的概率，以及同时出现 T_{max} 的概率很小，不同吊车工作级别不同，同时出现的概率也不尽相同。为此，《荷载规范》特别规定：计算排架时，多台吊车的竖向荷载和水平荷载的标准值，应乘以表4-17中规定的多台吊车的荷载折减系数 β。

多台吊车的荷载折减系数 表 4-17

参与组合的吊车台数	吊 车 工 作 级 别	
	A1～A5	A6～A8
2	0.90	0.95
3	0.85	0.90
4	0.80	0.85

（4）风荷载

作用在建筑物或构筑物表面上计算用的风压称为风荷载。

单层厂房在风力作用下，将在迎风面形成正压区（指向迎风面），而在背风面和侧风面则形成负压区（离开背风面或侧风面）。由于厂房的体型不同，风荷载的大小和方向也有所不同。例如图4-37所示为封闭式双坡屋面和双跨双坡屋面厂房，由于体型部位不同，有的表面产生压力——指向厂房（用＋号表示），有的表面产生吸力——离开厂房（用－号表示），图中的系数表明风力占标准风压的大小，称为风荷载体型系数。此外，由于厂房的高度不同，风荷载的大小也不相同。

《荷载规范》规定，作用在厂房各部位的风荷载标准值应按下式计算：

$$W_k = \beta_z \cdot \mu_s \cdot \mu_z \cdot \omega_0 \quad (kN/m^2) \qquad (4\text{-}13)$$

式中　ω_0——基本风压值，按《荷载规范》中《全国基本风压分布图》查取，但一般不得小于 $0.3kN/m^2$。该值系以当地比较空旷平坦地面、离

地 10m 高度处，统计所得的 50 年一遇 10min 平均年最大风速 v

（m/s）为标准，按 $\omega_0 = \dfrac{v^2}{1600}$ 确定的；

μ_s——风载体型系数，各种不同厂房的风载体型系数详见《荷载规范》；

μ_z——风压高度变化系数，其变化规律与地面粗糙度有关，地面粗糙度
    分 A、B、C、D 四类：A 类指近海海面、海岛、海岸、湖岸及沙
    漠地区；B 类指田野、乡村、丛林、丘陵以及房屋比较稀疏的乡镇
    和城市郊区；C 类指有密集建筑群的城市市区；D 类指密集建筑群
    且房屋较高的城市市区。对上述四类不同地面粗糙度，其风压高
    度变化系数按表 4-18 采用；

β_z——风振系数，对单层厂房可不考虑风振影响，取 $\beta_z = 1$。

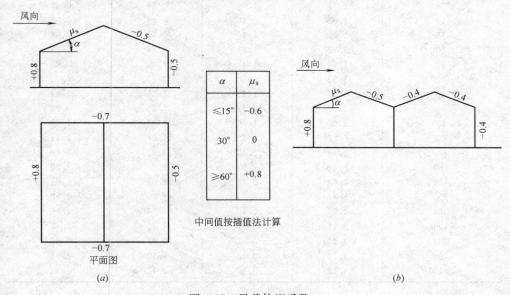

图 4-37　风载体型系数 μ_s

按公式（4-13）算得的风压标准值，是随着房屋高度的增加而变化的。为简
化计算，对于单层厂房，可近似假定按厂房高度为定值的不变荷载计算。即：

（A）柱顶以下所受的风荷载按均布荷载计算。其均布风荷载标准值可按下
式计算：

$$q_k = \mu_s \cdot \mu_z \cdot \omega_0 \cdot l \quad (kN/m) \tag{4-14}$$

式中　μ_z——按柱顶标高取用；

　　　l——计算单元长度，如取 6m 为计算单元，则 $l = 6m$。

（B）柱顶以上（屋盖）所受的风荷载，也按均匀分布考虑，但一般统一核
算成作用于柱顶的水平集中力 F_w。其水平集中风荷载标准值，可按下式计算：

$$F_{wk} = \left(\sum_{i=1}^{n} h_i \mu_{si} \mu_{zi} \right) \cdot \omega_0 \cdot l \quad (kN) \tag{4-15}$$

167

式中　h_i——柱顶以上屋盖结构第 i 段的高度，不论是竖立面还是坡面，均按垂
　　　　　直高度计算；

　　　　n——屋盖结构不同坡度的总段数；

　　　　μ_{si}——屋盖结构第 i 段的风载体型系数，指向屋面为正，离开屋面为负；

　　　　μ_{zi}——屋盖结构第 i 段的风压高度变化系数，可按该段的最大标高（或平
　　　　　均标高）取用；

其余符号同前。

风压高度变化系数 μ_s　　　　　　　　　　　　　表 4-18

离地面或海平面高度（m）	地面粗糙度类别			
	A	B	C	D
5	1.17	1.00	0.74	0.62
10	1.38	1.00	0.74	0.62
15	1.52	1.14	0.74	0.62
20	1.63	1.25	0.84	0.62
30	1.80	1.42	1.00	0.62
40	1.92	1.56	1.13	0.73
50	2.03	1.67	1.25	0.84
60	2.12	1.77	1.35	0.93
70	2.20	1.86	1.45	1.02
80	2.27	1.95	1.54	1.11
90	2.34	2.02	1.62	1.19
100	2.40	2.09	1.70	1.27
150	2.64	2.38	2.03	1.61
200	2.83	2.61	2.30	1.92
250	2.99	2.80	2.54	2.19
300	3.12	2.97	2.75	2.45
350	3.12	3.12	2.94	2.66
400	3.12	3.12	3.12	2.91
≥450	3.12	3.12	3.12	3.12

按照《荷载规范》的规定：风荷载的可变荷载分项系数，一般取 1.4；风荷
载的组合值、频遇值和准永久值系数可分别取 0.6、0.4 和 0。

风荷载在横向排架上的作用情况，如图 4-38 所示。

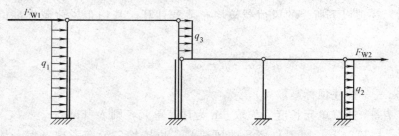

图 4-38　风荷载作用于横向排架

需要指出，抗震设计时，抗震设防烈度为 7、8、9 度的建筑物，一般不考虑
风荷载，而考虑由地震作用引起的水平地震力，以及由此产生的内力，并与其他
荷载产生的内力进行组合，再进行柱截面设计。对属于设防烈度为 7 度的 Ⅰ、Ⅱ

类场地的厂房，当柱高不超过 10m 时，可不进行抗震计算而计算风荷载，但应按规定采取抗震构造措施，详见第 7.2 节。

4.5.3 排架内力计算

（1）等高排架内力计算——剪力分配法

若排架发生水平侧移时，各柱柱顶的水平位移相等，则称之为等高排架。参见图 4-39。等高排架的内力计算，通常采用剪力分配法。

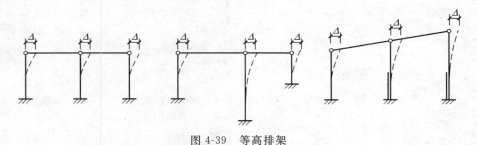

图 4-39 等高排架

1）等高排架在柱顶水平集中力作用下的内力计算

用剪力分配法解等高排架的基本原理是：首先根据力的平衡条件和变形协调条件求得各柱柱顶剪力，然后按单柱在柱顶剪力（视为外力）及该柱所承受的外荷载共同作用下，按竖立的悬臂柱（静定结构）计算该柱的弯矩和剪力。

现以两跨等高排架在柱顶集中力 F 作用下为例（图 4-40a），介绍应用剪力分配法求解各柱内力的方法。

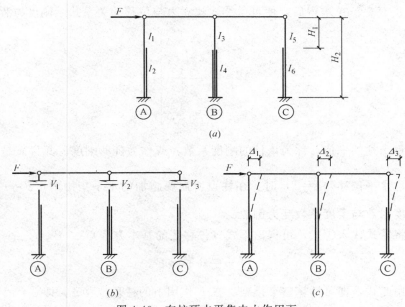

图 4-40 在柱顶水平集中力作用下

由力的平衡条件和变形协调条件（图 4-40b、c），可得：

$$V_1 + V_2 + V_3 = F$$

① **169**

$$\Delta_1 = \Delta_2 = \Delta_3 = \Delta \qquad\qquad ②$$

每根单独悬臂柱，当单位力（$F=1$）作用于柱顶时，在柱顶处引起的水平位移——柱的柔度系数 δ，可由图乘法解得：

$$\delta = \frac{H_2{}^3}{3EI_2}\left[1 + \left(\frac{I}{I_1} - 1\right)\left(\frac{H_1}{H_2}\right)^3\right] \qquad (4\text{-}16)$$

现令

$$n = \frac{I_1}{I_2} \qquad (4\text{-}17)$$

$$\lambda = \frac{H_1}{H_2} \qquad (4\text{-}18)$$

代入式（4-16），得：

$$\delta = \frac{H_2^3}{3EI_2}\left(1 + \left(\frac{I}{n} - 1\right)\lambda^3\right) \qquad (4\text{-}19)$$

再令

$$C_0 = \frac{3}{\left(1 + \left(\frac{1}{n} - 1\right)\lambda^3\right)} \qquad (4\text{-}20)$$

则

$$\delta = \frac{H_2^3}{EI_2 C_0} \qquad (4\text{-}21)$$

由式（4-16）可以看出，任意柱的柔度系数 δ 值的大小，仅与该柱的材料（弹性模量 E）、柱长与截面形状尺寸有关。只要这些条件为已知，其 δ 值便可利用附录三中的附图 3-1，按 n、λ 以及查得的 C_0 值，由式（4-21）很容易地计算出来。

当 δ_1、δ_2、δ_3 求得后，便可由②式建立力与位移的关系式（刚度方程）：

$$\left.\begin{array}{l} V_1 = \dfrac{\Delta_1}{\delta_1} = \dfrac{1}{\delta_1}\Delta \\[2mm] V_2 = \dfrac{\Delta_2}{\delta_2} = \dfrac{1}{\delta_2}\Delta \\[2mm] V_3 = \dfrac{\Delta_3}{\delta_3} = \dfrac{1}{\delta_3}\Delta \end{array}\right\} \qquad ③$$

式中，每个柱的 $\frac{1}{\delta}$ 值，称为该柱的刚度系数，或称为抗剪刚度。其含义是在柱顶产生单位水平位移（$\Delta=1$）时，在柱顶所需要施加的水平集中力（$F=\frac{1}{\delta}$）。显然，刚度系数与柔度系数互为倒数。

现将③式代入①式，可得出下式（位移法的基本方程）：

$$\frac{\Delta}{\delta_1} + \frac{\Delta}{\delta_2} + \frac{\Delta}{\delta_3} = F \qquad (4\text{-}22)$$

应用此式，即可计算整个排架，在 F 作用下的柱顶位移 Δ，即

$$\Delta = \frac{F}{\left(\dfrac{1}{\delta_1} + \dfrac{1}{\delta_2} + \dfrac{1}{\delta_3}\right)} = \frac{F}{\displaystyle\sum_{i=1}^{n}\frac{1}{\delta_i}} \qquad (4\text{-}23)$$

再将此式代入③式，便可解出各柱的柱顶剪力：

$$V_1 = \frac{\frac{1}{\delta_1}}{\sum\limits_{i=1}^{n} \frac{1}{\delta_i}} \cdot F = \eta_1 \cdot F$$

$$V_2 = \frac{\frac{1}{\delta_2}}{\sum\limits_{i=1}^{n} \frac{1}{\delta_i}} \cdot F = \eta_2 \cdot F$$

$$V_3 = \frac{\frac{1}{\delta_3}}{\sum\limits_{i=1}^{n} \frac{1}{\delta_i}} \cdot F = \eta_3 \cdot F$$

亦即
$$V_i = \frac{\frac{1}{\delta_i}}{\sum\limits_{i=1}^{n} \frac{1}{\delta_i}} \cdot F = \eta_i \cdot F \tag{4-24}$$

式中
$$\eta_i = \frac{\frac{1}{\delta_i}}{\sum\limits_{i=1}^{n} \frac{1}{\delta_i}} \tag{4-25}$$

η_i 称为第 i 根柱的剪力分配系数。

柱顶剪力一经求出，便很容易求得各柱的内力——弯矩和剪力。如图 4-41 所示。

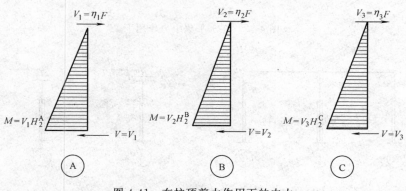

图 4-41 在柱顶剪力作用下的内力

2）等高排架在任意荷载作用下的内力计算

为了利用排架柱顶作用水平集中力的内力计算公式，首先假定排架柱顶不发生水平侧移，即假定在承受外荷载的柱顶设置一个水平方向的不动铰支座。利用附录三的有关图表，由已知的 n、λ、H_2 和外荷载，求出其不动铰反力 R 和由此引起的柱顶剪力 V'_A（图 4-42b）。在此，V'_A 与 R_A，大小相等，方向相同（对柱顶而言）。

考虑到排架在外荷载作用下，将会出现水平位移，再将各受荷柱的不动铰反力 R，取其矢量和，并反向作用于整个排架的顶部（图 4-42c），按仅在柱顶作用

171

水平集中力的情况，求出各柱柱顶剪力 V_A''、V_B''和V_C''。

最后，取每个柱两部分柱顶剪力（V'和V''）的代数和，作为该柱最终的柱顶剪力 V，并在此柱顶剪力和该柱所承受的外荷载共同作用下，按竖立的悬臂柱计算该柱的弯矩和剪力。

图 4-42、图 4-43 和图 4-44 为两跨等高排架分别在水平集中力、外力矩和水平均布荷载作用下，计算不动铰反力、柱顶剪力和求解弯矩、剪力的示意图。

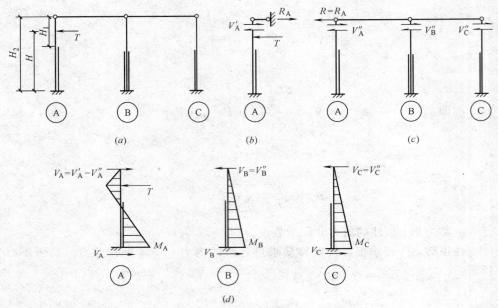

图 4-42　在水平集中力作用下

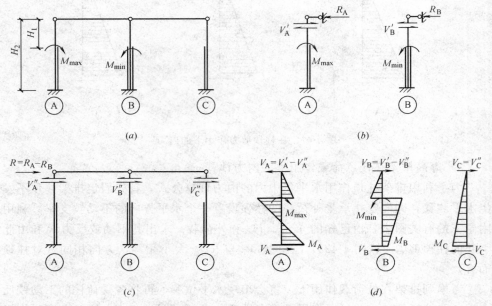

图 4-43　在外力矩作用下

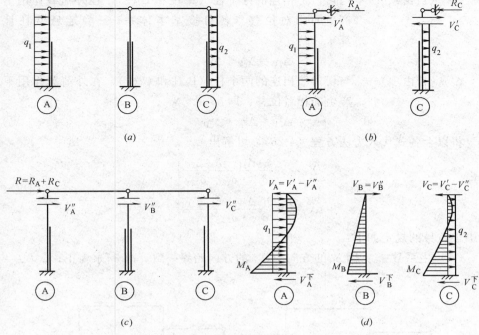

图 4-44 在均布荷载作用下

（2）不等高排架内力计算——力法

不等高排架的内力计算方法有多种。现仅复习一下常用的用力法求解两跨不等高排架内力的计算方法。以图 4-45（a）为例。

1）力法方程

将两个横梁切开（分别为切口①和切口②），代之以横梁内力 X_1 和 X_2。由变形连续条件可知：外力使切口产生的相对位移，必定等于内力使切口产生的相对位移。亦即内、外力产生的相对位移之代数和必定为零。由此，可建立力法方程如下：

$$\left. \begin{array}{l} \delta_{11}X_1+\delta_{12}X_2+\Delta_{1P}=0 \\ \delta_{21}X_1+\delta_{22}X_2+\Delta_{2P}=0 \end{array} \right\} \tag{4-26}$$

式中　δ_{11}（主系数）——由 $X_1=1$ 作用于切口①处，在切口①处产生的相对位移。即：$\delta_{11}=\delta_{11}^A+\delta_{11}^B$　　①

　　　　δ_{22}（主系数）——由 $X_2=1$ 作用于切口②处，在切口②处产生的相对位移。即：$\delta_{22}=\delta_{22}^B+\delta_{22}^C$　　②

　　　　δ_{21}（付系数）——由 $X_1=1$ 作用于切口①处，在切口②处产生的相对位移。即：$\delta_{21}=\delta_{21}^B$　　③

　　　　δ_{12}（付系数）——由 $X_2=1$ 作用于切口②处，在切口①处产生的相对位移。即：$\delta_{12}=\delta_{12}^B$　　④

由位移互等定理得知：

$$\delta_{21}=\delta_{12} \tag{⑤}$$

173

Δ_{1P} （自由项）——与切口①相连的两个柱（A 柱和 B 柱），在外荷载作用下产生的相对位移（各自按基本体系——静定悬臂柱计算）。即：

$$\Delta_{1P} = \Delta_{1P}^{A} + \Delta_{1P}^{B} \tag{⑥}$$

Δ_{2P} （自由项）——与切口②相连的两个柱（B 柱和 C 柱），在外荷载作用下产生的相对位移。即：

$$\Delta_{2P} = \Delta_{2P}^{B} + \Delta_{2P}^{C} \tag{⑦}$$

将以上各式代入力法方程（4-26），可解出

$$\left. \begin{array}{l} X_1 = -\dfrac{\delta_{22}\Delta_{1P} - \delta_{12}\Delta_{2P}}{\delta_{11} \cdot \delta_{22} - \delta_{12}^2} \\[3mm] X_2 = -\dfrac{\delta_{11}\Delta_{2P} - \delta_{12}\Delta_{1P}}{\delta_{11} \cdot \delta_{22} - \delta_{12}^2} \end{array} \right\} \tag{4-27}$$

式中正负号的规定如下：

（A）主系数 δ_{ii}：因 δ_{ii} 的方向与 X_i 的方向始终一致，故 δ_{ii} 永为正；

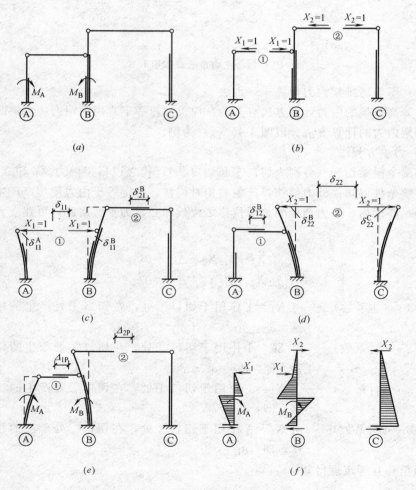

图 4-45　力法分析示意图

（B）副系数 δ_{ij}：若 δ_{ij} 的方向与产生位移的 X_i 方向相同，则 δ_{ij} 为正；

若 δ_{ij} 的方向与产生位移的 X_i 方向相反，则 δ_{ij} 为负；

（C）自由项 Δ_{iP}：若 Δ_{iP} 的方向与 X_i 的方向相同，则为正；相反，则为负。

2）内力计算

当各横梁内力解出后，可将其视为外力，作用于单独的悬臂柱柱顶，再与本柱承受的外荷载一起，按静力平衡条件，求解柱截面内力。例如图 4-45 中解得的 X_1 为正值，X_2 为负值，则各柱弯矩和剪力图形，如图 4-45（f）所示。

4.5.4　内力组合

（1）控制截面（计算截面）的确定

在各种荷载作用下，柱子每个截面的内力都不相同，即使同一个截面，在不同荷载组合下的内力也不相同。为了保证柱子的安全可靠，一般取若干个控制截面进行可能出现的最不利荷载组合，并求得各控制截面的最不利内力，用这些力作为柱子配筋设计的依据。

在一般单阶柱的厂房中，由各种荷载引起的弯矩最大值，对上柱发生在上柱底，对下柱发生在下柱顶或下柱底。在实际工程中，上下柱的钢筋在本柱段范围内一般不会改变，所以计算所取的控制截面为：上柱底部、下柱顶部及下柱底部。

（2）荷载组合

通过排架分析，已经计算出每个柱在各种荷载单独作用下的各截面内力。对于特定的控制截面还需要考虑恒载同哪些可能出现的可变荷载引起的内力组合在一起，才能得到该截面的最不利内力。这种由恒载（永久荷载）同有可能出现的最不利可变荷载的组合，一般称为荷载组合。

实际上，有的可变荷载与永久荷载同时出现的可能性很小。例如，正当各跨间同时承受屋面活载时，突然刮来了 50 年一遇的大风，这种可能性就相当小。所以《荷载规范》规定，除永久荷载外，对其组合内的可变荷载，一般应乘以荷载组合值系数。

按照《荷载规范》的规定，对于一般排架，基本组合可采用简化规则，对荷载效应组合的设计值 S 应从下列组合值中取最不利值确定：

1）由可变荷载效应控制的组合：

$$S = 1.2 S_{Gk} + 0.9 \sum_{i=1}^{n} \gamma_{Qi} S_{Qik} \tag{4-28}$$

$$S = 1.2 S_{Gk} + \gamma_{Q1} S_{Q1k} \tag{4-29}$$

2）由永久荷载效应控制的组合：

$$S = 1.35 S_{Gk} + \sum_{i=1}^{n} \gamma_{Qi} \psi_{ci} S_{Qik} \tag{4-30}$$

式中　S_{Gk}——按永久荷载标准值计算的荷载效应值；

S_{Qik}——按第 i 个可变荷载标准值计算的荷载效应值；

175

S_{Q1k}——按第 1 个起控制作用的可变荷载标准值计算的荷载效应值;

1.2、1.35——永久荷载分项系数;

γ_{Qi}——第 i 个可变荷载分项系数,一般取 1.4;

γ_{Q1}——第 1 个可变荷载分项系数,一般取 1.4;

ψ_{ci}——可变荷载组合值系数,见《荷载规范》;

0.9——简化后采用的可变荷载组合系数;

n——参与组合的可变荷载数。

在对结构进行正常使用极限状态验算(如裂缝宽度验算)和地基承载力计算时,应采用荷载效应的标准组合。对一般排架、框架结构,可参照承载能力极限状态的基本组合,采用简化规则,即按式(4-28)~式(4-30)进行组合。但各项荷载分项系数均取 1。

作用于排架上的可变荷载通常有屋面活荷载、吊车荷载和风荷载,按上述原则组合时,应考虑各种可变荷载同时出现的可能性及对结构是否不利。按式(4-30)组合时,参与组合的可变荷载仅限于竖向荷载。

对有吊车的单层厂房,考虑到多台吊车同时满载,且小车又同时处于最不利位置的概率较小,因此《荷载规范》规定,在计算排架时,多台吊车的竖向荷载和水平荷载均应进行折减,即吊车竖向荷载和水平荷载均应乘以表 4-17 规定的折减系数。

(3)内力组合

为了找到需要求得最大截面配筋量的一组最不利内力,根据偏心受压构件的计算原理,对于矩形、工字形等实腹柱,一般应考虑下列四种内力组合:

(A)$+M_{max}$ 及相应的 N、V;

(B)$-M_{max}$ 及相应的 N、V;

(C)N_{max} 及相应的 M、V;

(D)N_{min} 及相应的 M、V。

显然,前面三种内力组合是考虑可能出现的不利的大偏压受力情况,而第四种是考虑可能出现的不利的小偏心受压受力情况。这四种组合,一般可以保证使设计安全可靠。当柱截面采用对称配筋及采用对称基础时,第 A、B 项两种内力组合可合并为一种,即 $|M|_{max}$ 及相应的 N 和 V。在组合时对"相应的"内力要求尽可能大。同时要考虑影响柱子配筋多少是 M、N、V 综合作用的结果。也可能某一种组合 M 值不是绝对最大,但相应的 N、V 却较大,这样最后结果可能比 M 绝对值最大的一组更危险,这就需要在组合的过程中,进行全面比较才能确定。

在进行内力组合时,一般应遵守和注意以下几点:

(A)恒载引起的内力在任何一种组合中都必须考虑。

(B)每次内力组合时,只能以一种内力(如 $|M|_{max}$、N_{max}、N_{min})为目标来决定可变荷载的取舍,并求得与其相应的其余两种内力。

(C)当以 N_{max} 或 N_{min} 为目标进行内力组合时,因为在风荷载及吊车水平荷载作用下轴力 N 为零,虽然将其组合并不改变 N 值的大小,但可使弯矩 M 值增大或减小，故要取相应可能产生最大正弯矩或最大负弯矩的内力项。

（D）对于吊车荷载的作用，D_{max} 和 D_{min} 不可能同时出现在一根柱子上，但可以同时作用有 T_{max}，也可以没有 T_{max} 的作用。而 T_{max} 作用在某一排架柱上时，该柱必须同时作用有 D_{max} 或者 D_{min}（二者选一不利者）。至于 T_{max} 的作用方向，可左也可右，此由内力组合中是否对结构不利而定。

（E）对于设有多台吊车的厂房，在计算吊车竖向荷载时，对只有一层吊车的单跨厂房最多只能考虑两台吊车，而多跨厂房最多考虑四台，在计算吊车横向制动力时，无论单跨、多跨厂房仅考虑两台。考虑到多台吊车同时满载的可能性较小，所以当两台以上吊车参与组合时，应乘以表 4-17 规定的折减系数。

（F）左来风和右来风不能同时组合。

4.6 单层厂房柱的设计

4.6.1 柱的截面设计与柱内配筋的构造要求

（1）柱的正截面承载力计算

单层厂房柱，根据排架分析求得的控制截面最不利组合的内力 M 和 N，按偏心受压构件进行正截面承载力计算及按轴心受压构件进行弯矩作用平面外受压承载力验算。一般情况下，矩形、T 形截面实腹柱可按构造要求配置箍筋，不必进行斜截面受剪承载力计算。因为柱截面上同时作用有弯矩和轴力，而且弯矩有正、负两种情况，所以一般采用对称配筋。

在对柱进行受压承载力计算及验算时，柱因偏心距增大系数及稳定系数均与柱的计算长度有关，而单层厂房排架柱的支承条件比较复杂，所以，柱的计算长度不能简单地按材料力学中几种理想支承情况来确定。我国《混凝土结构设计规范》GB 50010—2002 根据单层厂房的实际支承及受力特点，结合工程经验给出柱计算长度 l_0 的确定方法，见表 4-19，供设计时取用。

刚性屋盖单层厂房排架柱、露天吊车柱和栈桥柱的计算长度 l_0　　　表 4-19

柱 的 类 型		排架方向	垂直排架方向	
			有柱间支撑	无柱间支撑
无吊车厂房柱	单跨	$1.5H$	$1.0H$	$1.2H$
	两跨及多跨	$1.25H$	$1.0H$	$1.2H$
无吊车厂房柱	上柱	$2.0H_u$	$1.25H_u$	$1.5H_u$
	下柱	$1.0H_l$	$0.8H_l$	$1.0H_l$
露天吊车柱和栈桥柱		$2.0H_l$	$1.0H_l$	—

注：1. 表中 H 为从基础顶面算起的柱全高；H_l 为从基础顶面至装配式吊车梁底面或现浇吊车梁顶面的柱子下部高度；H_u 为从装配式吊车梁底面或从现浇吊车梁顶面算起的上柱高度；

2. 表中有吊车厂房排架柱的计算长度，当计算中不考虑吊车荷载时，可按无吊车厂房采用，但上柱的计算长度仍按吊车厂房采用；

3. 表中有吊车厂房排架的上柱在排架方向的计算长度，仅适用于 $H_u/H_l \geqslant 0.3$ 的情况；当 $H_u/H_l < 0.3$ 宜采用 $2.5H_u$。

（2）柱的裂缝宽度验算

《混凝土结构设计规范》规定，对 $e_0/h_0>0.55$ 的偏心受压构件，应进行裂缝宽度验算。验算要求：按荷载效应的标准组合并考虑长期作用影响计算的最大裂缝宽度 $\omega_{max}\leqslant\omega_{min}$（最大裂缝宽度限值）。验算方法，参见《建筑结构基本原理》第 6.4 节和本书第 4.8 节。对 $e_0/h_0\leqslant0.55$ 的偏心受压构件，可不验算裂缝宽度。

（3）运输、吊装阶段的承载力和裂缝宽度验算

单层厂房柱一般均为预制柱，当柱的混凝土强度达到设计强度的 70% 以上时，即可进行运输和吊装。吊装采用平吊或翻身起吊。当柱中配筋能满足运输、吊装时的强度和裂缝宽度要求时，宜采用平吊，以简化施工。当平吊需增加柱中配筋时，则应采用翻身起吊，以减少用钢量。无论何种吊法，柱的吊点一般都设在牛腿的下边缘处，其计算简图如图 4-46（c）所示。考虑起吊时的动力作用，须将柱的自重荷载乘以动力系数 1.5；当采用翻身起吊时，截面的受力方向与使用阶段一致（图 4-46a）；平吊时（图 4-46b）截面受力方向为柱的平面外方向，此时腹板作用甚微可以忽略。宜简化为宽 $2h_f$、高 b_f 的矩形截面梁进行验算。此时，只考虑两翼缘最外边缘的各一排钢筋作为受力筋 A_s 和 A_s'。由于本项验算属于施工阶段的强度验算，故结构的重要性系数应降低一级取用。

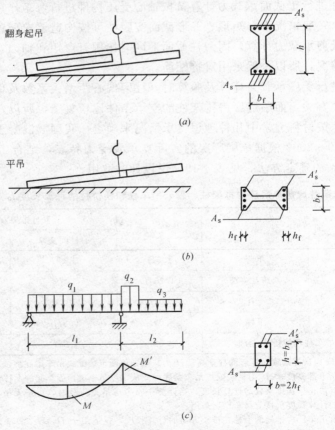

图 4-46　柱吊装示意图

对运输、吊装阶段的裂缝宽度验算，可采用近似的简化方法。通过控制钢筋的直径和应力，间接地控制裂缝的开展宽度。此时的钢筋应力应满足下式要求：

$$\sigma_s = \frac{M_{ink}}{A'_s \eta h_0} \leqslant [\sigma_s] \tag{4-31}$$

式中　M_{ink}——运输、吊装阶段出现于构件中的最大弯矩标准值；

　　　$[\sigma_s]$——不需验算裂缝宽度的钢筋最大允许应力，可根据表 4-20 查取；

　　　η——内力臂系数，一般取 0.87。

不需验算裂缝宽度的钢筋直径 d 及相应最大应力　　　表 4-20

$[\omega_{max}]=0.2mm$		$[\omega_{max}]=0.3mm$	
$d_{max}(mm)$	$[\delta_s](N/mm^2)$	$d_{max}(mm)$	$[\delta_s](N/mm^2)$
10	245	14	280
12	230	16	270
14	220	18	260
16	210	20	250
18	200	22	240
22	180	25	225
26	170	28	210
28	160	30	200
32	145	32	190

注：1. 本表适用于 $\rho_{et} \leqslant 0.02$ 之构件，当 $\rho_{et} > 0.02$ 时，应将表中查得之 d_{max} 乘以系数 $(0.5+25\rho_{et})$；

　　2. 对配置光面钢筋的受弯构件，应将计算应力乘以 1.4 的系数；

　　3. 对保护层厚度 $c \leqslant 25mm$ 的轴心受拉构件，当配置光面（或变形）钢筋时，应将计算的钢筋应力乘以系数 1.8（或 1.3）。

（4）构造要求

柱内配筋的构造要求，一般有：

柱的混凝土强度等级不宜低于 C20，纵向受力钢筋 $d \geqslant 12mm$。全部纵向钢筋的配筋率 $\rho \leqslant 5\%$。当柱的截面高度 $h \geqslant 600mm$ 时，在侧面设置直径为 $10 \sim 16mm$ 的纵向构造筋，并且应设置附加箍筋或拉筋。柱内纵向钢筋的净距不应小于 50mm，对水平浇筑的预制柱，其上部纵筋的最小净间距不应小于 30mm 和 $1.5d$；下部纵筋的净距不应小于 25mm 和 d（d 为柱内纵筋最大直径）。

柱中的箍筋应做成封闭式。箍筋的间距不大于 400mm、不大于 b、且不大于 $15d$（对绑扎骨架）及不大于 $20d$（对焊接骨架），d 为纵筋最大直径；当采用热轧钢筋时，箍筋直径不小于 $d/4$，且不小于 6mm；当柱中全部纵筋的配筋率超过 3% 时，箍筋直径不宜小于 8mm，间距不应大于 $10d$（d 为纵筋最小直径），且不大于 200mm；当柱截面短边尺寸大于 400mm，且每边的纵向钢筋多于 3 根时（或当柱子短边尺寸不大于 400mm 但纵向钢筋多于 4 根时），应设置复合箍筋。

4.6.2　柱牛腿设计

（1）牛腿的一般构造

牛腿是单层厂房柱的重要部件，它起着支承吊车梁或屋架的作用，负荷大，应力状态复杂。一般根据牛腿所受竖向荷载作用点到牛腿根部的水平距离 a 与牛

179

腿有效高度 h_0 的比值不同，可分为短牛腿（$a/h_0 \leqslant 1$）及长牛腿（$a/h_0 > 1$），如图 4-47 所示。长牛腿的受力状态与悬臂梁极为接近，可按悬臂梁进行设计。下面主要介绍短牛腿。

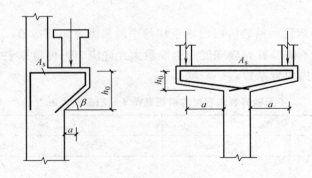

图 4-47　柱牛腿

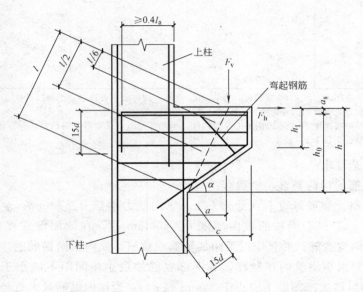

图 4-48　牛腿构造

牛腿的一般构造，如图 4-48 所示。其中：

（A）牛腿高度 h，应由计算确定；

（B）牛腿端高 $h_1 \geqslant \dfrac{1}{3}h$，且 $h_1 \geqslant 200\text{mm}$；

（C）牛腿俯角 $\beta \leqslant 45°$，当 $a \leqslant 100\text{mm}$ 时，可取 $\alpha = 0°$；

（D）吊车梁外侧至牛腿端部距离不小于 50mm；

（E）牛腿内的配筋：

a）水平受拉钢筋 $A_s \geqslant 4\phi 12$，$\rho = \dfrac{A_s}{bh_0} \geqslant 0.2\%$；

b）弯起钢筋 $A_{sb} \geqslant \dfrac{1}{2}A_s$，$A_{sb} \geqslant 2\phi 12$，$A_{sb} \geqslant 0.001bh$，且应配置在 $\dfrac{l}{6} \sim \dfrac{l}{2}$ 范

围内（l 为吊车梁内侧与牛腿顶面交点至牛腿下腋间的距离）；

c）箍筋 A_{sv} 直径 $d=6$、8、10、12mm，间距为 $100\sim150$mm，且在上 $\frac{2}{3}h_0$ 范围内 $A_{sv}\geqslant\frac{1}{2}A_s$。

（2）牛腿的受力特点与破坏形态

试验研究表明，在混凝土开裂之前，牛腿中的受力状态基本上处于弹性工作阶段。其主压应力迹线主要密集在外荷载作用点与牛腿根部相连的带状区域内，犹如一个斜向短柱，而主拉应力迹线则主要集中分布在牛腿顶面一个很窄的区域内，如图 4-49 所示。

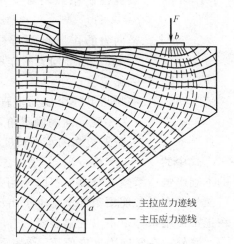

图 4-49　牛腿主应力分布

牛腿的破坏形态，主要有以下三种：

1）弯曲破坏。当 $a/h_0>0.75$ 和纵向受力钢筋配筋率较低时，主要由受拉钢筋屈服引起，为此，应进行牛腿的正截面承载力计算，以配置足够的水平受拉钢筋，如图 4-50（a）所示。

2）剪切破坏。当 $a/h_0<0.75$ 或牛腿外边缘高度 h_1 较小时，主要由"斜向短柱"混凝土出现一批短斜裂缝，进而被压碎而引起的。这是最常见的牛腿破坏形态。剪切破坏又分纯剪破坏、斜压破坏和斜拉破坏三种，见图 4-50（b）、（c）、（d）。为防止发生剪切破坏，应在牛腿配置足够的箍筋和弯起钢筋。

3）局部受压破坏。当吊车梁下垫板尺寸或牛腿截面尺寸过小，且混凝土强度过低时，由于很大的局部压力而导致垫板下混凝土局部被压碎而破坏，见图 4-50（e）。为此要求牛腿的截面尺寸不能太小。

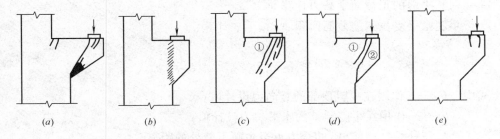

图 4-50　牛腿破坏示意

（a）弯曲破坏；（b）纯剪破坏；（c）斜压破坏；（d）斜拉破坏；（e）局部压坏

（3）牛腿截面尺寸的确定

牛腿的截面宽度通常与柱相同，而截面高度的确定，一般以正常使用条件下牛腿不开裂，或裂缝宽度很小为前提，给出下列验算公式，如不能满足下式要

181

求，则需加大截面高度：

$$F_{vk} \leqslant \beta\left(1-0.5\frac{F_{hk}}{F_{vk}}\right)\frac{f_{tk}bh_0}{0.5+\dfrac{a}{h_0}} \tag{4-32}$$

式中　F_{vk}——作用于牛腿顶部按荷载标准组合计算的竖向力值；

　　　　F_{hk}——作用于牛腿顶部按荷载标准组合计算的水平拉力值；

　　　　β——裂缝控制系数。对支承吊车梁的牛腿，$\beta=0.65$；对其他牛腿，$\beta=0.8$；

　　　　a——竖向力的作用点距下柱边缘的水平距离，此时应考虑安装偏差 20mm。当竖向力的作用点位于下柱截面以内时，取 $a=0$；

　　　　b——牛腿宽度；

　　　　h_0——牛腿与下柱交接处垂直截面的有效高度，取 $h_0=h-a_s+c \cdot tg\alpha$。$\alpha$ 为牛腿底面的倾斜角，当 $\alpha>45°$ 时，取 $\alpha=45°$，c 为下柱边缘到牛腿外边缘的水平长度。

式中的 $(1-0.5F_{hk}/F_{vk})$ 是考虑在水平拉力 F_{hk} 同时作用下对牛腿抗裂度的不利影响；系数 β 考虑了不同使用条件对牛腿抗裂度的要求，当 $\beta=0.65$ 时，可使牛腿在正常使用条件下基本不出现斜裂缝；当取 $\beta=0.80$ 时，可使多数牛腿在正常使用条件下不出现斜裂缝，有的仅出现细微斜裂缝。

此外，在竖向力标准值 F_{vk} 作用下，牛腿支承面上的局部压应力，不应大于 $0.75f_c$，即

$$\sigma_c=\frac{F_{vk}}{A} \leqslant 0.75f_c \tag{4-33}$$

式中，A 为牛腿支承面上的局部受压面积，f_c 为混凝土轴心抗拉强度设计值。

否则应采取措施，如加大承压面积、提高混凝土强度等级或设置钢筋网片等。

（4）牛腿的正截面承载力计算

牛腿水平受拉钢筋截面面积 A_s 按下式计算：

$$A_s \geqslant \frac{F_v \cdot a}{0.85f_y \cdot h_0}+1.2\frac{F_h}{f_y} \tag{4-34}$$

式中　F_v——作用在牛腿顶部的竖向力设计值；

　　　　F_h——作用在牛腿顶部的水平拉力设计值；

　　　　h_0——受拉钢筋 A_s 的合力点至牛腿下腋处的距离；

　　　　a——竖向力 F_v 作用点至下柱边缘的水平距离，当 $a<0.3h_0$ 时，取 $a=0.3h_0$；

　　　　f_y——纵向受拉钢筋强度设计值。

（5）牛腿的斜截面承载力保证措施

182

牛腿斜截面抗剪承载力主要取决于混凝土和水平箍筋。水平箍筋对斜截面抗

剪承载力有直接作用，同时它可以有效地限制斜裂缝的开展，故又能进一步提高斜截面的抗剪承载力。在试验研究的基础上，根据多年的设计经验，规范提出按构造要求设置箍筋和弯筋，即可保证斜截面承载力。

4.7　柱下独立基础设计

4.7.1　基础的一般构造

单层厂房应用最多的是柱下钢筋混凝土独立基础。按基础形式分锥形基础和阶梯形基础两种（图4-51）；按施工方法分现浇柱基础和预制柱基础两种。这里主要讲述承接预制柱的锥形基础，其设计方法与其他独立基础基本相同。

柱下独立基础属于板式柔性基础，除基础底面积、基础高度和配筋数量需通过计算确定外，首先应满足其一般构造要求，现以预制柱锥形基础（图4-52）为例，归纳如下。

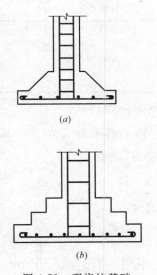

图 4-51　现浇柱基础

（a）锥形基础；（b）阶梯形基础

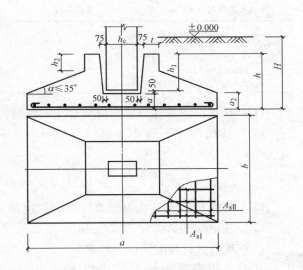

图 4-52　预制柱锥形基础

（1）水平尺寸

基础底面尺寸 $A=b \times l$（b 为基础底面长边尺寸，l 为基础底面短边尺寸），主要应按地基的强度和变形条件由计算确定。但与下列一些因素有关：

（A）轴心受压基础底面宜设计成正方形或接近正方形；偏心受压基础底面应设计成矩形，b/l 宜控制在 1.5 左右，最大不宜超过 2；

（B）杯口的上口两个方向的宽度，距柱截面（宽度和高度）以外各 75mm；下口两个方向的宽度，距柱截面以外各为 50mm；

（C）杯壁厚度 t，按表 4-22 取用；

（D）锥形基础的坡度角 $\alpha \leqslant 35°$。

（2）竖向尺寸

183

基础高度 h，除应满足抗冲切强度要求外，尚与下列一些尺寸有关：

（A）柱插入杯口的深度 h_1，应满足表 4-21 规定的尺寸；

（B）杯底厚度 a_1，应满足表 4-22 规定的尺寸；

柱的插入深度 h_1 表 4-21

矩形或工字形柱（mm）				单肢管柱 （mm）	双肢柱 （mm）
$h_c < 500$	$500 \leqslant h_c < 800$	$800 \leqslant h_c < 1000$	$h_c > 1000$		
$h_1 =$ $(1.0 \sim 1.2)h$	$h_1 = h$	$h_1 = 0.9h$ $\geqslant 800$	$h_1 = 0.8h$ $\geqslant 1000$	$h_1 = 1.5D$ $\geqslant 500$	$h_1 = \left(\dfrac{1}{3} \sim \dfrac{2}{3}\right)h_a$ $h_1 = (1.5 \sim 1.8)h_b$

注：1. h_c 为柱截面长边尺寸，D 为管柱外径；

　　2. h_a 为双肢柱整个截面长边尺寸；h_b 为双肢柱整个截面短边尺寸；

　　3. 柱轴心受压或小偏心受压时，h_1 可以适当减小，而当偏心距 $e_0 > 2h$（或 $e_0 > 2D$）时，h_1 应适当加大。

基础杯杯底厚度和杯壁厚度   表 4-22

柱截面长边尺寸 h_c（mm）	杯底厚度 a_1（mm）	杯壁厚度 t（mm）
$h_c < 500$	$\geqslant 150$	$150 \sim 200$
$500 \leqslant h_c < 800$	$\geqslant 200$	$\geqslant 200$
$800 \leqslant h_c < 1000$	$\geqslant 200$	$\geqslant 300$
$1000 \leqslant h_c < 1500$	$\geqslant 250$	$\geqslant 350$
$1500 \leqslant h_c \leqslant 2000$	$\geqslant 300$	$\geqslant 400$

（C）柱底以下至杯口底，应留有 50mm 的找平层厚度；

（D）基础高度不得小于杯口深度（$h_1 + 50$mm）加上杯底厚度的最小限值。即：

$$h \geqslant h_1 + 50 + a_1$$

（E）杯壁高度 h_2，由基础高度 h 和坡度角 α 等而定；

（F）基础端部高度 $a_2 \geqslant 200$mm。

（3）基础材料与配筋构造要求

基础所用混凝土强度等级应不低于 C20，受力钢筋一般采用 HRB335 级或 HPB235 级，直径 $d \geqslant 10$mm，间距不大于 200mm。当基础底面长边 $b \geqslant 2.5$m 时，为节省钢材，每隔一根受力钢筋的长度可缩短 10%（图 4-53）。

当有垫层时，混凝土保护层厚度不应小于 40mm；无垫层时，不宜小于 70mm。

当基础设于比较干燥且土质较好的土层时，可不设垫层。当基础设于湿、软土层上时，应设厚度不小于 100mm 的素混凝土垫层，垫层的混凝土强度等级应为 C10，伸出基础周边宜为 100mm。

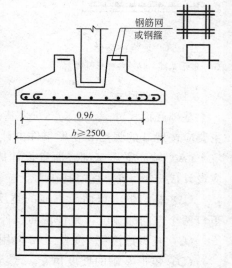

图 4-53　基础配筋

当柱为轴心或小偏心受压，且 $t/h_2 \geqslant 0.65$ 时，或大偏心受压，且 $t/h_2 \geqslant$ 0.75 时，杯壁可不配筋；当柱为轴心或小偏心受压，且 $0.5 \leqslant t/h_2 < 0.65$ 时，杯壁可按表 4-23 构造配筋；其他情况下，应按计算配筋。

杯壁配筋　　　　　　　　　表 4-23

柱截面长边尺寸 h(mm)	$h_c < 1000$	$1000 \leqslant h_c < 1500$	$1500 \leqslant h_c < 2000$
钢筋网直径(mm)	$\phi 8 \sim \phi 10$	$\phi 10 \sim \phi 12$	$\phi 12 \sim \phi 16$

4.7.2　轴心受压柱下独立基础设计

（1）基础底面尺寸的确定

在轴心荷载作用下，假定基础底面的压力为均匀分布，见图 4-54。设计时应满足下式要求：

$$p_k = \frac{N_k + G_k}{A} \leqslant f_a \tag{4-35}$$

式中　p_k——相应于荷载效应标准组合时，基础底面的平均压力值；

N_k——相应于荷载效应标准组合时，上部结构传至基础顶面的竖向力值；

G_k——相应于荷载效应标准组合时，基础自重及基础上的填土重，$G_k = \gamma_m \cdot d \cdot A$，其中 γ_m 为基础及填土的平均重度，设计时可取 $\gamma_m = 20kN/m^3$，d 为基础埋置深度；

A——基础底面面积，$A = b \cdot l$，其中 b、l 分别为基础底面的长和宽；

f_a——经基础埋深与宽度修正之后的地基承载力特征值。

将 $G_k = \gamma_m \cdot d \cdot A$ 代入式（4-35）可得出基础底面面积 A 的计算公式：

$$A = \frac{N_k}{f_a - \gamma_m \cdot d} \tag{4-36}$$

根据上式求得的 A，再确定基础底边长和宽，通常基础底面采用正方形或长宽比较接近的矩形。

（2）基础高度的确定——冲切验算

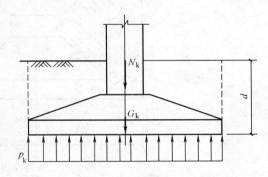

图 4-54　现浇轴心受压柱基础

为了保证基础不发生冲切锥体破坏，基础不能过薄，即基础高度 h 不能过小。此冲切锥体，系指沿柱截面边缘，以 45° 角向下至基础内受力筋的交线，得出的四个斜面所围成的锥体（图 4-55）。锥体以外的基础底面积；承受着由地基净反力引起的方向向上的冲切力 F_l。净反力与全反力的区别，仅在于不包括基础本身和填土重 G_k 引起的反力，因为这部分荷载和反力自相平衡，对基础本身并不产生冲切力。而基础的抗冲切力是由锥体的四个斜面上混凝土抗拉强度在垂直方向的投影所形成的。

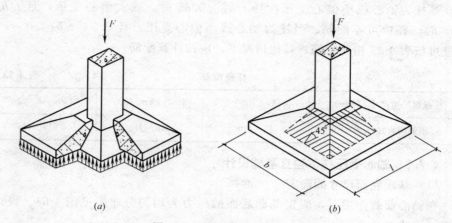

图 4-55　基础冲切破坏示意

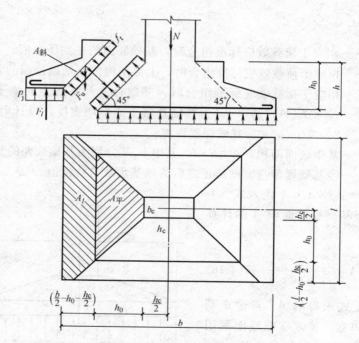

图 4-56　基础冲切受力分析

下面分别叙述冲切力、抗冲切力和冲切验算的计算方法。

1）冲切力的计算

从简化计算和偏于安全考虑，设计时，一般仅取冲切荷载较大的一侧。由图 4-56 可知，冲切力等于冲切面积 A_l 与基底净反力 p_j 的乘积，即：

$$F_l = A_l \cdot p_j \tag{4-37}$$

$$p_j = \frac{N}{A} \tag{4-38}$$

186　式中　F_l——相应于荷载效应基本组合时作用于 A_l 上的冲切力；

A_l——冲切面积，即冲切验算时取用的部分基础底面积；

p_j——扣除基础自重及其上的填土重后，相应于荷载效应基本组合时的地基土单位面积净反力；

N——相应于荷载效应基本组合时上部结构传至基础顶面的竖向力；

A——基础底面面积，$A=bl$。

2）抗冲切力的计算

当冲切斜面上的混凝土达到抗拉强度时，其抵抗拉力等于冲切锥体一面的斜面积 $A_斜$ 与混凝土抗拉强度 f_t 的乘积，其在垂直方向的投影——抗冲切力 F_u，恰好等于冲切斜面的水平投影面积 $A_平$ 与 f_t 的乘积（图 4-56）。即：

$$F_u = A_斜 \cdot f_t \cdot \cos45° = A_平 \cdot f_t \qquad (4\text{-}39)$$

$$A_平 = a_m \cdot h_0 \qquad (4\text{-}40)$$

$$a_m = \frac{a_1 + a_b}{2} \qquad (4\text{-}41)$$

式中　f_t——混凝土轴心抗拉强度设计值；

h_0——基础冲切破坏锥体的有效高度；

a_m——冲切破坏锥体最不利一侧计算长度；

a_1——冲切破坏锥体最不利一侧斜截面的上边长，当计算柱与基础交接处的受冲切承载力时取柱宽；当计算基础变阶处的受冲切力承载力时，取上阶宽；

a_b——冲切破坏锥体最不利一侧斜截面在基础底面积范围内的下边长，当冲切破坏锥体的底面落在基础底面以内（图 4-57a、b），计算柱与基础交接处的受冲切承载力时，取柱宽加两倍基础有效高度；当计算基础变阶处的受冲切承载力时，取上阶宽加两倍该处的基础有效高度。当冲切破坏锥体的底面在 l 方向落在基础底面以外，即 $a+h_0 \geqslant l$ 时（图 4-57c），取 $a_b = l$。

3）冲切验算

基础冲切验算的原理：由基础净反力作用于冲切锥体以外基础底面积上的冲切力，不得超过沿冲切锥体斜面上混凝土达到抗拉强度的总抗力在垂直方向的投影——抗冲切力。考虑到基础高度的影响因素，并使基础的抗冲切力具有较大的安全储备，《地基基础设计规范》给出的冲切验算公式为：

$$F_l \leqslant 0.7\beta_{hp} \cdot f_t \cdot a_m \cdot h_0 \qquad (4\text{-}42)$$

式中　β_{hp}——受冲切承载力截面高度影响系数，当 h 不大于 800mm 时，β_{hp} 取 1.0；当 h 不小于 2000mm 时，β_{hp} 取 0.9；其间按线性内插法取用。

在实际设计中，一般先根据经验和构造要求拟定基础高度 h，然后再按公式（4-42）进行验算，如不满足，则调整基础高度直至满足为止。

（3）基础配筋计算

基础在上部结构传来的荷载与地基净反力的作用下，可以把它倒过来看作是

187

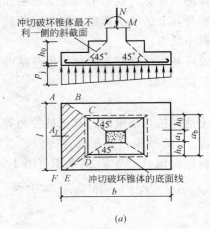

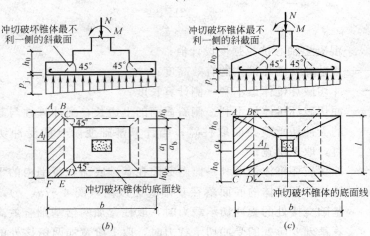

图 4-57 基础的受冲切承载力截面位置

一个均布荷载作用下支承在柱上的悬臂板。为简化配筋计算，可将基础底面按图 4-58 所示，划分成四个梯形面积（其中相对两个面积形状相同、大小相等），并假定每个梯形板嵌固在计算截面处。

1）Ⅰ—Ⅰ截面的配筋计算

将板底 A_1 视为固定在Ⅰ—Ⅰ截面处的悬臂板。该板在基底净反力 p_j 作用下，在Ⅰ—Ⅰ截面产生的弯矩为：

$$M_{\mathrm{I}} = p_{\mathrm{j}} \cdot A_{\mathrm{I}} \cdot e_{\mathrm{I}} \qquad (4\text{-}43)$$

式中 $p_j A_I$——由基底净反力 p_j 作用在基底面积 A_I 上产生的合力；

e_I——合力的偏心距，即梯形面积形心至Ⅰ—Ⅰ截面的距离，可按几何形心的一般计算公式

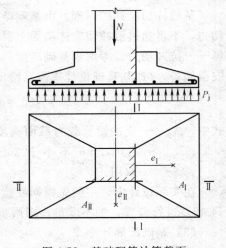

图 4-58 基础配筋计算截面

（4-44）求得：

$$e = \frac{h}{3}\left(\frac{a+2b}{a+b}\right) \tag{4-44}$$

式中符号如图 4-59 所示。

在配筋计算时，可近似取内力臂系数为 0.9。由此得：

$$As_{\text{I}} = \frac{M_{\text{I}}}{0.9h_{0\text{I}}f_{y}} \tag{4-45}$$

2）Ⅱ—Ⅱ截面的配筋计算

参照Ⅰ—Ⅰ截面的计算方法，可知：

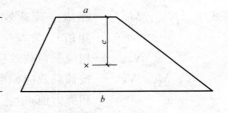

图 4-59 梯形几何形心

$$M_{\text{Ⅱ}} = p_{j} \cdot A_{\text{Ⅱ}} \cdot e_{\text{Ⅱ}} \tag{4-46}$$

$$As_{\text{Ⅱ}} = \frac{M_{\text{Ⅱ}}}{0.9h_{0\text{Ⅱ}}f_{y}} \tag{4-47}$$

式中　$h_{0\text{I}}$、$h_{0\text{Ⅱ}}$——分别为Ⅰ—Ⅰ截面、Ⅱ—Ⅱ截面的有效高度。二者相差一个钢筋直径 d（设计时可预先假定）。

4.7.3 偏心受压柱下独立基础设计

（1）作用于基础底面上的荷载

偏心受压基础与轴心受压基础的区别，仅在于偏心受压基础除承受轴向压力以外，还同时承受有弯矩和剪力。从而导致在基础底面上的基底全反力和基底净反力的分布大小不等（假定按线性变化）。在确定基础底面积、基础高度和计算配筋时，均需考虑这一特点。

作用于偏心受压基础底面上的荷载，亦可分为上部结构传来的荷载与基础及填土自重两项。上部结构传来的荷载，除在排架分析中，由荷载与内力组合得到的最不利内力 M、N、V 以外，对于边柱基础，通常还有由基础梁直接传来的围护结构自重 N_{w}，如图 4-60 所示。

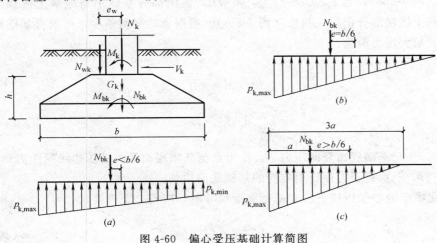

图 4-60 偏心受压基础计算简图

189

由此,可能作用于基础底面重心处的荷载,计为:

$$N_{bk} = N_k + G_k + N_{wk} \tag{4-48}$$

$$M_{bk} = M_k + V_k \cdot h + N_{wk} \cdot e_w \tag{4-49}$$

式中　　N_{bk}、M_{bk}——相应于荷载效应标准组合时基础底面的竖向压力值和力
　　　　　　　　　　矩值;

　　　　　　N_{wk}——相应于荷载效应标准组合时基础梁传来的竖向力值;

　　N_k、M_k、V_k——按荷载效应标准组合时作用于基础顶面处的竖向力、弯矩
　　　　　　　　　　和剪力值;

　　　　　　　G_k——相应于荷载效应标准组合时,基础自重及基础上的填土重,
　　　　　　　　　　见式(4-35);

　　　　　　　　h——基础高度;

　　　　　　　e_w——基础梁中心线至基础底面中心线的距离。

(2) 基础底面尺寸的确定

在偏心荷载作用下,假定基础底面的压力为线性分布,见图 4-60。相应于
荷载效应标准组合时基础底面边缘的最大压力值 $p_{k,max}$ 和最小压力值 $p_{k,min}$ 可按
下式计算:

$$\frac{p_{k,max}}{p_{k,min}} = \frac{N_{bk}}{A} \pm \frac{M_{bk}}{W} \tag{4-50}$$

取 $e = M_{bk}/N_{bk}$,并将 $W = lb^2/6$ 代入式(4-50),可将基础底面边缘的压力
值写成如下形式:

$$\frac{p_{k,max}}{p_{k,min}} = \frac{N_{bk}}{lb}\left(1 \pm \frac{6e}{b}\right) \tag{4-51}$$

由上式可知,在 N_{bk} 和 M_{bk} 共同作用下。当 $e < b/6$ 时,$p_{k,min} > 0$,说明地基
反力呈梯形分布(图 4-60a);当 $e = b/6$ 时,$p_{k,min} = 0$,说明地基反力呈三角形
分布(图 4-60b);当 $e > b/6$ 时,$p_{k,min} < 0$,说明部分基础不与地基土接触,而
与地基土接触部分仍呈三角形(图 4-60c)。根据力的平衡条件,可求得基础底面
边缘的最大压力值为:

$$p_{k,max} = \frac{2N_{bk}}{3al} \tag{4-52}$$

$$a = \frac{b}{2} - e \tag{4-53}$$

式中　　a——基础底面竖向压力 N_{bk} 作用点至基础底面最大受压边缘的距离;

　　　　l——垂直于力矩作用方向的基础底面边长。

在确定偏心受压柱下独立基础底面尺寸时,应符合下列要求:

$$p_k = \frac{p_{k,max} + p_{k,min}}{2} \leqslant f_a \tag{4-54}$$

$$p_{k,max} \leqslant 1.2 f_a \tag{4-55}$$

在确定偏心荷载作用下基础的底面尺寸时，一般采用试算法。首先按轴心荷载作用下的式（4-35）初步估算基础的底面面积，再考虑基础底面弯矩的影响，将基础底面积适当增加 $20\% \sim 40\%$，初步选定基础底面的边长 b 和 l，按式（4-50）计算偏心荷载作用下基础底面的压力值，然后验算是否满足式（4-54）和式（4-55）的要求；如不满足，应调整基础底面尺寸重新验算，直至满足为止。

（3）基础高度的确定

偏心受压基础的基底净反力为：

$$\begin{array}{l} p_{j,max} \\ p_{j,min} \end{array} = \frac{N_b - G}{A} \pm \frac{M_b}{W} \tag{4-56}$$

式中　N_b、M_b——相应于荷载效应基本组合时的基础底面的竖向力值和力矩值；

G——相应于荷载效应基本组合时的基础重及其上填土重，$G = 1.2 \gamma_m \cdot d \cdot A$，见式（4-35）；

A——基础底面面积 $A = bl$；

W——基础底面的抵抗矩，$W = \dfrac{lb^2}{6}$；l 为垂直于力矩作用方向的基础底面边长。

为偏于安全与简化计算，冲切力可按下式计算：

$$F_l = p_{j,max} \cdot A_l$$

式中　$p_{j,max}$——不包括基础及填土自重的基础底面边缘处最大地基土单位面积净反力；

A_l——冲切面积（图 4-57（a）、（b）中的阴影面积 $ABCDEF$，或图 4-57（c）中的阴影面积 $ABCD$）；

F_l——相应于荷载效应基本组合时作用在 A_l 上的冲切力设计值；

偏心受压基础的冲切验算公式，除 F_l 的计算有所不同外，其他与轴心受压基础完全相同。即：

$$F_l \leqslant 0.7 \beta_{hp} \cdot f_t \cdot a_m \cdot h_0 \tag{4-42}$$

（4）基础配筋计算

偏心受压基础底板的配筋计算方法，基本上与轴心受压基础相同，只是 I—I 截面弯矩 M_I、II—II 截面弯矩 M_{II}、III—III 截面弯矩 M_{III}、IV—IV 截面弯矩 M_{IV} 的计算略有不同（图 4-61）。即：

$$M_I = \frac{p_{j,max} + p_{jI}}{2} \cdot A_I \cdot e_I \tag{4-57}$$

$$M_{II} = p_j \cdot A_{II} \cdot e_{II} \tag{4-58}$$

$$M_{III} = \frac{p_{j,max} + p_{jIII}}{2} \cdot A_{III} \cdot e_{III} \tag{4-59}$$

191

$$M_{\text{IV}} = p_{\text{j}} \cdot A_{\text{IV}} \cdot e_{\text{IV}} \qquad (4\text{-}60)$$

以上四式中的符号，见图 4-61。其中：

$$p_{\text{j}} = \frac{p_{\text{j,max}} + p_{\text{j,min}}}{2} \qquad (4\text{-}61)$$

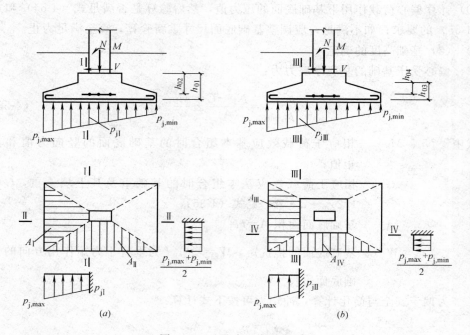

图 4-61 地基净反力示意图

4.8 单层厂房结构设计例题

某金工车间两跨各 24m 的厂房，厂房总长 132m，中间设伸缩缝一道，柱距均为 6m。厂房剖面如图 4-62 所示。该厂房每跨内各有两台 5/20t 吊车，吊车工作级别为 A5 级，吊车轨顶标高为 9.800m。厂房所在地点为西安，该地区风荷载为 0.35kN/m²，地面粗糙度为 B 类，基本雪压为 0.25kN/m²。风荷载的组合值系数为 0.6，本厂房其余可变荷载的组合值系数均为 0.7。地基土为黏性土（e >0.85），冻结深度为 0.3m，地基承载力特征值 $f_{\text{ak}} = 160\text{kN/m}^2$，试设计此厂房。

4.8.1 厂房中标准构件的选用

1）屋面板采用 G410（一）标准图集中的预应力混凝土大型屋面板，板重标准值（包括灌缝）为 1.4kN/m²。

2）屋架采用 G415 标准图集中的 24m 预应力混凝土折线形屋架，自重标准值为 106kN。

3）吊车梁选用 G425 标准图集中的预应力混凝土吊车梁，梁高为 1200mm，自重标准值为 44.2kN，轨道及零件重标准值为 0.8kN/m。

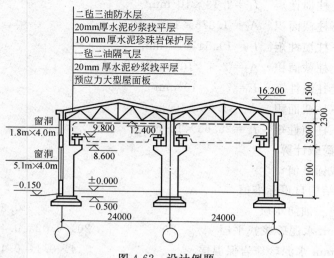

图 4-62 设计例题

4.8.2 材料的选用

（1）柱的混凝土采用 C25（$f_c = 11.9$N/mm^2，$f_t = 1.27$N/mm^2）。柱内受力纵筋采用 HRB335 级钢筋（$f_y = 300$N/mm^2，$E_s = 2 \times 10^5$N/mm^2），箍筋采用 HPB235 级（$f_{yv} = 210$N/mm^2）。

（2）基础的混凝土采用 C20（$f_c = 9.6$N/mm^2，$f_t = 1.1$N/mm^2），基础受力筋采用 HPB235 级钢筋（$f_y = 210$N/mm^2）。

（3）屋盖中的防水层、保温层、找平层、隔气层的选用，如图 4-62 所示。

4.8.3 计算简图及柱截面几何特征

（1）计算简图

该车间无特殊要求，不抽柱，可在相邻柱距中线之间截取一个计算单元，其计算简图如图 4-63 所示。上柱高为 $H_1 = 3.8$m，下柱高为 9.1m，柱全高 $H_2 = 3.8 + 9.1 = 12.9$m。

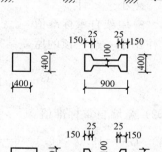

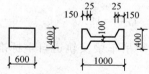

图 4-63 计算简图与柱截面尺寸

（2）柱截面几何特征

根据吊车起重量及轨顶标高参照表 4-13 取：

边柱：上柱 $b \times h = 400$mm$\times 400$mm

下柱 $b \times h \times b_f \times h_f = 400mm\times 900mm\times 100mm\times 150$mm

中柱：上柱 $b \times h = 400$mm$\times 600$mm

下柱 $b \times h \times b_f \times h_f = 400mm\times 1000mm\times 100mm\times 150$mm

根据柱子的截面尺寸可求得（计算从略）：

边柱：上柱截面积 $A_1 = 1.6 \times 10^5$mm^2

193

上柱惯性矩 $I_1 = 2.13 \times 10^9 \, \text{mm}^4$

下柱截面积 $A_2 = 1.875 \times 10^5 \, \text{mm}^2$

下柱惯性矩 $I_2 = 19.54 \times 10^9 \, \text{mm}^4$

中柱：上柱截面积 $A_3 = 2.4 \times 10^5 \, \text{mm}^2$

上柱惯性矩 $I_3 = 7.2 \times 10^9 \, \text{mm}^4$

下柱截面积 $A_4 = 1.98 \times 10^5 \, \text{mm}^2$

下柱惯性矩 $I_4 = 25.63 \times 10^9 \, \text{mm}^4$

4.8.4 荷载计算

（1）恒载标准值

1）屋盖结构自重标准值

二毡三油防水层	$0.35 \, \text{kN/m}^2$
20mm 水泥砂浆找平层	$20 \times 0.02 = 0.40 \, \text{kN/m}^2$
100mm 水泥珍珠岩保温层	$4 \times 0.1 = 0.40 \, \text{kN/m}^2$
一毡二油隔气层	$0.05 \, \text{kN/m}^2$
25mm 水泥砂浆找平层	$20 \times 0.02 = 0.4 \, \text{kN/m}^2$
预应力混凝土大型屋面板	$1.4 \, \text{kN/m}^2$

小　计 $g_k = 3.05 \, \text{kN/m}^2$

屋架自重标准值 106kN

作用于一端柱顶的屋盖结构自重标准值为

$$G_{1k} = 3.05 \times 6 \times \frac{24}{2} + \frac{106}{2} = 272.6 \text{kN}$$

2）悬墙自重标准值

$$G_{2k} = 19.0 \times (6.1 \times 6 - 1.8 \times 4) \times 0.24 + 1.8 \times 4 \times 0.45 = 137.3 \text{kN}$$

3）吊车梁及轨道自重标准值

$$G_{3k} = 44.2 + 0.8 \times 6 = 49.0 \text{kN}$$

4）柱自重标准值

边柱：上柱 $g_k = 4 \text{kN/m}$

下柱 $g_k = 4.69 \text{kN/m}$

则   上柱 $G_{4k}^A = G_{4k}^C = 4.0 \times 3.8 = 15.2 \text{kN}$

下柱 $G_{5k}^A = G_{5k}^C = 4.69 \times 9.1 = 42.7 \text{kN}$

中柱：上柱 $g_k = 6 \text{kN/m}$

下柱 $g_k = 4.94 \text{kN/m}$

则   上柱 $G_{4k}^B = 6 \times 3.8 = 22.8 \text{kN}$

下柱 $G_{5k}^B = 4.94 \times 9.1 = 45.0 \text{kN}$

各项恒载及其作用位置详见图 4-64。

194

（2）屋面活荷载标准值

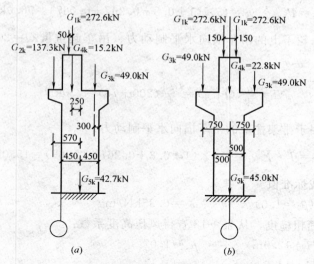

图 4-64 恒载作用

屋面活荷载标准值为 0.5kN/m^2（不上人屋面），雪荷载标准值为 0.25kN/m^2，小于屋面活荷载，故不考虑雪荷载，见图 4-65。

$$Q_{1k}=0.5\times6\times\frac{24}{2}=36\text{kN}$$

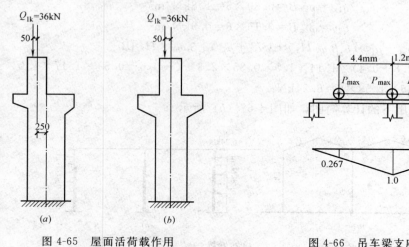

图 4-65　屋面活荷载作用

图 4-66　吊车梁支座反力影响线

（3）吊车荷载标准值

由表 4-16 查得

$$P_{max}=215\text{kN}\qquad P_{min}=45\text{kN}$$

$$B=5550\text{mm}\qquad K=4400\text{mm}\qquad g=78\text{kN}$$

根据 B 与 K，可算得吊车梁支座反力影响线中各轮对应点的坐标值，如图 4-66 所示，并可根据该图求得作用于柱上的吊车竖向荷载标准值为：

$$D_{max}=P_{max}\sum y_i=215\times(1+0.8+0.267+0.067)=458.8\text{kN}$$

195

$$D_{\min} = P_{\min} \sum y_i = 45 \times (1+0.8+0.267+0.067) = 96.0 \text{kN}$$

作用于每一轮子上的吊车横向水平制动力（吊车起重量 $Q=200$kN 时，$\alpha=0.1$）为：

$$T = \frac{\alpha}{4}(Q+g) = \frac{0.1}{4}(200+78) = 7.0 \text{kN}$$

由此得作用于排架柱上的吊车横向水平制动力：

$$T_{\max} = T \cdot \sum y_i = 7.0 \times (1+0.8+0.267+0.067) = 15.0 \text{kN}$$

（4）风荷载标准值

基本风压（$\beta_2 = 1.0$）：$\qquad \omega_0 = 0.35 \text{kN/m}^2$

按 B 类地面粗糙度，从表 4-18 查得风压高度系数：

柱顶（按 $H=12.9$m）$\qquad \mu_z = 1.07$

檐口（按 $H=14.7$m）$\qquad \mu_z = 1.14$

屋顶（按 $H=16.2$m）$\qquad \mu_z = 1.17$

风载体型系数如图 4-67（a）所示，故风荷载标准值为：

$$\omega_{1k} = \mu_z \mu_{s1} \beta_z \omega_0 = 1.07 \times 0.8 \times 1.0 \times 0.35 = 0.30 \text{kN/m}^2$$

$$\omega_{2k} = \mu_z \mu_{s2} \beta_z \omega_0 = 1.07 \times 0.4 \times 1.0 \times 0.35 = 0.15 \text{kN/m}^2$$

作用于排架计算简图上的风荷载标准值为：

$$q_{1k} = \omega_{1k} B = 0.30 \times 6 = 1.8 \text{kN/m}^2$$

$$q_{2k} = \omega_{2k} B = 0.15 \times 6 = 0.9 \text{kN/m}^2$$

$$F_{wk} = [(\mu_{s1}+\mu_{s2})(\mu_z \beta_z \omega_0 H_1) + (\mu_{s3}+\mu_{s4})\mu_z \beta_z \omega_0 \cdot H_2]B$$
$$= [(0.8+0.4) \times 1.14 \times 1.0 \times 0.35 \times 2.3 + (-0.6+0.5) \times 1.17 \times 1.0 \times 0.35 \times 1.5] \times 6 = 6.24 \text{kN}$$

风荷载作用下的计算简图，如图 4-67（b）所示。

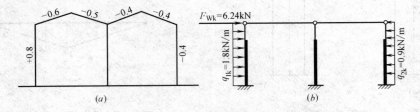

图 4-67 风荷载作用

4.8.5 排架内力分析

该厂房为两跨等高排架，可用剪力分配法进行内力分析。

（1）剪力分配系数的计算

1）边柱柔度系数 δ 值计算

根据边柱的截面几何特征可求得：

$$n = \frac{I_1}{I_2} = \frac{2.13 \times 10^9}{19.54 \times 10^9} = 0.109$$

$$\lambda = \frac{H_1}{H_2} = \frac{3.8}{12.9} = 0.295$$

查附录三之附图 3-1，得 $C_0 = 2.51$，则

$$\delta_C = \delta_A = \frac{H_2^3}{EI_2 C_0} = \frac{10^{-9}}{19.54 \times 2.51} \cdot \frac{H_2^3}{E} = 0.02 \times 10^{-9} \cdot \frac{H_2^3}{E}$$

2）中柱柔度系数 δ 值计算

根据中柱的截面几何特征可求得：

$$n = \frac{I_3}{I_4} = \frac{7.2 \times 10^9}{25.63 \times 10^9} = 0.281$$

$$\lambda = 0.295 \text{（同边柱）}$$

查附录三之附图 3-1，得 $C_0 = 2.78$，则

$$\delta_B = \frac{H_2^3}{EI_4 C_0} = \frac{10^{-9}}{25.63 \times 2.78} \cdot \frac{H_2^3}{E} = 0.014 \times 10^{-9} \cdot \frac{H_2^3}{E}$$

3）各柱的剪力分配系数

$$\eta_A = \eta_C = \frac{\frac{1}{\delta_A}}{\sum \frac{1}{\delta_i}} = \frac{\frac{1}{0.02} \times 10^9 \cdot \frac{E}{H_2^3}}{\left(2 \times \frac{1}{0.02} + \frac{1}{0.014}\right) \times 10^{-9} \cdot \frac{E}{H_2^3}} = 0.292$$

$$\eta_B = 1 - 2 \times 0.292 = 0.416$$

（2）恒载作用下的排架分析

将图 4-64 的实际荷载情况，简化为图 4-68 的计算简图，其中：

$$\overline{G}_1 = G_{1k} = 272.6 \text{kN}$$

$$\overline{G}_2 = G_{2k} + G_{3k} + G_{4k}^A = 137.3 + 49.0 + 15.2 = 201.5 \text{kN}$$

$$\overline{G}_3 = G_{5k}^A = 42.7 \text{kN}$$

$$\overline{G}_4 = 2G_{1k} = 2 \times 272.6 = 545.2 \text{kN}$$

$$\overline{G}_5 = G_{4k}^B + 2G_{3k} = 22.8 + 2 \times 49 = 120.8 \text{kN}$$

$$\overline{G}_6 = G_{5k}^B = 45.0 \text{kN}$$

$$M_1 = G_{1k} \cdot e_1 = 272.6 \times 0.05 = 13.6 \text{kN} \cdot \text{m}$$

$$M_2 = (G_{1k} + G_{4k}^A) \cdot e_4 + G_{2k} \cdot e_2 - G_{3k} \cdot e_3$$

$$= (272.6 + 15.2) \times 0.25 + 137.3 \times 0.57 - 49 \times 0.3 = 135.7 \text{kN} \cdot \text{m}$$

由图 4-68（b）所示的排架计算简图为对称结构，故在对称荷载作用下排架无侧移，各柱可按上端为不动铰支承计算，且中柱无弯矩。根据 $n = 0.109$、$\lambda = 0.295$ 查附录三之附图 3-2 得：

$$C_1 = 2.12$$

$$R_1 = \frac{M_{1k}}{H_2} \cdot C_1 = \frac{13.6}{12.9} \times 2.12 = 2.24 \text{kN}$$

查附录三之附图 3-3 得：

$$C_3 = 1.14$$

$$R_2 = \frac{M_{2k}}{H_2} \cdot C_3 = \frac{135.7}{12.9} \times 1.14 = 12.0 \text{kN}$$

则：

$$R_C = R_A = R_1 + R_2 = 2.24 + 12.0 = 14.24 \text{kN}$$

在 R_A、R_C 与 M_1、M_2 共同作用下，可以求出排架柱的弯矩图（图 4-68c）以及在恒载作用下的轴力图（图 4-68d）。

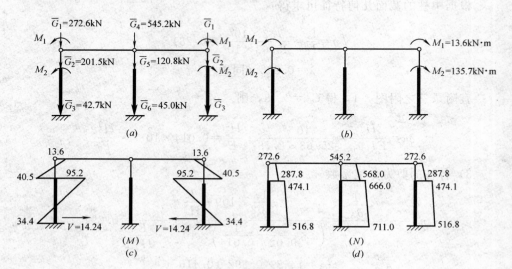

图 4-68　恒载作用的内力

（3）屋面活荷载作用下的排架分析

1）屋面活荷载作用于 AB 跨。

由屋架传至两侧柱顶的压力为：

$$Q_1 = Q_1' = 36.0 \text{kN}$$

由此在 A、B 柱顶及变阶处引起的弯矩分别为：

$$M_1 = Q_1 \cdot e_1 = 36.0 \times 0.05 = 1.8 \text{kN} \cdot \text{m}$$
$$M_1' = Q_1 \cdot e_1' = 36.0 \times 0.15 = 5.4 \text{kN} \cdot \text{m}$$
$$M_2 = Q_1 \cdot e_2 = 36.0 \times 0.25 = 9.0 \text{kN} \cdot \text{m}$$

计算不动铰支座反力（图 4-69b）

边柱：根据 $n = 0.109$，$\lambda = 0.295$ 查附录三之附图 3-2、附图 3-3 得：

$$C_1 = 0.320、C_3 = 1.196$$

$$R_1 = \frac{M_1}{H_2} \cdot C_1 = \frac{1.8}{12.9} \times 0.32 = 0.045 \text{kN}$$

$$R_2 = \frac{M_2}{H_2} \cdot C_2 = \frac{9.0}{12.9} \times 1.196 = 0.83 \text{kN}$$

198　　则　　　　　　$$R_A = R_1 + R_2 = 0.045 + 0.83 = 0.88 \text{kN}$$

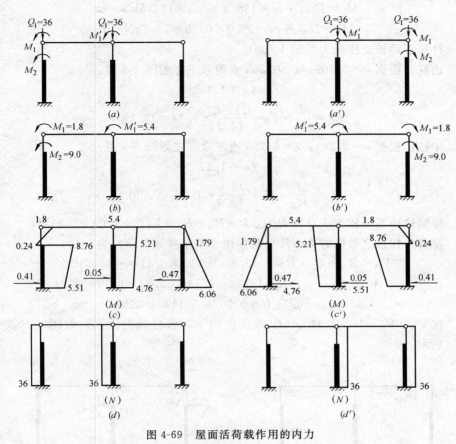

图 4-69 屋面活荷载作用的内力

中柱：根据 $n=0.281$，$\lambda=0.295$ 查附录三之附图 3-2 得：

$$C_1=1.73$$

$$R_B=\frac{M_1'}{H_2}\cdot C_1=\frac{5.4}{12.9}\times 1.73=0.72\text{kN}$$

排架柱顶不动铰支座总反力为：$R=R_A+R_B=0.88+0.72=1.60\text{kN}$

排架各柱顶之最终剪力（R 反向作用于整个排架柱顶）为：

$$V_A=R_A-\eta_A\cdot R=0.88-0.292\times 1.6=0.41\text{kN}$$

$$V_B=R_B-\eta_B\cdot R=0.72-0.416\times 1.6=-0.05\text{kN}$$

$$V_C=-\eta_C\cdot R=-0.292\times 1.6=-0.47\text{kN}$$

排架各柱在 V_A、V_B、V_C 及 M_1、M_2、M_1' 共同作用下的内力图，如图 4-69 （c）、（d）所示。

2）屋面活荷载作用于 BC 跨

由于结构对称，故只需将左跨作用有活荷载情况的 A 柱与 C 柱内力对换一下，并注意内力变号即可，详见图 4-69 （c'）、（d'）所示。

（4）吊车荷载作用下的排架分析

1）D_{max} 作用于 A 柱、D_{min} 作用于 B 柱左

由吊车竖向荷载 D_{max}、D_{min} 在柱中引起的等效弯矩为：

199

$$M_1 = D_{max} \cdot e_3 = 458.8 \times 0.3 = 137.6 \text{kN} \cdot \text{m}$$

$$M_1' = D_{min} \cdot e_3 = 96.0 \times 0.75 = 72.0 \text{kN} \cdot \text{m}$$

计算不动铰支座反力（图 4-70b）：

边柱：根据 $n = 0.109$，$\lambda = 0.285$ 查附录三之附图 3-3 得：

$$C_3 = 1.14$$

$$R_A = \frac{M_1}{H_2} \cdot C_3 = \frac{137.6}{12.9} \times 1.14 = 12.2 \text{kN}$$

中柱：根据 $n = 0.281$，$\lambda = 0.295$ 查附录三之附图 3-3 得：

$$C_3 = 1.27$$

$$R_B = \frac{M_1'}{H_2} \cdot C_3 = \frac{72.0}{12.9} \times 1.27 = 7.09 \text{kN}$$

排架柱顶不动铰支座总反力为：$R = R_A - R_B = 12.2 - 7.09 = 5.11 \text{kN}$

排架各柱顶之最终剪力（R 反向作用于整个排架柱顶）为：

$$V_A = R_A - \mu_A \cdot R = -12.2 + 0.292 \times 5.11 = -10.7 \text{kN}$$

$$V_B = R_B - \mu_B \cdot R = 13.24 - 0.416 \times 5.11 = 9.17 \text{kN}$$

$$V_C = -\mu_C \cdot R = 0.292 \times 5.11 = 1.49 \text{kN}$$

在 V_A、V_B、V_C 及 M_1、M_1' 共同作用下，各柱的内力图，如图 4-70 （c）、（d）所示。

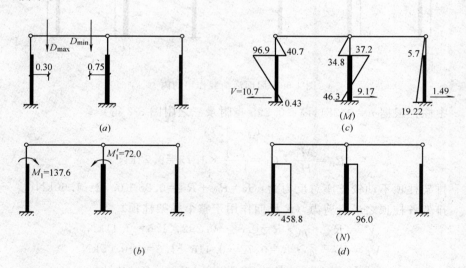

图 4-70 D_{max} 作用于 A 柱、D_{min} 作用于 B 柱左的内力

2）D_{max} 作用于 B 柱左、D_{min} 作用于 A 柱

由吊车竖向荷载 D_{max}、D_{min} 在柱中引起的等效弯矩为：

$$M_1 = D_{min} \cdot e_3 = 96.0 \times 0.3 = 28.8 \text{kN} \cdot \text{m}$$

$$M_1' = D_{max} \cdot e_3 = 458.8 \times 0.75 = 344.1 \text{kN} \cdot \text{m}$$

计算不动铰支座反力（图 4-71b）：

边柱：根据 $n = 0.109$，$\lambda = 0.295$ 查附录三之附图 3-3 得：

$$C_3 = 1.14$$

$$R_A = \frac{M_1}{H_2} \cdot C_3 = \frac{28.8}{12.9} \times 1.14 = 2.55\text{kN}$$

中柱：根据 $n = 0.281$，$\lambda = 0.295$ 查附录三之附图 3-3 得：

$$C_3 = 1.27$$

$$R_B = \frac{M_1'}{H_2} \cdot C_3 = \frac{344.1}{12.9} \times 1.27 = 33.9\text{kN}$$

排架柱顶不动铰支座总反力为：$R = R_A - R_B = 2.55 - 33.9 = -31.35\text{kN}$

排架各柱顶之最终剪力（R 反向作用于整个排架柱顶）为：

$$V_A = R_A - \eta_A \cdot R = -2.55 - 0.292 \times 31.35 = -11.7\text{kN}$$

$$V_B = R_B - \eta_B \cdot R = 33.9 - 0.416 \times 31.35 = 20.9\text{kN}$$

$$V_C = -\eta_C \cdot R = 0.292 \times 31.35 = -9.15\text{kN}$$

在 V_A、V_B、V_C 及 M_1、M_1' 共同作用下，各排架的内力图，如图 4-71（c）、（d）所示。

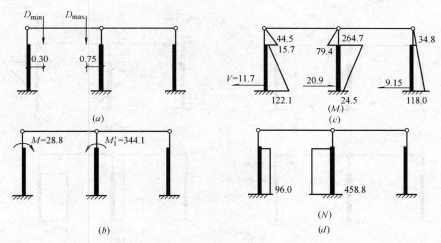

图 4-71　D_{max} 作用于 B 柱左、D_{min} 作用于 A 柱的内力

3）D_{max} 作用于 B 柱右、D_{min} 作用于 C 柱

根据结构的对称性及吊车起重量相等的条件，内力计算同"D_{max} 作用于 B 柱左"的情况，只需将 A、C 柱内力对换一下，并改变全部弯矩及剪力符号即可。详见图 4-72。

4）D_{max} 作用于 C 柱、D_{min} 作用于 B 柱右

同理，将"D_{max} 作用于 A 柱"情况的 A、C 柱内力对换，并注意符号改变，即可得出此种荷载情况的内力。如图 4-73 所示。

5）AB 跨作用有吊车横向水平制动力

在 AB 跨吊车横向水平制动力作用下的计算简图，如图 4-74（a）所示。

边柱：由 $y/H_1 = 2.6/3.8 = 0.684$ 及 $n = 0.109$，$\lambda = 0.295$ 查附录三之附图 3-4 和附图 3-5，内插得：

$$C_5 = 0.61 \qquad R_A = -T_{max} \cdot C_5 = -15.0 \times 0.61 = -9.2\text{kN}$$

中柱：由 $y/H_1 = 2.6/3.8 = 0.684$ 及 $n = 0.281$，$\lambda = 0.295$ 查附录三之附图

201

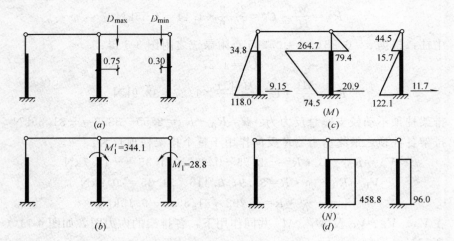

图 4-72　D_{max} 作用于 B 柱右、D_{min} 作用于 C 柱内力

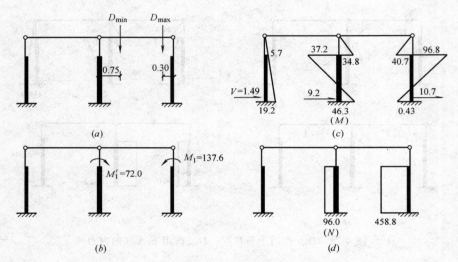

图 4-73　D_{max} 作用于 C 柱、D_{min} 作用于 B 柱右内力

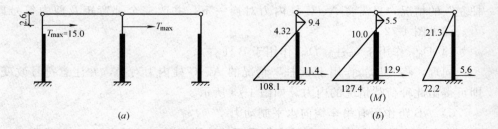

图 4-74　吊车横向水平制动力作用于 AB 跨的内力

3-4 和附图 3-5，内插得：

$$C_5 = 0.67 \qquad R_B = -T_{max} \cdot C_5 = -15.0 \times 0.67 = -10.1 \text{kN}$$

排架柱顶不动铰支座总反力为：

$$R = R_A + R_B = -9.2 - 10.1 = -19.3 \text{kN}$$

排架各柱顶之最终剪力为:

$$V_A = R_A - \eta_A \cdot R = -10.1 + 0.292 \times 19.3 = -3.6 \text{kN}$$

$$V_B = R_B - \eta_B \cdot R = -10.1 + 0.416 \cdot 5 \times 19.3 = -2.1 \text{kN}$$

$$V_C = -\eta_C \cdot R = 0.292 \times 19.3 = 5.6 \text{kN}$$

排架各柱之内力图如图 4-74 (b) 所示。当水平制动力方向相反时，则各柱弯矩图反向。

6) BC 跨作用有吊车横向水平制动力

因厂房对称，且两跨吊车起重量相等，故此种情况下排架内力与"AB 跨作用有吊车横向水平制动力"情况相同，仅需将 A 柱和 C 柱内力对换。各柱内力如图 4-75 所示。当水平制动力方向相反时，则各柱弯矩图反向。

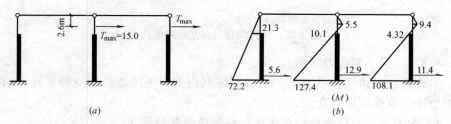

图 4-75 吊车横向水平制动力作用于 BC 跨的内力

(5) 风荷载作用下的排架分析

1) 风自左向右吹时（左来风）

计算简图如图 4-76 (a) 所示，各柱内力计算如下。

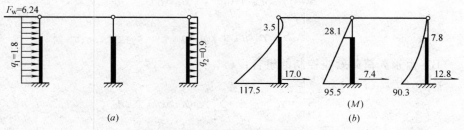

图 4-76 风荷载自左向右吹时的内力

边柱 A：由 $n = 0.109$，$\lambda = 0.295$ 查附录三之附图 3-8，查得：$C_{11} = 0.332$

$$R_A = g_1 H_2 \cdot C_{11} = 1.8 \times 12.9 \times 0.332 = 7.7 \text{kN}(\leftarrow)$$

边柱 C：由 $n = 0.109$，$\lambda = 0.295$ 查附录三之附图 3-8，查得：$C_{11} = 0.332$

$$R_C = g_2 H_2 \cdot C_{11} = 0.9 \times 12.9 \times 0.332 = 3.9 \text{kN}(\leftarrow)$$

排架柱顶不动铰支座总反力为:

$$R = R_A + R_C + F_w = 7.7 + 3.9 + 6.24 = 17.8 \text{kN}(\leftarrow)$$

排架各柱顶之最终剪力为:

$$V_A = R_A - \eta_A \cdot R = -7.7 + 0.292 \times 17.8 = -2.5 \text{kN}(\leftarrow)$$

$$V_B = -\eta_B \cdot R = 0.416 \times 17.8 = 7.4 \text{kN}(\rightarrow)$$

203

$$V_C = R_D - \eta_C \cdot R = -3.9 + 0.292 \times 17.8 = 1.3 \text{kN}(\rightarrow)$$

在左来风作用下各柱之内力如图 4-76（b）所示。

2）风自右向左吹时（右来风）

此种荷载情况的排架内力与"风自左向右吹"情况相同，仅需将 A 柱、C 柱内力对换，并改变所有柱内力符号即可。在右来风作用下各柱内力详见图 4-77。

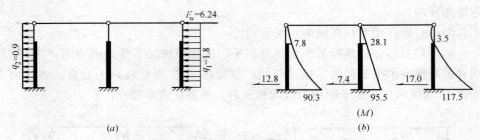

图 4-77 风荷载自右向左吹时的内力

4.8.6 最不利内力组合

本例题仅以边柱 A 为例，组合其最不利内力（不考虑厂房空间工作）。在具体组合中，再强调以下几点：

1）内力组合的最终目的在于进行柱与柱下基础设计。

2）按照《建筑结构荷载规范》的规定，对于一般排架，基本组合可采用简化规则，按下列组合值中取最不利值确定：

（A）由可变荷载效应控制的组合：

$$S = \gamma_G S_{Gk} + 0.9 \sum_{i=1}^{n} \gamma_{Qi} S_{Qik} \qquad ①$$

$$S = \gamma_G S_{Gk} + \gamma_{Q1} S_{Q1k} \qquad ②$$

（B）由永久荷载效应控制的组合：

$$S = \gamma_G S_{Gk} + \sum_{i=1}^{n} \gamma_{Qi} \psi_{Ci} S_{Qik} \qquad ③$$

三种内力组合设计组及标准值，详见表 4-25、表 4-26、表 4-27。

3）基本组合的荷载分项系数，按下列规定采用：

（A）永久荷载分项系数：

由可变荷载效应控制的组合，取 $\gamma_G = 1.2$；

由永久荷载效应控制的组合，取 $\gamma_G = 1.35$；

（B）可变荷载分项系数，取 $\gamma_G = 1.4$。

4）由永久荷载效应控制的组合，参与组合的可变荷载仅限于竖向荷载，在此，可变荷载组合值系数，均取 $\psi_{Ci} = 0.7$。

5）吊车台数与多台吊车的荷载折减系数，本例题为两跨厂房，每跨各有两台吊车，对于竖向荷载，当同时选④~⑦其中两项时，按 4 台考虑，取 $\beta = 0.8$；

表 4-24

A 柱各控制截面内力标准值

荷载类型	恒载 S_{GK}	屋面活荷载 S_{QK}		吊车竖向荷载 S_{QK}				吊车横向水平荷载 S_{QK}		风荷载 S_{QK}	
序号	①	② AB跨活荷载	③ BC跨活荷载	④ D_{max}作用于A柱	⑤ D_{max}作用于B柱左	⑥ D_{max}作用于B柱右	⑦ D_{max}作用于C柱	⑧ T_{max}作用于AB跨	⑨ T_{max}作用于BC跨	⑩ 左来风	⑪ 右来风
内力值											
I-I M_k	40.5	0.24	1.8	−40.7	−44.5	34.8	−5.7	±4.3	±21.3	3.5	−7.8
I-I N_k	287.8	36.0	0	0	0	0	0	0	0	0	0
II-II M_k	−95.2	−8.8	1.8	96.9	−15.7	34.8	−5.7	±4.3	±21.3	3.5	−7.8
II-II N_k	474.1	36.0	0	458.8	96.0	0	0	0	0	0	0
III-III M_k	34.4	−5.5	6.1	−0.4	−122.1	118.0	−19.2	±108.1	±72.2	117.5	−90.3
III-III N_k	516.8	36.0	0	458.8	96.0	0	0	0	0	0	0
III-III V_k	14.2	0.4	0.5	−10.7	−11.7	9.2	−1.5	±11.4	±5.6	17.0	−12.8

注: M 单位为 kN·m; N、V 单位为 kN。

205

A柱荷载效应基本组合之一

$$S = 1.2 S_{GK} + 0.9 \sum_{i=1}^{n} \gamma_{Qi} S_{Qik}$$

表 4-25

截面	内力组合	+M_max 及相应 N,V	−M_max 及相应 N,V	N_max 及相应 M,V	N_min 及相应 M,V
I-I	M	1.2①+1.4×0.9[②+③]+0.9(⑥+⑨)+⑪　119.20	1.2①+1.4×0.9[②+(⑤+⑦)]+0.9⑨+⑪　−35.98	1.2①+1.4×0.9[②+③]+0.9(⑥+⑨)+⑪　119.20	1.2①+1.4×0.9[③+⑪]+0.9(⑥+⑨)+⑩　118.90
	N	390.72	345.36	390.72	345.36
	Mk	①+0.9[②+③]+0.9(⑥+⑨)+⑪　90.93	①+0.9[②+(⑤+⑦)]+0.9⑨+⑪　−19.92	①+0.9[②+③]+0.9(⑥+⑨)+10　90.93	①+0.9[③+0.9(⑥+⑨)+10　90.71
	Nk	320.20	287.80	320.20	287.80
II-II	M	1.2①+1.4×0.9[③+0.8(④+⑥)]+0.9⑨+⑪　49.35	1.2①+1.4×0.9[②+0.8(⑤+⑦)]+0.9⑨+⑪　−180.88	1.2①+1.4×0.9[②+0.9[③+(④+⑨)+⑪　49.43	1.2①+1.4×0.9[③+⑪]+0.9(⑦+⑨)+⑪　−154.69
	N	1031.89	711.05	1134.06	568.92
	Mk	①+0.8[③+0.8(④+⑥)]+0.9⑨+⑪　21.65	①+0.8(⑤+⑦)+0.9⑨+⑪　−142.80	①+0.9[③+(④+⑨)+⑪　−48.90	①+0.9[0.9(⑦+⑨)+⑪　−124.09
	Nk	804.44	575.62	878.13	474.11
III-III	M	1.2①+1.4×0.9[③+0.9(⑥+⑨)+⑪　453.41	1.2①+1.4×0.9[②+0.8(⑤+⑦)]+0.9⑧⑨+⑪　344.44	1.2①+1.4×0.9[②+③+0.9(④+⑧)+⑪　325.79	1.2①+1.4×0.9[③+⑪]+0.9(⑥+⑧)+⑪　453.41
	N	620.16	762.99	1185.80	620.16
	V	62.45	−24.82	40.39	62.45
	Mk	①+0.9[③+0.9(⑥+⑨)+⑪　328.78	①+0.9[②+(⑤+⑦)]+0.9⑧⑨+⑪　−309.92	①+0.9[②+③+0.9(④+⑧)+⑪　227.93	①+0.9[③+0.9(⑥+⑧)+⑪　328.78
	Nk	516.80	618.32	920.83	516.80
	Vk	46.64	−19.02	30.88	46.64

注:吊车竖向荷载④~⑦同时选两项时,取0.8;④~⑦只选一项时,取0.9;
吊车水平荷载⑧、⑨只能选一项,取0.9。
M单位为kN·m;N、V单位为kN。

表 4-26

A 柱荷载效应基本组合之二

$$S = 1.2 S_{GK} + 1.4 S_{Qk}$$

截面	内力	+M_{max} 及相应 N、V	−M_{max} 及相应 N、V	N_{max} 及相应 M、V	N_{min} 及相应 M、V
I-I	组合式	1.2①+1.4×0.9⑥	1.2①+1.4×0.9⑤	1.2①+1.4×0.9[②+③+0.9(⑥+⑨)+⑩]	1.2①+1.4×0.9⑥
	M	92.45	−7.47	119.20	92.45
	N	345.36	345.36	390.72	345.36
	组合式	①+0.9⑥	①+0.9⑤	①+②	①+0.9⑥
	M_k	71.82	−0.45	40.74	72.02
	N_k	287.80	287.80	323.80	287.8
II-II	组合式	1.2①+1.4×0.9④	1.2①+1.4×0.9⑤	1.2①+1.4×0.9④	1.2①+1.4④
	M	7.85	−134.02	7.85	125.16
	N	1147.01	655.32	1147.01	568.92
	组合式	①+0.9④	①+0.9⑤	①+0.9④	①+⑩
	M_k	−7.99	−109.33	−7.99	103.00
	N_k	887.02	181.60	887.02	474.1
III-III	组合式	1.2①+1.4⑩	1.2①+1.4×0.9⑤	1.2①+1.4×0.9④	1.2①+1.4④
	M	205.78	−112.57	40.78	205.78
	N	620.14	741.12	1198.25	620.16
	V	40.84	2.3	3.56	40.84
	组合式	①+⑩	①+0.9⑤	①+0.9④	①+⑩
	M_k	151.90	−75.49	34.04	151.9
	N_k	561.80	603.2	929.72	561.80
	V_k	31.20	3.67	4.57	31.20

注：M 单位为 kN·m；N、V 单位为 kN。

A柱荷载效应基本组合之三 表4-27

$$S = 1.35 S_{GK} + \sum_{i=1}^{n} \gamma_{Qi}\psi_{ci} S_{Qik}$$

截面	内力组合		+M_max 及相应 N、V		-M_max 及相应 N、V		N_max 及相应 M、V		N_min 及相应 M、V	
I-I	M		$1.35①+1.4×0.7[②+③+0.9⑥]$	87.37	$1.35①+1.4×0.7(0.8⑤+⑦)$	15.32	$1.35①+1.4×0.7[②+③+0.9⑥]$	87.37	$1.35①+1.4×0.7[③+0.9⑥]$	87.13
	N			423.81		388.53		423.81		388.53
	M_k		$①+0.7[②+③+0.9⑥]$	63.85	$①+0.7(0.8⑤+⑦)$	12.39	$①+0.7[②+③+0.9⑥]$	63.85	$①+0.7[③+0.9⑥]$	63.68
	N_k			313.00		287.8		313.00		287.8
II-II	M		$1.35①+1.4×0.7[③+0.8(④+⑥)]$	-23.50	$1.35①+1.4×0.7[②+0.8(⑤+⑦)]$	-153.92	$1.35①+1.4×0.7[②+③+0.9④]$	-49.91	$1.35①+1.4×0.7×0.9⑦$	-133.55
	N			999.74		743.53		1079.98		640.04
	M_k		$①+0.7[③+0.8(④+⑥)]$	53.51	$①+07[②+0.8(⑤+⑦)]$	-113.34	$①+0.7[②+③+0.9④]$	-39.05	$①+0.7×0.9⑦$	-98.79
	N_k			731.03		553.06		788.34		474.10
III-III	M		$1.35①+1.4×0.7[③+0.9⑥]$	156.49	$1.35①+1.4×0.7[②+0.8(⑤+⑦)]$	-69.73	$1.35①+1.4×0.7[②+③+0.9④]$	46.20	$1.35①+1.4×0.7[③+0.9⑥]$	156.49
	N			697.68		808.72		1137.62		697.68
	V			27.77		9.21		10.61		27.77
	M_k		$①+0.7[③+0.9⑥]$	113.01	$①+0.7[②+0.8(⑤+⑦)]$	-48.58	$①+0.7[②+③+0.9④]$	28.08	$①+0.7[③+0.9⑥]$	113.01
	N_k			516.80		595.76		831.04		516.80
	V_k			20.35		7.09		8.09		20.35

注: M 单位为 kN·m; N、V 单位为 kN; 此项基本组合，可变荷载仅限于竖向荷载。

208

当只选其中一项时，按 2 台考虑，取 $\beta=0.9$。对于横向水平荷载，全按两台考虑，取 $\beta=0.9$。

4.8.7 柱的截面设计

（1）柱内配筋计算

为了进行截面设计，需要从表 4-25、表 4-26、表 4-27 中选取一组或两组最不利内力作为配筋计算的依据，以下均按对称配筋设计。

每个控制截面有多组内力，在进行截面配筋计算之前，应初步判断出 $1\sim2$ 组需要配筋较多的内力。一般说来，大偏心受压柱，弯矩越大、轴力越小时，需要配筋越多；小偏心受压柱，弯矩越小、轴力越大时，需要配筋越多。也可以参照弯矩相差不多时，轴力越小越不利；轴力相差不多时，弯矩越大越不利的原则，事先进行判断。不过，最后仍以计算为准。

据此可确定上柱的最不利内力为：

$$\begin{cases} M=118.90\text{kN}\cdot\text{m} \\ N=345.36\text{kN} \end{cases} \qquad \begin{cases} M=87.37\text{kN}\cdot\text{m} \\ N=423.81\text{kN} \end{cases}$$

下柱的最不利内力为：

$$\begin{cases} M=453.41\text{kN}\cdot\text{m} \\ N=620.16\text{kN} \end{cases} \qquad \begin{cases} M=325.79\text{kN}\cdot\text{m} \\ N=1185.80\text{kN} \end{cases}$$

1）上柱配筋计算（具体计算从略）

（A）按 $M=118.90\text{kN}\cdot\text{m}$、$N=345.36\text{kN}$ 计算所需配置纵筋 $A_s=A_s'=1061\text{mm}^2$。

（B）按 $M=87.37\text{kN}\cdot\text{m}$、$N=423.81\text{kN}$ 计算所需配置纵筋 $A_s=A_s'=1038\text{mm}^2$。

最后每侧选配 $4\Phi20$，$A_s=A_s'=1256\text{mm}^2>A_{s,\min}=\rho_{\min}bh=0.2\%\times400\times400=320\text{mm}^2$，总配筋率 $\dfrac{A_s+A_s'}{bh_0}=\dfrac{1256+1256}{400\times360}=1.7\%>0.6\%$，满足要求。

2）下柱配筋计算

（A）按 $M=453.41\text{kN}\cdot\text{m}$、$N=620.16\text{kN}$ 计算。工字形截面 $b=400\text{mm}$，$h=900\text{mm}$，$b_f=b_f'=400\text{mm}$，$h_f=h_f'=150\text{mm}$。

【解】

由表 4-19 取 $l_0=1.0H_下=1.0\times9.1=9.1\text{m}$

$$x=\frac{N}{f_cb}=\frac{620160}{11.9\times400}=130\text{mm}<h_f=150\text{mm}$$

（可按矩形截面计算）

$$\xi=\frac{x}{h_0}=\frac{130}{860}=0.15<\xi_b=0.55 \text{（大偏心受压）}$$

$$e_0=\frac{M}{N}=\frac{453.41\times10^6}{620.16\times10^3}=731\text{mm}$$

$$e_a=\frac{h}{30}=\frac{900}{30}=30\text{mm}>20\text{mm}，取 } e_a=30\text{mm}$$

$$e_i=e_0+e_a=731+30=761\text{mm}$$

$$\because \frac{l_0}{h} = \frac{9100}{900} = 10.1 \genfrac{}{}{0pt}{}{>5}{<15} \qquad \therefore \zeta_2 = 1.0$$

$$\zeta_1 = \frac{0.5 f_c A}{N} = \frac{0.5 \times 11.9 \times [100 \times 900 + 2 \times (400-100) \times 150]}{620160} = 1.727$$

$$\eta = 1 + \frac{1}{1400 \cdot \frac{e_i}{h_0}} = 1 + \frac{1}{1400 \times \frac{761}{860}} \times 10.12 \times 1.727 \times 1.0 = 1.14$$

$$e = \eta e_i + \frac{h}{2} - a'_s = 1.14 \times 761 + \frac{900}{2} - 40 = 1278\text{mm}$$

$$A'_s = A_s = \frac{Ne - f_c b x \left(h_0 - \frac{x}{2} \right)}{f_y (h_0 - a'_s)} = \frac{620160 \times 1278 - 11.9 \times 400 \times 130 \times \left(860 - \frac{130}{2} \right)}{300 \times (860 - 40)}$$

$$= 1222\text{mm}^2$$

（B）按 $M = 325.79$kN·m、$N = 1185.8$kN 计算。

【解】

按矩形截面求 x：

$$x = \frac{N}{f_c b} = \frac{1185800}{11.9 \times 400} = 249\text{mm} > h_f = 150\text{mm}$$

重新按工字形截面求 x：

$$x = \frac{N - f_c (b_f - b) h'_f}{f_c b} = \frac{1185800 - 11.9 \times (400-100) \times 150}{11.9 \times 100}$$

$$= 546\text{mm} > \xi_b h_0 = 0.55 \times 860 = 473\text{mm} \quad （属小偏心受压）$$

$$e_0 = \frac{M}{N} = \frac{325.79 \times 10^6}{1185.8 \times 10^3} = 275\text{mm}$$

取 $e_a = 30\text{mm}$

$$e_i = e_0 + e_a = 275 + 30 = 305\text{mm}$$

$$\because \frac{l_0}{h} = \frac{9100}{900} = 10.1 \genfrac{}{}{0pt}{}{>5}{<15} \qquad \therefore \zeta_2 = 1.0$$

$$\zeta_1 = \frac{0.5 f_c A}{N} = \frac{0.5 \times 11.9 \times [100 \times 900 + 2 \times (400-100) \times 150]}{1185800}$$

$$= 0.903$$

$$\eta = 1 + \frac{1}{1400 \frac{e_i}{h_0}} \left(\frac{l_0}{h} \right)^2 \zeta_1 \zeta_2 = 1 + \frac{1}{1400 \times \frac{305}{860}} \left(\frac{9100}{900} \right)^2 \times 0.903 \times 1.0$$

$$= 1.18$$

$$e = \eta e_i + \frac{h}{2} - a'_s = 1.18 \times 305 + \frac{900}{2} - 40 = 776\text{mm}$$

$$\xi = \frac{N - f_c (b'_f - b) h'_f - f_c b h_0^2 \xi_b}{\dfrac{Ne - f_c (b'_f - b) h'_f \left(h_0 - \dfrac{h'_f}{2} \right) - 0.43 f_c b h_0^2}{(\beta_1 - \xi_b)(h_0 - a'_s)} + f_c b h_0} + \xi_b$$

$$= \frac{1185.8 \times 10^3 - 11.9(400-100)150 - 11.9 \times 100 \times 860 \times 0.55}{\dfrac{1185.8 \times 10^3 \times 776 - 11.9(400-100)150 \left(860 - \dfrac{150}{2} \right) - 0.43 \times 11.9 \times 100 \times 860^2}{(0.8 - 0.55)(860 - 40)} + 11.9 \times 100 \times 860} + 0.55$$

$$= 0.619$$

$$A'_s = A_s = \frac{Ne - f_c b h_0{}^2 \xi \left(1 - \frac{\xi}{2}\right) - f_c (b'_f - b) h'_f \left(h_0 - \frac{h'_f}{2}\right)}{f'_y (h_0 - a'_s)}$$

$$= \frac{1185.8 \times 10^3 \times 776 - 11.9 \times 100 \times 860^2 \times 0.619 \left(1 - \frac{0.619}{2}\right) - 11.9(400 - 100)150\left(860 - \frac{150}{2}\right)}{300(860 - 40)}$$

$=475\text{mm}^2$。最后选配 4Φ20（$A_s = A'_s = 1256\text{mm}^2$），

$$A_s > A_{s,\min} = \rho_{\min} [bh + (b_f - b)h_f]$$
$$= 0.2\% \times [100 \times 900 + (400 - 100) \times 150] = 270\text{mm}^2$$

经计算，下柱截面配筋亦能满足总配筋率的要求。

按此配筋，柱弯矩作用平面外的承载力亦能满足要求。

根据构造要求，上、下柱均选取 ϕ8@200 箍筋。

（2）柱的裂缝宽度验算

《混凝土结构规范》规定，对 $e_0/h_0 > 0.55$ 的偏心受压柱，应进行裂缝宽度验算。由表 4-25～表 4-27 可知，本例 A 柱的上柱与下柱均出现 $e_0/h_0 > 0.55$ 的内力，故均应进行裂缝宽度验算。对上柱和下柱，按荷载效应标准组合，上柱按 $M_k = 90.71\text{kN} \cdot \text{m}$，$N_k = 287.80\text{kN}$，$A_s = 1256\text{mm}^2$；下柱按 $M_k = 299.70\text{kN} \cdot \text{m}$，$N_k = 516.80\text{kN}$，$A_s = 1256\text{mm}^2$ 进行裂缝宽度验算。

柱的裂缝宽度验算表　　　　　　　　表 4-28

柱控制截面		上　柱	下　柱
荷载效应标准组合	$M_k(\text{kN} \cdot \text{m})$	97.71	299.70
	$N_k(\text{kN})$	287.80	516.80
$e_0 = \dfrac{M_k}{N_k}(\text{mm})$		$319 > 0.55h_0$	$580 > 0.55h_0$
$\rho_{te} = \dfrac{A_s}{0.5bh_0 + (b_f - b)h_f}$		0.0157	0.0140
$\eta_s = 1 + \dfrac{1}{4000\frac{e_0}{h_0}}\left(\dfrac{l_0}{h}\right)^2$		1.107	$1.0\left(\frac{l_0}{h} < 14\right)$
$e = \eta e_0 + \dfrac{h}{2} - a'_s(\text{mm})$		513	990
$\gamma'_f = \dfrac{h'_f(b'_f - b)}{bh_0}$		0	0.523
$z = \left[0.87 - 0.12(1 - \gamma'_f)\left(\dfrac{h_0}{e}\right)^2\right]h_0(\text{mm})$		292	711
$\sigma_{sk} = \dfrac{N_K(e - z)}{A_s z}(\text{N/mm}^2)$		173.4	161.46
$\psi = 1.1 - 0.65\dfrac{f_{tk}}{\rho_{te}\sigma_{sk}}$		0.675	0.588
$W_{\max} = 2.1\psi\dfrac{\sigma_{sk}}{E_s}\left(1.9c + 0.08\dfrac{d_{eq}}{\rho_{te}}\right)(\text{mm})$		$0.188 < 0.3$（满足要求）	$0.170 < 0.3$（满足要求）

注：取 $c = 30\text{mm}$，$E_s = 20 \times 10^5 \text{N/mm}^2$。

（3）柱的吊装验算

1）内力计算

该柱采用平吊。各段柱自重单位长度荷载（考虑动力作用）设计值分别为：

$$q_1 = n \cdot \gamma_G \cdot g_{1k} = 1.5 \times 1.35 \times 4.0 = 8.10 \text{kN/m}$$

$$q_2 = n \cdot \gamma_G \cdot g_{2k} = 1.5 \times 1.35 \times 2.5 \times 4.0 \times 1.0 = 20.25 \text{kN/m}$$

$$q_3 = n \cdot \gamma_G \cdot g_{3k} = 1.5 \times 1.35 \times 4.69 = 9.50 \text{kN/m}$$

计算简图如图 4-78 所示。

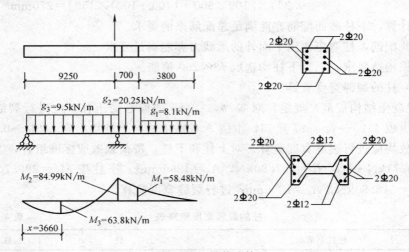

图 4-78　吊装验算

上柱根部与吊点处（牛腿根部）的负弯矩设计值分别为：

$$M_1 = \frac{1}{2} g_1 l_1^2 = \frac{1}{2} \times 8.10 \times 3.8^2 = 58.48 \text{kN} \cdot \text{m}$$

$$M_2 = \frac{1}{2} g_1 l_2^2 + \frac{1}{2} (g_2 - g_1) \cdot (l_2 - l_1)^2$$

$$= \frac{1}{2} \times 8.10 \times 4.5^2 + \frac{1}{2} \times (20.25 - 8.10) \cdot 0.7^2 = 84.99 \text{kN} \cdot \text{m}$$

下柱段最大弯矩设计值计算：

由　$R_A = \frac{1}{2} \times 9.5 \times 9.25 - \frac{18}{9.2} \times 0.7 \times 0.35 - \frac{8.1}{9.25} \times 3.8 \times (1.9 + 0.7)$

$$= 34.81 \text{kN}$$

再由 $M_3 = R_B \cdot x - \frac{1}{2} g_3 x^2$　且令 $\frac{dM_3}{d_x} = R_A - g_3 x = 0$

得　　　$x = \dfrac{R_A}{g_3} = \dfrac{34.81}{9.5} = 3.66 \text{m}$

则　　　$M_3 = R_A \cdot x - \dfrac{1}{2} g_3 x^2 = 34.81 \times 3.66 - \dfrac{1}{2} \times 9.5 \times 3.66^2$

$$= 63.8 \text{kN} \cdot \text{m} < M_2$$

212

2）上柱承载力及裂缝宽度验算

在吊装阶段的强度与裂缝宽度验算中，只考虑截面四角钢筋参加工作，即取上下各 $2\Phi20$，$A_s=A'_s=628\text{mm}^2$，故截面承载能力为：

$$M_u=A_sf_y(h_v-a'_s)=628\times300\times(360-40)$$
$$=60.29\text{kN}\cdot\text{m}>\gamma_0^*M_1=0.9\times58.48=52.63\text{kN}\cdot\text{m}$$
$$(\gamma_0^*——结构重要系数)$$

因截面 I 较小，故按 $M_1=58.48\text{kN}\cdot\text{m}$ 进行钢筋应力验算：

$$\sigma_s=\frac{M_k}{A_s\eta h_0}=\frac{10^6\times58.48/1.35}{628\times0.87\times360}=220\text{N/mm}^2<[\sigma_s]=250\text{N/mm}^2$$

满足要求（$[\sigma_s]$ 可由表 4-6 查得）。

3）下柱承载力及裂缝宽度验算

以吊点所在截面作为验算截面，同时在 A_s 与 A'_s 中考虑翼缘中 $2\phi10$ 构造筋，则：

$$A_s=A'_s=628+2\times113.1=854\text{mm}^2$$

故截面承载能力为：

$$M_u=A_sf_y(h_v-a'_s)=854\times300\times(360-40)$$
$$=81.98\text{kN}\cdot\text{m}>\gamma_0M_2=0.9\times84.99=76.49\text{kN}\cdot\text{m}$$

按 $M_2=84.99\text{kN}\cdot\text{m}$ 进行钢筋应力验算：

$$\sigma_s=\frac{M_k}{A_s\eta h_0}=\frac{10^6\times84.99/1.35}{854\times0.87\times360}=235\text{N/mm}^2<[\sigma_s]=250\text{N/mm}^2$$

满足要求。

（4）牛腿设计

1）悬墙下牛腿

（A）确定牛腿高度

按牛腿的裂缝控制要求，验算牛腿的截面高度。作用于牛腿顶面的悬墙按荷载效应标准组合计算的竖向力 $F_{vk}=137.3\text{kN}$，牛腿上无水平荷载（$F_{hk}=0$）。取牛腿高度 $h=400\text{mm}$，则 $h_0=h-a_s=400-40=360\text{mm}$。取 $a=\frac{240}{2}+20=140\text{mm}$，则，$h_0>a>0.3h_0=0.3\times360=108.5\text{mm}$，且 $\beta=0.8$（不承受吊车荷载的牛腿）。由公式（4-32），其牛腿高度验算如下：

$$\beta\left(1-0.5\frac{F_{hk}}{F_{vk}}\right)\frac{f_{tk}bh_0}{0.5+\frac{a}{h_0}}=0.8\times\frac{1.78\times400\times360}{0.5+\frac{140}{360}}$$
$$=230.4\text{kN}>F_{vk}=137.3\text{kN}（满足要求）$$

（B）纵向受拉钢筋计算

纵向受拉钢筋采用 HRB335 级钢筋，由公式（4-34），且 $F_h=0$，得知：

$$A_s=\frac{F_v\cdot a}{0.85f_yh_0}=\frac{137.3\times1.35\times140\times10^3}{0.85\times300\times360}=283\text{mm}^2$$

取 $4\Phi12$，$A_s=452\text{mm}^2>\rho_{min}bh_0=0.002\times400\times400=320\text{mm}^2$（满足要求）

213

（C）确定箍筋和弯筋

按构造要求取水平箍筋为 $\phi8@100$，弯筋为 $3\underline{\Phi}12$，牛腿上部 $2/3h_0$ 范围内的箍筋面积为：

$$50.3 \times 2 \times \frac{2}{3} \times 360 \times \frac{1}{100} = 241mm^2 > \frac{A_s}{2} = \frac{452}{2} = 226mm^2$$

弯筋的截面面积：$A_{sb} = 339mm^2 > \frac{2}{3}A_s = \frac{2}{3} \times 452 = 301.3mm^2$（满足要求）

因吊车梁下的牛腿 $a<0$，故该牛腿按构造配筋，取纵向钢筋为 $4\underline{\Phi}12$，弯筋为 $3\underline{\Phi}12$，箍筋为中 $\phi8@100$。

（5）A柱结构施工图

A柱的模板及配筋图，如图 4-79 所示。

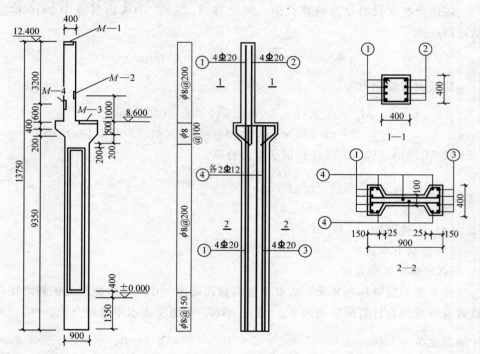

图 4-79　A柱结构施工图

4.8.8　基础设计

（1）基础构造尺寸和基础底面尺寸的确定

按构造要求查表 4-21，柱的插入深度 $h_1 = 0.9h_c = 0.9 \times 900 = 810mm$（$h_c$ 为柱截面长边尺寸），取 $h_1 = 850mm$；查表 4-22 得杯底厚度 $a_1 \geqslant 200mm$，取 $a_1 = 250mm$；杯底垫层厚 $50mm$。

基础高度 h 为：

$$h = h_1 + a_1 + 50 = 850 + 250 + 50 = 1150mm$$

基础顶面到 ±0.000 为 $500mm$，故基础埋置深度 $d = 1650mm$。

按照《建筑地基基础设计规范》的规定，按地基承载力确定基础底面积时，其荷载效应按正常使用极限状态下荷载破坏效应的标准组合，相应的抗力应采用修正后的地基承载力特征值。

本厂房地基承载力特征值 $f_{ak}=160kN/m^2$，同时厂房跨度小于30m，吊车起重量小于30t，可不做地基变形计算。地基土为黏性土（$\eta_b=0$，$\eta_d=1.0$），基础底面以上平均重度 $\gamma_m=20kN/m^3$，故修正后的地基承载力特征值 f_a 可由下式计算：

$$f_a=f_{ak}+\eta_d\gamma_m(d-0.5)=160+1.0\times20\times(1.65-0.5)$$
$$=183kN/m^2$$

由表4-25～表4-27中，Ⅲ—Ⅲ截面的最大轴力 $N_{k,max}=929.72kN$。先按轴心受压计算，代入式（4-32）：

$$A=\frac{N_{k,max}}{f_a-\gamma_m\cdot d}=\frac{929.72}{183-20\times1.65}=6.2m^2$$

考虑偏心影响，将基础底面尺寸增大 1.2～1.4 倍，取

$$A=bl=3.6\times2.7=9.72m^2$$

基础底面的截面抵抗矩为：

$$W=\frac{lb^2}{6}=\frac{2.7\times3.6^2}{6}=5.83m^3$$

基础底面的惯性矩为：

$$I=\frac{lb^3}{12}=\frac{2.7\times3.6^3}{12}=10.5m^4$$

（2）地基承载力验算

基础自重及填土重（平均重度取 $\gamma_m=20kN/m^3$）：

$$G_k=\gamma_m\cdot d\cdot A=20\times1.65\times9.72=320.76kN$$

基础梁与上部围护墙及钢窗自重：

基础梁自重（由标准图集查得） 16.70kN

外牛腿以下 240mm 黏土砖墙自重（围护墙高 8.55m）

$$19\times0.24\times6\times8.55=233.93kN$$

钢窗自重（3.6m×4.8m） $0.45\times3.6\times4.8=7.78kN$

小　　计 $N_{wk}=258.41kN$

N_{wk} 对于基础重心的偏心距为 120＋450＝570mm

由表4-25～表4-27选取以下三组不利内力进行地基承载力验算：

第一组 第二组 第三组

$$\begin{cases}M_k=328.78kN\cdot m\\N_k=516.80kN\\V_k=46.64kN\end{cases}\quad\begin{cases}M_k=309.92kN\cdot m\\N_k=618.32kN\\V_k=-19.02kN\end{cases}\quad\begin{cases}M_k=227.93kN\cdot m\\N_k=920.83kN\\V_k=30.88kN\end{cases}$$

现分别对三组不利内力进行地基承载力验算（图4-80）：

第一组：基础底面相应于荷载效应标准组合时的竖向压力值和力矩值：

215

$$N_{bk} = N_k + G_k + N_{wk} = 516.80 + 320.76 + 258.41 = 1095.97 \text{kN}$$

$$M_{bk} = M_k + V_k \cdot h - N_{wk} \cdot e_w$$

$$= 328.78 + 46.64 \times 1.15 - 258.41 \times 0.57$$

$$= 235.12 \text{kN} \cdot \text{m}$$

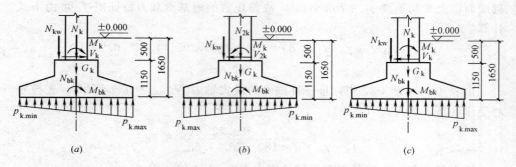

图 4-80　基础所受荷载与基底全反力

基础底面边缘压力（基底全反力）：

$$\frac{p_{k,max}}{p_{k,min}} = \frac{N_{bk}}{A} \pm \frac{M_{bk}}{W} = \frac{1095.97}{9.72} \pm \frac{235.12}{5.83}$$

$$= 112.75 \pm 40.38 = \begin{cases} 153.08 \text{kN/m}^2 \\ 72.42 \text{kN/m}^2 \end{cases}$$

地基承载力验算：

$$\frac{p_{k,max} + p_{k,min}}{2} = \frac{153.08 + 72.42}{2} = 112.75 \text{kN/m}^2$$

$$\leqslant f_a = 183 \text{kN/m}^2$$

$$p_{k,max} = 153.08 \text{kN/m}^2 < 1.2 f_a = 1.2 \times 183 = 219.6 \text{kN/m}^2$$

（满足要求）。

第二组：基础底面相应于荷载效应标准组合时的竖向压力值和力矩值：

$$N_{bk} = N_k + G_k + N_{wk} = 618.32 + 320.76 + 258.41 = 1197.49 \text{kN}$$

$$M_{bk} = M_k + V_k \cdot h - N_{wk} \cdot e_w$$

$$= -309.92 - 19.02 \times 1.15 - 258.41 \times 0.57$$

$$= -479.08 \text{kN} \cdot \text{m}$$

基础底面边缘压力：

$$\frac{p_{k,max}}{p_{k,min}} = \frac{N_{bk}}{A} \pm \frac{m_{bk}}{W} = \frac{1197.49}{9.72} \pm \frac{479.08}{5.83}$$

$$= 123.20 \pm 82.18 = \begin{cases} 205.38 \text{kN/m}^2 \\ 41.02 \text{kN/m}^2 \end{cases}$$

地基承载力验算：

$$\frac{p_{k,max} + p_{k,min}}{2} = \frac{205.38 + 41.02}{2} = 123.20 \text{kN/m}^2$$

$$\leqslant f_a = 183 \text{kN/m}^2$$

216

$$p_{k,max} = 205.38 \text{kN/m}^2 < 1.2 f_a = 219.6 \text{kN/m}^2$$

（满足要求）。

第三组：基础底面相应于荷载效应标准组合时的竖向压力值和力矩值：

$$N_{bk} = N_k + G_k + N_{wk} = 920.83 + 320.76 + 258.41 = 1500 \text{kN}$$

$$\begin{aligned} M_{bk} &= M_k + V_k \cdot h - N_{wk} \cdot e_w \\ &= 227.93 + 30.88 \times 1.15 - 258.41 \times 0.57 \\ &= 116.15 \text{kN} \cdot \text{m} \end{aligned}$$

基础底面边缘压力：

$$\begin{aligned} p_{k,max} \\ p_{k,min} \end{aligned} = \frac{N_{bk}}{A} \pm \frac{M_{bk}}{W} = \frac{1500}{9.72} \pm \frac{116.15}{5.83}$$

$$= 154.32 \pm 19.92 = \begin{cases} 174.24 \text{kN/m}^2 \\ 134.40 \text{kN/m}^2 \end{cases}$$

地基承载力验算：

$$\frac{p_{k,max} + p_{k,min}}{2} = \frac{174.24 + 134.40}{2} = 154.32 \text{kN/m}^2$$

$$\leqslant f_a = 183 \text{kN/m}^2$$

$$p_{k,max} = 174.24 \text{kN/m}^2 < 1.2 f_a = 219.6 \text{kN/m}^2$$

（满足要求）。

（3）基础冲切验算

按照《建筑地基基础设计规范》的规定，基础冲切验算和基础底板配筋计

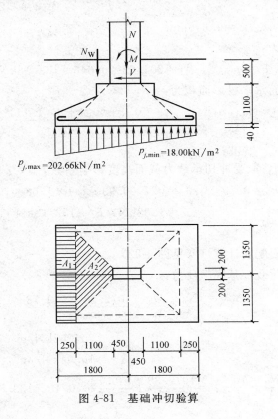

图 4-81　基础冲切验算

217

算，取用荷载效应基本组合，并采用基底净反力计算。考虑到第二组不利内力的力矩和竖向力较大，故用此组内力，扣除基础和填土自重后的相应于荷载效应基本组合的地基单位面积净反力计算如下（图 4-81）：

第二组内力设计值（基础顶面处）：

$$M=-344.44 \text{kN} \cdot \text{m}, \quad N=762.29 \text{kN}, \quad V=-24.82 \text{kN}$$

基础底面内力设计值：

$$N_b=N+\gamma_G N_{wk}=762.29+1.2 \times 258.41=1072.38 \text{kN}$$

$$
\begin{aligned}
M_b &= M+Vh-\gamma_G N_{wk} \cdot e_w \\
&= -344.44-24.82 \times 1.15-1.2 \times 258.41 \times 0.57 \\
&= -344.44-28.54-176.75=-549.73 \text{kN} \cdot \text{m}
\end{aligned}
$$

基底净反力：

$$
\begin{aligned}
\left.\begin{array}{l} p_{j,max} \\ p_{j,min} \end{array}\right\} &= \frac{N_b}{A} \pm \frac{M_b}{W} = \frac{1072.38}{9.72} \pm \frac{549.73}{5.83} \\
&= 110.33 \pm 94.29 = \begin{cases} 204.62 \text{kN/m}^2 \\ 16.04 \text{kN/m}^2 \end{cases}
\end{aligned}
$$

因 $(b_c+2h_0)=0.4+2 \times 1.11=2.62 \text{m}<l=2.7 \text{m}$

且

$$
\begin{aligned}
A_1 &= \left(\frac{b}{2}-\frac{h_c}{2}-h_0\right) \cdot l-\left(\frac{1}{2}-\frac{b_c}{2}-h_0\right)^2 \\
&= \left(\frac{3.6}{2}-\frac{0.9}{2}-1.11\right) \times 2.7-\left(\frac{2.7}{2}-\frac{0.4}{2}-1.11\right)^2 \\
&= 0.646 \text{mm}^2
\end{aligned}
$$

则，冲切力为：

$$F_l=p_{j,max} \cdot A_1=204.62 \times 0.646=132.18 \text{kN}$$

又由，冲切面水平投影面积为：

$$
\begin{aligned}
A_2 &= a_m h_0=\frac{a_1+a_b}{2} \cdot h_0=\frac{0.4+(0.4+2 \times 1.11)}{2} \times 1.11 \\
&= 1.68 \text{m}^2
\end{aligned}
$$

由 $h=1.15 \text{m}$，取受冲切承载力截面高度影响系数 $\beta_{hp}=0.93$，则：

$$
\begin{aligned}
F_u &= 0.7 \beta_{hp} f_t A_2=0.7 \times 0.93 \times 1.1 \times 1.68 \times 10^6 \\
&= 1203 \text{kN}>F_l=132.18 \text{kN}
\end{aligned}
$$

满足要求。

（4）基础底面配筋计算（参见图 4-82）

仍用第二组荷载，基底净反力：

$$
\begin{aligned}
\left.\begin{array}{l} p_{j,max} \\ p_{j,min} \end{array}\right\} &= \frac{N_b}{A} \pm \frac{M_b}{W}=\frac{1072.38}{9.72} \pm \frac{549.73}{5.83} \\
&= 110.33 \pm 94.29 = \begin{array}{l} 204.62 \text{kN/m}^2 \\ 16.04 \text{kN/m}^2 \end{array}
\end{aligned}
$$

$$P_{j,I}=\frac{N_b}{A}+\frac{M_b}{I} y_I=\frac{1072.38}{9.72}+\frac{549.73}{10.5} \times 0.45=133.89 \text{kN/m}^2$$

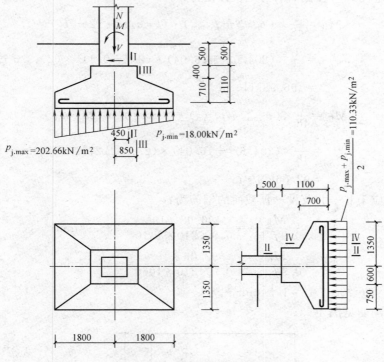

图 4-82 基础配筋计算

$$P_{\text{j,III}}=\frac{N_{\text{b}}}{A}+\frac{M_{\text{b}}}{I}y_{\text{II}}=\frac{1072.38}{9.72}+\frac{549.73}{10.5}\times0.85=154.84\text{kN/m}^2$$

1）基础长向配筋

I—I 与 III—III 截面的力矩设计值为：

$$M_{\text{I}}=\frac{1}{48}\times(p_{\text{j,max}}+p_{\text{j,I}})\cdot(b-b_{\text{c}})^2\cdot(2l+a_{\text{c}})$$

$$=\frac{1}{48}\times(204.62+133.89)\times(3.6-0.9)^2\times(2\times2.7+0.4)$$

$$=296.19\text{kN}\cdot\text{m}$$

$$M_{\text{III}}=\frac{1}{48}\times(p_{\text{j,max}}+p_{\text{j,III}})\cdot(b-a_{\text{III}})^2\cdot(2l+a_{\text{III}})$$

$$=\frac{1}{48}\times(204.62+154.84)\times(3.6-1.7)^2\times(2\times2.7+1.2)$$

$$=178.43\text{kN}\cdot\text{m}$$

相应于 I—I 及 III—III 截面的钢筋为：

$$A_{\text{sI}}=\frac{M_{\text{I}}}{0.9f_{\text{y}}h_{01}}=\frac{298.19\times10^6}{0.9\times210\times1110}=1421\text{mm}^2$$

$$A_{\text{sIII}}=\frac{M_{\text{III}}}{0.9f_{\text{y}}h_{03}}=\frac{178.43\times10^6}{0.9\times210\times710}=1330\text{mm}^2$$

选用 $\phi12@200$（$A_{\text{s}}=1696\text{mm}^2$）。

2）基础短向配筋

219

Ⅱ—Ⅱ与Ⅳ—Ⅳ截面的力矩设计值为：

$$M_Ⅱ = \frac{1}{48} \times (p_{j,max} + p_{j,min}) \cdot (l - a_c)^2 \cdot (2b + b_c)$$

$$= \frac{1}{48} \times (204.62 + 16.04) \times (2.7 - 0.4)^2 \times (2 \times 3.6 + 0.9)$$

$$= 196.98 \text{kN} \cdot \text{m}$$

$$M_Ⅳ = \frac{1}{48} \times (p_{j,max} + p_{j,min}) \cdot (l - a_Ⅱ)^2 \cdot (2b + a_Ⅳ)$$

$$= \frac{1}{48} \times (204.62 + 16.04) \times (2.7 - 1.2)^2 \times (2 \times 3.6 + 1.7)$$

$$= 92.06 \text{kN} \cdot \text{m}$$

则相应于Ⅱ—Ⅱ及Ⅳ—Ⅳ截面的钢筋为：

$$A_{sⅡ} = \frac{M_Ⅱ}{0.9 f_y h_{02}} = \frac{196.98 \times 10^6}{0.9 \times 210 \times 1110} = 938.94 \text{mm}^2$$

$$A_{sⅣ} = \frac{M_Ⅳ}{0.9 f_y h_{04}} = \frac{92.06 \times 10^6}{0.9 \times 210 \times 1060} = 459.52 \text{mm}^2$$

选用 $\phi 8$@200（$A_s = 1054\text{mm}^2$）。

基础配筋见图 4-83。

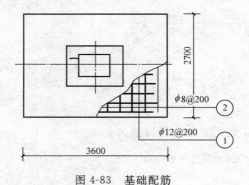

图 4-83 基础配筋

5 多层与高层建筑结构

5.1 概述

5.1.1 引言

自古以来，人类在建筑上就有向高空发展的愿望和需要。古代的高层建筑可以追溯到公元前 2500 年左右兴建的古埃及国王的陵墓——金字塔。其中胡夫陵 146.6m，哈夫拉陵 143.5m，门卡乌拉陵 66.4m。距今 1000 年前后，在我国兴建并保留至今的一批宝塔，已成为我国古代高层建筑兴盛时期的历史见证。山西省应县城内佛宫寺的释迦塔是保存至今最古最大的木塔，被称为我国华北四宝之一。该塔建于公元 1056 年，高九层，达 67m，位于全市中心，成为全市建筑造型上的重点。由此可见，我国古代早已注意到高层建筑在城市总体上的空间效果。这一全部采用木结构的古塔度过了九百余年的漫长岁月，在元、明时代历经几次地震而未倒塌，可见该塔在结构及构造技术上的成就。河北定县开元寺料敌塔建于公元 1001~1005 年，塔高 70m，平面为八角形，十一层，全部为砖砌体，底部边长 9.8m，外壁厚 3m，东西南北四面开有窗洞以利观察，另四面多为假窗，加窗雕饰。外壁与核心之间有一圈回廊，核心内设扶梯逐层转向上升，从整个塔的结构上看，完全符合于近代筒体结构原则，所以近千年尚能屹立无恙。

然而，在整个建筑发展中，高层建筑由于材料与技术的限制，并未得到很大的发展。直到十九世纪后期，随着工业的迅速发展，城市人口的日益集中，用地逐渐紧张，高层建筑成为一种社会需要。加上钢材在建筑上的应用和电梯的出现，为高层建筑的发展提供了必要的条件，促使城市高层建筑进一步发展。公元 1887~1889 年，在法国巴黎建造的埃菲尔铁塔不愧为成功之作。该塔高 327m。整个塔重 7000t，全部采用钢结构，由 18038 个零部件、1050846 个铆钉装配而成。二十世纪初期，随着第一次世界大战的结束，特别是钢结构设计的改进和高层建筑结构与构造在技术上的逐渐成熟，高层建筑曾一度得到迅速发展。这个时期有代表性的高层建筑当推为 1931 年在纽约兴建的帝国大厦，102 层，高 381m。大厦内设有商店、餐馆、银行、游泳池、土耳其浴室、俱乐部、办公用房等，内部共设有 65 部电梯，其规模之大几乎等于一座小的城市。它是二十世纪前半期世界上最高的建筑物，并成为高层建筑向更大规模、更高水平发展的开端。这个时期在我国的上海、广州等地，由于资本主义在中国的初步发展，城市人口大量集中，同时受到外国摩天大楼兴建热潮的影响，也陆续兴建了有如上海大厦（即 22 层的百老汇大厦，1929 年建）、上海国际饭店（24 层，1931 年建），以及广州的爱群大厦（13 层，1936 年建）等高层建筑。

第二次世界大战结束后，由于轻质高强材料的研制成功，高层结构体系的发展与成熟，电子计算机的广泛应用，服务设施和技术设备的完善，高层建筑如雨后春笋般地出现在美洲、欧洲、亚洲、澳洲以及第三世界许多国家相继建造了许多高层建筑。这是在社会需要的增长和物质技术条件极大进步的基础上实现的。尽管这段时间不长，但它发展的速度很快，传播范围很广，而且其数量之多，规模之大，设计技术之先进与建筑艺术之动人，是过去所无法比拟的。

1974 年，美国在芝加哥兴建的西尔斯大厦，110 层，高 443m，是由九个方形单元筒体组合而成的成束筒钢结构。二十世纪后期，在马来西亚吉隆坡建造的石油大厦（双子塔），88 层，高 452m，钢—混凝土混合结构。随后，在我国台湾省台北市正式宣布竣工启用的 101 大楼，高 508m，共 101 层，被确认为目前世界第一高楼。楼内两部观光电梯，由地面直达 89 层观景台只需要 39s，是目前世界速度最快的电梯。

进入 20 世纪 80 年代以后，我国高层建筑的发展极为迅猛，不但出现在大城市中，而且出现在一些中小城市，并且高度不断增加，造型日益创新，结构体系丰富多样，建筑材料、施工技术、服务设施都得到改进和提高。较为典型的如上海金茂大厦，88 层，365m，钢筋混凝土核心筒与巨型钢骨架混合结构；深圳地王大厦，81 层，325m，混凝土核心筒，外框钢结构；广州中天广场，80 层，322m，钢筋混凝土结构；北京京广大厦，53 层，208m，钢结构。

今天，在有些城市或繁荣的中心地带，在风景优美的园林绿化之中，或是在浩瀚的江洋湖海之畔，建造起的成片高层建筑群，形成了崭新的城市轮廓线，显示出人类塑造自己的空间环境与现代城市风貌的先进技术与优越才能。

5.1.2 高层建筑的界定

建筑高度和层数是高层建筑的两个重要指标，多少层以上或多少高度以上的建筑物为高层建筑？世界各国的规定不一，也不严格。因为高层建筑一般标准较高，所以对高层建筑的定义与一个国家的经济条件、建筑技术、电梯设备、消防装置等许多因素有关。

按照我国建设部近期批准的行业标准《高层建筑混凝土结构技术规程》JGJ 3—2002（简称《高层规程》）的规定：本规程适用于 10 层及 10 层以上或房屋高度超过 28m 的非抗震设计和抗震设防烈度为 6 至 9 度抗震设计的高层民用建筑结构。

抗震设计的高层建筑，根据建筑使用功能的重要性分为甲类、乙类、丙类三个抗震设防类别。甲类属于重大工程和地震时可能发生严重次生灾害的建筑；乙类属于地震时使用功能不能中断或需要尽快恢复的建筑；丙类属于一般建筑。

高层建筑按其最大适用高度和宽度比，又分为 A 级高度高层建筑和 B 级高度高层建筑。凡符合表 5-1 规定的乙类和丙类钢筋混凝土高层建筑，属于 A 级高度高层建筑；凡高度超过表 5-1 规定的为 B 级高度高层建筑。B 级高度钢筋混凝土乙类和丙类高层建筑的最大适用高度应符合表 5-2 的规定。甲类建筑，6、7、8 度时宜按本地区抗震设防烈度提高一度后符合表 5-1 和表 5-2 的要求，9 度时应专门研究。

A级高度钢筋混凝土高层建筑的最大适用高度（m） 表 5-1

结 构 体 系		非抗震设计	抗 震 设 防 烈 度			
			6 度	7 度	8 度	9 度
框架		70	60	55	45	25
框架—剪力墙		140	130	120	100	50
剪力墙	全部落地剪力墙	150	140	120	100	60
	部分框支剪力墙	130	120	100	80	不应采用
筒体	框架—核心筒	160	150	130	100	70
	筒中筒	200	180	150	120	80
板柱—剪力墙		70	40	35	30	不应采用

注：1. 房屋高度指室外地面至主要房屋高度，不包括局部突出屋面的电梯机房、水箱、构架等高度；

2. 表中框架不含异形柱框架结构；

3. 部分框支剪力墙结构指地面以上有部分框支剪力墙的剪力墙结构；

4. 平面和竖向均不规则的结构或Ⅳ类场地上的结构，最大适用高度应适当降低。

B级高度钢筋混凝土高层建筑的最大适用高度（m） 表 5-2

结构体系		非抗震设计	抗 震 设 防 烈 度		
			6 度	7 度	8 度
框架—剪力墙		170	160	140	120
剪力墙	全部落地剪力墙	180	170	150	130
	部分框支剪力墙	150	140	120	100
筒体	框架—核心筒	220	210	180	140
	筒中筒	300	280	230	170

注：1. 房屋高度指室外地面至主要房屋高度，不包括局部突出屋面的电梯机房、水箱、构架等高度；

2. 部分框支剪力墙结构指地面以上有部分框支剪力墙的剪力墙结构；

3. 平面和竖向均不规则的建筑或位于Ⅳ类场地上的建筑，最大适用高度应适当降低。

在此说明，高层建筑中所采用的框架结构体系及框架—剪力墙结构体系，也常用于多层建筑，故本章统称为多层与高层建筑结构。

5.1.3 高层建筑结构的受力特点与基本要求

（1）水平作用是高层建筑结构设计的主要控制因素

在高层建筑设计中，高层建筑结构设计是很重要的一环。高层建筑结构不仅承受竖向荷载（如结构自重、楼面与屋面活荷载等），而且也承受水平作用（如风荷载、地震作用等）。多层建筑，一般可以忽略由水平作用产生的结构侧向位移对建筑使用功能或结构可靠度的影响。在高层建筑结构设计中，竖向荷载的作用与多层建筑相似，柱内轴力随结构高度的增加呈线性关系增大，见图 5-1（a）；而由水平作用（风荷载或地震作用等）引起的弯矩，随着高度的增加，呈平方的关系增大，见图 5-1（b）；在水平作用下结构的侧向位移，则与结构高度的四次方成正比，见图 5-1（c）。上述由水平作用引起的弯矩和侧向位移常常成为决定结构方案、结构布置及构件截面尺寸的主要控制因素。

223

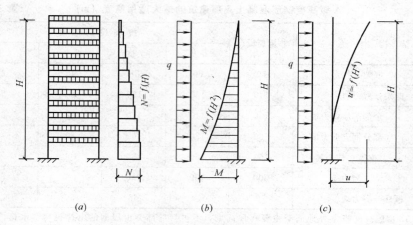

图 5-1 高层建筑结构受力特点

(a) 轴力与高度的关系；(b) 弯矩与高度的关系；(c) 侧向位移与高度的关系

（2）结构刚度是高层建筑结构设计的关键因素

要设计多少层或多高的建筑，这是出自使用的需要，而建筑平面和高度一经确定，外荷载也就不容商榷。为抵抗外荷载（特别是水平作用）引起的内力和控制房屋的侧向位移，则要求结构应具有足够的强度和刚度，而结构的刚度往往是高层建筑结构设计的关键因素。抗侧移刚度的大小不仅与结构体系紧密相关，而且直接关系到结构侧向位移的大小。为此，《高层规程》作了如下规定：

1）高度不大于 150m 的高层建筑，其楼层层间最大位移与层高之比 $\Delta u/h$ 不宜大于表 5-3 的限值；

楼层层间最大位移与层高之比的限值 　　　　　　　　　表 5-3

结　构　类　型	$\Delta u/h$ 限值
框架	1/550
框架—剪力墙、框架—核心筒、板柱—剪力墙	1/800
筒中筒、剪力墙	1/1000
框支层	1/1000

2）高度不小于 250m 的高层建筑，其楼层层间最大位移与层高之比 $\Delta u/h$ 不宜大于 1/500；

3）高度在 150～250m 之间的高层建筑，其楼层层间最大位移与层高之比 $\Delta u/h$ 的限值按线性插入取用；

（3）高层建筑结构设计宜采用最佳的高宽比

建筑物的高宽比，对于多层建筑来说尚不突出，但对高层建筑却显得十分重要。建筑总高度与总宽度要保持合理的比例，才能使建筑体型美观，又满足抗风抗震要求，这是最佳设计的主要条件之一。为此，《高层规程》规定：A 级高度钢筋混凝土高层建筑结构的高宽比不宜超过表 5-4 的数值；B 级高度钢筋混凝土高层建筑结构的高宽比不宜超过表 5-5 的数值。

A 级高度钢筋混凝土高层建筑结构适用的最大高宽比 表 5-4

结构体系	非抗震设计	抗 震 设 防 烈 度		
		6度、7度	8度	9度
框架、板柱—剪力墙	5	4	3	2
框架—剪力墙	5	5	4	3
剪力墙	6	6	5	4
筒中筒、框架—核心筒	6	6	5	4

B 级高度钢筋混凝土高层建筑结构适用的最大高宽比 表 5-5

非抗震设计	抗 震 设 防 烈 度	
	6度、7度	8度
8	7	6

在计算高层建筑的高宽比 H/B 时，其宽度 B，可参照图 5-2 取用。

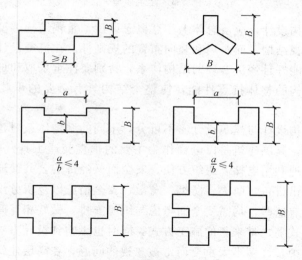

图 5-2 高层建筑物的宽度

（4）选择有利于抗侧力的建筑体型

在按照建筑的不同功能和不同层数选取合理的结构型式、结构体系，并考虑其最佳高宽比的同时，还必须选择有利于抗风抗震的建筑体型，且宜选用风作用效应较小的平面形状。例如，图 5-3（a）所示的双层圆形筒中筒结构，在承受来自任何方向的风力或地震作用时，所有柱子总的最大内力基本相同，从而可以充分发挥材料性能。图 5-3（b）、（c）所示为方型塔式筒体结构，虽然在水平作用下，各柱的内力有些差异，但由于纵横两个方向质心与重心重合，不产生扭矩，且体型规整，便于施工。图 5-3（d）为矩形筒体结构，当承受水平作用时，其结构受力还是比较好的。其他如由八角形、三角形等平面组成的体型，对抗风抗震均较有利，各有其特点可取，[如图 5-3（e）、（f）、（g）]。

（5）高层建筑结构设计应注重概念设计，还应注意到各项功能的要求，协调配合，统筹布局

225

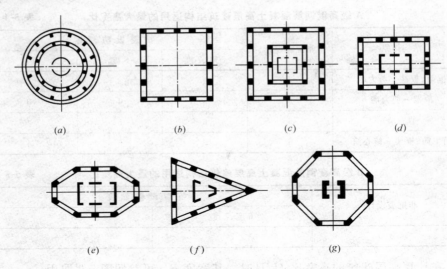

图 5-3 建筑体型

　　高层建筑结构设计，应从总体上注意概念设计，重视结构类型的选取和结构体系的确定，重视结构平面布局和竖向布置的规则性。在抗震设计中，应择优选用抗震和抗风性能好且经济合理的结构体系，特别要注重采取和加强有效的构造措施，以保证结构的整体抗震性能，使整个结构具有必要的承载能力、刚度和延性。

　　高层建筑结构设计与建筑设计密不可分，不同的结构体系对建筑布局均有不同的影响。例如，高层建筑是以电梯作为主要的垂直交通工具，在结构设计中，应注意如何有效地利用电梯，组织方便、安全而又经济的公共交通体系。其他如供水、供电、通讯设备，防火、防烟、疏散、安全措施以及服务设施、环境、废物处理等等。所有这些，均需要全面考虑与统筹安排，做好相互间的协调配合。

　　新的结构形式随之带来新的施工方式，同时也影响到设计方法和建筑处理。

　　在低层建筑中，许多不太重要而常被忽视的问题，在高层建筑中可能显得十分突出，必须慎重处理。其中包括工程技术问题、建筑艺术问题、投资经济效果与社会效益问题，以及对城市建筑的动态平衡、环境影响和给人们的心理影响等。

　　综上所述，高层建筑绝不是建筑层数的简单加高，认识和掌握这些特点，对进行高层建筑设计是至关重要的。

5.2　多层与高层建筑结构布置的一般原则

　　高层建筑钢筋混凝土结构可采用框架、剪力墙、框架—剪力墙、板柱—剪力墙和筒体结构体系。其中，板柱—剪力墙结构系指由无梁楼板与柱组成的板柱框架和剪力墙共同承受竖向和水平作用的结构。各种结构体系结构布置时，应遵守以下一般原则：

　　1）高层建筑的开间、进深和层高应力求统一，以便于结构布置，减少构件类型、规格，有利于工业化施工与降低综合造价。

2）高层建筑结构布置，应使结构具有必要的承载能力、刚度和变形能力。结构的水平和竖向布置宜具有合理的承载力和刚度分布，避免因局部突变和扭转效应而形成薄弱部位；避免因部分结构或构件的破坏而导致整个结构丧失承受重力荷载、风荷载和地震作用的能力。

3）在高层建筑的一个独立结构单元内，宜使结构平面形状简单、规则，刚度和承载力分布均匀。不应采用严重不规则的结构体系和平面布局。

4）高层建筑的竖向体型，宜规则、对称，避免有过大的外挑和内收。结构的侧向刚度宜下大上小，逐渐均匀变化，不宜采用竖向布置严重不规则的结构。

5）高层建筑的结构布置，应保证在正常使用条件下，具有足够的刚度以避免产生过大的位移而影响结构的承载力、稳定性和使用要求。

6）高层建筑的结构布置应与结构单元、结构体系和基础类型相协调，并与施工条件和施工方法相适应，如需考虑现场施工和预制构件制作的可能和方便，以缩短工期，早日发挥投资效益。

7）高层建筑结构中，应尽量少设变形缝，以利简化构造，方便施工，降低造价。对于建筑平面形状较为复杂、平面长度大于伸缩缝最大间距、或主体与裙房之间沉降差较大时，可以采取调整平面形状和结构布置或采取分阶段施工、设置后浇带的方法，尽量避免设置变形缝。后浇带间距 30~40m，带宽 800~1000mm，带内钢筋可采用搭接接头。后浇带混凝土宜在两个月后浇灌，混凝土强度等级应提高一级。

8）在地震区建造高层建筑时，其结构布置尚应特别注意以下几点：

① 建筑物（这里主要指结构单元）的平面形状，应力求简单、规则、对称以减少偏心。例如采用正方形、矩形、圆形、椭圆形、Y 字形、L 形、十字形、井字形等平面形式。因为这样的平面，结构刚度均匀，房屋重心左右一致，抵抗地震作用的房屋刚度中心与地震作用的合力中心位置相重合或比较接近，可以减少因刚度中心和质量中心不一致而引起房屋扭转的影响。因为地震作用的大小与房屋质量有关，所以地震作用的合力作用点常称为房屋的质量中心。

建筑平面不规则，局部凹进凸出的建筑物，地震时，由于房屋各部位的结构自振周期不同，会引起墙体和承重结构之间相互撞击，而使建筑物受损。如不可避免时，必须限制凹凸部分的平面尺寸，或用设置变形缝等方法解决。因此《高层规程》要求，抗震设计的高层建筑平面长度 L 不宜过长，突出部分长度 l 不宜过大（图 5-4）；L、l 等值宜满足表 5-6 的要求；不宜采用角部重叠的平面图形或细腰形平面图形。

| | | | *L、l* 的限值 | | 表 5-6 |

设防烈度	L/B	l/B_{max}	l/b
6 度、7 度	≤6.0	≤0.35	≤2.0
6 度、7 度	≤5.0	≤0.30	≤1.5

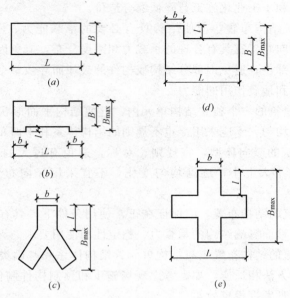

图 5-4　建筑平面

② 房屋的竖向结构布置，应力求刚度均匀连续。如柱子、剪力墙的截面沿高度应上下一致，或由下而上逐渐变小。各层刚度中心应尽量位于一条竖直线上，避免错位、截面明显减小或突然取消，防止建筑物刚度和重心上下不一致。

《高层规程》规定，抗震设计时，当结构上部收进部位到室外地面的高度 H_1 与房屋高度 H 之比大于 0.2 时，上部楼层收进后的水平尺寸 B_1 不宜小于下部结构楼层水平尺寸 B 的 0.75 倍（图 5-5a、b）；当上部结构楼层相对于下部楼层外挑时，下部楼层的水平尺寸 B 不宜小于上部楼层水平尺寸 B_1 的 0.9 倍，且水平外挑尺寸 a 不宜大于 4m（图 5-5c、d）。

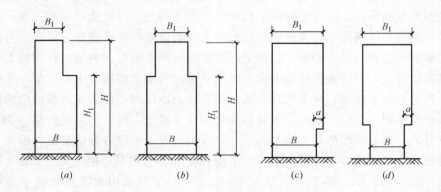

图 5-5　结构竖向收进和外挑示意

由于地震力的大小不仅与建筑物的质量有关，而且与质量所处的位置有关。质量所处的位置越高，引起的地震作用越大，对房屋的损坏也越严重。所以，应优先采用轻质高强材料，减轻房屋重量，并采取将重量大的设备放在下面各层等有效的抗震措施。

另外，房屋顶部的突出部分不能太高，否则在地震作用下，会引起过大的高振型影响，即所谓"鞭端效应"；悬挑构件不宜过长，否则应考虑竖向地震作用；尽量不采用框支剪力墙，非采用不可时，应当与落地剪力墙配合使用，或采用刚度过渡层（又称结构转换层）。

③ 楼盖是传递竖向荷载及水平作用并保证抗侧力结构协同工作的关键构件，必须保证它在平面内有足够的刚度，同时应保证墙、柱与楼盖的可靠连接。为此，应优先采用整体现浇楼板。对于装配式楼板，宜增设现浇层，并在支承部位和板与梁、板与墙的连接处，采用可靠的构造措施。

《高层规程》规定，房屋高度超过 50m 时，框架—剪力墙结构、简体结构及复杂高层建筑结构（包括带转换层的结构、带加强层的结构、错层结构、连体结构、多塔楼结构等），应采用现浇楼盖结构；剪力墙结构和框架结构宜采用现浇楼盖结构。房屋高度不超过 50m 时，8、9 度抗震设计的框架—剪力墙结构宜采用现浇楼盖结构；6、7 度抗震设计的框架—剪力墙结构可采用装配整体式楼盖结构，但应符合有关构造要求。房屋的顶层、结构转换层、平面复杂或开洞过大的楼层、作为上部结构嵌固部位的地下室楼板均应采用现浇楼盖结构。

④ 建造在地震区的高层建筑，更应从设计、施工质量上保证结构的整体性，使房屋各部分结构能有效地组合在一起，发挥空间工作的作用，以提高抗震能力。例如，结构要多道设防，使结构计算图式的超静定次数增多。这样，在经受地震后，即使有个别的构件破坏，也不会造成整个房屋的过早失稳和破坏。

⑤ 当建筑物平面形状复杂而又无法调整其平面形状和结构布置使之成为较规则的结构时，宜设置防震缝将其划分为较简单的几个结构单元。

设置防震缝时，应符合下列规定：（A）防震缝最小宽度要求：框架结构房屋，高度不超过 15m 的部分，可取 70mm；超过 15m 的部分，6 度、7 度、8 度和 9 度相应每增加高度 5、4、3m 和 2m，应加宽 20mm；框架—剪力墙结构房屋，可按上述数值的 70% 采用；剪力墙结构房屋，可按上述数值的 50% 采用；但二者均不宜小于 70mm；（B）防震缝宜沿房屋全高设置；地下室、基础可不设防震缝；（C）抗震设计时，伸缩缝、沉降缝的宽度均应符合防震缝最小宽度的要求。

⑥ 经受地震后，房屋中的隔墙、女儿墙、阳台、雨篷、挑檐等构件最容易损坏，甚至坠落而造成伤亡事故。设计时，必须采取有效的结构措施，予以锚固和拉结。

上述各点，对地震区高层建筑结构设计十分重要，必须严格遵守。同样，在进行非地震区高层建筑设计中，也应尽量参照执行，从而求得安全适用、经济合理的效果。

5.3　多层与高层建筑结构上的荷载及地震作用

多层与高层建筑所承受的荷载及作用，包括有结构自重、屋面活荷载（或雪荷载）、楼面活荷载、吊车与设备荷载、风荷载、地震作用、温度作用、冲击波荷载等。

其中，温度作用仅在某些建筑高度超过100m或超过30层时予以考虑；冲击波荷载只对某些重要建筑，按照军工规范的有关规定，折算成等效静荷载计算。

对于民用多层与高层建筑所承受的荷载及作用，一般分为两类：一类为竖向荷载，主要包括结构自重、屋面活荷载、楼面活荷载，以及设备荷载等；另一类为水平荷载及作用，主要包括风荷载和地震作用。一般情况下，在风力不很大的地震区建筑物仅考虑地震作用而不考虑风荷载；而在风力较大的地震区建筑物，则需同时计算出由风荷载和地震作用引起的内力，然后再进行荷载的不利组合。

5.3.1　竖向荷载

高层建筑结构的竖向荷载（包括结构自重、屋面与楼面活荷载等）标准值，按现行国家标准《建筑结构荷载规范》GB 50009—2001（简称《荷载规范》）的有关规定采用。此外，《高层规程》尚作如下补充：

1）施工中采用附墙塔、爬塔等对结构受力有影响的起重机械或其他施工设备时，应根据具体情况验算施工荷载对结构的影响。

2）旋转餐厅轨道和驱动设备的自重应按实际情况确定。

3）擦窗机等清洗设备应按实际情况确定其自重的大小和作用位置。

4）直升机平台上的活荷载，应按实际最大起重量决定的局部荷载标准值乘以动力系数确定。对具有液压轮胎起落架的直升机，动力系数可取1.4；当没有机型技术资料时，局部荷载标准值及其作用面积，可根据直升机类型按表5-7取用，但不小于$5kN/m^2$。

局部荷载标准值及其作用面积　　　　　　　　　　　表 5-7

直升机类型	局部荷载标准值(kN)	作用面积(m²)
轻　型	20.0	0.20×0.20
中　型	40.0	0.25×0.25
重　型	60.0	0.30×0.30

在高层建筑结构的内力计算中，为简化计算，对于屋面或楼面活荷载，一般可不进行最不利布置，全按满载计算。但当设计楼面梁、墙、柱及基础时，应对楼面活荷载标准值乘以折减系数。例如，设计住宅、办公楼、旅馆、医院病房、幼儿园的楼面梁，且当从属面积超过$25m^2$时，折减系数取0.9；当设计其墙、柱及基础时，按表5-8的规定取用。又如，设计教室、会议室、礼堂、电影院、展览馆、商店、藏书库的楼面梁，且当从属面积超过$50m^2$时，折减系数取0.9；当设计其墙、柱及基础时，采用与楼面梁相同的折减系数。

活荷载按楼层数的折减系数　　　　　　　　　　　表 5-8

墙、柱、基础计算截面以上的层数	1	2～3	4～5	6～8	9～20	>20
计算截面以上的各楼层活荷载总和的折减系数	1.00 (0.90)	0.85	0.70	0.65	0.60	0.55

注：当楼面梁的从属面积超过$25m^2$时，采用括号内的系数。

5.3.2 风荷载

风与建筑物相遇，将对建筑物的表面产生压力、吸力或浮力，即为风荷载。风荷载的特点之一是具有变化的特性。风荷载与风本身的性质、速度、方向有关，同时也与建筑物的体型、高度、建筑物周围的环境、地形、地貌等因素有关。例如，在建筑物的迎风面会受到压力、在背风面和侧面会受到吸力，对外伸的阳台、挑檐等会形成浮力。风荷载的另一个特点是具有静力和动力的双重特性。图 5-6、图 5-7、图 5-8 分别为风速沿高度变化和风压分布的示意图。

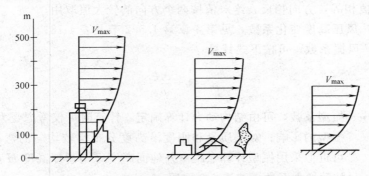

图 5-6　不同高度建筑物风速沿高度变化示意图

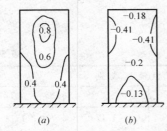

图 5-7　风对建筑物立面的风压系数图

（a）正面；（b）背面

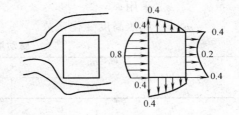

图 5-8　空气流经过建筑物对
建筑物四周的作用平面图

垂直作用于建筑表面上的风荷载标准值 ω_k（kN/m²）应按式（5-1）计算：

$$\omega_k = \beta_z \mu_s \mu_z \omega_0 \qquad (5-1)$$

式中　ω_0——基本风压（kN/m²），根据《荷载规范》中的全国基本风压分布图中的数值采用；

μ_s——风荷载体型系数，与建筑的体型、平面尺寸等有关，可按下列规定采用：

1）圆形和椭圆形平面建筑，取 0.8。

2）正多边形及截角三角形平面建筑，由下式计算：

$$\mu_s = 0.8 + \frac{1.2}{\sqrt{n}} \qquad (5-2)$$

n——多边形的边数。

3）高宽比 H/B 不大于 4 的矩形、十字形平面建筑，取 1.3；

4）下列建筑取 1.4：

231

（A）V 形、Y 形、弧形、双十字形、井字形平面建筑；

（B）L 形、槽形和高宽比 H/B 大于 4 的十字形平面建筑；

（C）高宽比 H/B 大于 4，长宽比 L/B 不大于 1.5 的矩形、鼓形平面建筑。

5）在验算围护构件及连接强度时，对负压区可采用下列局部风压体型系数：墙面，$\mu_s=-1.0$；墙角及墙附近屋面（作用在宽度为 1/6 山墙宽度的条带上）$\mu_s=-1.5$；檐口、雨篷、遮阳板、阳台的上浮力 $\mu_s=-2.0$。

6）迎风面积取垂直于风向的最大投影面积。当正反两个方向体型不同时正反方向取值相等，方向相反，绝对值按两个方向的较大值取用。

μ_z——风压高度变化系数，见第 4 章第 4.5.2 节及表 4-18；

β_z——风振系数，可按下式计算：

$$\beta_z=1+\frac{\varphi_z\xi\upsilon}{\mu_z} \tag{5-3}$$

式中　φ_z——振型系数，可由结构动力计算确定，计算时可仅考虑受力方向基本振型的影响；对于质量和刚度沿高度分布比较均匀的弯剪型结构，可近似采用振型计算点距室外地面高度 Z 与房屋高度 H 的比值；

　　　ξ——脉动增大系数，按表 5-9 取用；

　　　υ——脉动影响系数，外形、质量沿高度比较均匀的结构可按表 5-10 采用；

　　　μ_z——风压高度变化系数。

脉动增大系数 ξ　　　　　　表 5-9

$\omega_0 T_1^2 (kNs^2/m^2)$	地面粗糙度类别			
	A	B	C	D
0.06	1.21	1.19	1.17	1.14
0.08	1.23	1.21	1.18	1.15
0.10	1.25	1.23	1.19	1.16
0.20	1.30	1.28	1.24	1.19
0.40	1.37	1.34	1.29	1.24
0.60	1.42	1.38	1.33	1.28
0.80	1.45	1.42	1.36	1.30
1.00	1.48	1.44	1.38	1.32
2.00	1.58	1.54	1.46	1.39
4.00	1.70	1.65	1.57	1.47
6.00	1.78	1.72	1.63	1.53
8.00	1.83	1.77	1.68	1.57
10.00	1.87	1.82	1.73	1.61
20.00	2.04	1.96	1.85	1.73
30.00	—	2.06	1.94	1.81

5.3.3　地震作用

多层与高层建筑结构属于多质点体系，对于刚度与质量沿竖向分布特别不均匀的高层建筑结构、甲类高层建筑结构、以及高度大于 100m（7 度，8 度的Ⅰ、Ⅱ类场地）和 80m（8 度的Ⅲ、Ⅳ类场地）、60m（9 度）的乙、丙类高层建筑结

高层建筑脉动影响系数 υ   表 5-10

H/B	粗糙度类别	房屋总高度 H(m)							
		≤30	50	100	150	200	250	300	350
≤0.5	A	0.44	0.42	0.33	0.27	0.24	0.21	0.19	0.17
	B	0.42	0.41	0.33	0.28	0.25	0.22	0.20	0.18
	C	0.40	0.40	0.34	0.29	0.27	0.23	0.22	0.20
	D	0.36	0.37	0.34	0.30	0.27	0.25	0.27	0.22
1.0	A	0.48	0.47	0.41	0.35	0.31	0.27	0.26	0.24
	B	0.46	0.46	0.42	0.36	0.36	0.29	0.27	0.26
	C	0.43	0.44	0.42	0.37	0.34	0.31	0.29	0.28
	D	0.39	0.42	0.42	0.38	0.36	0.33	0.32	0.31
2.0	A	0.50	0.51	0.46	0.42	0.38	0.35	0.33	0.31
	B	0.48	0.50	0.47	0.42	0.40	0.36	0.35	0.33
	C	0.45	0.49	0.48	0.44	0.42	0.38	0.38	0.36
	D	0.41	0.46	0.48	0.46	0.44	0.42	0.42	0.39
3.0	A	0.53	0.51	0.49	0.45	0.42	0.38	0.38	0.36
	B	0.51	0.50	0.49	0.45	0.43	0.40	0.40	0.38
	C	0.48	0.49	0.49	0.48	0.46	0.43	0.43	0.41
	D	0.43	0.46	0.49	0.49	0.48	0.46	0.46	0.45
5.0	A	0.52	0.53	0.51	0.49	0.46	0.44	0.42	0.39
	B	0.50	0.53	0.52	0.50	0.48	0.45	0.44	0.42
	C	0.47	0.50	0.52	0.52	0.50	0.48	0.47	0.45
	D	0.43	0.48	0.52	0.53	0.53	0.52	0.51	0.50
8.0	A	0.53	0.54	0.53	0.51	0.48	0.46	0.43	0.42
	B	0.51	0.53	0.54	0.52	0.50	0.49	0.46	0.44
	C	0.48	0.51	0.54	0.53	0.52	0.52	0.50	0.48
	D	0.43	0.48	0.54	0.53	0.55	0.55	0.54	0.53

构，宜采用时程分析法计算水平地震作用。即按设防烈度、设计地震分组和场地类别，选取适当数量的实测地震记录或人工模拟加速度时程曲线，求得结构底部剪力。对于高度不超过 40m、以剪切变形为主且质量和刚度沿高度分布比较均匀的多层与高层建筑结构，可采用底部剪力法。对于上述两种情况以外的多层与高层建筑结构宜采用振型分解反应谱法。这种方法是先计算每个振型在各质点处的地震作用，由于各振型的最大地震作用不一定在同一时刻出现，而且有正有负，需要经过振型组合才能求得该质点的水平地震作用。在实际计算中，因为频率高（周期短）的振型引起的地震作用很小，所以一般只考虑频率较低的几个振型。

下面仅对底部剪力法加以介绍。底部剪力法，是先按结构的基本自振周期（并考虑高振型影响）计算出作用于结构的总水平地震作用（亦即作用于结构底部的总水平剪力），然后将此总水平地震作用按照各层的重力大小及所在高度，分配给各个质点。其具体计算方法如下。

（1）结构总水平地震作用标准值的计算

采用底部剪力法时，各楼层可仅取一个自由度，结构的水平地震作用标准值，应按下式计算：

$$F_{Ek} = \alpha_1 G_{eq} \tag{5-4}$$

233

式中　G_{eq}——结构等效总重力荷载，单质点应取总重力荷载代表值，多质点可取总重力荷载代表值的 85%。建筑重力荷载代表值应取结构和构配件自重标准值和各可变荷载组合值之和。各可变荷载的组合值系数应按下列规定采用：

（A）雪荷载取 0.5（屋面活荷载不计入）；

（B）楼面活荷载按实际情况计算时取 1.0；按等效均布活荷载计算时，藏书库、档案库、库房取 0.8，一般民用建筑取 0.5。

α_1——相应于结构基本自振周期 T_1 的水平地震影响系数值，按地震影响系数曲线（图 5-9）取用。多层砌体房屋、底部框架和多层内框架砖房，宜取水平地震影响系数最大值。

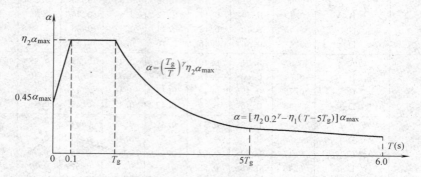

图 5-9　地震影响系数曲线

α—地震影响系数；α_{max}—地震影响系数最大值；η_1—直线下降段的下降斜率调整系数；γ—衰减指数；T_g—特征周期；η_2—阻尼调整系数；T—结构自振周期

图中　α_{max}——水平地震影响系数最大值，按表 5-11 采用。当建筑结构的阻尼比不等于 0.05 时，曲线水平段地震影响系数取 $\eta_2 \alpha_{max}$。

　　　　T_s——特征周期值，根据场地类别和设计地震分组的不同，按表 5-12 采用。

水平地震影响系数最大值　　　　　　　　　　　　表 5-11

地震影响	6 度	7 度	8 度	9 度
多遇地震	0.04	0.08(0.12)	0.16(0.24)	0.32
罕遇地震	—	0.50(0.72)	0.90(1.20)	1.40

注：括号中数值分别用于设计基本地震加速度为 0.15g 和 0.30g 的地区。

特征周期值（s）　　　　　　　　　　　　表 5-12

设计地震分组	场　地　类　别			
	Ⅰ	Ⅱ	Ⅲ	Ⅳ
第一组	0.25	0.35	0.45	0.65
第二组	0.30	0.40	0.55	0.75
第三组	0.35	0.45	0.65	0.90

γ——衰减指数，除有专门规定外建筑结构的阻尼比应取 0.05。此时，曲线下降段（自特征周期至 5 倍特征周期的区段），γ 应取 0.90；当阻尼比不等于 0.05 时，曲线下降段的衰减指数应按下式确定：

$$\gamma = 0.9 + \frac{0.05 - \zeta}{0.5 + 5\zeta} \tag{5-5}$$

ζ——阻尼比，除有专门规定外钢筋混凝土高层建筑取 0.05；

η_1——直线下降段的下降斜率调整系数，当阻尼比取 0.05 时，一般取 0.02；当阻尼比不等于 0.05 时，直线下降段的下降斜率调整系数，应按下式确定：

$$\eta_1 = 0.02 + \frac{0.05 - \zeta}{8} \tag{5-6}$$

当 $\eta_1 < 0$ 时，取 $\eta_1 = 0$。

η_2——阻尼调整系数，当阻尼比取 0.05 时，直线上升段（周期小于 0.10s 的区段），η_2 取 1.00；当阻尼比不等于 0.05 时，应按下式确定：

$$\eta_2 = 1 + \frac{0.05 - \zeta}{0.06 + 1.7\zeta} \tag{5-7}$$

当 $\eta_2 < 0.55$ 时，应取 $\eta_2 = 0.55$。

T——结构自振周期（s），在底部剪力法中，可近似用结构基本自振周期 T_1 取用；

T_1——结构基本自振周期（s），对于质量和刚度沿高度分布比较均匀的框架结构、框架—剪力墙结构和剪力墙结构，可采用顶点位移法的近似公式计算；

$$T_1 = 1.7\psi_T \sqrt{u_T} \tag{5-8}$$

式中 ψ_T——考虑填充墙对结构刚度影响的周期调整系数。框架结构取 $0.6 \sim 0.7$；框架—剪力墙结构取 $0.7 \sim 0.8$；剪力墙结构取 1.0；

u_T——假想把集中在各层楼面处的重力荷载代表值 G_i 视为水平荷载（假想水平集中力）算得的结构顶点位移（m）。即

$$u_T = \sum_{i=1}^{n} \delta_i \tag{5-9}$$

$$\delta_i = \frac{V_{Gi}}{\sum D} \tag{5-10}$$

式中 δ_i——第 i 层层间位移（n 为房屋总层数）；

V_{Gi}——在假想水平集中力 G_i 作用下第 i 层的层剪力；

$\sum D$——第 i 层各柱抗侧移刚度之总和。

（2）各层水平地震作用标准值的计算

沿房屋高度作用在各层质点处的水平地震作用标准值，可按下式计算（参见图 5-10）：

$$F_i = \frac{G_i H_i}{\sum\limits_{i=1}^{n} G_i H_i} \cdot F_{Ek}(1-\delta_n) \tag{5-11}$$

式中　G_i——集中质点 i 处的重力荷载代表值；

　　　H_i——集中质点 i 处的计算高度；

　　　δ_n——顶部附加水平地震作用系数，按表 5-13 采用。

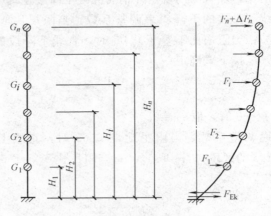

图 5-10　各层水平地震作用

顶部附加地震作用系数 δ_n 　　　　　　　　　　　　　　　　表 5-13

$T_g(s)$	$T_1 > 1.4 T_g$	$T_1 \leqslant 1.4 T_g$
$\leqslant 0.25$	$0.08 T_1 + 0.07$	
$0.3 \sim 0.4$	$0.08 T_1 + 0.01$	0.0
$\geqslant 0.55$	$0.08 T_1 - 0.02$	

　　顶部附加水平地震作用系数是考虑到按公式（5-11）计算时，结构顶层地震作用偏小，故需进行调整。即将总水平地震作用（底部总剪力）的一小部分作为集中力 ΔF_n 作用在结构顶部（即取顶层水平集中力为 $F_n + \Delta F_n$），再将余下的大部分，按倒三角形分配给各质点。

　　顶部附加水平地震作用标准值，应按式（5-12）计算：

$$\Delta F_n = \delta_n F_{Ek} \tag{5-12}$$

　　采用底部剪力法时，突出屋面的屋顶间、女儿墙、烟囱等的地震作用效应，考虑到该部分的刚度突然变小，使之地震效应强烈，即所谓"鞭端效应"，故宜乘以增大系数。此增大部分不应往下传递，但与该突出部分相连的构件应予以计入。

　　（3）高层建筑结构考虑地震作用的原则

　　《高层规程》规定，高层建筑结构应按下列原则考虑地震作用：

　　1）一般情况下，应允许在结构两个主轴方向分别计算水平地震作用；有斜交抗侧力构件的结构，当相交角度大于 15°时，应分别计算各抗侧力构件方向的水平地震作用；

2）质量与刚度分布明显不对称、不均匀的结构，应计算双向水平地震作用下的扭转影响；其他情况，应计算单向水平地震作用下的扭转影响；

3）8度、9度抗震设计时，高层建筑中的大跨度和长悬臂结构应考虑竖向地震作用；

4）9度抗震设计应计算竖向地震作用。

【例 5-1】 试计算某工程 8 层框架的水平地震作用和水平位移。

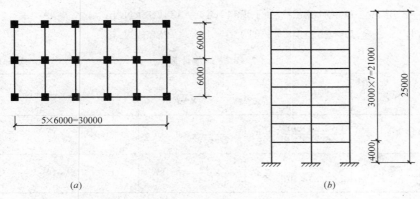

(a) (b)

图 5-11 【例 5-1】

技术条件：框架平面和立面结构尺寸分别如图 5-11 (a)、(b) 所示。梁柱现浇，楼板预制。梁截面为 220mm×600mm，柱截面首层为 600mm×600mm，2～8 层为 500mm×500mm。混凝土强度等级：梁、柱均为 C30。抗震设防烈度为 8 度（第一组），Ⅱ 类场地，特征周期 $T_g=0.35s$，结构抗震等级为二级。

【解】

1. 楼层重力荷载计算

每层质点重量以该层上、下各 1/2 楼层高度计算。其中，恒载取全部，恒载一般包括有：框架横梁重、纵梁重、柱重；内外纵墙重、横墙重；楼板结构重，以及楼梯间、卫生间、设备重等。活荷载可只考虑楼面活荷载的 50%（即取组合系数为 0.5）。

经计算，集中在楼盖（屋盖）处的各质点重力荷载分别为：

顶层	$G_{E8}=3600kN$
2～7 层	$G_{E7}\sim G_{E2}=5400kN$
底层	$G_{E1}=6100kN$

总重力荷载 $\qquad G_E=42100kN$

结构等效总重力荷载

$$G_{eq}=0.85G_E=0.85\times42100=35785kN$$

2. 梁、柱刚度计算

（1）梁的线刚度（T 形截面系数取 1.2）

$$i_b=\frac{E_cI_b}{l}=\frac{3.0\times10^7\times(1/12)\times0.22\times0.60^3\times1.2}{6}=2.38\times10^4kN\cdot m$$

237

（2）柱的线刚度

首层 $i_c = \dfrac{E_c I_c}{h} = \dfrac{3.0 \times 10^7 \times (1/12) \times 0.6^4}{4} = 8.1 \times 10^4 \text{kN} \cdot \text{m}$

2～8层 $i_c = \dfrac{E_c I_c}{h} = \dfrac{3.0 \times 10^7 \times (1/12) \times 0.5^4}{3} = 5.20 \times 10^4 \text{kN} \cdot \text{m}$

（3）柱的抗侧刚度—D值

各层柱的抗侧刚度—D值，见表5-14、表5-15。

2～8层 $\sum D = 21838 \times 7 + 12994 \times 14 = 334782 \text{kN/m}$

首层 $\sum D = 25515 \times 7 + 21020 \times 14 = 472885 \text{kN/m}$

2～8层 D 值计算　　　　　　　　　　　　　　　　　表 5-14

柱 ＼ D	$\overline{K} = \dfrac{\sum i_b}{2 i_c}$	$\alpha = \dfrac{\overline{K}}{2 + \overline{K}}$	$D = \alpha i_c \cdot \dfrac{12}{h^2} (\text{kN/m})$
中柱(7 根)	$\dfrac{4 \times 2.38 \times 10^4}{2 \times 5.20 \times 10^4} = 0.92$	$\dfrac{0.92}{2 + 0.92} = 0.315$	$0.315 \times 5.20 \times 10^4 \times \dfrac{12}{3^2} = 21838$
边柱(14 根)	$\dfrac{2 \times 2.38 \times 10^4}{2 \times 5.20 \times 10^4} = 0.46$	$\dfrac{0.46}{2 + 0.46} = 0.187$	$0.187 \times 5.20 \times 10^4 \times \dfrac{12}{3^2} = 12994$

首层 D 值计算　　　　　　　　　　　　　　　　　表 5-15

柱 ＼ D	$\overline{K} = \dfrac{\sum i_b}{i_c}$	$\alpha = \dfrac{0.5 + \overline{K}}{2 + \overline{K}}$	$D = \alpha i_c \cdot \dfrac{12}{h^2} (\text{kN/m})$
中柱(7 根)	$\dfrac{2 \times 2.38 \times 10^4}{8.1 \times 10^4} = 0.588$	$\dfrac{0.5 + 0.588}{2 + 0.588} = 0.42$	$0.42 \times 8.1 \times 10^4 \times \dfrac{12}{4^2} = 25515$
边柱(14 根)	$\dfrac{2.38 \times 10^4}{8.1 \times 10^4} = 0.294$	$\dfrac{0.5 + 0.294}{2 + 0.294} = 0.346$	$0.346 \times 8.1 \times 10^4 \times \dfrac{12}{4^2} = 21020$

3. 框架自振周期计算

由式（5-8）确定，本设计填充墙为空心砖，不计其强度。

$$T_1 = 1.7 \psi_T \sqrt{u_T} = 1.7 \times 0.6 \sqrt{0.502} = 0.722 \text{s}$$

顶点位移 u_T 的计算如表5-16。

u_T 的计算　　　　　　　　　　　　　　　　　表 5-16

层	$G_i(\text{kN})$	$V_{Gi}(\text{kN})$	$\sum D$	$\delta_i = \dfrac{V_{Gi}}{\sum D}$	u_T
8	3600	3600	334782	0.0108	0.502
7	5400	9000	334782	0.0269	0.491
6	5400	14400	334782	0.0430	0.462
5	5400	19800	334782	0.0591	0.421
4	5400	25200	334782	0.0753	0.362
3	5400	30600	334782	0.0914	0.287
2	5400	36000	334782	0.1075	0.196
1	6100	42100	472885	0.0890	0.089

4. 结构水平地震作用标准值计算

$$F_{Ek} = \alpha_1 G_{eq} = \left(\frac{T_g}{T}\right)^{0.9} \cdot \alpha_{max} G_{eq} = \left(\frac{0.35}{0.722}\right)^{0.9} \times 0.16 \times 35785$$

$$= 0.521 \times 0.16 \times 35785 = 2983kN$$

由式（5-11）

$$F_i = \frac{G_i H_i}{\sum\limits_{i=1}^{n} G_i H_i} \cdot F_{Ek}(1 - \delta_n)$$

其中 ∵ $T_1 > T_g$

∴ 按表 5-13，$\delta_n = 0.08T_1 + 0.07 = 0.08 \times 0.722 + 0.07 = 0.128$

顶点附加水平地震作用为：

$$\Delta F_n = \delta_n F_{Ek} = 0.128 \times 2983 = 382kN$$

计算结果见表 5-17。

地震力和位移计算表   表 5-17

层	H_i (m)	G_i (kN)	$G_i H_i$	$\sum G_i H_i$	F_i	V_{Gi} (kN)	$\sum D$ (kN/m)	$\dfrac{V_i}{\sum D}$	u_i (m)
8	25	3600	90000	584200	783	783	334782	0.00234	0.04067
7	22	5400	118800	584200	529	929	334782	0.00277	0.03833
6	19	5400	102600	584200	457	1386	334782	0.00414	0.03556
5	16	5400	86400	584200	385	1771	334782	0.00529	0.03142
4	13	5400	70200	584200	313	2084	334782	0.00622	0.02613
3	10	5400	54000	584200	240	2324	334782	0.00694	0.01991
2	7	5400	37800	584200	168	2492	334782	0.00747	0.01297
1	4	6100	24400	584200	109	2601	472885	0.00550	0.00550

本例题层间最大位移与层高之比为：

首层 $\dfrac{u}{h} = \dfrac{0.0055}{4} = \dfrac{1}{727} < \left[\dfrac{1}{550}\right]$，符合规范要求；

2～4 层不符合规范要求，需适当加大柱截面尺寸。

5.3.4 荷载效应和地震作用效应的组合

现仅对高层建筑混凝土结构，说明其荷载效应和地震作用效应的组合方法。

高层建筑混凝土结构设计，分非抗震设计（无抗震设计要求）和抗震设计（有抗震设计要求）两种情况。由于两种情况的设计要求不同，不仅结构抗力的取值不同，作用效应的计算方法也不尽相同。非抗震设计，主要考虑由永久荷载、楼面活荷载和风荷载引起的荷载效应；抗震设计，主要考虑由重力荷载、水平地震作用、竖向地震作用以及风荷载引起的荷载效应和地震作用效应。最后按照《高层规程》的规定，各自组合出非抗震设计的荷载效应组合设计值或抗震设计的荷载效应和地震作用效应组合设计值，并依此进行截面设计。

（1）非抗震设计的荷载效应组合

无地震作用效应组合时，荷载效应组合的设计值应按下式确定：

$$S = \gamma_G S_{Gk} + \psi_Q \gamma_Q S_{Qk} + \psi_w \gamma_w S_{Wk} \qquad (5-13)$$

式中 S——荷载效应组合的设计值。

239

γ_G——永久荷载分项系数：由可变荷载效应控制的组合取 1.2；由永久荷载效应控制的组合取 1.35；当其效应对结构有利时取 1.0。

γ_Q——楼面活荷载分项系数，一般情况下应取 1.4。

γ_w——风荷载分项系数，应取 1.4。

S_{Gk}——永久荷载效应标准值。

S_{Qk}——楼面活荷载效应标准值。

S_{wk}——风荷载效应标准值。

ψ_Q、ψ_w——分别为楼面活荷载的组合值系数和风荷载组合值系数：当永久荷载效应起控制作用时应分别取 0.7 和 0.9；当可变荷载效应起控制作用时应分别取 1.0 和 0.6；对仓库、档案室、储藏室、通风机房和电梯机房等楼面活荷载较大且相对固定的情况，其楼面活荷载组合值系数应由 0.7 改为 0.9。

（2）抗震设计的荷载效应和地震作用效应组合

有地震作用效应组合时，荷载效应和地震作用效应组合的设计值应按下式确定：

$$S = \gamma_G S_{GE} + \gamma_{Eh} S_{Ehk} + \gamma_{Ev} S_{Evk} + \psi_w \gamma_w S_{wk} \tag{5-14}$$

式中　S——荷载效应和地震作用效应组合的设计值；

S_{GE}——重力荷载代表值的效应；

S_{Ehk}——水平地震作用标准值的效应，尚应乘以相应的增大系数或调整系数，见《建筑抗震设计规范》；

S_{Evk}——竖向地震作用标准值的效应，尚应乘以相应的增大系数或调整系数，见《建筑抗震设计规范》；

γ_G——重力荷载分项系数；

γ_{Eh}——水平地震作用分项系数，按表 5-18 取用；

γ_{Ev}——竖向地震作用分项系数，按表 5-18 取用；

γ_w——风荷载分项系数；

ψ_w——风荷载的组合值系数，应取 0.2。

荷载和地震作用分项系数　　　　　　　　　表 5-18

所考虑的组合	重力荷载 γ_G	水平地震作用 γ_{Eh}	竖向地震作用 γ_{Ev}	风荷载 γ_w	说　明
1. 重力荷载及水平地震作用	1.20	1.30	—	—	
2. 重力荷载及竖向地震作用	1.20	—	1.30	—	9 度抗震设计时考虑；水平长悬臂结构 8 度、9 度时考虑
3. 重力荷载、水平地震作用及竖向地震作用	1.20	1.30	0.50	—	9 度抗震设计时考虑；水平长悬臂结构 8 度、9 度时考虑
4. 重力荷载、水平地震作用及风荷载	1.20	1.30	—	1.40	60m 以上的高层建筑考虑
5. 重力荷载、水平地震作用、竖向地震作用及风荷载	1.20	1.30	0.50	1.40	60m 以上的高层建筑，9 度抗震设计时考虑；水平长悬臂结构 8 度、9 度时考虑

注：1. 当重力荷载效应对结构承载力有利时，取 $\gamma_G = 1.0$；
　　2. 进行位移计算时，全部分项系数均取 1.0；
　　3. 表中"—"号表示组合中不考虑该项荷载或作用效应。

5.4 框架结构

5.4.1 框架结构的结构组成及受力特点

框架结构，系指由梁和柱为主要构件组成的承受竖向和水平作用的结构。框架结构，一般由框架柱和框架横梁通过节点连接而成。框架节点通常为刚接，主体结构除个别部位外，均不应采用铰接。因为框架结构主要承受竖向荷载（如恒载和屋面活荷载）和水平荷载及作用（如风荷载和水平地震作用），所以常把框架结构看成是由横向平面框架和纵向平面框架组成的空间受力体系。为此，《高层规程》规定，框架结构应设计成双向梁柱抗侧力体系。

框架结构在竖向荷载作用下，受力明确，传力简捷，也便于计算；在水平荷载及作用下，抗侧刚度小，变形呈剪切型，水平侧移大，底部几层侧移更大。与其他高层建筑结构相比，属柔性结构。框架结构自下而上内力相差较大，相应的构件类型也较多。框架结构的突出优点是建筑平面布置灵活，能满足较大空间要求，特别适用于商场、餐厅等。

在框架结构布置时，框架梁柱中心线宜重合，尽量避免偏心。当梁柱中心线不重合时，梁柱中心线之间的偏心距，不宜大于柱截面在该方向宽度的 1/4。超过时可采取增设梁的水平加腋等措施。

框架结构常采用轻质墙体作为填充墙及隔墙。抗震设计时，如采用砌体填充墙时，其布置应避免上、下层刚度变化过大；避免形成短柱，并应减少因抗侧刚度偏心所造成的扭转。为保证墙体自身的稳定性、砌体填充墙及隔墙的墙顶应与框架梁或楼板密切结合，且应与框架柱有可靠拉结。《高层规程》特别指出：框架结构按抗震设计时，不应采用部分由框架承重，部分由砌体墙承重的混合形式。框架结构中的楼梯间、电梯间及局部出屋顶的电梯机房、楼梯间、水箱间等，应采用框架承重，不应采用砌体墙承重。

5.4.2 框架结构布置方案

（1）柱网布置

柱网布置包括柱网及层高的确定。柱网布置原则是：满足使用要求、结构受力合理、用材节省、造价经济、施工方便，且能与施工机械的运输、吊装能力相适应。同时，柱网布置应力求行距、列距一致，且宜布置在同一轴线上。除房屋底部或顶部以外，中间各层通常层高相同。这样，传力直接，受力合理，又可减少构件规格、型号。

1）柱网布置应满足生产工艺要求

按照生产工艺要求，多层厂房的柱网布置有内廊式、等跨式、对称不等跨式几种，见图 5-12。

2）柱网布置应满足建筑平面布置要求

对于旅馆、办公楼等民用建筑，其柱网布置可采用两边跨为客房与卫生间，中间跨为走道；或两边跨为客房，中间跨为走道与卫生间。也可取消中间一排柱子，将柱网布置成两跨。而且柱网布置应与纵横隔墙相协调，尽量使柱子布置在

241

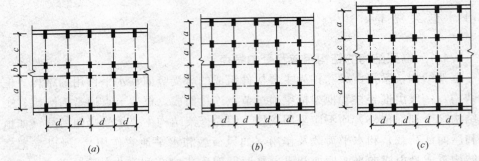

图 5-12 多层厂房柱网布置

(*a*) 内廊式；(*b*) 等跨式；(*c*) 对称不等跨式

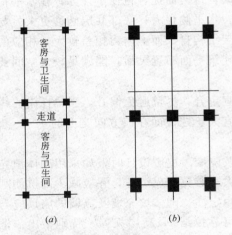

图 5-13 横向柱列布置

纵横隔墙的交叉点上。见图 5-13。

3) 柱网布置应使结构受力合理

多层框架主要承受竖向荷载。其横向柱列布置时，应考虑到结构在竖向荷载作用下内力分布均匀合理，各种构件材料强度得以充分利用。例如图 5-14 所示的两种框架结构。显然，在竖向荷载作用下，框架 A 的横梁跨中最大正弯矩、支座最大负弯矩及柱端弯矩均比框架 B 大。

多层框架的纵向柱距，一般可取一个建筑开间和两个建筑开间。前者开间小，柱截面常按构造配筋，材料强度不

能充分利用，建筑平面也难以灵活布置。所以，多层框架的纵向柱列布置多采用后者。见图 5-15（*b*）。

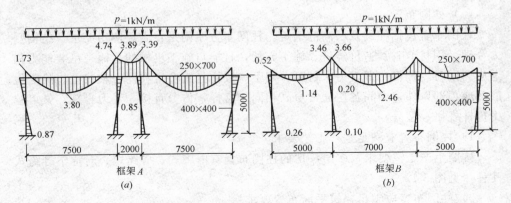

图 5-14 框架弯矩图（kN·m）

4) 柱网布置应方便施工

建筑设计及结构布置应同时考虑施工方便，以加快施工进度，降低工程造

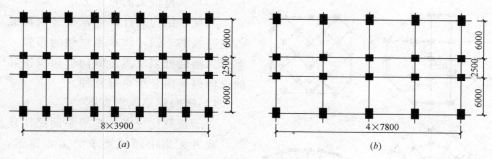

图 5-15 纵向柱列布置

价。对于装配式结构，既要考虑到构件的最大长度和最大重量，使之满足吊装、运输设备的限制条件，又要考虑到构件尺寸的模数化、标准化，并尽量减少构件的规格类型。对于现浇框架结构，虽然可不受模数和标准图的限制，但其结构布置亦应力求简单规则，以方便施工。

根据我国现有的构件供应情况和施工吊装能力，住宅建筑的开间一般在 3.3～4.5m 之间；公共建筑的开间可达 6.6m。框架横梁通常在 4～9m 左右。布置柱网时，最好在上述范围内选择柱网尺寸，或一个开间设一榀框架，或两个开间设一榀框架，图 5-16 所示为住宅和旅馆常用的柱网布置实例。一些形状特殊的建筑平面柱网布置如图 5-17 所示。

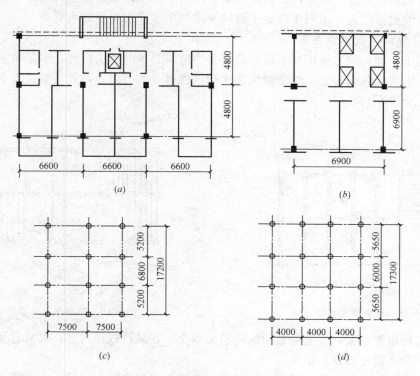

图 5-16 矩形平面柱网布置

(a) 住宅（标准层）；(b) 旅馆（四床客房）；(c) 上海宾馆柱网；(d) 长城饭店柱网

243

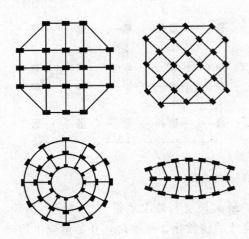

图 5-17　其他形状平面柱网布置

（2）承重框架的布置方案

为便于结构设计，通常按竖向荷载传递路线的不同，将承重框架的布置方案分为横向框架承重、纵向框架承重和横纵向框架混合承重等几种。

1）横向框架承重方案

对于长宽比较大的矩形平面民用建筑，或者无集中通风要求的工业建筑，由于纵向柱列柱数较多，强度和刚度容易保证，所以一般多把主要承重框架沿房屋的横向布置，用以加强横向刚度，再通过纵向连系梁连成整体，见图5-18。

这种布置方案，主要荷载由横向框架承受。当考虑风荷载作用时，因纵向刚度大，迎风面小，故在竖向和水平荷载作用下，可仅对横向框架进行内力分析；当考虑地震作用时，因水平地震作用主要是由质点重量决定的，纵横方向大小相同，而纵向框架柱的总刚度，有时小于横向框架柱的总刚度，故需对纵横两个方向的框架进行内力分析。

横向框架承重方案中，纵向连系梁截面高度较小，在建筑上有利于采光，但由于横梁截面较大，不利于有集中通风要求的多层厂房设置通风管道。

2）纵向框架承重方案

对于长宽比较大的矩形平面，且有集中通风要求的多层厂房，多采用主要承重框架沿房屋纵向布置。在承重框架之间（沿房屋的横向）用连系梁或者卡口板联系，见图5-19。

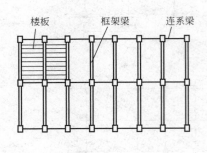

图 5-18　横向框架承重方案

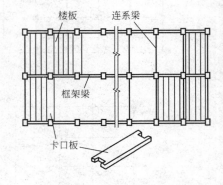

图 5-19　纵向框架承重方案

这种布置方案，主要荷载由纵向框架承受。在风荷载作用下，可只计算横向框架，而不须计算纵向框架。

纵向框架承重方案，开间布置灵活，而且由于横向连系梁截面高度较小，可以增大室内净空高度，便于设置通风干管，而不增加房屋层高，因此可降低房屋造价。这种布置方案，房屋横向刚度较差，故只适用于层数不多的厂房，一般民用房屋很少采用。

3) 横纵向框架混合承重方案

当房屋平面接近正方形（两个方向柱列数接近），特别是楼面荷载较大时（图 5-20a），或者当采用大柱网，两个方向框架横梁均为承重梁时（图 5-20b），则可采用此种承重方案。

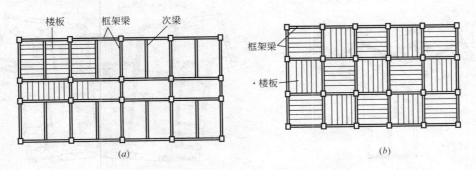

图 5-20 横纵向框架混合承重方案

这种承重方案，纵、横两个方向框架同时承受竖向荷载和水平荷载。对有抗震设防要求的房屋，两个方向都可以具有足够的抗侧刚度。

横纵向框架混合承重方案，特别适用于平面布置较为复杂的民用住宅建筑。图 5-21 所示为蜗形平面住宅建筑，采用纵横双向框架结构。每层四户，均为两室户。每个卧室有两个朝向，每户有 $9.66m^2$ 的小方厅，相当于具有三个居住的空间。图 5-22 所示为北京团结湖小区双塔高层建筑，亦为纵横双向框架结构体系。该建筑的特点是在平面的中央开设天井，沿天井设外廊，每部电梯服务八户，每个居民平均一次走水平过道仅 9m，比外廊或条形住宅的路线缩短 30% 左右。

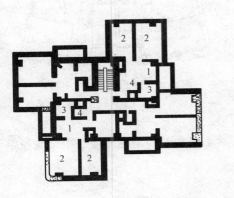

图 5-21 卍住宅建筑

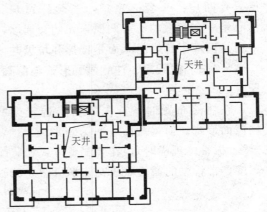

图 5-22 纵横双向框架结构体系

除此而外，有些高层框架结构体系的住宅，还可以采取较为灵活的布置方案。

245

例如图 5-23 的住宅为 V 形（三叉形）的平面形式，采用三向承重结构。其三翼布局匀称，体量适度，便于施工。中间一个正三角形的楼梯井，可以从屋顶采光，垃圾井利用一个角，每层三户。其主要特点是每户进门就有一个对外直接采光的小方厅（面积为 10.68m²），使只有二室一户标准的住户，实际上有了三个居住空间。另外，浴厕和厨房靠在一起，也节省走道。而且这种 Y 形住宅为三向框架结构体系，抗风抗震好。

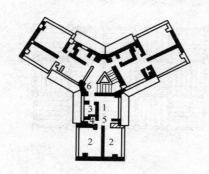

图 5-23　三叉形住宅建筑

1—方厅；2—卧室；3—厨房；4—
浴厕；5—壁柜；6—垃圾井

图 5-24　蝶形塔式高层住宅

1—入口；2—门厅；3—起居室；4—卧室；
5—起居兼卧室；6—厨房；7—浴室；8—壁柜

又如图 5-24 的住宅，平面设计成蝶形，共 10 层，采用现浇框架结构。标准层平面的特点是每层四户，一室户（17.8m²）和二室户（32.6m²）各两套。户门均开向门厅，无户外走道。

还有一种标准较高的 H 形高层（14层）塔式住宅。其框架柱的标准层平面布置见图 5-25，平均每户建筑面积 96m²。每层只有四户：一套二室户，三套三室户。中心是一个宽敞的、有两面采光的交通厅，一面是两部电梯，另一面是楼梯和垃圾井。

5.4.3　框架梁、柱的截面形式与截面尺寸

在柱网布置时，首先要初步选定梁、柱截面形式。横梁截面一般为矩形或 T 形（梁、板整体现浇时），在装配整体式和装配式框架中，为了提高楼层中梁底净空高度，常将梁的截面做成花篮形（图 5-26）。

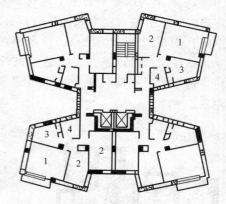

图 5-25　H 形高层塔式住宅

1—起居室；2—卧室；3—厨房；4—浴厕

图 5-26　框架梁的截面形式

为使梁的截面大小经济合理，梁的截面尺寸可根据梁的跨度初步确定（若计算所得的配筋率在经济配筋率范围内，则认为初定的截面尺寸是合适的）。另外，梁宽应比柱宽至少小 50mm，否则梁的两侧钢筋可能与柱子钢筋相碰而难以设置。

框架柱的截面形状通常取为矩形或正方形，有时也可以做成 T 形、I 形或其他形状。柱的截面尺寸可参考已建的类似建筑确定，也可近似地按轴心受压柱估算。估算时应考虑柱子实际上并非只有轴向压力，因而将估算压力适当提高。

综上所述，框架梁、柱截面尺寸，应符合下列要求：

1）框架主梁截面高度 $b_b = \left(\dfrac{1}{18} \sim \dfrac{1}{10}\right)l_b$，$l_b$ 为主梁计算跨度；梁净跨与截面高度之比不宜小于 4；梁的截面宽度不宜小于 200mm；梁截面的高宽比不宜大于 4。当梁高较小或采用扁梁时，除验算其承载力和受剪截面要求外，尚应满足刚度和裂缝的有关要求。

2）矩形截面框架柱的边长，非抗震设计时不宜小于 250mm，抗震设计时不宜小于 300mm；圆柱截面直径不宜小于 350mm；柱剪跨比宜大于 2；柱截面高宽比不宜大于 3。

3）抗震设计时，钢筋混凝土柱轴压比不宜超过表 5-19 的规定；对于 IV 类场地上较高的高层建筑，其轴压比限值应适当减小。

表 5-19

柱轴压比限值

结 构 类 型	抗 震 等 级		
	一	二	三
框架	0.70	0.80	0.90
板柱—剪力墙、框架—剪力墙、框架核心筒、筒中筒	0.75	0.85	0.95
部分框支剪力墙	0.60	0.70	—

注：1. 表内数值适用于混凝土强度等级不高于 C60 的柱。当混凝土强度等级为 C65～C70 时，轴压比限值应比表中数值降低 0.05；当混凝土强度等级为 C75～C80 时，轴压比限值应比表中数值降低 0.10；

2. 表内数值适用于剪跨比大于 2 的柱。剪跨比不大于 2 但不小于 1.5 的柱，其轴压比限值应比表中数值降低 0.05；剪跨比小于 1.5 的柱，其轴压比限值应专门研究并采取特殊构造措施；

3. 柱轴压比限值不应大于 1.5。

在此，对于地震区的框架柱，尚应考虑使框架柱具有必要的延性，即按所需轴压比核算柱的截面尺寸。轴压比系指柱考虑地震作用组合的轴压力设计值与柱全截面面积和混凝土轴心抗压强度设计值乘积的比值。即：

$$\mu_N = \frac{N}{A_c f_c} \tag{5-15}$$

式中　μ_N——钢筋混凝土柱轴压比；

　　　N——考虑地震作用组合的轴压力设计值，初步设计时，可按轴心受压柱估算，总楼面均布荷载可大致按 15kN/m² 估算；

　　　A_c——柱全截面面积；

247

f_c——混凝土轴心抗压强度设计值。

5.4.4　框架结构内力与水平位移的近似计算方法

关于钢筋混凝土框架结构设计，其中结构布置与荷载及地震作用计算，前面已分别作了介绍，这里主要讲述框架的内力与水平位移的近似计算方法。

（1）框架梁、柱抗弯刚度和框架梁惯性矩的取值方法

1）框架梁、柱抗弯刚度的取值方法

在计算框架的内力与位移时，首先要计算框架横梁与框架柱的抗弯刚度 EI 值。由于除底层柱的下端外，其他各层的柱端实为弹性约束。为便于计算，均按固定端考虑，这样将使柱的弯曲变形有所减少，加之钢筋混凝土框架在使用期间，许多杆件会出现裂缝，使得抗弯刚度明显降低，再考虑到荷载的长期作用，抗弯刚度还将进一步降低。为消除这些影响，故将除底层柱以外的其余各层柱的线刚度均乘以折减系数 β_c，并取 $\beta_c=0.9$。考虑《建筑抗震设计规范》已将水平地震作用的地震作用分项系数取为 1.3，对框架梁的抗弯刚度可不再折减，即取 $\beta_c=1.0$。

2）横梁惯性矩的取值方法

对于现浇整体式框架和装配整体式框架中的横梁，考虑到现浇楼板和横梁的共同工作，实际上增大了框架横梁的惯性矩。因此，规范建议，框架横梁的惯性矩 I 可按下述计算：

现浇整体式框架，中部横梁 $\qquad\qquad I=2I_0$

边横梁 $\qquad\qquad\qquad\qquad\qquad\qquad I=1.5I_0$

装配整体式框架（梁板整体连接），

中部横梁 $\qquad\qquad\qquad\qquad\qquad I=1.5I_0$

边横梁 $\qquad\qquad\qquad\qquad\qquad\qquad I=1.2I_0$

装配式（预制）框架，所有横梁 $\qquad I=I_0$

式中　I_0——按矩形截面梁肋计算的惯性矩。

（2）在竖向荷载作用下框架的内力近似计算方法——分层法

1）简化计算假定

（A）在竖向荷载作用下，框架的侧移很小，可忽略不计；

（B）本层横梁上的竖向荷载，对其他各层内力影响很小。可近似地认为本层竖向荷载，只对本层横梁和与本层连接的上、下层柱产生内力；

（C）所有梁、柱节点全按固定端计算。考虑到除底层外，其余柱端实际上处于弹性固定状态，为减小由此引起的误差，将其余各层柱的线刚度乘以折减系数 0.9，传递系数修正为 1/3；底层柱的线刚度不折减，传递系数仍为 1/2，各层梁的传递系数均取 1/2。

2）内力计算方法

将各层横梁及其上、下柱所组成的刚架，作为一个独立的计算单元，分层进行内力计算（图 5-27）。分层法，一般可用弯矩分配法计算内力。

用分层法所算得的横梁内力，即为横梁的最后内力；框架柱的弯矩，等于上、下两层内力的叠加值。

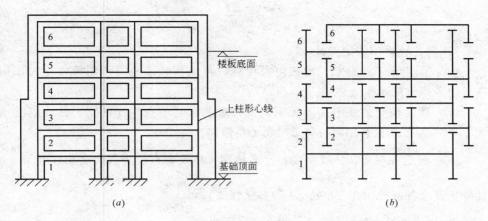

图 5-27 框架分层

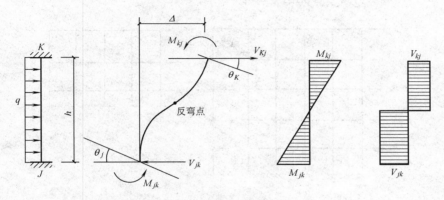

图 5-28 单杆转角位移

（3）在水平荷载作用下框架的内力近似计算方法之一——反弯点法

对于等截面两端刚接的杆件，当发生节点相对水平位移 Δ、各节点角位移 θ_k、θ_j、且该杆件同时承受外荷载作用时，其杆端弯矩和杆端剪力，可由转角位移方程求得（参见图 5-28）。即：

$$
\left.
\begin{aligned}
M_{jk} &= 4i\theta_j + 2i\theta_k - \frac{6i}{h}\Delta + M_j^{\mathrm{F}} \\[1mm]
M_{kj} &= 2i\theta_j + 4i\theta_k - \frac{6i}{h}\Delta + M_k^{\mathrm{F}} \\[1mm]
V_{jk} &= -\frac{6i}{h}\theta_i - \frac{6i}{h}\theta_k + \frac{12i}{h^2}\Delta + V_j^{\mathrm{F}} \\[1mm]
V_{kj} &= -\frac{6i}{h}\theta_i - \frac{6i}{h}\theta_k + \frac{12i}{h^2}\Delta + V_k^{\mathrm{F}}
\end{aligned}
\right\}
\qquad (5\text{-}16)
$$

式中　M^{F}、V^{F}——分别为由杆件本身所承受的外荷载（节间荷载）引起的固端弯矩和固端剪力；

　　　　i——杆件（柱）的线刚度，即：

249

$$i = \frac{EI}{h} \tag{5-17}$$

1）简化计算的假定

（A）假定无节间荷载，即在内力计算时将风荷载或地震作用等皆化为作用在各层节点上的水平集中力。

（B）假定横梁的线刚度为无限大（一般要求与节点相连的梁、柱线刚度比大于3），各节点只有相对位移Δ，而无角位移（$\theta = 0$）。

（C）假定各层梁、柱线刚度和层高相同，柱反弯点位置：除底层柱在下$\frac{2}{3}h$处外，其余各层柱均在$\frac{1}{2}h$处（h为各层柱高）。

2）内力计算方法

（A）计算层剪力（参见图5-29）

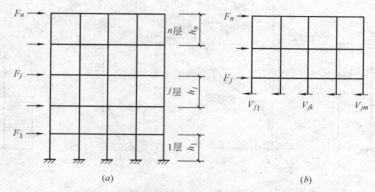

图5-29　反弯点法计算层剪力（轴向力从略）

框架在各个节点处的水平集中力F_i的作用下，在第j层引起的总剪力等于第j层与第j层以上各层水平集中力之和。即：

$$V_j = \sum_{i=j}^{n} F_i \tag{5-18}$$

式中　V_j——第j层层间剪力；

　　　F_i——作用在楼层i的水平力；

　　　n——框架总层数；

　　　j——框架柱所在层数。

（B）求第j层每根柱反弯点处的剪力

根据假定（B），第j层第k根柱的剪力，应按各自的侧移刚度大小进行分配。即：

$$V_{jk} = \frac{D_{jk}}{\sum_{k=1}^{m} D_{jk}} \cdot V_j \tag{5-19}$$

250

式中　V_{jk}——第 j 层第 k 根柱剪力；

　　　D_{jk}——第 j 层第 k 根柱的侧移刚度；

　　　m——第 j 层框架柱子数。

　　侧移刚度，系指当柱端发生单位相对水平位移 $\Delta=1$ 时，在柱端所需施加的水平力（参见图 5-28）。根据式（5-16）及反弯点法基本假定，用反弯点法计算时，柱子的侧移刚度为：

$$D_{jk}=\frac{12i_{jk}}{h_j^2} \tag{5-20}$$

式中　i_{jk}——第 j 层第 k 柱的线刚度；

　　　h_j——第 j 层柱子高度。

　　一般可记作：

$$D_0=\frac{12i}{h^2} \tag{5-21}$$

式中　D_0——反弯点法中，柱的侧移刚度；

　　　i——两端固定单根柱的侧移刚度，见式（5-17）；

　　　h——柱高。

　　（C）求各柱内力

　　柱端弯矩：等于反弯点处的剪力与反弯点至柱端的距离之乘积；

　　柱间弯矩：因无节间荷载，故按线性变化；

　　柱内剪力：等于反弯点处剪力，但在反弯点处要变号。

　　（D）求横梁内力

　　梁端弯矩，可根据已经求出的与横梁相连的上、下柱柱端弯矩，由节点的力矩平衡条件求得；跨中弯矩和梁内剪力，可按两端弯矩和外荷载共同作用下的简支梁求得。

　　（4）在水平荷载作用下框架的内力近似计算方法之二——改进反弯点法（D值法）

　　1）为什么要对反弯点法加以改进

　　（A）反弯点法中，同层各柱的剪力按各柱的侧移刚度进行分配，它仅与柱的刚度和层高有关，而且柱的剪力计算公式是假定梁、柱线刚度比 K 很大（如 $K>3$），节点角位移为零推导出来的。而实际上，房屋越高，所需柱刚度越大，难以保证梁柱线刚度比很大和不发生角位移，故用反弯点法计算内力误差较大。因此，需要对柱的侧移刚度计算加以改进。

　　（B）反弯点法中，系根据各层梁、柱线刚度和层高相同的假定，确定反弯点的位置。而实际上，反弯点的位置与梁柱线刚度比、房屋总层数、该柱所在层数以及上层与下层层高变化等因素有关，所以还要对反弯点的位置，予以改进。

　　2）改进后的柱侧移刚度——D 值

　　改进后的柱侧移刚度，是建立在假定节点转角不为零，但与该杆相连的上、下杆杆端转角皆相等，上、中、下三层柱的线刚度 i 亦相等，以及考虑到杆端的

251

不同支承条件推导出来的。

改进后的柱侧移刚度——D 值，按下式计算：

$$D = \alpha_c \cdot D_0 \tag{5-22}$$

即：

$$D = \alpha_c \cdot \frac{12i}{h^2} \tag{5-23}$$

式中　D——改进反弯点法，柱的侧移刚度；

　　　α_c——考虑梁柱转角影响的侧移刚度修正系数。它与梁柱的平均线刚度比（K）、柱所在的位置以及柱端支承情况有关。α_c 和 K 值的计算方法详见表 5-20。

α_c、$\overline{K}$ 值的计算方法　　　　　　　　　　　　表 5-20

α_c $\overline{K}$ 层位 柱位	α_c 边柱　中柱	$\overline{K}$ 边柱 $\overline{K}$	简图	$\overline{K}$ 中柱 $\overline{K}$	简图
底层 柱脚固定	$\alpha_c = \dfrac{0.5+\overline{K}}{2+\overline{K}}$	$\overline{K} = \dfrac{i_b}{i_c}$		$\overline{K} = \dfrac{i_b^{左}+i_b^{右}}{i_c}$	
底层 柱脚铰接	$\alpha_c = \dfrac{2.5\overline{K}}{1+2\overline{K}}$	$\overline{K} = \dfrac{i_b}{i_c}$		$\overline{K} = \dfrac{i_b^{左}+i_b^{右}}{i_c}$	
柱脚铰接带连系梁	$\alpha_c = \dfrac{\overline{K}}{2+\overline{K}}$	$\overline{K} = \dfrac{i_b+i_p}{2i_c}$		$\overline{K} = \dfrac{i_b^{左}+i_b^{右}+i_p^{左}+i_p^{右}}{2i_c}$	
中间层	$\alpha_c = \dfrac{\overline{K}}{2+\overline{K}}$	$\overline{K} = \dfrac{i_b^{上}+i_b^{下}}{2i_c}$		$\overline{K} = \dfrac{i_b^{左上}+i_b^{右上}+i_b^{左下}+i_b^{右下}}{2i_c}$	
顶层	$\alpha_c = \dfrac{\overline{K}}{1.5+\overline{K}}$	$\overline{K} = \dfrac{i_b^{上}+i_b^{下}}{2i_c}$		$\overline{K} = \dfrac{i_b^{左上}+i_b^{右上}+i_b^{左下}+i_b^{右下}}{2i_c}$	

　　3）改进后的反弯点位置

　　因为反弯点的位置与梁柱线刚度比、房屋总层数、柱所在楼层的位置以及上、下层层高变化均有关，所以采取分别考虑上述各因素，然后相叠加的办法，最终确定反弯点的位置。

　　反弯点的位置，通常指的是以每层柱底向上至反弯点的高度，现用 $h_下$ 表示。$h_下$ 与柱全高之比，叫做"反弯点高度比"，并用 y 表示，即：

$$y = \frac{h_下}{h} \tag{5-24}$$

显然，若反弯点高度比 y 值一经得知，则很容易求得反弯点的位置（$h_下 = yh$）。

反弯点高度比 y，可按下式计算：

$$y = y_0 + y_1 + y_2 + y_3 \tag{5-25}$$

式中　y_0——标准反弯点高度比，系指当框架各层横梁、柱的线刚度和层高均相同时的反弯点高度比。它与梁、柱线刚度的平均比值（$\overline{K}$），以及框架总层数（m）和柱所在层数（n）有关。可按附录四之附表 4-1 和附表 4-2 查得；

y_1——考虑上、下横梁相对刚度不同时，对 y_0 的修正值。它与梁柱线刚度平均比值 $\overline{K}$ 以及上、下横梁的线刚度比 α_1 有关。可按附录四之附表 4-3 查得。其中：

$$\overline{K} = \frac{i_1 + i_2 + i_3 + i_4}{2i_c} \tag{5-26}$$

$$\alpha_1 = \frac{i_1 + i_2}{i_3 + i_4} \tag{5-27}$$

y_2、y_3——层高变化对 y_0 的修正值，上层高度变化时修正值为 y_2；下层高度变化时修正值为 y_3。可按附录四之附表 4-4 查得。表中 α_2、α_3 为层高比。即：

$$\alpha_2 = \frac{h_上}{h}; \quad \alpha_3 = \frac{h_下}{h} \tag{5-28}$$

在此，$h_上$ 为上一层层高；$h_下$ 为下一层层高；h 为本层层高。

4）框架柱、梁内力计算

应用 D 值法计算框架柱、梁内力的方法与反弯点法基本相同。只是在计算柱内剪力时，需按各柱改进后的 D 值进行分配，并按改进后的反弯点位置计算柱端弯矩。

（5）在水平荷载作用下框架的侧移近似计算方法——修正反弯点法

在水平荷载作用下，框架的总侧移包括：由梁柱的弯、剪作用引起的局部弯曲变形（呈剪切型）而产生的局部侧移 Δ_M（图 5-30a）和由柱的轴力作用引起的轴向变形——相当于整个框架引起的整体弯曲变形（呈弯曲型），而产生的整体侧移 Δ_N（图 5-30b），即：总侧移＝局部侧移＋整体侧移。

记作：

$$\Delta = \Delta_M + \Delta_N \tag{5-29}$$

当框架总高 $H < 50\text{m}$，或高宽比 $\dfrac{H}{B} < 4$ 时，由于宽度 B 较大，柱内轴力较小，因而整体侧移较小（一般 $\Delta_N = 11\% \sim 15\% \Delta_M$），可忽略不计。

1）梁、柱弯曲变形产生的局部侧移 Δ_M

局部侧移等于各层层间相对侧移 δ_j 之总和，即：

$$\Delta_M = \delta_1 + \delta_2 + \delta_3 + \cdots\cdots + \delta_n \tag{5-30}$$

253

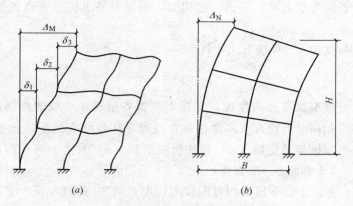

图 5-30   框架的局部与整体侧移

记作：

$$\Delta_{\mathrm{M}} = \sum_{j=1}^{n} \delta_j \tag{5-31}$$

其中，每层层间侧移为：

$$\delta_j = \frac{V_j}{(\sum D)_j} \tag{5-32}$$

式中 V_j——第 j 层各柱所承受的总剪力（等于第 j 层以上总的水平荷载）；

$(\sum D)_j$——第 j 层所有柱的侧移刚度之总和。

2）柱轴向变形产生整体侧移 Δ_{N}

因框架边柱的轴力（一边受拉，一边受压）较大，中间柱轴力很小，故可忽略中柱轴力的影响。因而两边柱在任一截面内的轴力可近似按下式计算：

$$N_j = \pm \frac{M_j}{B} \tag{5-33}$$

式中 M_j——由水平荷载在框架第 j 层产生的弯矩；

B——框架宽度（两边柱轴线间的距离）。

由虚功原理推导的位移计算公式可知，由两个边柱产生的整体位移为：

$$\Delta_{\mathrm{N}} = 2 \int_0^H \frac{N_1 N}{EA} \mathrm{d}z \tag{5-34}$$

采用连续积分的结果，经化简后得：

$$\Delta_{\mathrm{N}} = \frac{PH^3}{EA_1 B^2} \cdot F(n) \tag{5-35}$$

式中 P——沿房屋全高水平荷载的总和

当为均布荷载时 $P = qH \tag{5-36}$

当为倒三角形荷载时 $P = \frac{1}{2} qH \tag{5-37}$

A_1——底层柱截面面积；

$F(n)$——与 $n = \dfrac{A_n}{A_1}$ 有关的函数值，可由图 5-31 查得。A_n 为顶层柱截面面积。

3）框架结构的侧移验算

《高层规程》规定：框架结构的楼层层间最大位移（Δu）与层高（h）之比的限值为$\frac{1}{550}$，即侧移验算要求：$\frac{\Delta u}{h} \leqslant \frac{1}{550}$。

【例 5-2】 用反弯点法计算图 5-32 所示框架的弯矩，并画弯矩图。边柱截面尺寸为 450mm×450mm，中柱为 450mm×500mm；横梁截面尺寸为250mm×600mm。框架采用现浇整体式，混凝土强度等级为 C30。弹性模量 $E_c = 3.0 \times 10^4 \, \text{N/mm}^2$。

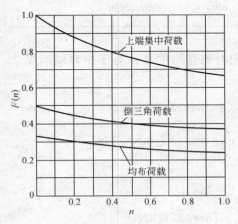

图 5-31 $F(n)$ 函数曲线   图 5-32 例题 5-2

【解】

1. 计算梁、柱的相对线刚度

（1）横梁刚度

对 C30 混凝土，$E_c = 3.0 \times 10^4 \, \text{N/mm}^2$。横梁刚度计算结果见表 5-21。

横梁刚度　　　　　　　表 5-21

截　　面	跨　　度	矩形截面惯性矩	计算惯性矩	线刚度
$b \times h$	l	$I_0 = \dfrac{bh^3}{12}$	$I = 2I_0$	$I_b = \dfrac{EI}{l}$
（mm×mm）	（mm）	（mm^4）	（mm^4）	（N・mm）
250×600	6500	4500×10^6	9000×10^6	41538×10^6 （1.62）
250×600	5500	4500×10^6	9000×10^6	49090×10^6 （1.91）

（2）柱刚度

对 C30 混凝土，二、三层取 $E = \beta_c E_c = 0.9 \times 3.0 \times 10^4 = 2.7 \times 10^4 \, \text{N/mm}^2$，首层取 $E = 3.0 \times 10^4 \, \text{N/mm}^2$，柱刚度计算结果见表 5-22。

2. 计算各层层剪力与各柱剪力

第三层

层剪力　　　$V_3 = 46.8 \text{kN}$

255

柱刚度 表 5-22

层高	边 柱			中 柱		
	截 面	惯性矩	线刚度	截 面	惯性矩	线刚度
h_c	$b \times h$	$I = \dfrac{bh^3}{12}$	$i_c = \dfrac{EI}{h_c}$	$b \times h$	$I = \dfrac{bh^3}{12}$	$i_c = \dfrac{EI}{h_c}$
(mm)	(mm×mm)	(mm⁴)	(N·mm)	(mm×mm)	(mm⁴)	(N·mm)
3600	450×450	3417.2×10⁶	25629×10⁶ (1.00)	450×500	4687.5×10⁶	35156×10⁶ (1.37)
4000	450×450	3417.2×10⁶	25629×10⁶ (1.00)	450×500	4687.5×10⁶	35156×10⁶ (1.37)

注：表（ ）为相对线刚度。

因层高与各柱材料、截面相同，各柱相对侧移刚度之比等于相对线刚度之比，故可按相对线刚度分配剪力。即：

柱剪力 $\qquad V_{3\text{边}} = \dfrac{1.0}{1.0+1.37+1.0} \times 46.8 = 13.88\text{kN}$

$\qquad\qquad\qquad V_{3\text{中}} = \dfrac{1.37}{1.0+1.37+1.0} \times 46.8 = 19.03\text{kN}$

第二层

层剪力 $\qquad\qquad V_2 = 46.8 + 31.2 = 78\text{kN}$

柱剪力 $\qquad V_{2\text{边}} = \dfrac{1.0}{1.0+1.37+1.0} \times 78 = 23.15\text{kN}$

$\qquad\qquad\qquad V_{2\text{中}} = \dfrac{1.37}{1.0+1.37+1.0} \times 78 = 31.70\text{kN}$

第一层

层剪力 $\qquad\qquad V_1 = 46.8 + 31.2 + 15.6 = 93.6\text{kN}$

柱剪力 $\qquad V_{1\text{边}} = \dfrac{1.0}{1.0+1.37+1.0} \times 93.6 = 27.8\text{kN}$

$\qquad\qquad\qquad V_{1\text{中}} = \dfrac{1.37}{1.0+1.37+1.0} \times 93.6 = 38.0\text{kN}$

3. 计算各柱柱端弯矩

根据以上所计算的各柱剪力及反弯点位置，可求出各层柱的柱顶及柱底弯矩，并画出柱的弯矩图，如图 5-33 所示。

4. 计算各横梁梁端弯矩

根据各节点的力矩平衡条件，可求出各节点处的梁端弯矩之和，然后按左右梁的线刚度比进行分配，即可求得梁端的弯矩，如图 5-33 所示。

【例 5-3】 条件同【例 5-2】。试用 D 值法计算该框架的内力及侧移，并画弯矩图。

【解】

1. 计算梁、柱的相对线刚度（同【例 5-2】）

2. 计算修正后的柱侧移刚度——D 值（计算结果分别见表 5-23、表 5-24、表 5-25）

256

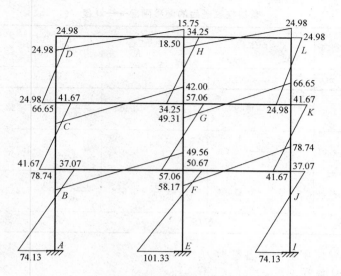

图 5-33 【例 5-2】框架弯矩图

第三层柱改进后的侧移刚度——D 值

表 5-23

柱所在位置	根数	层高	$\overline{K}=\dfrac{\sum i_{b(上,下)}}{2i_c}$	$\alpha_c=\dfrac{K}{1.5+K}$	$D_0=\dfrac{12i_c}{h^2}$	$D=\alpha_c \cdot \dfrac{12i_c}{h^2}$
—	根	(m)	—	—	(kN/m)	(kN/m)
左边柱	1	3.6	$\dfrac{1.62+1.62}{2\times1.0}=1.62$	$\dfrac{1.62}{1.5+1.62}=0.519$	$\dfrac{12\times25629}{3.6^2}=23730$	0.519×23730 $=12316$
中柱	1	3.6	$\dfrac{1.62+1.91+1.62+1.91}{2\times1.37}$ $=2.58$	$\dfrac{2.58}{1.5+2.58}=0.632$	$\dfrac{12\times35156}{3.6^2}=32552$	0.632×32552 $=20573$
右边柱	1	3.6	$\dfrac{1.91+1.91}{2\times1.0}=1.91$	$\dfrac{1.91}{1.5+1.91}=0.560$	$\dfrac{12\times25629}{3.6^2}=23730$	0.560×23730 $=13289$
$\sum D$						46178

第二层柱改进后的侧移刚度——D 值

表 5-24

柱所在位置	根数	层高	$\overline{K}=\dfrac{\sum i_{b(上,下)}}{2i_c}$	$\alpha_c=\dfrac{\overline{K}}{2+\overline{K}}$	$D_0=\dfrac{12i_c}{h^2}$	$D=\alpha_c \cdot D_0$
—	根	(m)	—	—	(kN/m)	(kN/m)
左边柱	1	3.6	1.62	$\dfrac{1.62}{2+1.62}=0.448$	23730	10631
中柱	1	3.6	2.58	$\dfrac{2.58}{2+2.58}=0.563$	32552	18327
右边柱	1	3.6	1.91	$\dfrac{1.91}{2+1.91}=0.488$	23730	13532
$\sum D$						42490

表 5-25

首层柱改进后的侧移刚度——D 值

柱所在位置	根数	层高	$\overline{K}=\dfrac{\sum i_{b(上)}}{2i_c}$	$\alpha_c=\dfrac{0.5+\overline{K}}{2+\overline{K}}$	$D_0=\dfrac{12i_c}{h^2}$	$D=\alpha_c\cdot D_0$
一	根	（m）	一	一	（kN/m）	（kN/m）
左边柱	1	4.0	$\dfrac{1.62}{1.0}=1.62$	$\dfrac{0.5+1.62}{2+1.62}=0.586$	$\dfrac{12\times25629}{4.0^2}=19222$	11264
中柱	1	4.0	$\dfrac{1.62+1.91}{1.37}=2.58$	$\dfrac{0.5+2.58}{2+2.58}=0.672$	$\dfrac{12\times35156}{4.0^2}=26367$	17719
右边柱	1	4.0	$\dfrac{1.91}{1.0}=1.91$	$\dfrac{0.5+1.91}{2+1.91}=0.616$	$\dfrac{12\times25629}{4.0^2}=19222$	11840
$\sum D$						40823

3. 计算各层层剪力与各柱剪力

第三层层剪力　　　　　　　　$V_3=46.8\text{kN}$

柱剪力　　　　$V_{3左}=\dfrac{D_左}{\sum D}\times V_3=\dfrac{12316}{46178}\times46.8=12.48\text{kN}$

$V_{3中}=\dfrac{D_中}{\sum D}\times V_3=\dfrac{20573}{46178}\times46.8=20.85\text{kN}$

$V_{3右}=\dfrac{D_右}{\sum D}\times V_3=\dfrac{13289}{46178}\times46.8=13.47\text{kN}$

第二层层剪力　　　　　　　　$V_2=78\text{kN}$

柱剪力　　　　$V_{2左}=\dfrac{10631}{42490}\times78=19.52\text{kN}$

$V_{2中}=\dfrac{18327}{42490}\times78=33.64\text{kN}$

$V_{2右}=\dfrac{13532}{42490}\times78=24.84\text{kN}$

首层层剪力　　　　　　　　$V_1=93.6\text{kN}$

柱剪力　　　　$V_{1左}=\dfrac{11264}{40823}\times93.6=25.83\text{kN}$

$V_{1中}=\dfrac{17719}{40823}\times93.6=40.62\text{kN}$

$V_{1右}=\dfrac{11840}{40823}\times93.6=27.15\text{kN}$

4. 计算各层反弯点高度

第三层　　　由 $I=1$，$\alpha_2=0$，$\alpha_3=1$，$y_1=y_2=0$，按附录四之附表 4-2 查得：

左边柱　　　　　　$\overline{K}=1.62$，$y=y_0=0.431$；

中　柱　　　　　　$\overline{K}=2.58$，$y=y_0=0.450$；

右边柱　　　　　　$\overline{K}=1.91$，$y=y_0=0.445$。

第二层　　　由 $I=1$，$\alpha_2=1$，$\alpha_3=4.0/3.6=1.11$，$y_1=y_2=y_3=0$，按附录

258 四之附表 4-2 查得：

左边柱 $\overline{K}=1.62$，$y=y_0=0.481$；

中 柱 $\overline{K}=2.58$，$y=y_0=0.500$；

右边柱 $\overline{K}=1.91$，$y=y_0=0.495$。

第一层 由 $I=0$，$\alpha_2=360/400=0.9$，$\alpha_3=0$，$y_1=y_2=y_3=0$，按附录四之附表 4-2 查得：

左边柱 $\overline{K}=1.62$，$y=y_0=0.619$；

中 柱 $\overline{K}=2.58$，$y=y_0=0.571$；

右边柱 $\overline{K}=1.91$，$y=y_0=0.605$。

5. 计算各柱柱端弯矩（方法同例 5-2，计算结果见图 5-34）

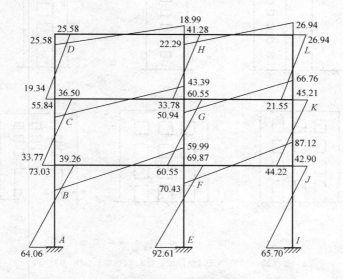

图 5-34 【例 5-3】框架弯矩图

6. 计算各横梁梁端弯矩（方法同【例 5-2】，计算结果见图 5-34）

7. 计算框架侧移并验算其相对侧移

$$\Delta u_3=\frac{V_3}{\sum D_3}=\frac{46.8}{46178}=0.00101\text{m}=1.01\text{mm}$$

$$\Delta u_2=\frac{V_2}{\sum D_2}=\frac{78.0}{42490}=0.00184\text{m}=1.84\text{mm}$$

$$\Delta u_1=\frac{V_1}{\sum D_1}=\frac{93.6}{40823}=0.00229\text{m}=2.29\text{mm}$$

$$\frac{\Delta u_{\max}}{h}=\frac{\Delta u_1}{h}=\frac{2.29}{4000}=\frac{1}{1747}<\left[\frac{1}{550}\right]$$

（满足要求）

注：《高层规程》规定，框架结构楼层层间最大位移与层高比的限值为 $\left[\frac{1}{550}\right]$。

259

5.5 剪力墙结构

5.5.1 剪力墙的分类及其受力特点

剪力墙结构，系指由剪力墙组成的承受竖向和水平作用的结构。高层建筑结构中的剪力墙，多为钢筋混凝土剪力墙。按其墙体受力特点的不同，可分为整体剪力墙、整体小开口剪力墙、联肢剪力墙（双肢墙或多肢墙）、壁式框架和框支剪力墙五种（参见图 5-35）。

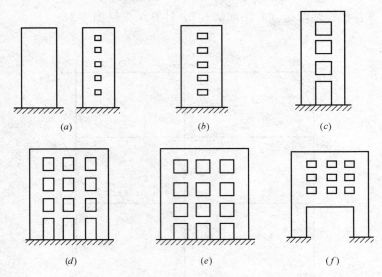

图 5-35　剪力墙类型
(*a*) 整体墙；(*b*) 小开口整体墙；(*c*) 双肢墙；(*d*) 多肢墙；
(*e*) 壁式框架；(*f*) 框支墙

（1）整体剪力墙

整体剪力墙为墙面上不开洞口或洞口很小的实体墙。后者系指其洞口面积小于整个墙面面积的 15%，且洞口之间的距离及洞口距墙边的距离均大于洞口的长边尺寸的剪力墙。整体剪力墙在水平荷载作用下，以悬臂梁（嵌固于基础顶面）的形式工作，与一般悬臂梁不同之处，仅在于剪力墙为典型的深梁，在变形计算中不能忽略它的剪切变形。

（2）整体小开口剪力墙

对于开有洞口的实体墙，上、下洞口之间的墙，在结构上相当于连系梁（参见图 5-36），通过它将左右墙肢联系起来。如果连系梁的刚度较大、洞口又较小（但洞口面积大于总面积的 15%），则属于整体小开口剪力墙。整体小开口剪力墙是整体墙与联肢墙的过渡形式。由于开设洞口而使墙内力与变形比整体墙大，连系梁仍具有较大的抗弯、抗剪刚度，而使墙肢内力与变形又比联肢墙小。从总体上看，整体小开口剪力墙的整体性较好，变形时墙肢一般不出现反弯点，故更接近于整体墙。

（3）联肢剪力墙

如果墙体洞口较大，连系梁的刚度较小，一般称为联肢墙。联肢墙可看作是通过连系梁连接而成的组合式整体墙。如果洞口的宽度较小，连梁和墙肢的刚度均较大，则接近于整体小开口剪力墙；如果洞口的宽度较大，连梁和墙肢的刚度均较小，则接近于壁式框架；如果墙肢的刚度大，而连梁的刚度过小，则每个墙肢相当于用两端铰接的链杆联系起来的单肢整体墙。后者，当整个联肢墙发生弯曲变形时，可能在连系梁中部出现反弯点（反弯点处只有剪力和轴力），此时，每个墙肢相当于同时承受外荷载和反弯点处剪力和轴力的悬臂梁。

（4）壁式框架

如果墙体洞口的宽度较大，则连系梁的截面高度与墙肢的宽度相差不大（二者的线刚度大致相近），这种墙体在水平荷载作用下的工作很接近于框架结构。只不过是梁与柱截面高度都很大，故工程上将这种墙体称为壁式框架。它与一般框架的主要不同点在于梁柱节点刚度极大，靠近节点部分的梁与柱可以近似地认为是一个不变形的区段，即所谓"刚域"。在计算内力和变形时，梁与柱均应按变截面杆件考虑，其抗弯、抗剪刚度均需作进一步修正。

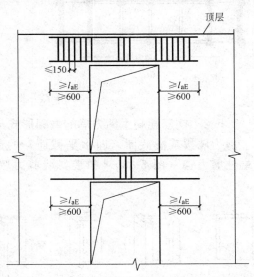

图 5-36 连系梁构造示意
注：l_{aE} 为抗震设计的纵筋锚固长度，
非抗震设计时 l_{aE} 应取 l_a。

（5）框支剪力墙

框支剪力墙，标准层采用剪力墙结构，只是底层为适应大空间要求而采用框架结构（底层的竖向荷载和水平作用全部由框架的梁、柱来承受）。这种结构，在地震作用的冲击下，常因底层框架刚度太弱、侧移过大、延性较差，或因强度不足而引起破坏，甚至导致整幢建筑倒塌。近年来，这种底层为纯框架的剪力墙结构，在地震区已很少采用。

为了改善结构的受力性能，提高建筑物的抗震能力，在结构平面布置中，可将一部分剪力墙落地、并贯通至基础，称为落地剪力墙；而另一部分，底层仍为框架，如图 5-37 所示。

图 5-37b 为框支剪力墙和落地剪力墙协同工作体系的计算简图，二者通过楼盖（刚性链杆）连接起来共同承受水平作用。

不同类型的剪力墙，其内力与位移的计算方法也不尽相同。常用的手算方法一般有以下三类：第一类是材料力学方法，适用于整体剪力墙或整体小开口剪力墙；第二类是连续化方法，适用于联肢剪力墙（双肢剪力墙或多肢剪力墙）；第三类是 D 值法，适用于壁式框架。

261

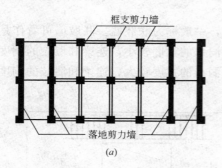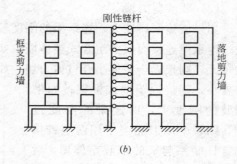

图 5-37　框支剪力墙

5.5.2　钢筋混凝土剪力墙的截面形式与截面尺寸

剪力墙按其横截面（即水平截面）的形状，有一字形剪力墙（图 5-38a）、带端柱剪力墙（图 5-38b）和带翼墙剪力墙（图 5-38c、d、e、f）等几种截面形式。

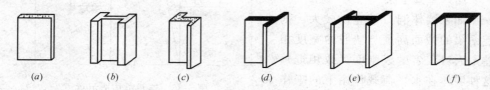

图 5-38　剪力墙的截面形式

剪力墙的截面尺寸主要指墙肢（或墙段）的截面厚度（墙厚）b_w 和截面高度（墙长）h_w。剪力墙按其墙肢截面高度 h_w 与墙肢截面厚度 b_w 之比的不同，又可分为一般剪力墙和短肢剪力墙。其中 $\frac{h_w}{b_w} > 8$ 者，为一般剪力墙；$\frac{h_w}{b_w} = 5 \sim 8$ 者，为短肢剪力墙。高层建筑结构不应采用全部为短肢剪力墙的剪力墙结构。短肢剪力墙较多时，应局部布置成筒体（或一般剪力墙），形成短肢剪力墙与筒体（或一般剪力墙）共同抵抗水平力的剪力墙结构。

《高层规程》规定：矩形截面独立墙肢其 $\frac{h_w}{b_w}$ 不宜小于 5。当 $\frac{h_w}{b_w} < 5$ 时，其轴压比限值：一、二级时，不宜大于表 5-26 的限值减 0.1；三级时不宜大于 0.6。当 $\frac{h_w}{b_w} \leqslant 3$ 时，宜按框架柱进行截面设计。

按照《高层规程》的规定，剪力墙墙肢的截面厚度 b_w，应满足下列要求：

1）抗震设计时

① 按一、二级抗震等级设计的剪力墙：

底部加强部位 $b_w \geqslant \frac{h}{16}$（$h$ 为层高或剪力墙无支长度），且不应小于 200mm；

其他部位 $b_w \geqslant \frac{h}{20}$，且不应小于 160mm。

262

对无端柱或翼墙的一字形剪力墙：

底部加强部位 $b_w \geqslant \dfrac{h}{12}$；

其他部位 $b_w \geqslant \dfrac{h}{15}$，且不应小于 180mm。

② 按三、四级抗震等级设计的剪力墙：

底部加强部位 $b_w \geqslant \dfrac{h}{20}$；

其他部位 $b_w \geqslant \dfrac{h}{25}$，且不应小于 160mm。

2）非抗震设计时

剪力墙的截面厚度 $b_w \geqslant \dfrac{h}{25}$，且不应小于 160mm。

3）短肢剪力墙的截面厚度 b_w 不应小于 200mm。

4）剪力墙井筒中，分隔电梯井或管道井的墙肢截面厚度 b_w 可适当减小，但不宜小于 160mm。

在此，抗震设计时，一般剪力墙结构底部加强部位的高度可取墙肢总高度的 1/8 和底部两层二者的较大值；当剪力墙高度超过 150m 时，其底部加强部位的高度可取墙肢总高度的 1/10；部分框支剪力墙结构底部加强部位的高度，可取框支层加上框支层以上两层的高度和墙肢总高度 1/8 二者的较大值。

《高层规程》还规定，抗震设计时，一、二级抗震等级的剪力墙底部加强部位，其重力荷载代表值作用下墙肢的轴压比不宜超过表 5-26 的限值。

剪力墙轴压比限值   表 5-26

轴压比	一级（9 度）	一级（7、8 度）	一级
$\dfrac{N}{f_c A}$	0.4	0.5	0.6

注：N——重力荷载代表值作用下剪力墙墙肢的轴向压力设计值；

　　A——剪力墙墙肢截面面积；

　　f_c——混凝土轴心抗压强度设计值。

5.5.3 剪力墙的结构布置要点

剪力墙结构体系，按其体型可分为"条式"和"塔式"两种。"条式"建筑如图 5-39（a）、（b）、（c）所示，"塔式"建筑如图 5-39（d）、（e）、（f）所示。剪力墙结构体系的结构布置可分述如下：

（1）剪力墙的平面布置

剪力墙宜沿主轴方向（横向和纵向）或其他方向双向布置；抗震设计的剪力墙结构，应避免仅单向有墙的结构布置形式。剪力墙墙肢截面宜简单规则。

剪力墙的横向间距，常由建筑开间而定，一般设计成小开间或大开间两种布置方案。对于高层住宅或旅馆建筑（一般为 16～30 层），小开间剪力墙间距可设计成 3.3～4.2m；大开间剪力墙间距可设计成 6～8m。前者，开间窄小，结构自重较大，材料强度得不到充分发挥，且会导致过大的地震效应，增加基础投资；后者，不仅开间较大，可以充分发挥墙体的承载能力，经济指标也较好。

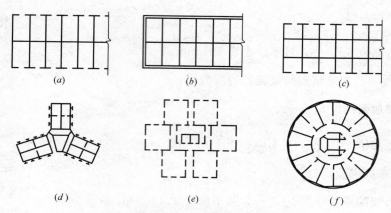

图 5-39 剪力墙的结构布置形式

剪力墙的纵向布置，一般设置为两道、两道半、三道或四道（图 5-40）。对抗震设计，应避免采用不利于抗震的鱼骨式平面布置方案（图 5-41）。

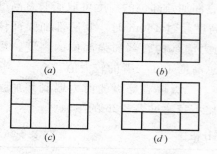

图 5-40 剪力墙布置方案

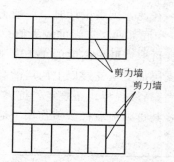

图 5-41 鱼骨式布置剪力墙

由于纵横墙连成整体，从而形成 L 形、T 形、I 形、匚、匸形截面，以增强平面内刚度，减少剪力墙平面外弯矩或梁端弯矩对剪力墙的不利影响，有效防止发生平面外失稳破坏。由于纵墙与横墙的整体连接，考虑到在水平荷载作用下纵横墙的共同工作，因此在计算横墙受力时，应把纵墙的一部分作为翼缘考虑；而在计算纵墙受力时，则应把横墙的一部分作为翼缘考虑。现浇剪力墙的有效翼缘宽度 b_f 可按表 5-27 取其较小值，装配整体式剪力墙宜适当折减。

剪力墙的有效翼缘宽度 b_f 表 5-27

考 虑 方 式	截 面 形 式	
	T（或 I）形截面	L 形截面
按剪力墙的间距 S_0 考虑	$b+\dfrac{S_{01}}{2}+\dfrac{S_{02}}{2}$	$b+\dfrac{S_{03}}{2}$
按翼缘厚度 h_f 考虑	$b+12h_f$	$b+6h_f$
按窗间墙宽度考虑	b_{01}	b_{02}
按剪力墙总高度 H 考虑	$0.15H$	$0.15H$

在具体设计中，墙肢端部应按构造要求设置剪力墙边缘构件。当端部有端柱时，端柱即成为边缘构件（图 5-42a），当墙肢端部无端柱时，则应设计构造暗

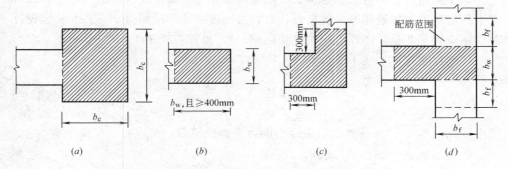

图 5-42　剪力墙边缘构件的配筋范围
(a) 端柱；(b) 暗柱；(c)、(d) 翼柱

柱（图 5-42b），对带有翼缘的剪力墙，边缘构件可向翼缘扩大（图 5-42c、d）。

（2）剪力墙的立面布置

剪力墙的高度一般与整个房屋的高度相同，自基础直至屋顶高达几十米或一百多米；其墙长则视建筑平面布置而定，一般为几米至几十米。

剪力墙的立面宜自下而上连续布置，避免刚度突变。剪力墙开设门窗洞口时，宜上下对齐，成列布置，形成明确的墙肢和连梁，使墙肢和连梁传力直接，受力明确，不仅便于钢筋配置，方便施工，经济指标也较好。否则将会形成错洞墙或不规则洞口，这将使墙体受力复杂，洞口角边容易产生明显的应力集中，地震时容易发生震害。

单片剪力墙的长度不宜过长，《高层规程》规定，每个墙肢（或独立墙段）的截面高度不宜大于 8m。这是因为过长的墙肢，一方面，使墙体的延性降低，容易发生剪切破坏；另一方面，会导致结构刚度迅速增大，结构自振周期过短，从而加大地震作用，对结构抗震不利。

当墙肢超过 8m，宜采用弱连梁的连接方法，将剪力墙分成若干个墙段，或将整片剪力墙形成由若干墙段组成的联肢墙。

此外，剪力墙与剪力墙之间的连梁上不宜设置楼面主梁。

（3）框支剪力墙的布置要求

剪力墙结构布置，虽适合于宾馆、住宅的标准层建筑平面，但却难以满足底部大空间、多功能房间的使用要求。这时需要在底层或底部若干层取消部分剪力墙，而改成框支剪力墙。框支剪力墙为剪力墙结构的一种特殊情况。其结构布置应满足以下要求：

1）控制落地剪力墙的数量与间距。

对于矩形平面的剪力墙结构，落地剪力墙的榀数与全部横向剪力墙的比值，非抗震设计时不宜少于 30%，抗震设计时不宜少于 50%。落地剪力墙的间距 L 应满足以下要求：非抗震设计时，$L \leqslant 3B$，且 $L \leqslant 36m$；抗震设计时，底部为 1～2 层框支层时，$L \leqslant 2B$，且 $L \leqslant 24m$；底部为 3 层及 3 层以上框支层时，$L \leqslant 1.5B$，且 $L \leqslant 20m$。其中，B 为楼盖结构的宽度。

2）控制建筑物沿高度方向的刚度变化幅度

对于底层大空间剪力墙结构，在沿竖向布置上，最好使底层的层刚度和二层以上的层刚度，接近相等。抗震设计时，层刚度之比不应超过 2 倍；非抗震设计时，不应大于 3 倍。亦即，层刚度变化率（γ）最好接近于 1。

层刚度变化率 γ 按下式计算：

$$\gamma = \frac{G_2 A_2}{G_1 A_1} \cdot \frac{h_1}{h_2} \tag{5-38}$$

式中　　G_1、G_2——底层和二层混凝土的剪变弹性模量，可取 $G = 0.425E$；

h_1、h_2——底层和二层的层高；

A_1、A_2——底层和二层的折算抗剪截面面积，$A = A_w + 1.12A_c$；

A_w——该层全部横向剪力墙的有效截面面积，应扣除洞口部分的截面面积；

A_c——该层全部框架柱的截面面积。

3）框支梁柱截面的确定

框支梁柱是底部大空间部分的重要支承构件，它主要承受垂直荷载及地震倾覆力矩，其截面尺寸要通过内力分析，从结构强度、稳定和变形等方面确定。经试验证明，墙与框架交接部位有几个应力集中区段，在这些部位的配筋均需加强。框架梁的截面高度一般可取为 $(1/6 \sim 1/8)L_1$，L_1 为梁的跨度。框架柱截面应符合轴压比 $N/f_c bh \leqslant 0.6$，N 为地震作用及竖向荷载作用下轴压力设计值，f_c 为混凝土轴心抗压强度设计值。

4）底层楼板应采用现浇混凝土，其强度等级不宜低于 C30，板厚不宜小于 180mm，楼板的外侧边可利用纵向框架梁或底层外纵墙加强。楼板开洞位置距外侧边应尽量远一些，在框支墙部位的楼板则不宜开洞。

此外，在结构构造上尚应采取若干措施，如在剪力墙墙肢端增设暗柱，以及必须满足规定的最小配筋率及其搭接长度等，但对建筑外形和平面尺寸则无影响，故不再赘述。

5.5.4　剪力墙结构工程实例

1）广州白云宾馆（1976 年建成），地上 33 层，地下 2 层，高 115m（图 5-43）。该结构在横向布置钢筋混凝土剪力墙，纵向走廊的两侧亦为钢筋混凝土剪力墙。墙厚沿高度由下往上逐渐减小，混凝土强度等级也随高度而降低，见表

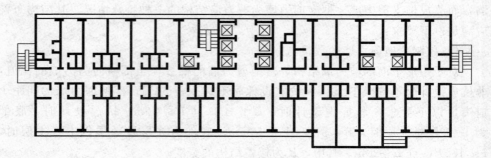

图 5-43　广州白云宾馆标准层平面

广州白云宾馆剪力墙情况

表 5-28

横 向 剪 力 墙			纵 向 剪 力 墙		
层 数	混凝土强度等级	墙厚(mm)	层 数	混凝土强度等级	墙厚(mm)
29 以上	C20	160	25 以上	C20	200
25～28	C20	160			
21～24	C20	180	21～24	C20	250
17～20	C25	200	17～20	C25	
13～16	C25	230	9～16	C25	270
9～12	C25	260			
5～8	C30	290	1～8	C30	300
1～4	C30	320			

5-28。

该结构的楼盖采用现浇钢筋混凝土梁板结构;地下室为现浇钢筋混凝土箱形基础,并采用大型钻孔灌注桩,直径为 1m,锚入岩层 0.5～1.0m。

该建筑的计算顶点水平侧移值为 96mm,约为建筑总高度的 1/1000;层间相对位移 $\Delta u/h < 1/960$(h 为层高)。

2) 广州中国大酒店(1982 年设计),地上 18 层,地下 1 层,底层层高 4.35m,标准层层高 2.75m,结构总高度 56.26m,总建筑面积 156896.86m²,首层 13135.2m²,标准层 7980.95m²,伸缩缝区段最长 72m。见图 5-44。

该建筑采用现浇钢筋混凝土剪力墙体系。混凝土强度等级:4 层以下 C35,5～9 层 C30,10～18 层 C25。剪力墙最大厚度 450mm,最小厚度 200mm。一般梁的截面为 200mm×600mm,最大梁截面为 400mm×900mm。

该建筑采用箱形基础。基础埋深 4m,基础高亦为 4m。箱基底板厚 1200mm,顶板厚 300mm,外墙厚 700mm。

该建筑平面布局活泼新颖,对外设有宽敞大厅,对内采用中央庭院式布局。结构体系恰当,结构单元划分明确,伸缩缝、沉降缝与防震缝合为一体,且严格遵守规范规定。从而形成建筑别致、结构严谨的独特建筑风格。

3) 广州白天鹅宾馆,地上 33 层,地下 1 层,底层层高 4.2m,标准层层高 2.8m,建筑总高近 100m。总建筑面积 60000m²,首层 16800m²,标准层 1923m²。见图 5-45～图 5-47。

该建筑采用剪力墙大板结构。剪力墙最大厚度 450mm,最小厚度 200mm。混凝土强度等级:1～15 层 C30,16～24 层 C25,35 层以上 C20。楼板采用现浇双向板,板厚 200mm。基础采用直径 1m 的冲(钻)孔桩,钻入岩层深 0.5～1.0m,主楼地下室采用钢筋混凝土防渗墙结构。

该建筑有客房 1000 套,是具有国际一流水准的旅游宾馆,造价较高。包括建堤填滩在内,总投资约为 4500 万美元。该宾馆除在建筑上气势宏伟、馆

267

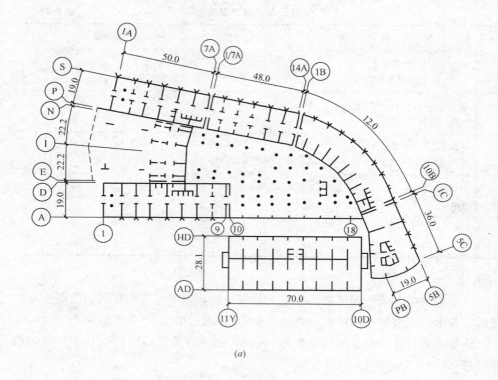

(a)

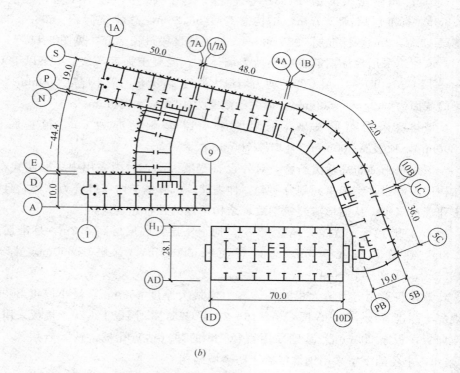

(b)

图 5-44 广州中国大酒店（单位：m）

(a) 结构首层平面；(b) 结构标准层平面

图 5-45　广州白天鹅宾馆

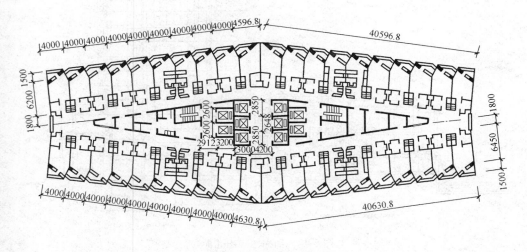

图 5-46　标准客房平面

　　内中庭富岭南庭园风味、凭依得天独厚的临江景色与空间的组织、变化、动静结合等特点以外，在结构上，由于纵横剪力墙布置均匀合理，具有足够的强度和刚度，使主楼抗震的最大总水平位移仅为房屋总高的 1/3846，抗风的最大总水平位移仅为其 1/5555。此外，由于采用现浇大板结构，并采用后浇施工缝和特殊的构造配筋，长达 80m 的主楼没有设伸缩缝，大大简化了建筑和管道的构造处理。由于采用大板结构，又降低了楼层高度且简化了施工的模板工程量。

269

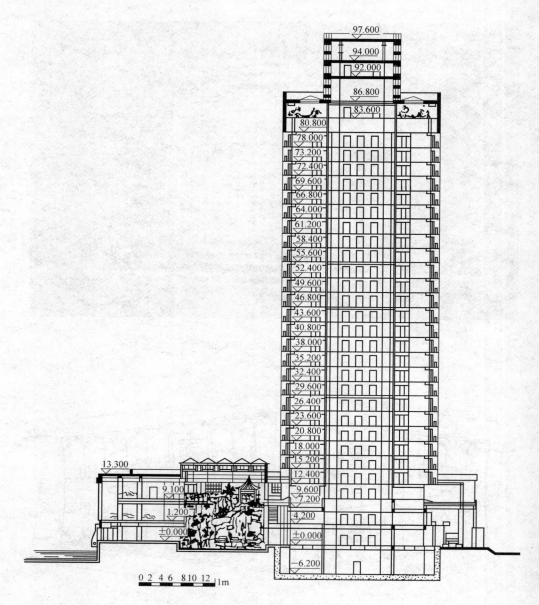

图 5-47 剖面图（南北向）

5.6 框架—剪力墙结构

框架—剪力墙结构，包括由框架和剪力墙共同承受竖向和水平作用的框架—剪力墙结构和由无梁楼板与柱组成的板柱框架和剪力墙共同承受竖向和水平作用的板柱—剪力墙结构两大类。

5.6.1 框架—剪力墙结构的受力特点

270

框架—剪力墙结构，系由框架和剪力墙组合而成（简称框—剪结构），并通过刚性楼盖和连系梁保证二者的共同工作，亦即保证框架和剪力墙共同抵抗风荷载和水平地震作用（合称水平作用或侧向力）。图 5-48（a）所示为框架—剪力墙结构布置示意图。

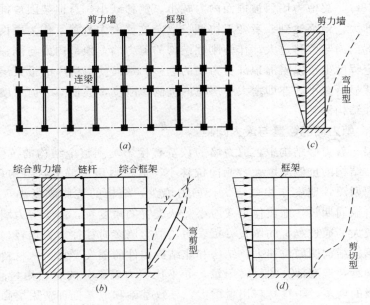

图 5-48　框架—剪力墙结构体系受力分析

框架—剪力墙结构，在竖向荷载作用下，框架和剪力墙各自承受所在范围内的荷载，并由此求出各自在竖向荷载作用下的内力。然后再和侧向力作用下所求得的内力组合在一起，对框架和剪力墙分别进行截面承载力计算。

下面讨论一下框架—剪力墙结构，在侧向力作用下的受力特点。了解这些特点，无疑对框架—剪力墙结构体系的结构布置，乃至整个框架—剪力墙结构房屋的设计，具有重要意义。

现以图 5-48（a）所示的框架—剪力墙结构为例，假定：①楼盖在其水平面内的刚度无限大，同一楼层标高处各抗侧力结构的位移相等；②结构平面基本对称，房屋的刚度中心与水平作用的合力中心相重合，即保证结构不发生扭转；③框架和剪力墙沿高度方向的刚度均匀分布。

将一个结构单元内所有的框架综合在一起形成综合框架—总框架，将所有的剪力墙综合在一起形成综合剪力墙—总剪力墙，并通过每层的刚性楼盖将总剪力墙和总框架连在一起，形成如图 5-48（b）的框架—剪力墙结构体系的铰接体系。其中的链杆，代表刚性楼盖和连系梁的作用。如果考虑链杆的转动约束作用，则成为框架—剪力墙结构的刚接体系。

单独剪力墙在侧向力作用下的变形曲线（图 5-48c）以弯曲型为主，层间侧移越靠近顶层越大，而单独框架在侧向力作用下的变形曲线（图 5-48d）以剪切型为主，其层间侧移越靠近底层越大。框架—剪力墙结构体系，由于有刚性楼盖的联系，其综合变形曲线（图 5-48b）介于弯曲型和剪切型之间，故必定以折中的弯剪型为主，而且会在中部的某个部位出现反弯点。

271

由此可知，在侧向力作用下，在框架—剪力墙体系的底部各层，总剪力墙与总框架之间彼此相拉。总剪力墙因被拉而内力加大，侧移加大；总框架因被拉而内力减小，侧移减小。反之，在反弯点以上各层，总剪力墙与总框架之间彼此相推（图 5-48e）。总剪力墙因被推而内力减小，侧移减小，总框架因被推而内力加大，侧移加大。最终达到二者变形协调一致。这就大大改善了作为柔性结构的纯框架，底部内力与侧移过大；作为刚性结构的剪力墙，顶部内力与侧移过大的缺点，在一定程度上可以阻滞顶部剪力墙的侧移。从而使得房屋的最大层间侧移和房屋总侧移显著减小，亦即增大了房屋的抗侧移刚度，故框架—剪力墙结构，属于中等刚性结构体系。

5.6.2　剪力墙的数量与最大间距

在框架—剪力墙结构中，剪力墙的数量直接影响到整个结构的抗侧力性能。剪力墙多，结构的抗侧刚度大，侧向位移小，但材料用量偏多，结构自重加大，结构自振周期短，地震作用效应大；剪力墙少，结构的抗侧刚度小，侧向位移大，结构自振周期长，地震作用效应小。从震害的角度看，由于剪力墙自身强度和刚度均较大。通过震害的调查分析表明，剪力墙多时往往震害较轻，而剪力墙过少时，不仅结构侧向位移大，结构和非结构构件的损失严重。从材料的用量和经济的角度看，框架部分的材料用量，并不比剪力墙部分的材料用量减少很多。随着剪力墙的增多，毕竟材料用量增大，导致基础和地基处理费用增高，而剪力墙少，更有利于建筑平面的灵活布置。可以认为，当建筑物层数不很多时，剪力墙还是少设为好。

在框架—剪力墙结构体系中，设置多少剪力墙才算合适，这是必须解决的问题。如果剪力墙布置得太少，将使框架负担过重，截面与配筋量过大，建筑的侧移也必定增大；剪力墙设置得过多，则会导致地震力作用过大，而且会因剪力墙的强度得不到充分利用而造成材料的浪费。

在框架—剪力墙结构体系中，剪力墙与框架共同承受水平剪力，在结构布置时，应使大部分水平剪力由剪力墙承受，但框架承受的水平剪力也不应过少，这是因为框架毕竟也具有一定的抗侧刚度。在实际工程中，一般控制在剪力墙承受结构底部剪力的 70% 左右，框架承受结构底部剪力的 30% 左右。在结构设计中，根据剪力与刚度的函数关系，可以由二者所承担的剪力比，求出总剪力墙与总框架的平均总刚度比 $\left(\dfrac{\sum E_{\mathrm{w}} I_{\mathrm{w}}}{\sum E_{\mathrm{c}} I_{\mathrm{c}}}\right)$，再根据框架柱的平均总刚度 $(\sum E_{\mathrm{c}} I_{\mathrm{c}})$ 求得所需剪力墙的平均总刚度 $(\sum E_{\mathrm{w}} I_{\mathrm{w}})$。最后由每道剪力墙的 $E_{\mathrm{w}} I_{\mathrm{w}}$ 值，便可确定所需剪力墙的数量。

在初步方案设计阶段，剪力墙的数量可以按壁率法确定。所谓壁率，系指同一层平均单位建筑面积上设置剪力墙的长度。

日本总结了关东、福井和十胜冲三次地震中震害与壁率的关系，发现壁率大于 $150\mathrm{mm/m^2}$ 者，建筑物破坏极轻微；壁率大于 $120\mathrm{mm/m^2}$ 者，破坏较轻微；壁率大于 $70\sim80\mathrm{mm/m^2}$ 者，破坏不严重；壁率小于 $50\mathrm{mm/m^2}$ 者，破坏很严重。对此，可供设计者参考。

在初步设计阶段，剪力墙的布置也可以按剪力墙面积率来确定。所谓面积率，系指同一层剪力墙截面面积与楼面面积之比。根据我国大量已建的框架—剪力墙结构的工程实践经验，一般认为剪力墙面积率在 3%～4% 较为合适。

显然，整个框架—剪力墙结构的结构布置是否得当，最终应由房屋的侧移验算决定，如不满足侧移要求，尚需作适当调整。

为了保证各片剪力墙和各榀框架的位移相等，协同工作，必须满足楼盖在平面内抗弯刚度无限大的要求，而剪力墙之间的距离，则是楼盖平面刚度及其变形大小的决定因素。所以，必须控制剪力墙之间的最大间距。剪力墙的最大间距由水平作用的性质（风力或抗震设防烈度）和楼盖形式决定，见表 5-29。而且，无论水平作用的性质如何，对于现浇楼盖：剪力墙的最大间距，均不得大于楼盖宽度的 4 倍；对于装配式楼盖，均不得大于楼盖宽度的 2.5 倍。

剪力墙的间距　　　　　　　　　　　　　　表 5-29

楼板形式	非抗震设计	抗震设防烈度		
		6 度、7 度	8 度	9 度
现浇式	≤5B 并且 ≤60m	≤4B 并且 ≤50m	≤3B 并且 ≤40m	≤2B 并且 ≤30m
装配整体式	≤3.5B 并且 ≤50m	≤3B 并且 ≤40m	≤2.5B 并且 ≤30m	—

注：1. 表中 B——楼面的宽度；
　　2. 装配整体式楼面指装配式楼面上做配筋现浇层；
　　3. 现浇部分厚度大于 60mm 的预应力或非预应力叠合接板可作为现浇楼板考虑。

5.6.3 框架—剪力墙结构中，剪力墙的布置要点

在剪力墙数目初步确定之后，整个框架—剪力墙结构中的剪力墙如何布置，便成为结构布置的核心问题。为此，特将剪力墙的布置要点概述如下：

1）框架—剪力墙结构应设计成双向抗侧力体系。抗震设计时，结构两主轴方向均应布置剪力墙，使结构各主轴方向的侧向刚度和自振周期较为接近。非抗震设计时，当纵向受风面较小，且纵向框架跨数较多时，也允许只设横向剪力墙，纵向为纯框架结构。

2）在建筑平面上，剪力墙的布置宜均匀、对称，力求其刚度中心与质量中心相重合，以减少整个建筑平面的扭转效应。

3）为了增大整幢建筑的抗扭刚度，提高房屋的抗扭能力，剪力墙应尽量布置在结构单元和房屋的两端或建筑物的周边附近，最好直接将两端山墙作为剪力墙。当山墙开设洞口较大或较多时，宜将第一道内墙作为剪力墙。但在变形缝处，为便于施工，不宜同时设置两道剪力墙。

4）为确保楼盖的平面刚度，在其平面形状变化处，宜设置剪力墙。最好将电梯间及楼梯间的墙体做成剪力墙，以弥补楼盖在此处平面刚度的削弱，加强房屋在此处的薄弱环节。当平面形状凹凸较大时，宜在凸出部分的端部附近布置剪力墙。

5）纵、横剪力墙宜连在一起组成 L 形、工形和匚形等形式，以增强纵、横

墙的抗侧刚度。同时，每片剪力墙应在端部与柱连成整体（柱截面也是剪力墙截面的组成部分），否则应在墙端设暗柱。为使结构受力明确、合理，梁与柱或柱与剪力墙的中线宜重合，一般通过柱网轴线。

6）剪力墙在竖向应贯通全高。当需要在顶部设置大房间时，也应沿高度逐渐减少，避免刚度突变。当剪力墙开洞时，洞口宜上、下对齐，以防止地震时因应力集中与变形转折而引起震害。

7）长矩形平面或平面有一部分较长的建筑中，其剪力墙的布置，尚宜符合下列要求：

（A）横向剪力墙沿长方向的间距应满足表 5-29 的要求，当剪力墙之间的楼盖有较大开洞时，剪力墙间距应适当减小；

（B）纵向剪力墙不宜集中布置在房屋的两尽端。

8）板柱—剪力墙的布置应符合下列要求：

（A）应布置成双向抗侧力体系，两主轴方向均应设置剪力墙；

（B）抗震设计时，房屋的周边应设置框架梁，房屋的顶层及地下一层顶板宜采用现浇梁板结构；

（C）有楼梯、电梯间等较大开洞时，洞口周围宜设置框架梁或边梁；

（D）无梁楼板，根据设计要求可采用无柱帽板或有柱帽板。当采用托板式柱帽时，托板的长度和厚度，应符合《高层规程》的规定。

5.6.4 框架—剪力墙结构的主要截面尺寸

框架—剪力墙结构，周边有梁、柱的剪力墙，厚度不应小于 160mm，且不小于墙净高的 1/20。剪力墙中线与墙端边柱中线宜重合，防止偏心。梁的截面宽度不小于 $2b_w$（b_w 为剪力墙厚度），梁的截面高度不小于 $3b_w$。柱的截面宽度不小于 $2.5b_w$，柱的截面高度不小于柱的宽度。如剪力墙周边仅有柱而无梁时，则应设置暗梁。

板柱—剪力墙结构的双向无梁板的厚度与长跨之比，不宜小于表 5-30 的规定。当不允许设置柱帽时，无梁板的厚度，非抗震设计时不应小于 150mm，抗震设计时不应小于 200mm。

双向无梁板的厚度与长跨的最小比值   表 5-30

非 预 应 力 楼 板		预 应 力 楼 板	
无 柱 帽	有 柱 帽	无 柱 帽	有 柱 帽
1/30	1/35	1/40	1/45

抗震设计时，无柱帽的板柱—剪力墙结构应沿纵横柱轴线在板内设置暗梁，暗梁宽度可取与柱宽度相同或柱宽加上柱宽以外各 1.5 倍板厚。

剪力墙不宜开边长超过 800mm 的洞口，洞口边长小于 800mm 时，应在洞口四周布置构造钢筋。非抗震设计时，剪力墙水平和竖向分布钢筋配筋率均不应小于 0.2%，直径不应小于 8mm，且应双排布置。抗震设计时，剪力墙水平和竖向分布钢筋配筋率均不应小于 0.25%，直径不应小于 8mm，间距不应大于 300mm，且应双排布置。

无梁楼板允许开局部洞口，但板的不同部位开单个洞口的大小应符合图 5-49 要求。

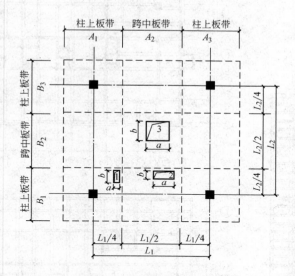

图 5-49 无梁楼板开洞要求

洞口 1：$b \leqslant b_c/4$ 且 $b \leqslant t/2$；其中：b 为洞口长边尺寸，

b_c 为相应于洞口长边方向的柱宽，t 为板厚；

洞口 2：$a \leqslant A_2/4$ 且 $b \leqslant B_1/4$；

洞口 3：$a \leqslant A_2/4$ 且 $b \leqslant B_2/4$。

5.6.5 框架—剪力墙结构工程实例

1）国际大厦（北京，1981 年设计），地上 29 层，地下 3 层，底层层高 3.9m，标准层层高 3.3m，建筑总高 101m，总建筑面积 47700m²，底层 2360m²，标准层 1456m²。高宽比为 4，长宽比为 2。参见图 5-50。

该建筑采用框架—剪力墙结构体系。一般柱截面 600mm×600mm，最大柱截面 900mm×1000mm，一般梁截面 600mm×600mm，最大梁截面 600mm×800mm。剪力墙最大厚度 600mm，最小厚度 200mm。楼板形式采用预制现浇叠合板，板厚 $h=50+90=140$mm。

该结构体系的特点是：平面布置简单、规整；剪力墙数量适当，布局合理，基本上做到双轴对称；沿竖向结构刚度均匀。由于板跨小，并采用叠合板式，板厚小，省材料，省模板，便于施工。另外，剪力墙并未靠近房屋端部，这主要是由于整个建筑平面规则、对称，且中部刚度加强、扭矩很小。同时，有宽梁与预制现浇楼板保证平面刚度，以及中部与端部的可靠连接。为了加强整个建筑的横向刚度，在④、⑬两道轴线处，增设四道横向剪力墙，并与中部墙体形成联肢墙。所以，整个建筑的结构刚度得到充分保证，房屋最大侧移的计算值只有 70.19mm，$\dfrac{u}{H}=\dfrac{1}{1425}$，较其限值 $\left(\dfrac{1}{800}\right)$ 小将近一倍多。

该建筑采用地下三层箱形基础，基础埋深达 13.5m，基础高度为 11m。箱基底板厚 1000mm，顶板厚 400mm，外墙厚 400mm，较好地发挥了箱基的优势。

275

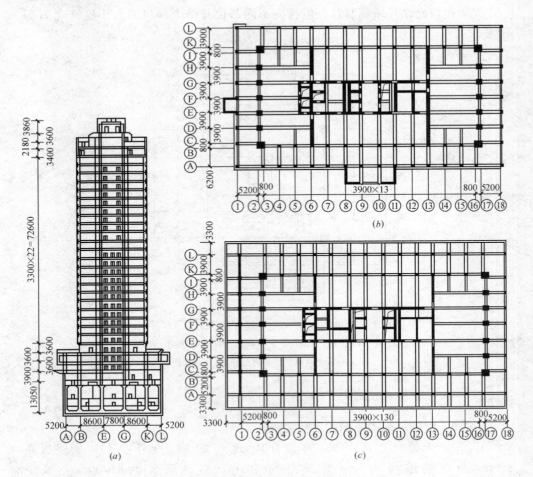

图 5-50 北京国际大厦

（a）立面；（b）结构首层平面；（c）结构二层平面

2）青岛仙客来宾馆（1986 年设计），地上 25 层，地下 2 层，底层层高 4.5m，标准层层高 3.1m。建筑物总重 372628kN，地下层荷载为 37.3kN/m²，标准层荷载为 16.7kN/m²。建筑总高 85.1m，总建筑面积 22000m²。参见图 5-51。

该建筑采用框架—剪力墙结构体系。最大柱（角柱）截面为 800mm×800mm，柱轴压比为 0.66。一般梁截面 350mm×500mm，最大梁截面 350mm×700mm。剪力墙最大厚度为 600mm，最小厚度为 200mm。楼盖采用现浇梁板结构，板厚 100～200mm。混凝土为 C30。

该建筑采用箱形基础（Ⅰ级场地），基础埋深 11.1m，基础高度 6.1m，底板厚 1200mm，顶板厚 400mm，外墙厚 400mm。

该建筑结构的主要特点有：首层和标准层平面基本一致（只梁板布置略有不同），平面布局规整，便于施工；剪力墙布置匀称合理，抗侧移刚度较大，最大层间侧移为 $3\text{mm}\left(\dfrac{\Delta u}{h}=\dfrac{1}{1333}\right)$，最大顶点侧移 $50\text{mm}\left(\dfrac{u}{H}=\dfrac{1}{1782}\right)$，由于平面采用等边三角形，对各方向水平作用的适应性较强。

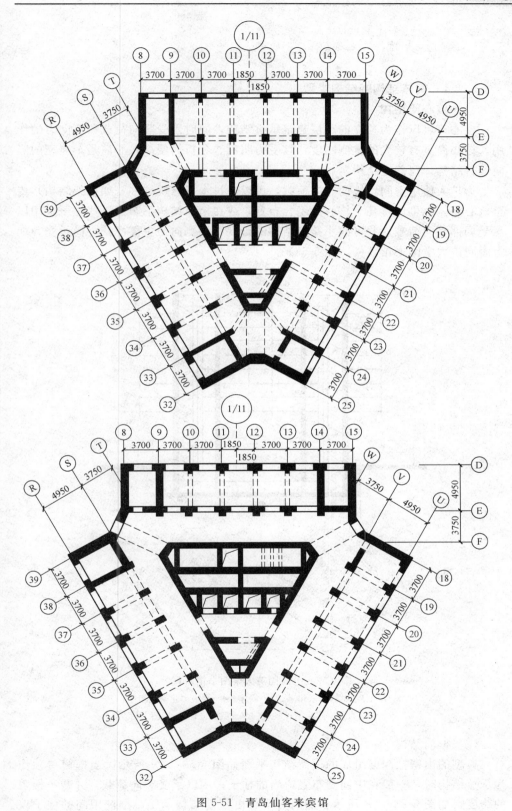

图 5-51 青岛仙客来宾馆

277

5.7　筒体结构

5.7.1　筒体结构的结构类型

（1）核心筒结构

核心筒可以作为独立的高层建筑承重结构，同时承受竖向荷载和侧向力的作用。核心筒具有较大的抗侧刚度，且受力明确、分析简便。核心筒是个典型的竖向悬臂结构，属静定结构。

为扩大使用空间，楼面竖向荷载，可以通过水平悬挑构件（如桁架结构）传至核心筒，也可以将几个核心筒组合布置，或在桁架结构下布置一些柱子，用以承受局部竖向荷载，并可减小楼盖结构的跨度，而侧向力主要由核心筒承受，如上海同济大学图书馆新楼（图5-52）。

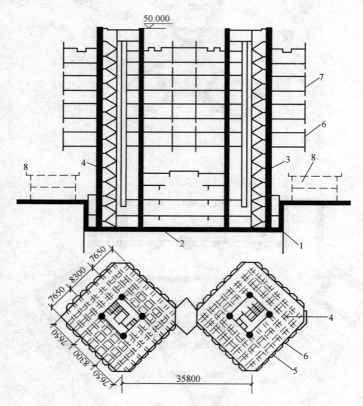

图5-52　上海同济大学图书馆新楼

1—地下连续墙；2—箱基；3—筒体；4—预应力主空腹桁架；

5—预应力边空腹桁架；6—柱；7—后浇缝；8—原图书馆

（2）框筒结构

典型的由密柱深梁组成的框筒结构平面如图5-53（a）所示。当框筒单独作为承重结构时，一般在中间需布置适当的柱子，用以承受竖向荷载，并减小楼盖的跨度，如图5-53（b）所示。侧向力全部由框筒结构承受，框筒中间的柱子仅

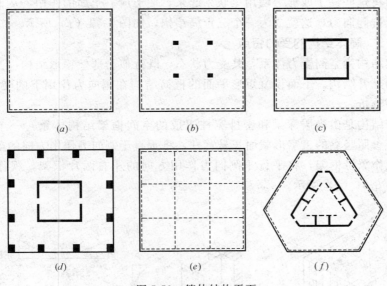

图 5-53　筒体结构平面

承受竖向荷载，由这些柱子形成的框架对抵抗侧向力的作用很小，可以忽略不计。

（3）筒中筒结构

将核心筒布置在框筒结构中间，便成为筒中筒结构，如图 5-53（c）所示。筒中筒结构平面的外形宜选用圆形、正多边形、椭圆形、矩形或三角形等。建筑布置时，一般是将楼梯间、电梯间等服务设施全部布置在核心筒内（又称中央服务竖井），而在内、外筒之间提供环形的开阔空间，以满足建筑上的自由分隔、灵活布置的要求。

（4）框架—核心筒结构

框架—核心筒结构，又称内筒外框架结构，如图 5-53（d）。将外筒的柱距扩大至 4～5m 或更大，这时周边的柱子已不能形成筒的工作状态，而相当于框架作用，借以满足建筑立面、建筑造型和建筑使用功能的要求。

如果将内筒看成剪力墙结构，则框架—核心筒结构的受力性能与框架—剪力墙结构相似，但框架—核心筒结构中的柱子往往数量少，而截面大，因此应特别注意增强内筒的抗侧刚度和结构的抗震性能。

（5）成束筒结构

成束筒结构，又称组合筒结构，如图 5-53（e）所示。当建筑物高度或其平面尺寸进一步加大，以至于框筒结构或筒中筒结构无法满足抗侧刚度要求时，可采用成束筒结构，例如本章概述中提到的美国西尔斯大厦，高 443m，由九个核心筒组合成束。由于中间两排密柱深梁的作用，可以有效地减轻外筒的负担，使外筒翼缘框架柱子的强度得以充分发挥。

（6）多重筒结构

当建筑平面尺寸很大，且内筒较小时，可以在内外筒之间增设一圈柱子或剪

279

力墙，再将这些柱子或剪力墙用梁联系起来，便形成一个筒的作用，从而与内外筒共同抵抗侧向力，这就成为一个三重筒结构，如图 5-53 （f）所示。

5.7.2　筒体结构的受力特点

筒体结构为空间受力体系，其受力状态，既近似于薄壁箱形结构，又基本属于竖立的悬臂结构。下面仅就矩形平面的框筒结构在侧向力作用下的受力特点，予以概要分析。

框筒结构是由窗裙深梁和密排宽柱组成的空间框架结构体系。一个矩形框筒，可以参照竖立的工字形截面长悬臂柱，将垂直于侧向力作用方向的前后两片框架，视作翼缘框架，将平行于侧向力作用方向的左右两片框架，视作腹板框架。如图 5-54 （a）所示。

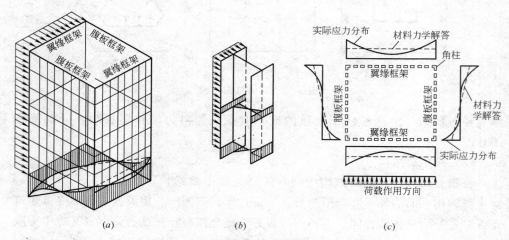

图 5-54　筒体结构在侧向力作用下的受力特点

若是窗洞很小，则由密柱深梁组成的每榀框架相当于整体剪力墙。那么，整个框筒，例如在均布水平风荷载的作用下，各片框架柱的受力状态就与竖立的工字形截面柱的受力状态基本相同；在迎风面的翼缘框架受拉，且每个柱的拉应力相等，在背风面的翼缘框架受压，每个柱的压应力相等；两侧的腹板框架柱，以中和轴为界，靠近迎风面一侧受拉，靠近背风面一侧受压，两侧腹板框架柱的应力，从拉到压呈线性变化。如果按照悬臂梁计算（图 5-54b），不难算出翼缘框架柱和腹板框架柱的拉应力和压应力值，以及整个框筒的弯曲变形值。

请注意：这种受力分析的前提是窗裙梁很高，刚度非常大，致使同一片翼缘框架各柱的拉、压变形完全相同，腹板框架柱的变形也按线性变化。

事实上，每层窗裙梁的刚度不可能无限大，当腹板框架提拉或按压角柱时，正是靠角柱与窗裙梁之间的剪力传给翼缘框架中部每一个框架柱的。

由于每段窗裙梁的剪切变形，而形成同一层窗裙梁发生整体弯曲，使得靠近中部各段窗裙梁传给柱节点的剪力（对柱而言为拉力或压力）迟迟达不到角柱直接传给窗裙梁的剪力值，此即所谓"剪力滞后"。这种"剪力滞后"现象，使得靠近中部各柱的拉伸（或压缩）应变和应力小于角柱的拉伸（或压缩）应变和应力，而且越靠近中部，柱应变和应力越小。由于底层柱的应变和应力最大，需要

280

通过窗裙梁传递的剪力也最大，窗裙梁的剪切变形也最大，所以，这种"剪力滞后"现象，以结构底层最为明显，如图 5-54（c）所示

由于剪力滞后效应的影响，使得角柱内的轴力加大。而远离角柱的柱子则仅有较小的应力，材料得不到充分发挥，也减小了结构的空间整体刚度。为了减少剪力滞后效应的影响，在结构布置时，需要采取一系列措施，如减小柱间距，加大窗过梁的刚度，调整结构平面使之接近于正方形，控制结构的高宽比等。

5.7.3 筒体结构的结构布置要点

（1）一般规定

1）核心筒或内筒的外墙与外框柱间的中距，非抗震设计不宜大于 12m，抗震设计不宜大于 10m；超过时，宜采取多设内柱等措施。

2）核心筒或内筒中的剪力墙截面形状宜简单，截面形状复杂的墙体，可按应力进行配筋。

3）核心筒或内筒的外墙不宜在水平方向连续开洞，洞间墙肢的截面高度不宜小于 1.2m，当洞间墙墙肢的截面高度与厚度之比小于 3 时，宜按框架柱进行截面设计。

4）当相邻层的柱子不贯通时，应设置转换梁等构件。转换梁的高度不宜小于跨度的 1/6。

5）抗震设计时，框筒柱和框架柱的轴压比限值可采用框架—剪力墙结构的规定。

6）楼盖主梁不宜搁置在核心筒或内筒的连梁上。

7）筒体结构的混凝土强度等级不宜低于 C30。

（2）框架—核心筒结构

1）核心筒宜贯通建筑物全高。核心筒的宽度不宜小于筒体总高的 1/12。当筒体结构设置角筒、剪力墙或增强结构整体刚度的构件时，核心筒的宽度可适当减小。

2）核心筒应具有良好的整体性，并满足下列要求：

（A）墙肢宜均匀，对称布置；

（B）筒体角部附近不宜开洞，当不可避免时，筒角内壁至洞口的距离不应小于 500mm 和开洞墙的截面厚度；

（C）核心筒外墙的截面厚度不应小于层高的 1/20 及 200mm，对一、二级抗震设计的底部加强部位，不宜小于层高的 1/16 及 200mm，核心筒内墙的截面厚度不应小于 160mm。

3）框架—核心筒结构的周边柱间必须设置框架梁。

（3）筒中筒结构

1）筒中筒结构的高度不宜低于 60m，高宽比不应小于 3。

2）筒中筒结构的内筒宜居中，矩形平面长宽比不宜大于 2。

3）内筒的边长可为高度的 1/12～1/15，如有另外的角筒或剪力墙时，内筒平面尺寸还可适当减小，内筒宜贯通建筑物全高，竖向刚度宜均匀变化。

4）三角形平面宜切角，外筒的切角长度不宜小于相应边长的 1/8，其角部可设置刚度较大的角柱或角筒；内角的切角长度不宜小于相应边长的 1/10，切

281

角处的筒壁宜适当加厚。

5）外框筒应符合下列规定：

（A）柱距不宜大于 4m，框筒柱的截面长边应沿筒壁方向布置，必要时可采用 T 形截面；

（B）洞口面积不宜大于墙面面积的 60％，洞口高宽比宜和层高与柱距之比值相近；

（C）外框筒梁的截面高度可取柱净距的 1/4；

（D）角柱截面面积可取中柱的 1～2 倍；

（E）外框筒梁和筒连梁以及交叉暗撑的截面尺寸及构造配筋要求，见《高

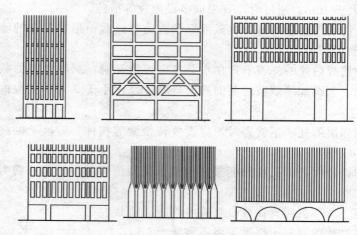

图 5-55　筒体底层过渡层处理方案

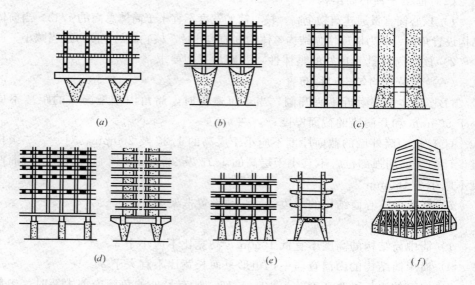

（a）　　　　　　　　（b）　　　　　　　　（c）

（d）　　　　　　　　（e）　　　　　　　　（f）

图 5-56　底层支撑结构

（a）柏林某公寓的双叉柱；（b）巴西某公寓的三叉柱；（c）柏林某公寓连接在一起的斜墙支承；

（d）马赛悟合公寓 D 单元的门式框架；（e）巴黎联合国教科文大厦门式框架；

（f）旧金山环美大厦空间框架环

层规程》。其中外筒梁的截面高度，一般取 0.6～1.5m 左右，宽 0.2～0.6m。

此外，框筒外柱的底层部分，必要时，可通过过渡梁、过渡桁架、过渡拱等大型梁式构件或采用其他支撑结构以扩大柱距，但柱的总截面面积不应减少。图 5-55 和图 5-56 分别为筒体结构底层过渡处理方案和底层支撑结构。

5.7.4　筒体结构工程实例

1）广东国际大厦（1986 年设计），地上 62 层，地下 2 层；总高 195m，最高部位高度为 197.2m，底层层高 4m，标准层层高 3m；总建筑面积 177500m²，标准层 1280m²（主楼），参见图 5-57。

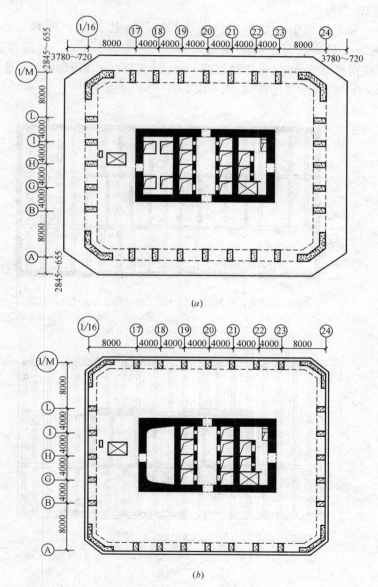

(a)

(b)

图 5-57　广东国际大厦

（a）8～22 层结构平面；（b）24～60 层结构平面

283

　　该建筑采用钢筋混凝土框筒结构体系，混凝土 C20～C40。一般柱截面为 1400mm×800mm，配筋率 0.8％，最大柱截面为 2000mm×800mm，配筋率为 2.05％，箍筋为 φ12@100，轴压比 0.6～0.7。采用现浇钢筋混凝土厚板，板厚 300mm。

　　该建筑采用地下箱形基础，基础高 3.7m，底板厚 400mm，顶板厚 250mm，外墙厚 400mm，基础埋深 14m。

　　该建筑结构的特点是：整个建筑与建筑平面形体规整、布局紧凑大方，功能划分明确简洁；结构布置井然有条，构件规格划一，受力合理，施工方便。可为框筒结构的标准范例。

　　2）中央彩色电视中心大楼（1982 年设计），地上 24 层，地下 3 层，屋顶上 2 层（微波天线机房，其上方为航标灯杆），总高 103.36m，最高部位高度为 135.6m。底层层高 5.4m，标准层层高 4m。建筑物总重 374589kN，地下层层荷载 48.05kN/m²，标准层层荷载 15.69kN/m²，参见图 5-58。

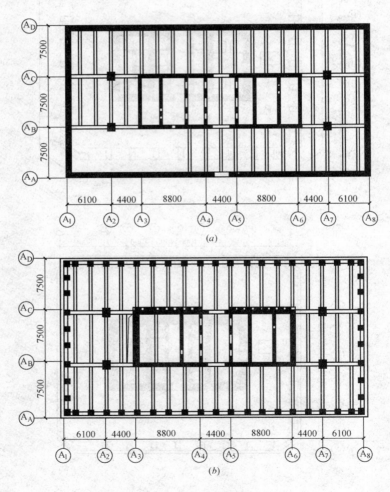

图 5-58　中央彩色电视中心大楼

（a）结构首层平面；（b）结构标准层平面

该建筑采用钢筋混凝土筒中筒结构体系。混凝土 C25～C30。一般柱截面为 600mm×600mm，配筋率为 3.39%，最大柱截面为 900mm×900mm，配筋率为 4.07%，箍筋皆为 $\phi10@250$。轴压比为 0.52～0.7。墙筒壁厚 300～400mm。楼盖采用梁板结构，一般梁截面为 250mm×700mm，最大梁截面为 300mm× 1200mm。板厚 100mm，该建筑采用箱形基础，基础高 6.23m，底板厚 1.5m，顶板厚 800mm，外墙厚 600～1100mm，基础埋深 12.5m。

该建筑结构的特点是：建筑体型与平面规整，建筑结构单元划分明确；由于采用了合理的梁板结构，所以在高层建筑中，能够选用一般建筑常用的梁板截面尺寸，这对节省材料，减轻自重，方便施工和降低造价十分有利。

5.8 多层与高层建筑基础

5.8.1 多层与高层建筑基础设计的一般原则

（1）基础设计的一般要求

多层与高层建筑基础设计，应综合考虑建筑场地的地质状况、上部结构的类型、结构体系与作用效应、施工条件与工程造价，确保建筑物在施工与使用阶段不致发生过量的沉降或倾斜，以满足建筑物的正常施工与正常使用的要求。还应注意与相邻建筑的相互影响，了解邻近地下构筑物及其地下设施的位置和标高，确保相邻建筑的稳定与安全。

在地震区的高层建筑，宜避开对抗震不利的地段；当条件不允许避开时，应采取可靠措施，使建筑物在地震时不致由于地基失稳而破坏，或者产生过量的下沉或倾斜。

（2）基础形式与选用

多层与高层建筑基础，常见的有条形基础、交叉梁基础、筏形基础、箱形基础以及桩基础等形式。前四种基础属于浅埋基础（图 5-59），而桩基础一般属于深埋基础。

多层与高层建筑，应采用整体性好、能满足地基承载力和建筑物容许变形要求，并能调节不均匀沉降的基础形式。多层建筑多采用条形基础和交叉梁基础；高层建筑宜采用筏形基础，必要时可采用箱形基础。当地质条件好、荷载相对较小，且能满足地基承载力和变形要求时，高层建筑也可采用交叉梁基础或其他基础形式。当地基承载力或变形不能满足设计要求时，宜采用桩基础。

（3）基础埋置深度

基础应有一定的埋置深度。埋置深度可以从室外地坪算至基础底板底面。高层建筑基础的埋置深度应比一般房屋要深些，当采用天然地基时，高层建筑的基础埋深，一般可取房屋高度的 1/15；当采用箱形基础时，基础埋深不宜小于房屋高度的 1/12；当采用桩基础时，可取房屋高度的 1/18（柱长不计在内）。这样，有助于增强房屋的整体稳定性，有利于吸收地震能量，防止在强大的侧向力作用下，使房屋发生移位、倾斜，甚至倾覆。

（4）混凝土强度等级和抗渗等级

285

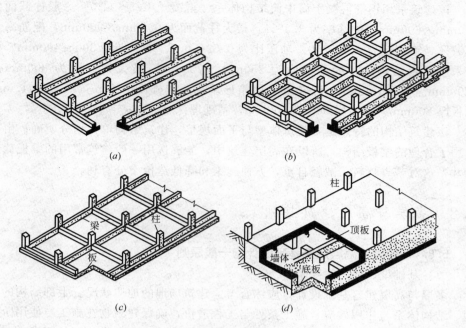

图 5-59　浅埋基础

(a) 条形基础；(b) 交叉梁基础；(c) 筏形基础；(d) 箱形基础

多层建筑基础的混凝土强度等级不应低于 C20，高层建筑基础的混凝土强度等级不宜低于 C30。当有防水要求时，混凝土抗渗等级应根据地下水最大水头与防水混凝土厚度比值按表 5-31 采用，且不应小于 0.6MPa。必要时可设置架空排水层。

基础防水混凝土抗渗等级　　　　　　　　　　表 5-31

最大水头 H 与防水混凝土厚度 h 的比值	设计抗渗等级（MPa）
$\dfrac{H}{h}<10$	0.6
$10\leqslant\dfrac{H}{h}<15$	0.8
$15\leqslant\dfrac{H}{h}<25$	1.2
$25\leqslant\dfrac{H}{h}<35$	1.6
$\dfrac{H}{h}\geqslant35$	2.0

（5）变形缝与后浇缝

高层建筑基础和与其相连的裙房基础，可通过计算确定是否设置沉降缝。当设置沉降缝时，应考虑高层主楼基础有可靠的侧向约束及有效埋深。当不设沉降缝时，应采取有效措施减少差异沉降及其影响。

当采用刚性防水方案时，同一结构单元的基础应避免设置变形缝。施工时可

沿基础长度每隔 $30\sim40m$ 留一道贯通顶板、底板及墙板的施工后浇缝，缝宽不宜小于 $800mm$，且宜设置在柱距三等分的中间范围内。后浇缝处底板及外墙宜采用附加防水层，后浇缝混凝土宜在其两侧混凝土浇灌完毕两个月后再行浇灌，其强度等级应提高一级，且宜采用早强、补偿收缩的混凝土。

5.8.2 条形基础

（1）条形基础简述

条形基础可将上部结构在一定程度上连成整体，可减小地基的沉降差。当上部结构承受的荷载分布比较均匀，地基条件也比较均匀时，条形基础一般沿房屋的纵向布置；当横向受荷不均匀或地基性质差别较大时，也可沿横向布置。图 5-60 是一个多层工业厂房的纵向条形基础布置图，它的上部结构为两跨四层的钢筋混凝土框架。为了减小地基的不均匀沉降，沿房屋纵向柱列布置了三个条形基础，同时用四个横向基础板加以联系。

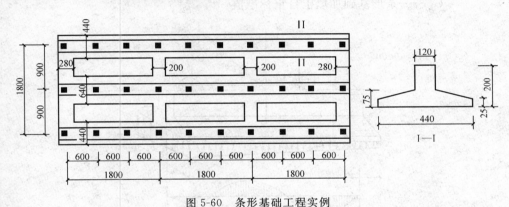

图 5-60 条形基础工程实例

钢筋混凝土条形基础，一般多用于土质较好、层数不多（$8\sim12$ 层）的非地震区的框架结构房屋。

（2）条形基础设计要点

条形基础基底反力的计算方法，有基床系数法（假定单位面积地基土所受的压力与地基沉降变形成正比——温格尔假定）、链杆法（假定基础与地基是变形协调的半无限体）以及力平衡法（假定地基反力成线性分布）等。各种方法得出的基底反力分布图形如图 5-61 所示。

其中力平衡法，认为基础是绝对刚性的，基础本身不产生相对变形，基础下地基土的反力呈线性分布。用这种方法计算基底反力与实

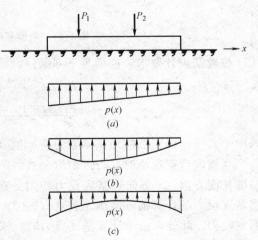

图 5-61 土反力的三种假定

（a）线性分布假定；（b）温格尔假定；

（c）半无限弹性体假定

287

际情况相差较大，但由于它计算简单，所以在估算基础尺寸时或在设计刚度较大的一般房屋基础时，也常用这种方法。

按照力平衡法，即由力的平衡条件，可求得基底的最大和最小基底全反力。对于纵向条形基础，当只考虑轴向力和横向弯矩时（图 5-62），可按下式计算：

$$\left.\begin{array}{c} p_{k,max} \\ p_{k,min} \end{array}\right. = \frac{\sum F_{ki} + G_k}{BL} \pm \frac{\sum F_{ki} \cdot e_{ix}}{\dfrac{BL^2}{6}} \pm \frac{\sum M_{kiy}}{\dfrac{B^2 L}{6}} \tag{5-39}$$

式中　$\sum F_{ki}$——相应于荷载效应标准组合时上部结构传来的各轴向力之总和；

　　　$\sum M_{kiy}$——相应于荷载效应标准组合时上部结构传来的沿 y 轴方向的各横向弯矩之总和；

　　　e_{ix}——F_{ki} 至条形基础中心的距离；

　　B、L——条形基础的宽度和长度；

　　　G_k——条形基础加填土自重标准值。

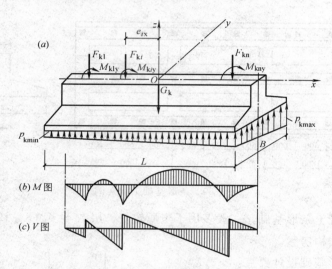

图 5-62　条形基础受力分析

按地基设计要求，应满足下列条件：

$$\left.\begin{array}{c} p_{k,max} \leqslant 1.2 \cdot f_a \\[2mm] \dfrac{p_{k,max} + p_{k,min}}{2} \leqslant f_a \end{array}\right\} \tag{5-40}$$

式中　f_a——修正后的地基承载力特征值（kN/m^2）。

当横向弯矩很小时，可近似取公式（5-39）中 $M_{kiy} = 0$。为了尽可能使得沿基础长度方向（x 方向）基底反力均匀分布，可适当调整条形基础两端的长度。当基底反力的计算值不能满足公式（5-40）的要求时，应适当加大条形基础的底面宽度 B。此外，由于计算基底反力时，采用了按直线分布的近似假定，故其计算值较实测值偏小。因此按公式（5-39）验算基础底面积时，应有所富余。

设计条形基础时，除按上述求得的基底全反力计算基础底面积外，尚需按基底净反力进行基础高度验算（冲切验算）和配筋计算。其计算方法，同柱下独立基础。

条形基础梁肋内的纵向受力钢筋、弯起钢筋和箍筋，需要按计算和构造要求配置。其简化计算方法是先采用"倒梁法"求内力。即以柱子作为支座，以基底净反力作为外荷载，按一般连续梁计算弯矩和剪力，再按受弯构件进行配筋计算。

条形基础的翼板内横向受力钢筋的简化计算方法，同柱下单独基础，即在上部荷载作用下，按偏心受压基础进行设计。

（3）条形基础的构造要求

1）肋梁梁高应由设计确定，一般可取柱距的 $1/4 \sim 1/8$；底板厚度 h 不宜小于 200mm。当 $h \leqslant 250\text{mm}$ 时，宜用等厚度底板；当 $h > 250\text{mm}$ 时，宜采用变厚度底板，其坡度不大于 $1:3$。

2）在基础平面布置条件允许的情况下，梁端部应伸出悬臂，其伸臂长度宜取第一跨跨距的 $1/4 \sim 1/3$，参见图 5-63。

3）现浇柱与条形基础梁的交接处，其平面尺寸不宜小于图 5-64 所示的尺寸。

4）条形基础梁顶面和底面的纵向受力钢筋，应有 $2 \sim 4$ 根通长配置，且其截

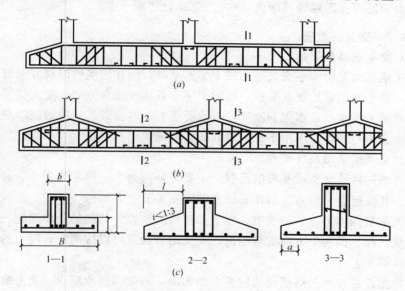

图 5-63　条形基础

（a）等截面条形基础；（b）变截面条形基础

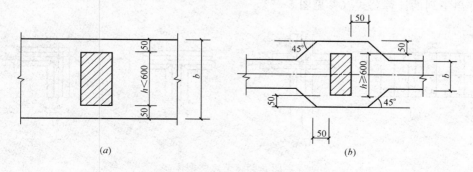

图 5-64　现浇柱与条形基础梁的平面尺寸

289

面面积不得少于纵筋总截面面积的 1/3。

5）柱下条形基础的混凝土强度等级最低采用 C20。

6）条形基础配筋的构造要求，主要有：

（A）梁肋内的纵向受力钢筋一般采用双筋，直径 $d \geqslant \phi 10$，配筋率 $\rho \geqslant 0.2\%$；

（B）当肋高 $h > 700mm$ 时，应在肋高的中部两侧各配置不小于 $\phi 14$ 的纵向构造钢筋，其间距为 $300 \sim 400mm$；

（C）梁肋中的箍筋直径不宜小于 $\phi 8$，当肋宽 $b \leqslant 350mm$ 时，可用双肢；当 $350mm < b \leqslant 800mm$ 时，采用四肢；当 $b > 800mm$ 时，采用六肢。箍筋应做成封闭式，间距不应大于 $15d$（d 为纵向受力筋直径），也不应大于 $500mm$。在梁跨中部 $0.4l$ 范围内，箍筋间距可适当增大，但不应大于 $400mm$；

（D）翼缘板内的横向受力钢筋直径不应小于 8mm，间距不应大于 200mm；分布钢筋直径为 $8 \sim 10mm$，间距不大于 300mm。当翼缘板挑出长度 $l_f > 750mm$ 时，受力钢筋可在距翼缘板边为 $a = \dfrac{l_f}{2} - 20d$ 处切断一半。

5.8.3　交叉梁基础

（1）交叉梁基础简述

交叉梁基础又称十字交叉基础或十字形基础，即在房屋的纵横方向都做成条形基础，整个基础就形成联系在一起的十字形基础（图 5-59b）。交叉梁基础比条形基础有更大的基础底面积和刚度，可承受更大一些荷载，房屋的沉降量和不均匀沉降也会相对减小。多用于土质较好的多层框架结构建筑。

（2）交叉梁基础设计要点

上部结构传给交叉梁基础的荷载，主要有轴向力 N、横向弯矩 M_{ky} 和纵向弯矩 M_{kx}。其作用点一般是作用在纵横基础的交叉节点上。

交叉梁基础内力计算的关键，在于如何解决节点处荷载的分配问题。一旦确定了荷载在纵、横两个方向的分配值，交叉梁基础就可以按两个方向上的条形基础各自计算了。

为简化计算，可忽略基础扭转变形的影响，假定横向弯矩 M_{ky} 全由横向基础承担，纵向弯矩 M_{kx} 全由纵向基础承担；而每个节点处的轴向力 F_{ki} 在两个方向上的分配值 F_{kix} 和 F_{kiy}，按照基床系数法，由力的平衡条件和变形协调条件，可得出下列的计算公式（参见图 5-65）。

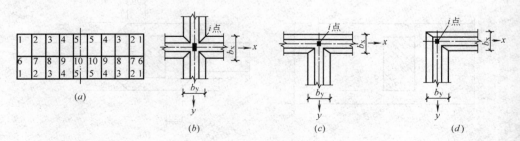

图 5-65　节点类型

（a）结构平面；（b）内柱节点；（c）边柱节点；（d）角柱节点

1）对内柱节点（图 5-65b）和角柱节点（图 5-65d）

$$
\left.\begin{aligned}
F_{kix} &= \frac{b_x s_x}{b_x s_x + b_y s_y} \cdot F_{ki} \\
F_{kiy} &= \frac{4b_y s_y}{b_x s_x + b_y s_y} \cdot F_{ki}
\end{aligned}\right\}
\tag{5-41}
$$

2）对边柱节点，且纵梁为直通梁（图 5-65c）

$$
\left.\begin{aligned}
F_{kix} &= \frac{4b_x s_x}{4b_x s_x + b_y s_y} \cdot F_{ki} \\
F_{kiy} &= \frac{b_y s_y}{4b_x s_x + b_y s_y} \cdot F_{ki}
\end{aligned}\right\}
\tag{5-42}
$$

上两式中　　　　　　b_x、b_y——分别为纵向和横向条形基础的宽度；

$s_x = \sqrt[4]{\dfrac{4E_c I_x}{Kb_x}}$、$s_y = \sqrt[4]{\dfrac{4E_c I_y}{Kb_y}}$——分别为纵梁和横梁的特征长度；

$E_c I_x$、$E_c I_y$——分别为纵梁和横梁的抗弯刚度；

K——基床系数，根据地基土的工程分类，可按表 5-32 取值。

　　因为交叉梁基础，是在两个方向设置的条形基础，所以，交叉梁基础的截面设计和构造要求，与条形基础相同，故可参照条形基础进行设计。

基床系数 **K** 值　　　　　　　　　　　　　表 5-32

地　基　情　况	$K(kN/m^3)$
淤泥质土、有机杂质土或新填土	$(1\sim5)\times10^3$
软弱黏性土	$(5\sim10)\times10^3$
黏土及粉质黏土　　软塑	$(10\sim20)\times10^3$
可塑	$(20\sim40)\times10^3$
硬塑	$(40\sim100)\times10^3$
松砂	$(10\sim15)\times10^3$
中密砂或松散砾石	$(15\sim25)\times10^3$
紧密砂或中密砾石	$(25\sim40)\times10^3$
黄土及黄土类粉质黏土	$(40\sim50)\times10^3$
紧密砾石	$(50\sim100)\times10^3$
硬黏土	$(100\sim200)\times10^3$
风化岩石、石灰岩或砂岩	$(200\sim1000)\times10^3$
完好的坚硬岩石	$(1000\sim15000)\times10^3$

5.8.4　筏形基础

（1）筏形基础简述

　　筏形基础又称片筏式基础。当房屋层数较多，荷载较大，土质较差时，采用条形基础或交叉梁基础已无法满足地基允许承载力的要求，有可能使房屋产生较大的沉降，甚至倾斜，影响安全和使用。这时，可把交叉梁基础底面的空隙全部填实，使整个基础成为一块有较厚的钢筋混凝土实心平板，宛如一个放在土层上的片筏，这就是所谓片筏式基础（图 5-59c）。为了进一步增大基础的刚度，减少混凝土用量，也可在柱与柱之间用梁加强基础，做成带梁肋的片筏式基础。前者称为平板式，后者称梁板式（参见图 5-66）。

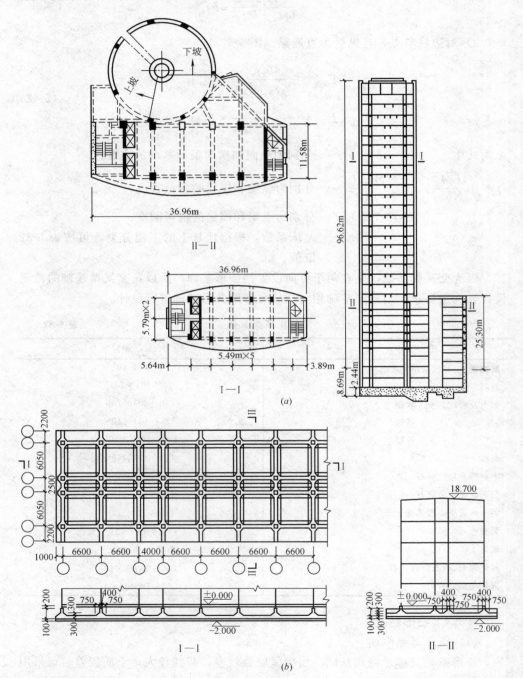

图 5-66　筏形基础

（a）平板式筏形基础（新加坡杜那大厦）；（b）梁板式筏形基础（我国某大学实验室）

平板式筏形基础厚度可达 $1\sim3$m。这种形式的基础施工方便，建造快，但混凝土用量大，在国外用的较多，国内很少采用。梁板式筏形基础，实质上是一个倒置的肋梁楼盖。这种形式比平板式筏形基础可节约混凝土用量，受力较为合理，但模板及施工稍微复杂些。总之，由于筏形基础整体性较条形基础、交叉梁基础要好得多，能承受更大的集中荷载和水平荷载，特别是基础形状简单，模板用量少，施工方便，因此可用在地震区以及任何类型的高层建筑结构体系中。它是目前国内外最常采用的高层建筑基础类型。

（2）筏形基础设计要点

筏形基础设计的重点在于底板的内力计算。而内力计算，如同条形基础一样，其关键又在于如何确定基底反力的大小及其分布状态。基底反力一经确定，则不难求得筏形基础中任一点处的弯矩和剪力。

筏形基础基底反力的计算方法有：应用温格尔假定的基床系数法、应用半无限弹性体假定的链杆法以及应用线性分布假定的力平衡法。由于前两种方法计算繁复，故与条形基础一样，在估算基础尺寸或在设计一般较简单的房屋时，常用力平衡法。

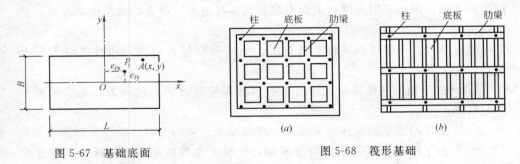

图 5-67　基础底面　　　　　　　　　　图 5-68　筏形基础

例如，在宽度为 B，长度为 L 的筏形基础上作用有集中力 F_{ki}，距基础底面形心分别为 e_{ix} 和 e_{iy}（图 5-67）。则底板下任一点 A（x，y）处的基底全反力为：

$$p_{Ai}=\frac{F_{ki}+G_k}{BL}\pm\frac{F_{ki}\cdot e_{ix}}{\dfrac{BL^3}{12}}\cdot x\pm\frac{F_{ki}\cdot e_{iy}}{\dfrac{B^3L}{12}}\cdot y \tag{5-43}$$

与条形基础相同，当式中的等式右边第一项不计基础加填土自重 G_k 时，即为基底净反力。

按照力平衡法的基本假定，只需求出筏形基础四角处（$x=L/2$，$y=B/2$）的基底反力值，再相互连成直线，便可确定整个筏形基础下的基底反力大小及其分布。

筏形基础的基底反力求出以后，即可根据其基底全反力，验算并最终确定底板的面积尺寸（B 和 L），再根据基底净反力进行基础的截面设计。梁板式筏形基础的截面设计，即将基底净反力作为外荷载，按连续双向板肋梁楼盖（图 5-68a），或按连续单向板肋梁楼盖（图 5-68b）进行内力与配筋计算；而平板式筏形基础，则应按平面楼盖进行截面设计。

293

（3）筏形基础的构造要求

筏形基础的一般构造，应符合下列要求：

1）筏形基础的平面尺寸应根据地基土的承载力、上部结构的布置及荷载的分布等因素确定。其基础平面形心宜与上部结构竖向永久荷载重心重合。

2）平板式筏形基础的板厚不宜小于 400mm。

3）梁板式筏形基础的梁高取值应包括底板厚度在内，梁高不宜小于平均柱距的 1/6。梁板式筏基的肋梁宽度不宜过大，在满足设计剪力 $V \leqslant 0.25\beta_c f_c bh_0$ 的条件下，当梁宽小于柱宽时，可将肋梁在柱边加腋以满足构造要求。

4）当满足地基承载力时，筏形基础的周边不宜向外有较大的伸挑。当需要外挑时，有肋梁的筏基宜将梁一同挑出。周边有墙体的筏基，筏板可不外伸。

5）筏形基础的钢筋间距不应小于 150mm，宜为 200～300mm，受力钢筋直径不宜小于 12mm。采用双向钢筋网片配置在筏板的顶面和底面。

5.8.5 箱形基础

（1）箱形基础简述

当上部结构传来的荷载很大，需要进一步增大基础的强度和刚度时，如果采用筏形基础，则势必因板厚过大而引起基础本身过大、过重，材料用量过多，很不经济。

箱形基础，不仅可以减轻基础自重、节约基础材料用量，而且还具有以下优点：

（A）由于箱形基础刚度大，可以有效地调整基础底面的压力，减少地基不均匀沉降；

（B）由于箱形基础整体稳定性好，埋深增大、重心下移，所以抗震能力强；

（C）由于埋在地面以下的箱形基础，代替了大量的回填土，减少了基底反力，也就等于提高了地基的承载力；

（D）由于箱形基础本身具有较大的空间，故可兼作人防、地下室或设备层使用。

但是，箱形基础埋深大，土方量大，施工技术要求和构造要求比其他类型的基础复杂，水泥和钢筋用量也较多，造价较高，所以一般适用于地基较差，荷载较大，平面形状规则，特别是要求有地下室的高层或超高层建筑中，参见图5-69。

（2）箱形基础设计要点

1）基底反力

箱形基础所承受的荷载及由此引起的内力比较复杂。箱形基础的顶板承受由底层楼面传来的结构自重和活荷载；若箱形基础按地下室考虑，顶板还要承受冲击波及倒塌荷载的作用。箱形基础外墙除承受顶板传来的荷载外，还承受侧向土压力和水压力；如作为地下室使用，还须考虑冲击波的作用。箱形基础的底板承受基底反力与水压力等的作用。箱形基础顶板、底板及墙体的内力不仅与上述荷载的大小及作用方式有关，还与箱形基础本身的刚度大小、上部结构的刚度大小以及地基土的性质等因素有关。诚然，其中主要因素还是由上部结构传来的荷载

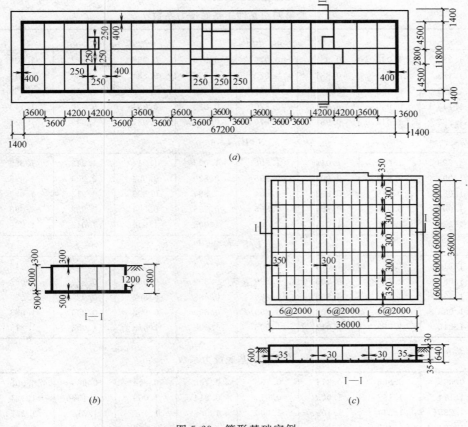

图 5-69　箱形基础实例

(a) 剪力墙结构体系下的箱形基础（上海康乐路大厦）；

(b)、(c) 框架结构体系的带肋底板箱形基础（上海某仓库）

而引起的基底反力。

同筏形基础一样，箱形基础基底反力的计算方法也有基床系数法、链杆法与力平衡法。此外，还有直接采用经验值的计算方法。

我国《高层建筑箱形基础设计与施工规程》（JGJ 6—80）建议，土反力可按基底反力系数法确定。基底反力系数法是在对北京和上海地区某些高层建筑实测反力统计分析的基础上制定的。它是将基础底面划分为 40 个方格（长方向分 8 格，宽方向分 5 格），按长宽比 L/B 及地基的性质，给出了相应的反力系数值。每个区格的地基反力可按式（5-44）计算：

$$地基反力 = \frac{\sum P}{L \times B} \times 该区格的基底反力系数 \tag{5-44}$$

式中　$\sum P$——上部结构的竖向荷载加上箱形基础重量；

　　　L——箱形基础底板长度；

　　　B——箱形基础底板宽度。

基底反力系数见表 5-33。

295

箱形基础基底反力系数　　　　　表 5-33

一般第四纪黏性土基底反力系数

			L/B=3~4				
1.282	1.043	0.987	0.976	0.976	0.987	1.043	1.282
1.113	0.930	0.881	0.870	0.870	0.881	0.930	1.143
1.129	0.919	0.869	0.859	0.859	0.869	0.913	1.129
1.143	0.930	0.881	0.870	0.870	0.881	0.930	1.143
1.282	1.043	0.987	0.976	0.976	0.987	1.043	1.282
			L/B=4~6				
1.229	1.042	1.014	1.008	1.003	1.014	1.042	1.229
1.096	0.929	0.904	0.895	0.895	0.904	0.929	1.096
1.082	0.018	0.893	0.884	0.884	0.893	0.918	1.082
1.096	0.929	0.904	0.895	0.895	0.904	0.929	1.096
1.229	1.042	1.014	1.003	1.003	1.014	1.042	1.229
			L/B=6~8				
1.215	1.053	1.013	1.008	1.008	1.013	1.053	1.215
1.083	0.939	0.903	0.899	0.899	0.903	0.939	1.083
1.070	0.927	0.892	0.888	0.888	0.892	0.927	1.070
1.083	0.939	0.903	0.899	0.899	0.903	0.930	1.083
1.215	1.053	1.013	1.008	1.008	1.013	1.053	1.215

软土地区基底反力系数

0.906	0.966	0.814	0.738	0.738	0.814	0.966	0.908
1.124	1.197	1.009	0.914	0.914	1.009	1.197	1.124
1.235	1.314	1.109	1.006	1.006	1.109	1.314	1.235
1.124	1.197	1.009	0.914	0.914	1.009	1.197	1.124
0.906	0.966	0.814	0.738	0.738	0.814	0.968	0.906

注：1. 表中 L 及 B 分别为箱形基础长度及宽度（包括底板悬挑部分）。将基础底面划分 40 区格，每

区格基底反力 $= \dfrac{\sum P}{L \times B} \times$ 该区格的反力系数。式中 $\sum P$ 为上部结构竖向荷载加箱形基础重量；

2. 本表适用于上部结构与荷载比较均衡的框架结构，地基土比较均匀，底板悬挑部分不宜超过

0.8m，不考虑相邻建筑物的影响以及满足本规程构造要求的单幢建筑物的箱形基础。当纵横

方向不均衡时，应分别将不均衡荷载对纵横方向对称轴所产生的力矩值所引起的基底不均匀

反力和由表计算的基底反力进行叠加，力矩引起的地基不均匀反力按线性变化计算。

2) 箱形基础的内力计算要点

箱形基础作为一个整体，在基底反力、水压力与上部结构传来的荷载作用下，相当于盒子式结构，整个箱形基础将发生弯曲，称为整体弯曲，由此产生的弯矩，称为整体弯矩。与此同时，顶板和底板各自在上部荷载和基底反力、水压力的直接作用下，犹如平面楼盖，也将发生弯曲，称为局部弯曲，由此产生的弯矩，称为局部弯矩。

当上部结构为现浇剪力墙结构体系时，由于剪力墙与箱基墙体相连，可认为箱形基础的抗弯刚度为无限大，不发生整体弯曲。因此，顶板与底板，只需按以墙体为支座的平面楼盖计算板的局部弯矩。顶板按上部实际荷载计算，底板按基底反力计算。

当上部结构为框架—剪力墙结构体系时，也可只计算顶板与底板的局部弯矩。对整体弯曲的影响可采取配筋的构造措施予以考虑。

但是，当上部结构为框架结构体系时，因上部结构刚度较小，故不仅要计算局部弯矩，而且要计算整体弯矩以及相应的剪力。

箱形基础的整体弯矩和剪力，是按整个箱形基础视为一个静定梁计算，其局部弯矩和剪力，是按以墙体为支座的平面楼盖计算。在整体弯矩作用下，箱形基础按工字形截面梁计算配筋（截面上、下翼缘宽度取顶板、底板的全宽，腹板厚度取受弯方向所有墙体厚度的总和）；在局部弯矩作用下，顶板和底板分别按矩形截面受弯构件计算配筋。最后将二者叠加，作为顶板和底板的最后配筋。此外，尚应验算顶板和底板的厚度是否符合构造要求，以及底板的厚度是否满足冲切要求等。

箱形基础的墙体，在上部竖向荷载作用下会产生轴向压力，在水平荷载（如土压力、水压力等）作用下，外墙还会在两个方向分别产生水平弯矩和竖向弯矩（可按四边支承的双向板计算）。然后，再按水平弯矩配置横向钢筋，按竖向弯矩和轴向压力共同作用配置竖向钢筋。此外，尚应验算在整体剪力作用下，墙身截面尺寸与配筋是否满足抗剪强度计算要求和构造要求等。

（3）箱形基础的构造要求

箱形基础的一般构造，应符合下列要求：

1）箱形基础的平面尺寸，应根据地基的承载力、上部结构的布置及荷载的分布等因素确定。其基础平面形心宜与上部结构竖向永久荷载重心重合。

箱形基础的平面形状应简单规整，而且在同一个结构单元中，不宜采用局部箱形基础；同一箱形基础也不宜采用不同的基础高度和不同的埋置深度，以避免基础刚度相差悬殊和地基的不均匀沉降。

2）箱形基础的埋置深度，除与工程地质及水文地质条件有关外，还与施工条件、地下室高度、地基承载力所需补偿的程度等因素有关。一般约为整个房屋总高的 $1/12 \sim 1/10$，且不应小于 $1/12$。

3）箱形基础的高度，应满足结构的承载力和刚度要求，并根据建筑使用要求确定，一般不宜小于箱基长度的 $1/20$，且不宜小于 3m。此处箱基长度不计墙外悬挑板部分。

4）箱形基础底板、顶板与墙体的厚度，可参照有关设计资料确定。无人防设计要求的箱基，基础底板厚度不应小于 300mm，外墙厚度不应小于 250mm，内墙的厚度不应小于 200mm，顶板厚度不应小于 200mm。

5）箱形基础的外墙宜沿建筑物周边布置，内墙沿上部结构的柱网或剪力墙位置纵横均匀布置，墙体水平截面总面积不宜小于箱形基础外墙外包尺寸的水平投影面积的 $1/10$。对基础平面长宽比大于 4 的箱形基础，其纵墙水平截面面积不应小于箱形基础外墙外包尺寸水平投影面积的 $1/8$。

6）箱形基础的外墙，一般不宜开设窗井，否则将削弱基础的刚度，使墙体容易产生裂缝，或使基础的埋置深度减小，影响整体稳定性，不利于抗震。当必须设置窗井时，洞口应设置在相邻两柱之间的居中部位。

297

7）箱形基础底板、顶板及墙体均应采用双层双向配筋。墙体的竖向和水平钢筋直径均不应小于 10mm，间距均不应大于 200mm。除上部为剪力墙外，内、外墙的墙顶处宜配置两根直径不小于 20mm 的通长构造钢筋。

5.8.6 桩基础

（1）桩基础简述

当荷载很大，且比较集中，而又地处软弱地基，或对房屋的沉降有较严格要求时，往往采用桩基础。如果土层上部较弱，而下部又有坚实土层时，更适于采用桩基础。在我国沿海地带，因地基条件较差，地下水位较高，桩基础的应用较为普遍。

桩基础由承台和桩两部分组成（图 5-70）。承台起着将上部结构骨架与桩联系起来的媒介作用，通过承台，将上部结构传来的荷载传到桩上去。而桩本身依靠支承端和桩周土与桩表面的摩擦力把竖向荷载传到地基中去，并通过桩本身与土壤的挤压来传递水平荷载和地震作用。

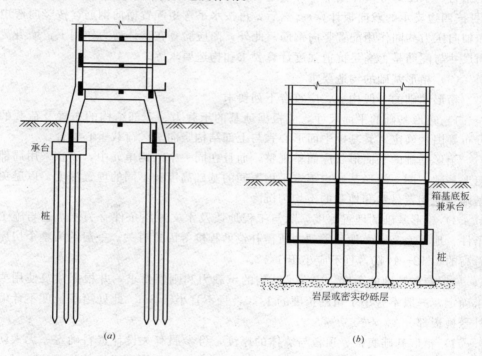

（a）   （b）

图 5-70 桩基础

（a）摩擦桩；（b）端承桩

桩基础的主要优点是承载力高，稳定性好，沉降量小，施工比较简便，没有繁多的土方工程，但一般来说，造价较高。桩基础主要用于持力层较深，或是软弱地基上的多层与高层建筑。对于重量大、层数多的超高层建筑以及在地震区建造的高层建筑，有时采用在桩基上面再做箱形基础的双重基础形式，以便使高层建筑能稳固地支承在地基上，参见图 5-71（b）。

桩的种类很多，桩按受力状态分类，有端承桩和摩擦桩。端承桩是将上部建

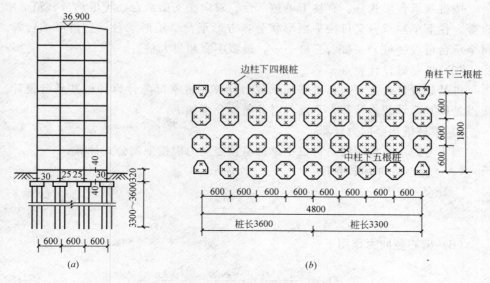

图 5-71　我国某厂彩电车间大楼（箱基下作桩基）

筑物的荷载作用通过桩传给埋藏较深的坚硬土层或基岩上。摩擦桩是通过桩本身周围与土的摩擦力将上部建筑物的荷载作用传给地基，为了控制建筑物的沉降量，摩擦桩的桩端宜坐落在相对较好的土层（称为桩端持力层）上，摩擦桩的承载力一般由桩侧摩擦力和桩端阻力两部分组成，纯摩擦桩一般不能用于高层建筑中。

桩按所用材料分类，高层建筑主要用混凝土桩和钢桩。混凝土桩由于取材方便，价格适中，应用广泛。钢桩承载力大，挤土量小，起吊、运输、锤打方便，但钢桩材料供应紧张、价格昂贵，故很少应用，一般仅用于重要的或超高层的建筑中。

桩按施工工艺分，混凝土桩有预制桩（方桩或管桩）和灌注桩两类。灌注桩有钻孔灌注桩、冲孔灌注桩、沉管灌注桩、挖孔灌注桩等。钢桩则有钢管桩、宽翼缘工字形桩等。

灌注桩的常用桩径与桩长和灌注桩的间距，参见表 5-34 和表 5-35。

灌注桩的常用桩径与桩长　　　　　　　　　　　　表 5-34

灌注桩名称	钻孔灌注桩	冲孔灌注桩	沉管灌注桩	挖孔灌注桩
成孔工艺	钻　孔 （泥浆护壁）	冲　孔 （泥浆护壁）	打入式沉管	人工挖孔
桩径 d(mm)	300～1400	500～1400	480	800～3000
桩长 L(m)	≤50	≤50	≤25	≤50

灌注桩的间距　　　　　　　　　　　　表 5-35

沉管灌注桩	穿越非饱和土	≥3.0d
	穿越饱和土	≥3.5d
钻孔、冲孔灌注桩		≥2.5d
人工挖孔灌注桩		可根据设计要求在保证施工安全条件下决定

299

按桩基承台形式分：有柱下单独承台、双向交叉梁承台、筏形承台、箱形承台等。柱下单独承台又可按平面形状分：方形承台、矩形承台、三角形承台等。每个承台可设一桩、二桩、三桩……，最多不宜超过九桩。

（2）桩基础设计要点

桩基础设计，主要包括桩基础承载力计算、桩基沉降计算和桩基承台设计。重点是桩基础承载力计算，下面仅对此简要介绍如下。

1）单桩桩顶竖向力计算

当不考虑水平作用时，群桩中单桩桩顶竖向力应按下列公式计算：

（A）轴心竖向力作用下

$$Q_k = \frac{F_k + G_k}{n} \qquad (5\text{-}45)$$

（B）偏心竖向力作用下

$$Q_{ik} = \frac{F_k + G_k}{n} \pm \frac{M_{xk} y_i}{\sum y_i^2} \pm \frac{M_{yk} x_i}{\sum x_i^2} \qquad (5\text{-}46)$$

式中　　Q_k——相应于荷载效应标准组合轴心竖向力作用下任一单桩的竖向力；

F_k——相应于荷载效应标准组合时，作用于桩基承台顶面的竖向力；

G_k——桩基承台自重及承台上土自重标准值；

n——桩基中的桩数；

Q_{ik}——相应于荷载效应标准组合偏心竖向力作用下，第 i 根桩的竖向力；

M_{xk}、M_{yk}——相应于荷载效应标准组合作用于承台底面通过桩群形心的 x、y 轴的力矩；

x_i、y_i——桩 i 至桩群形心的 y、x 轴线的距离。

2）单桩竖向承载力特征值的确定

在确定单桩竖向承载力特征值之前，首先要确定单桩极限承载力。单桩极限承载力，系指单桩在竖向力作用下，不丧失稳定性，也不产生过大沉降时所能承受的最大荷载。单桩极限承载力，一般根据单桩竖向静载荷试验确定（在同一条件下的试桩数量，不宜少于总桩数的 1%，且不应少于 3 根），也可通过室内模型试验确定，或根据静力触探、标准贯入、经验参数等估算，并参照地质条件相同的试桩资料综合确定。

按照《建筑地基基础设计规范》的规定，一般取单桩竖向极限承载力除以安全系数 2，作为单桩竖向承载力特征值 R_a。

单桩竖向承载力特征值，在初步设计时，可按下式估算：

$$R_a = q_{pa} A_p + u_p \sum q_{sia} l_i \qquad (5\text{-}47)$$

式中　R_a——单桩竖向承载力特征值；

q_{pa}、q_{sia}——桩端阻力、桩侧阻力特征值，由当地静载荷试验结果统计分析算得；

A_p——桩底端横截面面积；

u_p——桩身周边长度；

l_i——第 i 层岩土的厚度。

当桩端嵌入完整及较完整的硬质岩中时，可按下式估算单桩竖向承载力特征值：

$$R_a = q_{pa} A_p \qquad (5-48)$$

式中 q_{pa}——桩端岩石承载力特征值。

当地基基础设计等级为丙级建筑物时，可采用静力触探及标准贯入试验参数确定 R_a 值。

3）单桩承载力计算要求

当不考虑水平作用时，单桩承载力计算应符合下列表达式：

（A）轴心竖向力作用下

$$Q_k \leqslant R_a \qquad (5-49)$$

（B）偏心竖向力作用下，除满足式（5-49）外，尚应满足下式要求：

$$Q_{ikmax} \leqslant 1.2 R_a \qquad (5-50)$$

最后，根据上述要求，确定每个桩基的桩数。

（3）桩基础的构造要求

1）桩的布置应符合下列要求：

（A）等直径桩的中心距不应小于 3 倍桩横截面的边长或直径。

（B）布桩时，宜使各桩承台承载力合力点与相应竖向永久荷载合力作用点重合，并使桩基在水平力产生的力矩较大方向有较大的抵抗矩。

（C）平板式桩筏基础，桩宜布置在柱下或墙下，必要时可满堂布置，核心筒下可适当加密布桩；梁板式桩筏基础，桩宜布置在基础梁下或柱下；桩箱基础，宜将桩布置在墙下。直径不小于 800mm 的大直径桩可采用一柱一桩，并宜设置双向连系梁连接各桩。

（D）应选择较硬土层作为桩端持力层。桩径为 d 的桩端，全截面进入持力层的深度，宜为柱身直径的 $1 \sim 3$ 倍。对于黏性土、粉土不宜小于 $2d$；砂土不宜小于 $1.5d$；碎石类土不宜小于 $1d$。当存在软弱下卧层时，桩基以下硬持力层厚度不宜小于 $4d$；嵌岩灌注桩周边嵌入完整和较完整的未风化、微风化、中风化硬质岩体的最小深度，不宜小于 $0.5m$。抗震设计时，桩进入碎石土、砾砂、粗砂、中砂、密实粉土、坚硬黏性土的深度尚不应小于 $0.5m$，对其他非岩石类土尚不应小于 $1.5m$。

（E）预制桩的混凝土强度等级不应低于 C30；灌注桩不应低于 C20；预应力桩不应低于 C40。

2）钢桩应符合下列规定：

（A）钢桩可采用管形或 H 形；

（B）钢桩的分段长度不宜超过 $12 \sim 15m$；

301

（C）钢桩防腐处理可采用增加腐蚀余量等措施；当钢管桩内壁向外界隔绝时，可不考虑内壁防腐。

3）桩与承台的连接应符合下列要求：

（A）桩顶嵌入承台的长度，对大直径桩不宜小于 100mm，对中小直径的桩不宜小于 50mm；

（B）混凝土桩的桩顶纵筋应伸入承台内，其锚固长度应符合《混凝土结构设计规范》的有关规定。

6 中跨与大跨建筑结构

6.1 概述

6.1.1 引言

早在远古，广瀚的自然界，就已经向人们展示了大跨结构的雏形。人类穴居时代的土穴与岩洞，可称天然的拱结构；自然界的藤条是抗拉缆索的原始材料，贝壳、果核，体薄而强度高，与壳体结构相似；蛛网与索网结构雷同，均属张力结构；棕榈树叶可以视为悬挑折板结构的典型；植物的茎杆（如麦秆、竹竿），是充分发挥材料强度潜力的有效截面型式，可称是环形截面杆件的原祖等等。面对这些受力合理的结构型式，人们不可能很快地理解其力学原理，通过漫长的历史时期，不断领会，深入揣摩，多次反复地试验、研究与应用，才逐渐发展成现代的各种结构型式。

随着工业、农业、交通、科学事业的发展，生产工艺与设备的更新，人们的物质和文化生活的不断提高，迫切需要灵活性更大的空间。例如：大型飞机库、火车站、候客厅、航空港以及容纳更多人群的会堂、会议厅、音乐厅、影剧院、展览馆、体育馆、体育场、市场等等。而一般常用的结构型式与结构体系（例如砖混结构与框架结构）已不能适应或很难达到这种多功能、大空间建筑物的要求。由于社会使用的需要，大量中跨与大跨结构建筑的设计与建造已经提到现实生活的日程中来，并大有迅猛发展的趋势。

甚至有人估测未来的发展，设想覆盖一个区域（如居民区），乃至一个城镇，以便形成人造气候环境。例如，在悬挂结构理论与实践方面有卓越贡献的西德著名建筑师 Frei Otto，曾以浪漫笔法设想大跨度悬挂结构将覆盖未来城市中的密集建筑群，以改变城市气候，扩大人类的生活空间；在沙漠或南、北极地，可以在大跨结构中种植花草瓜菜；在缺氧的月球上建立起适合人类生存的生活基地。

6.1.2 中跨与大跨结构的基本特点、结构类型与所用材料

（1）基本特点

中跨与大跨结构的突出特点就是层数少（多为单层），而跨度大。其基本特点有：

1）结构以承受竖向荷载为主，其中结构与覆盖面层的自重约占 $70\% \sim 80\%$ 以上，屋面活荷载很小。因此，在设计时应力求减轻屋盖自重。

2）结构不仅要有足够的强度，同时还应具有一定的刚度（不产生过大的变形）和一定的抗裂性、稳定性和抗震性能。

3）结构的跨度大小是决定结构型式以及结构与构件主要尺寸的重要因素。

（2）结构型式

中跨与大跨结构，根据跨度的大小不同，可以选用桁架、刚架、拱、网架（或网壳）、悬索（或吊挂）、壳体（或折板）以及帐篷、充气结构等结构型式。后两种结构型式，目前应用较少，本书未予介绍。

（3）建筑材料

中跨与大跨结构所用的建筑材料有：

1）砖、石、混凝土，抗压性能较好，主要用于以受压为主的承重结构构件。

2）钢材，匀质高强，受力性能可靠，截面小，自重轻，易加工，是目前最好的结构材料，特别适用于轴向受拉杆件。但钢材产量有限，造价较高，故在我国尚不能大量采用。

3）钢筋混凝土，耗钢少、耐久、耐火、维护费用少、造价低，但自重大、易开裂。宜优先采用预应力混凝土。

4）钢丝网水泥，即在绑扎成型的密眼钢丝网两面现浇或喷涂水泥砂浆。自重轻，弹性、匀质性、抗裂性、抗拉压性能均较好，多用于曲面壳体结构。

5）钢纤维混凝土，其钢纤维的强度为 $600\sim1200N/mm^2$，直径为 $0.35\sim0.7mm$，外形有圆形、片形、波形（两端带有弯钩或大头）。钢纤维混凝土比钢筋混凝土强度高，收缩与徐变量小。

6）玻璃纤维混凝土，主要靠玻璃纤维增强混凝土的抗拉强度，而不用钢材（注：1976 年西德斯图加特城建造了一个 26m 跨的玻璃丝混凝土壳形屋盖，其厚度为 12mm，厚跨比为 $\frac{1}{2167}$）。

7）增强塑料，即在塑料内掺入抗拉强度高达 $4200N/mm^2$ 的玻璃纤维，成为增强塑料，其抗拉极限强度可达 $1750N/mm^2$。

8）增强树脂（俗称玻璃钢），系由玻璃丝编织成的纱或网，与环氧树脂或聚酯树脂组合而成。其特点是：轻质高强、耐蚀、耐磨、耐热、易加工和整体成型、维护费用少。

9）铝合金，是在铝中加入少量锰、硅、锌、铜等合金元素，用以改善纯铝质软易变形的不足。铝合金比钢材强度稍低，弹性模量较小，变形较大，但比钢材耐腐蚀，自重轻，重度仅为钢材的1/3。

用于中、大跨结构屋面层的构件及材料是：钢筋混凝土大型屋面板（重屋盖）、瓦楞铁皮、波形水泥石棉瓦、预应力混凝土槽瓦、压型钢板、压型铝合金板、钢丝网水泥、钢纤维混凝土、玻璃纤维混凝土、增强塑料、增强树脂（玻璃钢）等。

6.1.3 影响中跨与大跨度结构发展的主要因素

社会使用的需要，推动中跨与大跨结构建筑的发展，而没有坚实的物质基础和科学技术，毕竟不能成为现实。新型的建筑材料与先进的结构理论、计算技术与施工技术，促进了中跨与大跨结构建筑的发展；与此同时，中跨与大跨结构建筑也必定会受到现实条件与技术水平的制约。

（1）建筑材料的生产水平

对于中跨与大跨结构，重要的是如何选用轻质高强的骨架和屋面覆盖层结构。有些材料，例如砖、石、木、混凝土等，因其力学性能所限，显然很难用作大跨骨架和覆盖面积很大的屋面结构。钢筋混凝土的问世，使房屋建筑的跨度明显增大，但由于自重较大，且容易开裂，也只能用于中等跨度结构。而预应力混凝土的出现和发展，为中跨与大跨结构提供了一条光明的前景。它不仅可以用于梁、柱等主要承重构件，而且被有效地用于屋面层，从而显著提高抗裂、抗震以及抗风吸力的性能。只是施工技术尚有待提高和完善。钢结构显然是轻质高强的理想材料，但由于钢材受压容易失稳，故当今主要向以受拉为主的结构型式发展。

作为轻质高强的屋面材料，例如：钢丝网水泥、钢或玻璃纤维混凝土、增强塑料或增强树脂，以及压型钢板或铝合金板等新型材料，已先后在国内外采用，这无疑会使中跨与大跨结构建筑面貌一新。

（2）结构理论与计算技术水平

实践证明，新型中跨与大跨结构没有理论与试验的指导是不可能安全、完满实现的。16世纪罗马圣彼德大教堂的圆顶，是在11位建筑艺术家相继主持下，历经一百多年之久建成的。由于当时力学理论水平极低，只对拱有些感性认识，而对球壳的受力与变形却一无所知，单凭几何体形（半圆球形）按比例设计，结果产生裂缝，只得用十多道铁链箍紧。

随着中跨与大跨结构的广泛应用，设计理论已取得很多成果。特别是电算技术的飞速发展，有些像壳体、网架等计算工作量相当大的超静定结构，只有在电算时代才能有把握地应用于实际。而且，能在短时间内提供多种方案比较，以供选择经济合理的结构方案。

（3）制作工艺和施工技术水平

结构或构件的制作与安装，是建造房屋必要的实施手段，而且直接影响造价的高低。构件的类型越少，节点的构造越趋于简单，就越容易走向结构的定型化、标准化、系列化，其中大部分构件可以在工厂预制，工业化程度高，加工精度高，质量好，运输与吊装方便，施工速度快。大型的预制构件必须与大型的起重机械（如吊车、顶升机、提升机等）相匹配。预应力混凝土结构或构件的设计与制作，必须以现有的张拉设备与技术条件为前提。现浇钢筋混凝土能使结构整体性能获得更好的效果，但制作工艺应力求机械化，特别是模板与鹰架始终是大跨结构的关键问题。处理不当会影响造价，以致影响结构型式的应用。

总之，制作与施工技术的先进性与可行性，是促进或制约中跨与大跨结构建筑发展的又一重要影响因素。

6.1.4 中跨与大跨结构设计应注意的主要问题

（1）选用合适的建筑材料

如上所述，中跨与大跨结构宜优先选用轻质高强、抗裂性和弹塑性好的建筑材料。但也要综合考虑跨度的大小、材料供应情况、施工条件以及建筑造价等因素，选用合理、适用、经济、便于施工的建筑材料。

（2）选择合理的结构型式

针对中跨与大跨结构的特点，要求结构不仅要有足够的强度，还要有足够的刚度；既要增大结构的刚度，又要注意减轻结构自重，减小结构的高度。为此，除优先选用轻质高强材料，以减轻结构自重以外，还要在以下几个方面注意选择合理的结构型式。

1）有效利用材料的受力性能

轴向受力构件，应力分布均匀，能够充分利用构料的强度。例如，钢筋混凝土屋架或钢桁架，要比实腹截面梁适用跨度大、材料省、自重轻。而拱形屋架，又比梯形、三角形屋架内力更为均匀。当跨度更大时，选用拱式结构或悬索结构更为经济合理。同样是轴向受力，钢筋混凝土宜做成受压构件，而钢材则宜做成受拉构件。

2）优先选用双向受力和空间受力的结构体系

在平面结构中，双向受力要比单向受力的结构优越。例如，井字梁或双向板要比单向梁或单向板负荷小、内力小、配筋少、挠度也小。两端简支的单向板最小厚度可为跨度的 $\frac{1}{35}$，而四边简支的双向板最小厚度则可为跨度的 $\frac{1}{45}$。

当跨度较大时，空间结构要比平面结构优越。因为平面结构，为保证结构平面外稳定和整体刚度，还需要设置大量的支撑系统。而空间结构的所有杆件，既是受力杆件，又是支撑杆件；既能有效地利用材料的强度，又可增强结构的刚度。例如钢网架适用跨度大，省材料，自重也相应减轻；而壳形网架，从受力性能来说，又比平板网架更为合理。

（3）注意各种结构体系的合理配合

在中跨与大跨结构中，例如悬伸结构、拱式结构或悬索结构，除主体结构外，还应特别注意支承构件的设计。在这方面有很多成功的实例，可供借鉴。

例如，著名意大利建筑师 P·L·奈尔维设计的意大利佛罗伦萨运动场大看台（雨篷挑梁外伸 17m），巧妙地利用压杆和拉杆的联合体系来与悬伸结构取得平衡（图 6-1）。

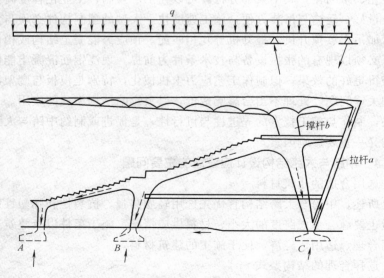

图 6-1　佛罗伦萨运动场大看台结构受力示意

我国北京崇文门菜市场，如图 6-2 所示。市场中间为 32m×36m 的营业大厅，屋顶采用装配整体式钢筋混凝土两铰拱结构，上铺加气混凝土板。大厅周围为小营业厅，仓库及其他用房。采用框架结构，拱脚的水平推力和垂直压力由两侧的框架承受，从而构成拱式结构与框架结构的合理配合。

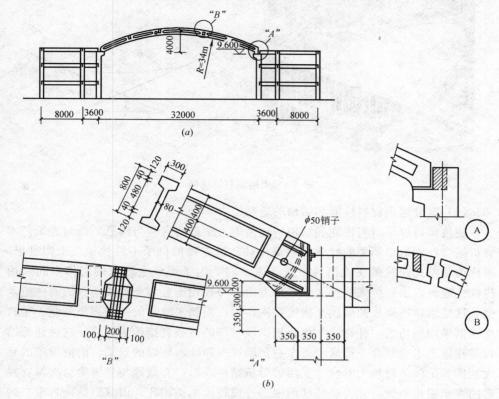

图 6-2 北京崇文门菜市场

西德的法兰克福飞机库又是一个很好的组合结构实例，见图 6-3。机库的中间部分为三层框架结构，两侧为悬挂式结构。悬挂结构的拉杆采用钢索，压杆采用钢筋混凝土双曲拱壳。这种结构受力合理，能够较好地发挥材料的强度。

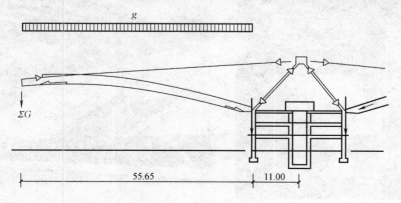

图 6-3 西德的法兰克福飞机库

307

　　美国瑞利运动场的结构体系更值得称颂，见图 6-4。它是悬索结构与拱式结构的组合。屋盖采用悬索结构，悬索的拉力传到交叉的钢筋混凝土斜拱上，斜拱受压。该结构不仅受力合理，而且造型美观。

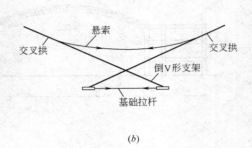

悬索

交叉拱　　　　　　　　交叉拱

倒 V 形支架

基础拉杆

(a)　　　　　　　　　　　　(b)

图 6-4　美国瑞利运动场

（4）充分运用材料性能和结构的造型能力

　　建筑师可以从材料性能和结构的造型能力中得到启迪与构思，再与建筑艺术有机结合，创造出新型的壮观的建筑设计。这方面的例子不胜枚举。十四世纪，被称为哥特式建筑的艾克西特教堂（图 6-5），为了形成主教堂的宏伟空间采用拱柱式建筑，拱柱传来的巨大水平推力由与每柱相连且与主轴线垂直的墙体所承受。这些墙体所砌成的砖拱又构成顺次排列、面朝主教堂的一系列小教堂。主教堂顶部采用精巧的"礼花式"板肋把拱顶上部的荷载直接传给拱柱。这种建筑结构与建筑艺术的结合，造成上下左右归顺统一和壮丽辉煌的效果。前面提到的意大利佛罗伦萨体育场大看台，采用的梁板结构外形，有意地与悬臂梁二次抛物线形的弯矩图相一致，并在受拉区的根部开设较大的椭圆孔，以减轻结构自重，同

图 6-5　艾克西特教堂　　　　　　图 6-6　佛罗伦萨运动场大看台

时增加了透明度（图 6-6）。

充分运用材料性能和结构的造型能力，对中跨与大跨结构建筑尤为重要。这是因为跨度越大，结构在建筑物中所处的地位越重要，它几乎控制着整个建筑物的造型、美观与造价。设计者只能从结构造型中体现整体建筑艺术。这就要求建筑艺术与技术（结构、施工、经济）的协调统一。为此，作为一个建筑师，必须懂得力学与结构原理、材料性能和施工技术，灵活运用结构的造型能力，才能达到与使用要求相互适应的建筑艺术效果。

6.2　桁架及屋架

6.2.1　桁架及屋架的应用

桁架是指由直杆在端部相互连接而组成的格子式结构，用于屋盖承重结构的梁式桁架叫屋架。桁架及屋架中的杆件在大部分情况下只承受轴向拉力或轴向压力，且应力在截面上分布均匀，因而容易发挥材料的作用。桁架用料经济，结构自重小，易于构成各种外形以适应不同的用途。桁架及屋架是一种应用极广泛的结构型式，除经常用于屋盖结构外，还用于皮带运输机栈桥、塔架和桥梁等。

6.2.2　确定桁架型式的原则

桁架及屋架型式的确定应从下述几个方面考虑。

（1）满足使用要求

对屋架来说，上弦的坡度应适合防水材料的需要。屋架端部应考虑与柱是简支还是刚接。此外，房屋内部净空有何要求，有无吊顶、有无悬挂吊车、有无天窗、天窗型式以及建筑造型的需要等，都影响屋架外形的确定。

（2）受力合理

任何结构或构件，只有受力合理才能充分发挥材料的强度，达到节省材料的目的。对于屋架，各节间弦杆的内力不宜相差过大，同时应尽量使上弦杆与下弦杆只承受节点荷载，以避免节间产生较大的附加弯矩。对上弦压杆还应减小屋架平面内的长细比。对于桁架腹杆，应力求使长杆受拉、短杆受压、腹杆总长为最小等。

（3）制作简单，运输安装方便

制作简单，运输及安装方便，可以节省劳动量并加快建造速度。从制作简单方面看，应该是杆件数量少，节点少，杆件尺寸规格与节点构造型式统一。杆与杆之间的夹角以 30°～60°为宜。夹角过小不仅节点构造不合理，也不便制作安装。假如将弦杆做成折线形，则节点费料费工，所以桁架弦杆一般不做成多处转折的型式。就运输、安装而言，应力求外形简单，杆件不宜过长，对较大的桁架或屋架，最好能拆分成几个单元制作，现场拼装。

（4）综合技术经济效果好

在确定桁架型式与主要尺寸时，不仅要注意节省材料与节省工时，还应考虑跨度大小、荷载状况以及材料供应条件等因素，尤其应考虑建造速度的要求，以期获得较好的综合技术经济效果。

309

6.2.3 桁架的型式及其特点

从桁架及屋架的外形来分，一般有三角形、梯形及平行弦三种；按桁架的腹杆型式分，常用的有人字式、芬克式、豪式、再分式及交叉式五种，其中前四种为单系腹杆，第五种为复系腹杆。参见图6-7。现分别介绍如下：

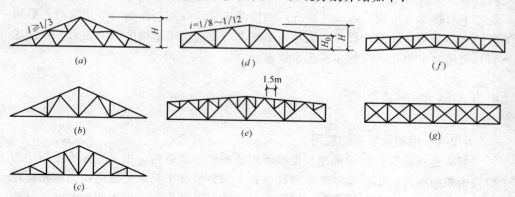

图 6-7　钢屋架的外形

三角形屋架（图6-7a、b、c），上弦坡度比较陡，适用于波形石棉瓦，瓦楞铁皮等屋面材料。坡度一般为1/3～1/6。三角形屋架各节间弦杆内力相差较大，特别是端节间弦杆内力大而交角小，制造较为困难。因此，有时采用下弦下沉式的三角形屋架（图6-8a），可以增大弦杆交角，降低屋架重心，提高空间稳定性。三角形屋架与柱的节点，除常用铰接外，通过增加隔撑（图6-8b）也可与柱做成刚接。

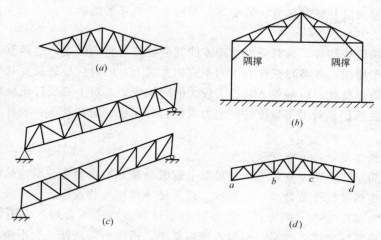

图 6-8　屋架型式的变化

梯形屋架（图6-7d、e），上弦较为平坦，适合采用钢筋混凝土大型屋面板，板上敷设油毡防水材料，坡度一般为1/8～1/12。当采用长尺寸压型钢板顺坡铺设屋面时，最缓的坡度可用到1/20，甚至更小。在三角形、梯形和平行弦三种屋架中，以梯形屋架与抛物线形弯矩图较为接近，各节间弦杆内力差别比较小，所以承载能力和适用跨度较大。

310

平行弦屋架（图 6-7f、g），可以做成不同大小的坡度，并能用于单坡屋盖和双坡屋盖。其端部与柱可以铰接，也可以刚接。我国宝山钢铁公司初轧厂采用的是图 6-7f 的屋架型式。这种屋架，杆件尺寸及节点型式划一，也可不必起拱，制作简便。平行弦屋架各节间弦杆的内力差别也较大。但对各种建筑要求的适应性较强，而且施工简便，对大跨结构，往往会取得较好的综合技术经济效果。

皮带运输机栈桥所用的桁架，通常是斜置的，跨度不大，一般采用平行弦桁架，或是带竖杆的人字式腹杆体系，或单向斜杆体系（图 6-8c）。

此外，如果平行弦双坡坡度较大，则下弦中间部分最好做成水平段（图 6-8d）。这样，可以缓解因坡度较大而对支承产生的水平推力，并可使弦杆内力较为均匀。

平行弦屋架，既可用于跨度较大的屋盖结构（图 6-9），也可用作吊车梁和托架梁（图 6-10）。

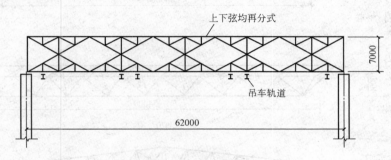

图 6-9 平行弦钢屋架

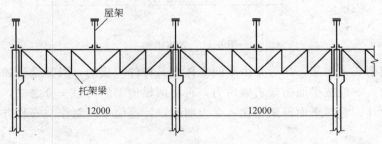

图 6-10 12m 托架梁

人字式腹杆体系（图 6-7b、d、f），杆件数量少，腹杆总长度较小，且下弦节点少，从而减少制造工作量。

芬克式腹杆体系（图 6-7a），腹杆数量较多，但短杆受压，长杆受拉，受力合理。而且整个屋架可以拆成三部分，便于制作、运输。

单向斜杆式，又称豪式腹杆体系（图 6-7c），杆件数量多，节点多。它在梯形和平行弦屋架中，长腹杆受拉，短腹杆受压，受力尚为合理；而在三角形屋架中，则长杆受压，短杆受拉，受力很不合理，故只用于房屋有吊顶需要下弦节间长度较小的情况。

再分式腹杆体系（图 6-7e），其优点是可以使上弦压杆节间尺寸缩小，常与1.5m×6m 大型屋面板配合使用，以便使屋架只承受节点荷载，尚可增强屋架上

311

弦在平面内的稳定性。

交叉式腹杆体系为复系腹杆体系（图 6-7g），多用于以承受两个方向水平荷载为主的桁架中，例如塔架、竖向桁架以及屋盖水平支撑、垂直支撑与柱间支撑等。

6.2.4 空间桁架式屋架及其他特殊型式桁架

（1）空间桁架式屋架（立体桁架）

平面桁架侧向刚度较小，需要支撑较多。如将两榀桁架并列，相隔一定距离，再用缀板连接组成矩形截面的立体桁架（图 6-11a），或只将上弦或下弦分开，组成倒三角形或正三角形立体桁架（图 6-11b、c），这些就是空间桁架式屋架。这种屋架平面外刚度大，自成稳定体系，可以简化支撑，便于安装。

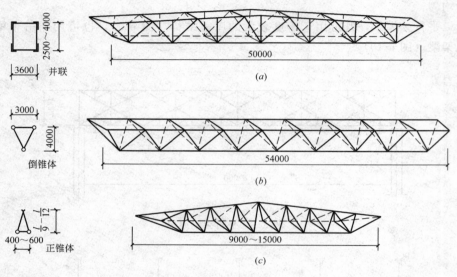

图 6-11 立体桁架

空间桁架式屋架，尽管是由空间立体交叉杆件构成的，但其受荷和传力仍然是单向的。一般按平面桁架求解内力，再将两榀桁架的内力一分之二，进行杆件与节点设计。它与平面网架相比，受力明确，计算简单，制作与安装方便，故应用很广。

（2）特殊型式桁架

为适应建筑功能与建筑造型要求，桁架型式可以有很多变化，图 6-12、图

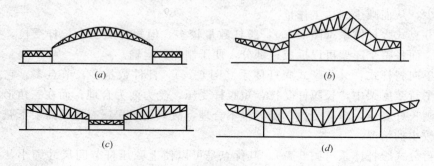

图 6-12 特殊型式桁架

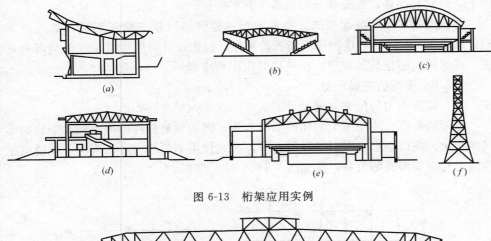

图 6-13 桁架应用实例

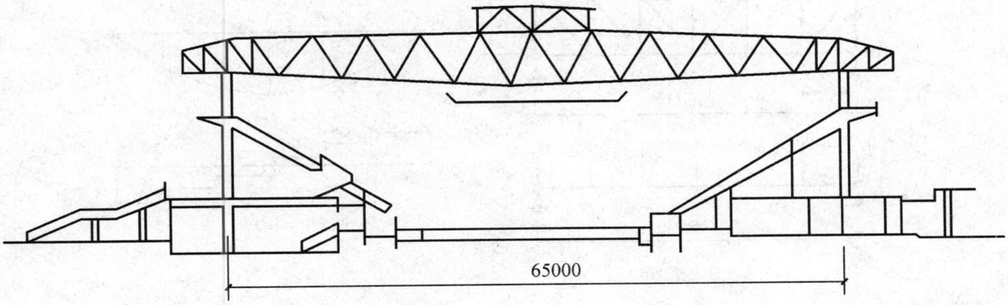

图 6-14 贝宁·科托努市体育中心体育馆

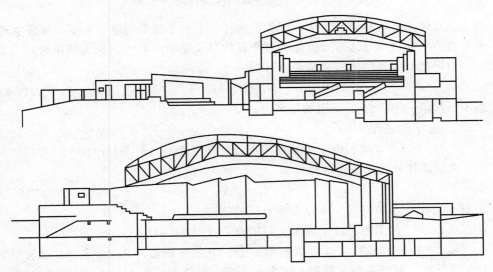

图 6-15 波恩·贝多芬音乐厅

6-13、图 6-14 和图 6-15，分别展示了几种特殊型式桁架，以供参考。

6.2.5 轻型钢屋架

轻型钢屋架包括圆钢小角钢屋架与冷弯薄壁型钢屋架两种。

轻型钢屋架，一般适用跨度不大于 18m，吊车起重量不大于 5t。在此范围内，其用钢量与钢筋混凝土屋架的用钢量大致相等，而结构自重则可减少 70%

313

以上，同时为制作、运输和安装创造了有利条件。

薄壁型钢屋架的截面型式，参见上册《建筑结构基本原理》第 2 章（图 2-8），壁厚 1.5～5mm。这种屋架经济效果好，但在设计时应注意压杆的局部稳定性，在焊接时防止局部烧穿，在使用时应注意维修。

6.2.6 屋架的主要尺寸

（1）屋架内力与屋架主要尺寸的关系

屋架的主要尺寸与屋架的几何形状有关，因为屋架杆件的内力随其形状的不同而变化。现以矩形的平行弦屋架在节点荷载作用下的内力分析为例，来说明屋架内力与屋架型式的关系，参见图 6-16。

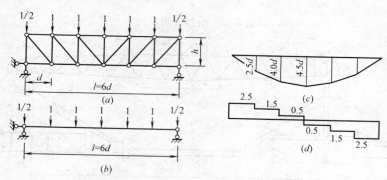

图 6-16　平行弦屋架在节点荷载下的内力分析

（a）平行弦屋架；（b）相应简支梁的计算简图；（c）弯矩图；（d）剪力图

从整体来看，屋架相当于一个受弯构件，上、下弦共同承受弯矩，腹杆主要承受剪力；而从局部来看，屋架的每个杆件只承受轴向力 N（拉力或压力）。

由屋架节点处的力矩平衡条件可知：

$$N_x \cdot h = M_0 \tag{6-1}$$

式中　N_x——屋架上、下弦的轴向力；

　　　h——屋架高度；

　　　M_0——简支梁相应于屋架各节点处的截面弯矩（图 6-16c）。

由脱离体处力的平衡条件可知：

$$N_y = \pm V_0 \tag{6-2}$$

式中　N_y——斜腹杆的竖向分力或竖杆的轴向力；

　　　V_0——简支梁相应于屋架节间的剪力（图 6-16d）。

从（6-1）、（6-2）两式可以看出：上、下弦杆的轴向力 N_x 与 M_0 成正比，与 h 成反比。对于平行弦屋架，因为 h 不变，而跨中弯矩 M_0 大，所以中部弦杆的内力大。见图 6-17（a）。因为跨中剪力小，两端剪力大，所以中部节间腹杆内力小，而两端节间腹杆内力大。见图 6-17（a）。

用同样的方法，可以分析三角形、抛物线形（拱形）屋架以及其他形状屋架的内力分布情况。

从图 6-17 可以看出，屋架杆件内力与其型式的关系：

1）平行弦屋架内力分布是不均匀的，弦杆内力由两端节间向跨中节间逐渐

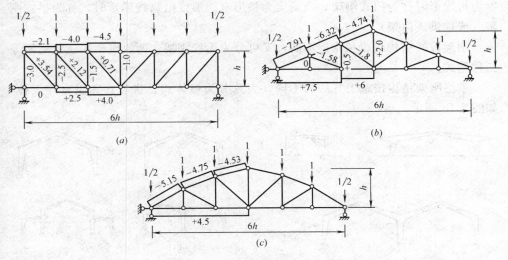

图 6-17 不同型式屋架的内力分析

(a) 平行弦屋架；(b) 三角形屋架；(c) 拱形屋架

增大，腹杆内力由两端向中间逐渐减少。

2）三角形屋架内力分布也是不均匀的，因为中部 h 大，所以弦杆内力由端节间向跨中节间逐渐减小，而腹杆内力则由两端向中间逐渐增大。

3）抛物线形屋架的内力分布比较均匀，这是由于屋架的高度 h 变化随其弯矩图的变化规律大致相同的缘故。

（2）屋架的主要尺寸

屋架的跨度 l，由使用要求决定。

屋架的高度 H，由刚度条件、屋面坡度、运输条件（铁路运输限制 $H \leqslant 3.85\text{m}$）和经济条件（H 越大，杆件内力越小）等因素综合确定。在一般情况下，可按下述范围取用：

三角形屋架 $\qquad\qquad H = \left(\dfrac{1}{6} \sim \dfrac{1}{4}\right) l$

梯形屋架 $\qquad\qquad H = \left(\dfrac{1}{10} \sim \dfrac{1}{6}\right) l$

平行弦平面屋架（桁架） $\qquad H = \left(\dfrac{1}{10} \sim \dfrac{1}{5}\right) l$

空间桁架式屋架 $\qquad\qquad H = \left(\dfrac{1}{14} \sim \dfrac{1}{10}\right) l$

梯形屋架的端部高度 H_0 越小，端弦杆内力越大。一般取 $H_0 = \left(\dfrac{1}{16} \sim \dfrac{1}{10}\right) l$

通常采用 $H_0 = 1.8 \sim 2.1\text{m}$。

6.3 单层刚架结构

6.3.1 单层刚架的类型及其受力特点

单层刚架一般是由直线形杆件（梁和柱）组成的具有刚性节点的结构。当横

315

梁为折线形时称为门式刚架；当横梁为弧形（圆形或抛物线形）时，称为拱式刚架（或称拱式门架）。

刚架按其结构组成和构造不同，又可分为无铰刚架、两铰刚架和三铰刚架等三种型式。

单层刚架结构按施工方法的不同，大致分为整体式、拼装式和组合式三种。如图 6-18 所示。

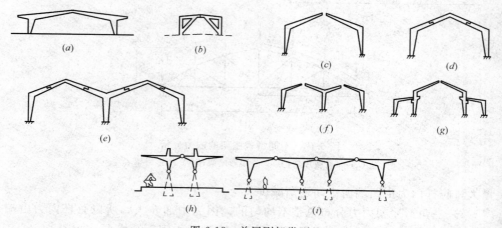

图 6-18 单层刚架类型

（a）门架；（b）天窗架；（c）、（d）单跨拼装式门架；（e）、（f）、（g）多跨拼装式门架；

（h）、（j）组合式门架

下面介绍几种常见刚架的受力特点。

（1）钢筋混凝土无铰刚架

无铰刚架和排架相比，在竖向荷载作用下，由于柱对梁的约束作用，使梁跨中弯矩减少（图 6-19）；在水平荷载作用下，由于梁对柱的约束作用，使柱内弯矩减小（图 6-20）。所以，当跨度和荷载相同，且跨度不大于 18m 时，刚架比排架结构轻巧，可节省钢材约 10％，混凝土约 20％。

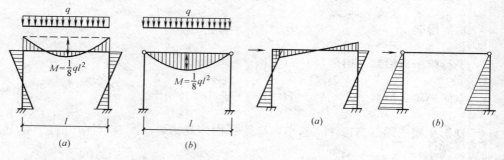

图 6-19 在垂直荷载下弯矩图

（a）刚架；（b）排架

图 6-20 在水平荷载下弯矩图

（a）刚架；（b）排架

无铰刚架和两铰、三铰刚架相比，前者基础承受弯矩较大，因此，基础大、耗料多，不够经济。此外，这种刚架属于超静定结构，和三铰刚架相比，对地基的不均匀沉降和温度变化引起内力的变化较大，所以，地基条件较差时，必须考虑地基的影响。

（2）钢筋混凝土两铰刚架

两铰刚架也是超静定结构，对地基不均匀沉降引起的结构内力也必须考虑，但两铰刚架，基础材料用量少。和三铰刚架相比，两铰刚架结构刚度较大，故适用于跨度较大的情况。

（3）钢筋混凝土三铰刚架

三铰刚架为静定结构。当基础有不均匀沉降时，对结构不引起附加内力。但是，当跨度较大时，半榀三铰刚架的悬臂太长，吊装内力较大，而且三铰刚架的刚度也较差，所以它适用于跨度较小及地基较差的情况。

上述三种刚架，在同样荷载作用下的内力分布和大小是有差别的（见图 6-21），三者的经济效果也不相同，参见表 6-1。

（4）预应力混凝土刚架

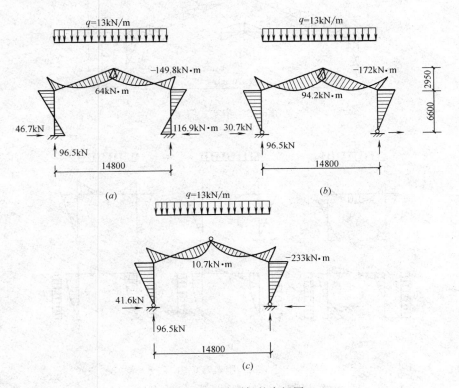

图 6-21 三种刚架的弯矩图

（a）无铰刚架；（b）两铰刚架；（c）三铰刚架

无铰、两铰、三铰刚架材料用量表   表 6-1

刚架型式	刚架材料用量		基础材料用量		总材料用量	
	钢(kN)	混凝土(m³)	钢(kN)	混凝土(m³)	钢(kN)	混凝土(m³)
无铰	3.64	3.00	0.68	4.28	4.32	7.28
两铰	3.65	2.98	0.35	0.87	4.00	3.76
三铰	3.80	2.42	0.35	0.87	4.15	3.29

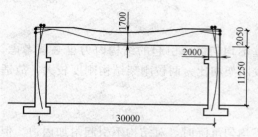

图 6-22　组合式预应力混凝土刚架

这种刚架，一般在梁、柱的受拉区对混凝土施加预压应力，多采用曲线形预应力钢筋，后张法施工（图 6-22）。借以提高结构的抗裂性，增大其适用跨度。

（5）钢门架

钢门架的梁与柱，一般有焊接工字型截面实腹式和由角钢或钢管做成的格构式两种。其特点是受力性能好，构造简单，适用于跨度较大或外形变化较大的刚架结构，图 6-23 所示为南京体育馆采用的桁架式门架。

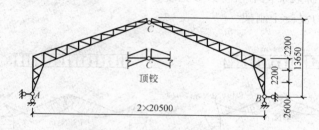

图 6-23　桁架式门架

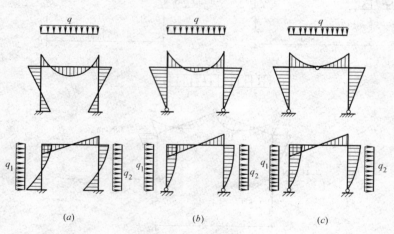

图 6-24　刚架弯矩图
（a）无铰刚架；（b）两铰刚架；（c）三铰刚架

6.3.2　单层刚架的截面型式及尺寸

一般情况下，杆件的截面宜随其内力的大小而相应变化，这样可以充分发挥材料性能，节约材料，减轻自重，容易取得较好的经济效果。图 6-24 是三种刚架在竖向和水平均布荷载作用下的弯矩图。刚架杆件一般采用变截面型式，即加大梁柱相交处的截面，减小铰接点附近的截面。为避免减少应力集中现象，在转角处做成圆弧或加腋的型式（图 6-25）。

钢筋混凝土刚架的杆件一般采用矩形截面，也可采用工形截面。其截面尺寸为：

1）梁高可按连续梁确定，一般取 $h = \left(\dfrac{l}{20} \sim \dfrac{l}{15}\right)$（$l$ 为梁的跨度），但不宜小于 250mm。

2）柱底截面高度 h_1，一般不小于 300mm；柱顶截面高度为 $2h_1 \sim 3h_1$。

3）梁柱截面宽度（刚架厚度）b，应保证屋面构件的搁置长度，并应满足平面外刚度的要求，一般取 $b \geqslant \dfrac{1}{30} H_c$。（$H_c$ 为柱高），且 $b \geqslant$ 200mm。

4）横梁的加腋长度一般取自柱边起为 $0.15 \sim 0.25l$。

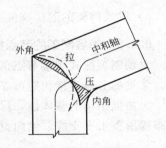

图 6-25 转角截面正应力分布

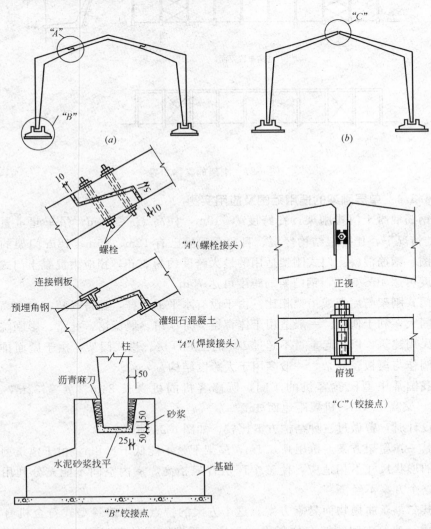

图 6-26 刚架的节点构造

（a）两铰刚架；（b）三铰钢架

319

5）拱式门架的起拱高度（矢高）f，一般取为 $\left(\dfrac{1}{9}\sim\dfrac{1}{7}\right)l$。

6.3.3 单层刚架的节点构造及支撑布置

对预制装配式刚架节点的基本要求是：符合计算假定，做法简单，便于施工。常见的节点连接构造可参见图6-26。

为加强结构的整体性，保证结构纵横两个方向的刚度，一般要求建筑物的两端布置屋盖水平支撑，纵向设置柱间支撑和连系梁，参见图6-27。

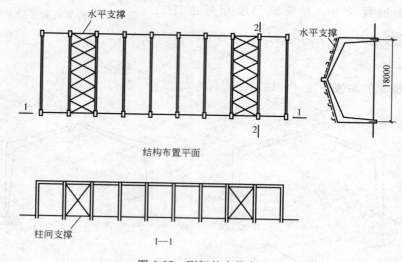

图 6-27 刚架的支撑布置

6.3.4 单层刚架的适用范围及应用实例

钢筋混凝土门式刚架，在跨度 $l\leqslant18\text{m}$，柱高 $H_C\leqslant10\text{m}$，吊车起重量 $Q\leqslant10\text{t}$ 的情况下，比排架结构经济。目前，我国已有12m、15m、18m门架的国家标准图。钢筋混凝土门式刚架适用的最大跨度约为30m，预应力混凝土门式刚架的跨度可达40~50m，钢门架的跨度可达75m。

门式刚架与屋架或桁架相比，由于没有水平下弦杆，显得轻巧，净空高，内部空间大，利于使用。一般适用于体育馆、游泳馆、展览馆、礼堂、影剧院、食堂等民用建筑，以及起重量不超过10t的工业厂房。拱式门架，由于屋面排水较差，制作与模板较复杂，一般多用于大跨度结构。

我国某中型民航客机的车间，所修客机的机身长24m，翼宽32m，尾高8.1m，桨高5.1m，机翼距地面3m。

设计时，曾做过三种结构方案比较，如图6-28所示。

其一：屋架方案。机尾高8.1m，屋架下弦不能低于8.8m。由于建筑型式与机身的形状尺寸不相适应，使整个厂房普遍抬高，室内空间不能充分利用。因此，这个方案不经济。

其二：双曲抛物面悬索方案。这个方案的特点是：建筑型式符合机身的形状尺寸，建筑空间能够充分利用。但是，要求采用的高强钢索材料来源困难；同时对施工条件要求较高，更主要的是由于跨度较小，采用悬索方案也不

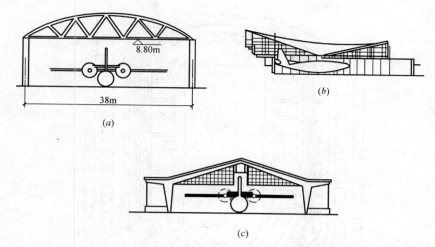

图 6-28 某民航客机修理车间设计的三种方案

（a）屋架方案；（b）悬索方案；（c）刚架方案

经济。

其三：刚架结构方案。这个方案的特点是：不仅建筑型式符合机身的形状尺寸，尾部高，两翼低，建筑空间能够充分利用，而且对材料和施工都没有特殊要求。

根据本工程的具体条件，最后选用了两铰刚架结构方案。结构的具体尺寸见图 6-29。其基础底面倾斜，有利于抵抗水平力。

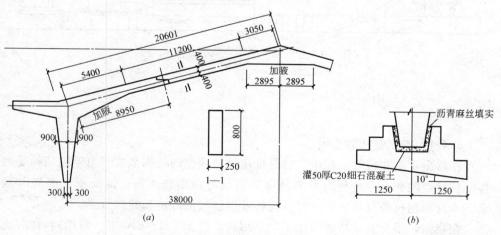

图 6-29 刚架和基础的型式

（a）两铰刚架（双加腋）；（b）基础（底面倾斜）

图 6-30 所示为奥地利维也纳市大会堂。它是供集会、体育、音乐、戏剧、电影、文艺演出、展览等活动用的多功能大厅。建筑平面呈八角形，东西长98m，南北长 109m，最大容量为 15400 人。其屋盖的主要承重结构是两榀东西向 93m 跨的双铰钢门架，门架矢高 7m，顶面标高 25m。门架上面支承 8 榀全长为 105m 的三跨连续桁架。屋面与外墙采用铝板与混凝土板。

321

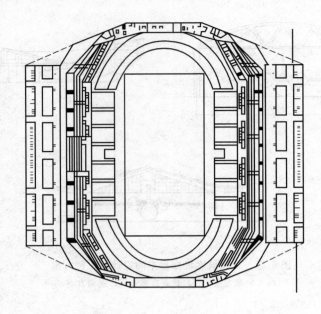

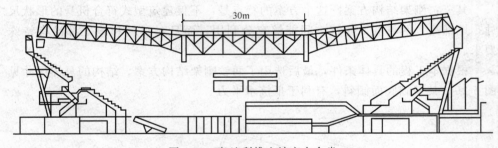

图 6-30 奥地利维也纳市大会堂

6.4 拱式结构

6.4.1 拱式结构的应用

在房屋建筑和桥梁工程中，拱是抗压材料理想的结构型式。由于拱结构受力性能较好，能够充分地利用材料强度，不仅可以用砖、石、混凝土、钢筋混凝土、木材和钢材等材料建造，而且能够获得较好的经济和建筑效果。

在我国，很早就成功地采用了拱式结构。公元 605～616 年（隋代），在河北赵县建造的单孔石拱桥——安济桥（又称赵州桥）。横越汶河，跨度 37.37m。在拱的两肩之上又设两个小拱，既能减轻自重，又利于泄洪（图 6-31a）。它距今近 1400 年，虽经多次地震，而巍峨挺立，是驰名中外的工程技术与建筑艺术完美结合的杰作。

其他如北京颐和园十七孔桥（图 6-31b）和玉带桥（图 6-31c），以及南京灵谷寺无量殿（图 6-32a）、延安窑洞（图 6-32b）等，均为拱式结构。

在古代的西方，建造了许多体型庞大、气魄雄伟的拱式建筑。在建筑规模、

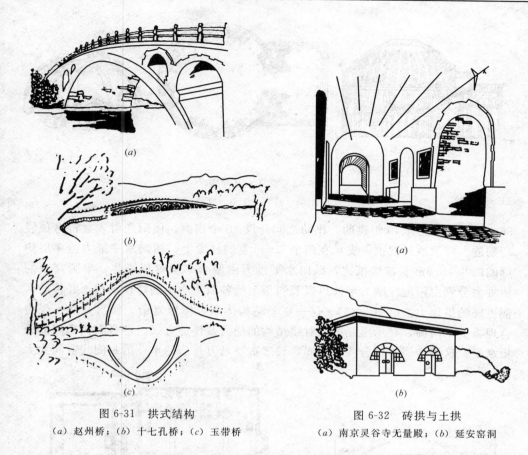

图 6-31 拱式结构
（a）赵州桥；（b）十七孔桥；（c）玉带桥

图 6-32 砖拱与土拱
（a）南京灵谷寺无量殿；（b）延安窑洞

空间组合、建筑技术与建筑艺术的结合等方面都取得了辉煌的成就，并对欧洲与世界建筑产生巨大的影响。

古罗马最著名的穹顶（半圆拱）结构，当推公元前 27～14 年建造，焚毁后又于公元 120～123 年重建的罗马万神庙（图 6-33）。其中央内殿为直径 43.5m（142 呎 6 吋）的半圆球形穹顶，穹顶净高距离地面也是 43.5m。它是古罗马穹顶技术的最高代表作，也是世界建筑史上最早、最大的大跨结构。该建筑采用空间环向拱结构，其主要特点有：①建筑材料采用火山灰、石灰粉拌合碎砖石或浮石，凝结成坚固不透水的混凝土。穹顶下采用含碎砖石的重骨料，顶部采用含浮石的轻骨料；②穹顶厚度自上而下逐渐增大，最厚处厚度为 1.2m；③穹顶底部做成深深的方形凹格，嵌入厚 6.2m 的混凝土墙内，以承担穹顶的水平推力；④在穹顶中央开设 8.9m 直径的圆窗采光。整个结构单一、纯练、封闭、统一，内部空间庄严肃穆、明朗和谐。它是现存最完整、最宏伟的古罗马古迹之一。

拜占庭建筑最光辉的代表，是公元 532～537 年建造的君士坦丁堡的圣索菲亚大教堂（图 6-34）。15 世纪后，土耳其人将其改为礼拜寺，并在其四角加建尖塔，1935 又改为博物馆。它的最大的成就是显示出一套完整卓越的结构体系。该建筑全部采用砖砌结构。中央大厅平面为 32.6m×68.6m，用一个正圆穹顶和两个半圆穹顶覆盖。其中，正圆穹顶为直径 32.6m 的圆穹顶，穹顶中央的标高

323

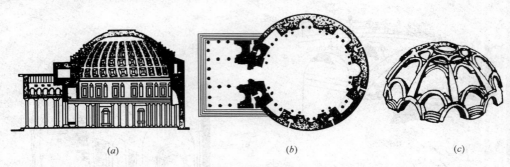

(a)　　　　　　　　　　(b)　　　　　　　　　(c)

图 6-33　罗马·万神庙

(a) 立面；(b) 平面；(c) 穹顶

56m。圆穹顶设有 40 根拱肋，拱肋之间开设 40 个窗洞，使阳光射入显得穹顶轻巧剔透。穹顶通过帆拱，支承在四个 7.6m 宽的柱墩上。横向水平推力由多层侧廊的四片 18.3m 长横墙抵抗，纵向水平推力由两个半圆穹顶抵住，半圆穹顶的侧推力分别由两端柱墩、半筒拱以及斜角上的各两个小半圆穹顶承担，并传给两侧更矮的拱顶上去（图 6-35）。这一整套结构体系，体形复杂、层次井然、受力合理、关系明确，显示出匠师们对拱结构的受力及传递方式已经具有相当高的分析水平。这种伸展、复合式的空间，较之古罗马万神庙的单一的封闭式空间大大

图 6-34　圣索菲亚教堂内景

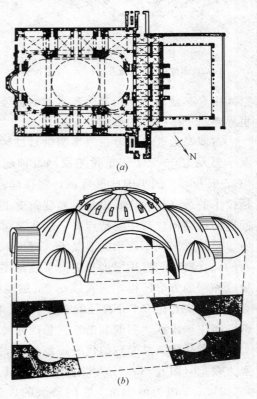

(a)

(b)

图 6-35　圣索菲亚教堂

(a) 平面图；(b) 透视图

跃进了一步。

如果说古罗马建筑大都沿用了古罗马人喜欢的半圆拱（包括筒拱、十字拱、肋形拱等），那么，哥特建筑的最大特点则是大多采用了尖肋和飞券的拱式结构。公元1130～1144年建造的圣德尼修道院教堂（图6-36）和公元1163～1235年兴建的巴黎圣母院（图6-37）等为哥特建筑的第一批作品。尽管肋形拱能使承重结构与围护结构分工，但仅适用于正方形和圆形平面，且半圆拱矢高只能为跨度之半，而尖肋拱的特点是：①平面适应性强，它几乎能适用任何平面形状，使建筑平面富有灵活性和多变性。②标高具有灵活性，尖拱的矢高可以不随跨度而变化，或者，同一矢高可以适应各种不同的跨度。③水平推力小，即尖肋拱的水平推力随矢高的增大而显著减小，相应地也减小了支承结构的负荷。

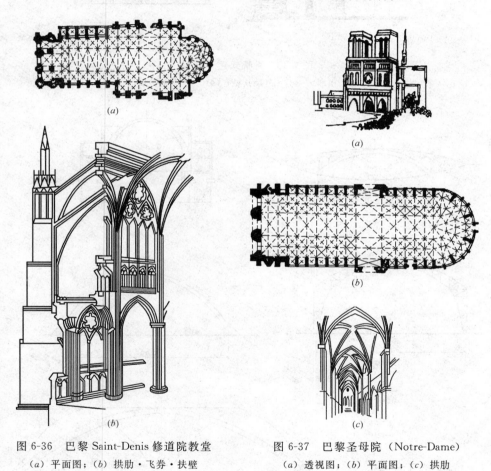

图6-36　巴黎 Saint-Denis 修道院教堂
（a）平面图；（b）拱肋·飞券·扶壁

图6-37　巴黎圣母院（Notre-Dame）
（a）透视图；（b）平面图；（c）拱肋

哥特式建筑，一般中厅尖拱的拱脚标高很高，主要靠凌空腾越的飞券，把推力从高处向下传递给标高较低的扶壁式墙墩（图6-38）。它的受力相当于拱柱框架结构，传力明确严谨，结构与艺术和谐统一，从而使哥特建筑，在古罗马建筑的基础上，又取得全然创新的卓越成就。

近、现代的拱式结构应用范围很广，而且型式多种多样（图6-39）。例如，**325**

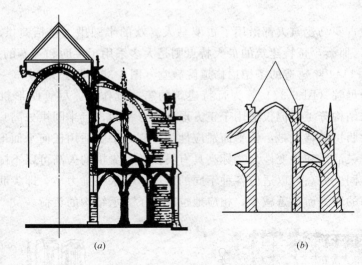

图 6-38 哥特式建筑结构

（a）拱肋·飞券·外墙扶壁；（b）力的传递路线

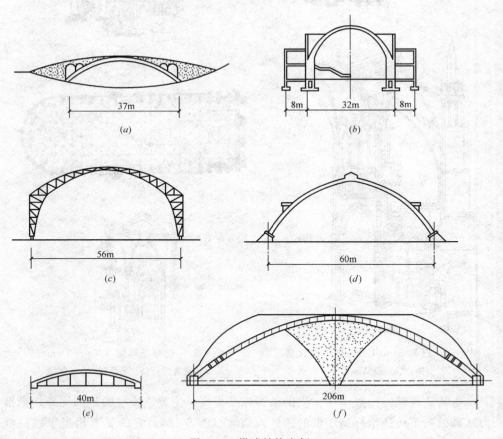

图 6-39 拱式结构实例

（a）河北省赵县石拱桥；（b）北京展览馆展览大厅；（c）北京体育馆比赛厅；（d）四川某散装化肥
仓库；（e）武汉体育馆；（f）法国巴黎国家工业与技术展览中心大厅

北京展览馆展览大厅（跨度32m）、北京比赛馆体育厅（跨度56m）、四川某散装化肥仓库（跨度60m）、武汉体育馆（拉杆拱屋架）以及世界闻名的法国巴黎国家工业与技术展览中心大厅（跨度206m，采用拱壳结构）等。拱式结构除主要用作屋盖以外，还可以用作楼盖、门窗过梁、承托墙以及水池与地下沟道顶盖等。

著名的澳大利亚悉尼歌剧院（图6-40），始建于1957年，原方案由丹麦建筑师爱德松（Utzou）设计。原设计剧场为双厅并列布置，有八只对称互靠的双曲壳体，另有餐厅两只双曲壳体。壳体向上悬臂斜挑，最高达67m，壳顶厚100mm，壳底厚500mm。

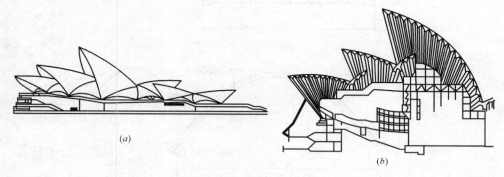

图6-40　澳大利亚悉尼歌剧院
(a) 透视图；(b) 剖面图（局部）

由于地处海峡，强大的风荷载作用于壳体开口所在的一面，产生巨大的倾覆力矩，并使壳体受拉。这显然是选错了结构型式，再加上壳形各异，既不利于现浇，也不利于预制，进而造成施工工艺的严重失误。所以于1963年不得不决定修改设计，改用预制的预应力混凝土落地三铰拱。其拱身为尺寸很大的箱形截面。施工时，在75m直径的圆球面上割划出大小不同的三角瓣，作为十个壳体的曲面，以统一其曲率半径，获得统一的拱肋曲线，便于预制。该工程前后施工长达17年之久，最后于1973年造成。造价5000万英镑，超出预算350万英镑的14倍以上。最后的结构方案也是为配合已定艺术造型而迫不得已才采用的办法。此例也说明，作为一个建筑师，只有了解力学与结构原理、建筑材料和施工技术，才能选择经济合理的结构型式，并以此为前提，来体现建筑艺术，方能创作出理想的建筑设计。

6.4.2　拱的类型与受力特点

拱的类型很多，按结构组成和支承方式，可分为：三铰拱、两铰拱和无铰拱三种，如图6-41所示。三铰拱为静定结构，两铰拱和无铰拱为超静定结构。拱结构的传力路线较短（图6-42），是较经济的结构型式。

拱与梁的主要区别为拱的主要内力是轴向压力，而弯矩和剪力很小或为零，但拱有支座水平反力，一般称为水平推力。

现以三铰拱为例，进一步说明拱的受力特点：

（1）拱脚处的支座反力

三铰拱和简支梁相比，在跨度与荷载相同的条件下（图6-43a、b），其支座

327

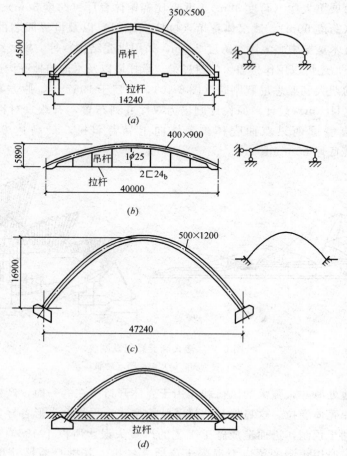

图 6-41 拱的不同类型

(a) 三铰拱；(b) 两铰拱；(c) 无铰拱；(d) 拉杆落地拱

反力见表 6-2。

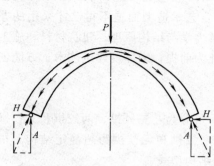

图 6-42 拱的传力路线

由此，可得出如下结论：

1）二铰拱的竖向反力 V 与简支梁相同。

2）三铰拱的水平推力 H，等于简支梁的跨中弯矩 M_C^0 除以矢高 f。

3）矢高 f 越大，水平推力 H 越小；矢高 f 越小，水平推力 H 越大。

（2）拱身任意截面上的内力

现取 AE 段为隔离体（图 6-43d），首先求出任意点 E 处拱的竖向截面上的内力 M_{Ev}、N_{Ev} 和 V_{Ev}：

由 $\sum M_E = 0$，得

$$M_{Ev} = V_A x - P(x-a) - Hy = M_E^0 - Hy \tag{6-3}$$

三铰拱和简支梁的支座反力　　　　　　　　表 6-2

支 座 反 力		三 铰 拱	简 支 梁
竖向反力	以整个拱或全梁为脱离体	由 $\sum M_A = 0$　　$V_B = \dfrac{Pa}{l}$	$V_B^0 = \dfrac{Pa}{l}$
		由 $\sum M_B = 0$　　$V_A = \dfrac{Pb}{l}$	$V_A^0 = \dfrac{Pb}{l}$
水平推力	以整个拱或全梁为脱离体	由 $\sum M_A = 0$　　$H_A = H_B = H$	$H^0 = 0$
	以 AC 段为脱离体	由 $\sum M_C = 0$　　$V_A \dfrac{l}{2} - P\left(\dfrac{l}{2} - a\right) = Hf$　即　$M^0 = Hf$　故　$H = \dfrac{M^0}{f}$	

注：表中 M^0 为简支梁跨中弯矩。

由 $\sum x = 0$，得

$$N_{Ev} = H \tag{6-4}$$

由 $\sum y = 0$，得

$$V_{Ev} = V_A - P = V_E^0 \tag{6-5}$$

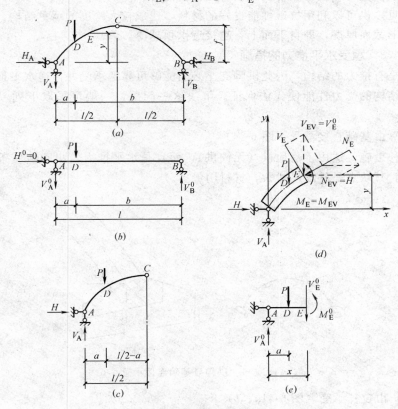

图 6-43　三铰拱的受力分析

再求在 E 点处，拱的横截面上的内力 M_E，N_E 和 V_E（亦即 M_{Ev}、N_{Ev}、V_{Ev} 在横截面上的投影）：

∵　$M_E = M_{Ev}$

329

$$\therefore \quad M_E = M_E^0 - Hy \tag{6-6}$$

$$\because \quad N_E = N_{Ev} \cdot \cos\phi + V_{Ev} \cdot \sin\phi$$

$$\therefore \quad N_E = H \cdot \cos\phi + V_E^0 \cdot \sin\phi \tag{6-7}$$

$$\because \quad V_E = V_{Ev} \cdot \cos\phi - N_{Ev} \cdot \sin\phi$$

$$\therefore \quad V_E = V_E^0 \cdot \cos\phi - H \cdot \sin\phi \tag{6-8}$$

以上三式中，M_E^0、V_E^0——简支梁在截面 E 处的弯矩和剪力；

ϕ——拱轴切线与水平投影面的夹角。

由此，可以得出如下结论：

1）拱内以承受轴向压力为主；

2）拱内的截面弯矩，小于相应简支梁的弯矩。当 H 不变时，y 越大弯矩越小，y 越小弯矩越大。这说明拱脚比拱顶弯矩大。如果通过改变矢高与 y 值（即改变拱轴曲线的形状），能使拱内截面弯矩为零，则拱内只承受轴向压力，此拱轴曲线，即所谓"合理拱轴"；

3）拱内的截面剪力，也小于相应简支梁的剪力。对于具有合理拱轴的拱式结构，假使设有腹杆，腹杆也不会产生任何内力。

可见，拱可以利用抗压性能良好的材料，建成较大跨度的承重结构。而且宜采用拱形截面厚度，即自下而上，越接近拱顶越薄。

6.4.3　承受水平推力的措施

拱是有推力的结构，因此拱脚支座必须能够可靠地承受并传递水平推力，否则拱式结构的受力性能便无法保证。解决这一问题，一般可采取下列一些结构措施：

（1）由基础直接承受（图 6-44）

这种措施，适用于落地拱（无铰拱），而且是水平推力较小和地质条件较好的情况。其缺点是基础尺寸大，材料用量多。

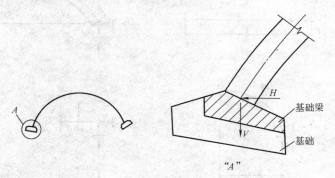

图 6-44　拱脚与基础连接示意

（2）由拉杆承受（图 6-41a、b）

在拱脚处设置水平拉杆，杆内拉力即等于拱的水平推力。这种措施构造简单，既可避免支承拱的墙、柱受力复杂化，又可减小基础尺寸和埋置深度，当地质条件较差时，更为经济。

（3）通过两侧刚性结构，传给拱端拉杆（图 6-45）

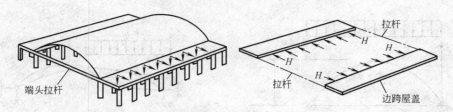

图 6-45 推力由端头拉杆承受

拱的水平推力，首先传给拱两侧的刚性水平结构，如水平梁、水平桁架，边跨刚性屋盖等。然后再传给拱两端的拉杆（拉杆相当于刚性水平结构支座）。这种措施，可以使拱的支柱不承担水平推力。同时，由于拱内无拉杆，可以获得较大的室内空间。

（4）由侧向框架承受（图 6-46）

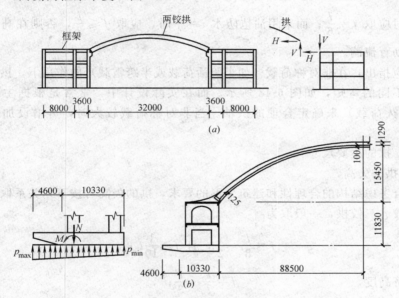

图 6-46 推力由边框架承受
（a）北京崇文门菜市场；（b）美国敦威尔综合大厅

6.4.4 拱轴型式与截面尺寸

（1）合理拱轴与拱的矢高

不同的结构类型与不同的荷载型式，合理拱轴的轴线也不相同。对于三铰拱，在均布荷载作用下的合理拱轴为二次抛物线（图 6-47）。即：

$$y=\frac{4f}{l^2}(l-x)x \tag{6-9}$$

矢高的大小，不仅直接影响到拱的支座反力和内力的大小，从方程（6-9）还可看出，矢高的大小，尚关系到拱轴的形状与坡度，进而直接影响到建筑物的造型、屋面做法与排水方式。

当 $f<\dfrac{l}{4}$ 时，合理拱轴曲线就很接近于等曲率的圆弧线。为便于施工，往往

331

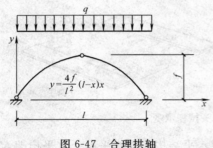

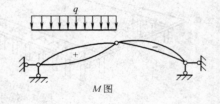

图 6-47　合理拱轴　　　　　　　　　　图 6-48　拱承受非对称荷载

设计成圆弧形（或改为折线形）。此时，在拱内已产生了少量的弯矩和剪力，故应适当加大截面尺寸。

对于三铰拱和两铰拱，当屋面采用自防水时，一般要求屋面坡度 $i=\frac{1}{3}$ 左右，此时应取 $f=\frac{l}{6}$；而采用油毡防水 $i=\frac{1}{4}$ 时，应取 $f\leqslant\frac{l}{3}$，否则在高温季节会引起沥青流淌。

还应指出，在非对称荷载（如半跨活荷载或半跨雪载）的作用下，拱内会产生正负不同的弯矩，如图 6-48 所示。而在实际设计中，常常是根据主要荷载（例如永久荷载）来确定合理的拱轴。当非对称荷载较大时，可增设加劲肋或吊杆。

（2）拱的主要尺寸

1）拱的矢高

综合考虑结构的合理性和建筑外形的要求，拱的矢高可按下列关系取用：

两铰、三铰拱，一般取为

$$f=\frac{l}{8}\sim\frac{l}{2}，且 f\geqslant\frac{1}{10}l；$$

经济高度
$$f=\frac{l}{7}\sim\frac{l}{3}；$$

有拉杆时可取
$$f=\frac{l}{7}；$$

无拉杆时可取
$$f=\frac{l}{5}\sim\frac{l}{2}；$$

落地拱，一般取为
$$f=\frac{l}{2}\sim2l。$$

2）拱身截面

拱身一般采用等截面，对于无铰拱，由于内力从拱顶向拱脚逐渐增加，因此一般做成变截面的型式。拱身的截面宽度 b 视其截面高度而定。为保证平面外的刚度与稳定，拱身应有足够的截面宽度，一般取 $b=\frac{h}{2}$ 左右；拱身截面高度 h，可按下列关系取用：

钢筋混凝土肋形拱
$$h=\frac{l}{40}\sim\frac{l}{30}；$$

钢结构实腹式拱肋　　　　　$h = \dfrac{l}{80} \sim \dfrac{l}{50}$；

钢结构格构式拱肋　　　　　$h = \dfrac{l}{60} \sim \dfrac{l}{30}$。

6.4.5　拱的型式

拱的型式有多种。钢筋混凝土结构有肋形拱、筒拱、凹波拱、凸波拱、折板拱以及箱形拱等（肋形拱为梁式拱，其余均为板式拱）。钢结构有实腹式拱等（均为梁式拱）。现简要介绍如下：

（1）肋形拱

现浇拱肋多为矩形截面，预制拱肋可做成工字形或空心截面（图6-49）。肋形拱的平面外刚度和稳定性，主要靠屋面构件（屋面板或檩条）作为纵向支撑来保证，也可与短筒壳现浇成整体来获取。

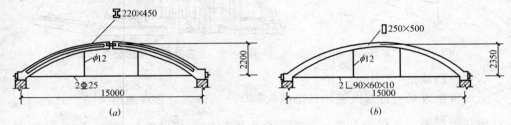

图 6-49　肋型拱

（a）工字形截面拱；（b）空心截面拱

（2）筒拱

筒拱是一种筒形曲板，纵向为直线形，横向为曲线形。在外荷载作用下，力沿横向曲线方向传给两端的支座，故筒拱为单向传递荷载，单向受力的平面结构。

意大利佩西亚（Pescia）的鲜花市场（图6-50）采用筒拱结构。筒拱用250mm厚的空心砖砌筑而成，径厚比 $\delta = \dfrac{1}{110}$（l 为拱跨）。筒拱的横向支承为顺筒拱斜面的斜拱，再通过斜拱将力传到独立的墩座上。在墩座处的筒拱上设有加劲肋。其结构造型简洁鲜明，受力明确，不仅避免了纵向侧边造型呆板，并获得室内外空间沟通的建筑效果，而且改善了室内自然通风与采光的条件。

（3）凹波拱

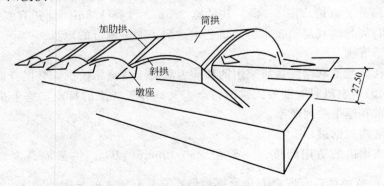

图 6-50　意大利佩西亚鲜花市场（单位：m）

333

凹波拱是一种双曲板，横截面呈凹波形，纵截面也是曲线形（图 6-51）。这种拱板施工的特点是采用柔模成型，即选取抗拉性能较好的柔性材料（如麻布、帆布等）做模板，绷在需要成型的拱架上，其松紧程度由设计的凹波矢高而定。然后浇筑一薄层混凝土，待混凝土达到强度要求后，可拉下柔模，拆除拱架，洗净后还可复用。如不揭掉柔模，在板底面涂抹或喷涂一层砂浆作为保护层，则柔模相当于拱板内的"配筋"。

1953 年，上海某职工宿舍区建造的公共活动室（图 6-52），即采用麻布作柔模，上抹 60mm 厚水泥砂浆，形成凹波截面拱，拱跨为 12m。

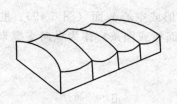

图 6-51　凹波拱

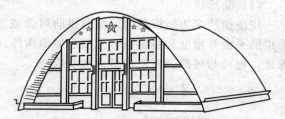

图 6-52　上海某职工宿舍公共活动室

（4）凸波拱

凸波拱也是一种双曲板，只是横截面呈凸波形，习称双曲拱（图 6-53a、b）。凸波砖拱屋盖，多用于礼堂、食堂、仓库等建筑。其一般矢高取 $f=\dfrac{l}{5}$，跨度 18m 的砖拱厚 60mm、24m 跨以内的砖拱厚 120mm。当跨度大于 24m 时，常采用钢筋混凝土拱（按构造配筋）。这种结构，省材料、自重轻、造价低。徐州体育馆即采用钢筋混凝土凸波拱（图 6-53c）。

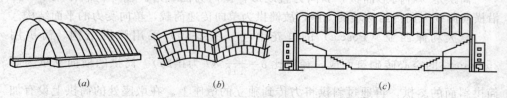

(a)　　　　　　　　(b)　　　　　　　　(c)

图 6-53　徐州体育馆

（5）双波拱

这种拱的横截面为有凸有凹的波浪形。最著名的双波拱实例，是奈尔维设计的意大利都灵展览馆（图 6-54）。其波宽 2.5m，波高 1.8m，且开有斜侧天窗，并用波形肋加劲。其建筑技术与建筑艺术达到了完美融合的地步。

（6）箱形拱

澳大利亚悉尼歌剧院最后采用的预应力混凝土落地三铰拱，其拱身即为箱形拱（图 6-40），它既具有肋梁式拱的特点，又具有板式拱的特点。整个拱结构由若干箱形拱券逐个并列成型。

（7）格构式钢拱

格构式钢拱的适用跨度，一般在 50～100mm 以上。拱截面高度常取 $h=\left(\dfrac{l}{60}\sim\dfrac{l}{30}\right)$，截面型式宜取为三角形或箱形，它具有较大的平面外刚度。

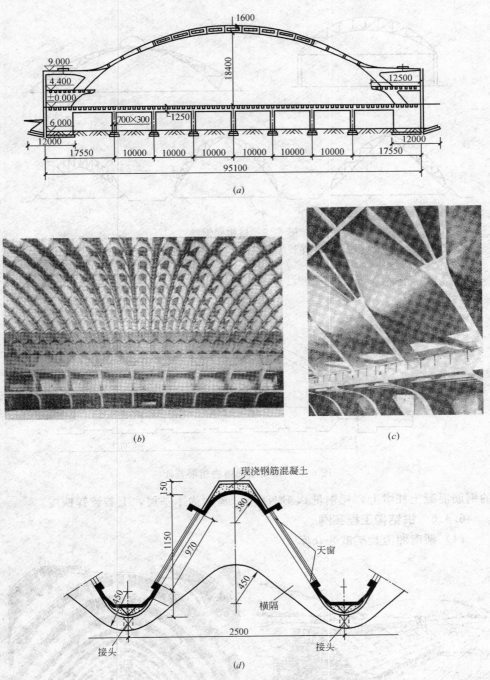

图 6-54 意大利都灵展览馆（单位：mm）

(*a*) 剖面图；(*b*) 室内透视；(*c*) 室内局部；(*d*) 屋顶局部构造

　　格构式钢拱的造型灵活多变，且可做成单铰拱、双铰拱和三铰拱（图 6-55），我国西安秦俑博物馆展览厅（图 6-56），即采用 67m 跨的格构式箱形截面钢三铰拱。拱轴为二次抛物线形，矢高为 $\dfrac{l}{5}$。拱脚支承于从基础向上斜挑 2.5m

335

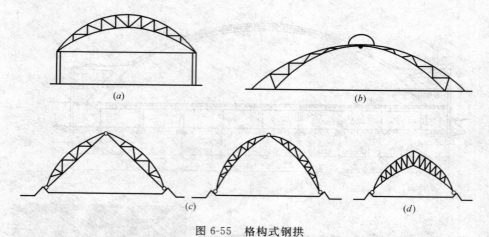

图 6-55 格构式钢拱

（a）双铰拱架；（b）单铰落地拱；（c）三铰落地拱；（d）双铰落地拱

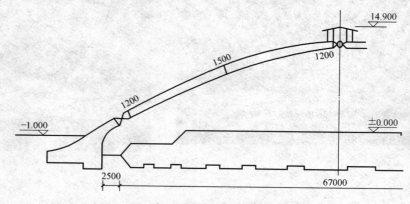

图 6-56 西安秦俑博物馆展览厅

的钢筋混凝土柱墩上，耗钢量 $0.4kN/m^2$。屋面为木基层，上盖镀锌铁皮。

6.4.6 拱结构工程实例

（1）湖南湘澧盐矿散装仓库

图 6-57 湖南湘澧盐矿散装盐库

（a）散盐仓库透视图；（b）散盐仓库室内图

该盐库采用落地拱结构，如图 6-57 所示。该结构由于选择了合适的矢高和外形，可以有效地利用建筑空间，做到了建筑使用与结构型式的协调统一。

拱身采用装配整体式钢筋混凝土结构，Ⅰ形截面，高 900mm，宽 400mm。每榀拱划分为两个对称的预制单元，并采用二次浇灌混凝土在拱顶连接。屋面采用预应力槽瓦和预应力钢筋混凝土檩条。为了适应双向弯曲，檩条采用方形空心截面。拱架的横向刚度较大，纵向刚度较差。因此，设置纵向支撑。为防止锈蚀，拱脚的铰点不用钢件，而是采用半圆柱形拱脚，埋入半圆形杯口内，两圆弧面之间用沥青麻丝嵌塞，再浇灌细石混凝土。基础拉杆采用 4 根圆钢（2⊕32＋

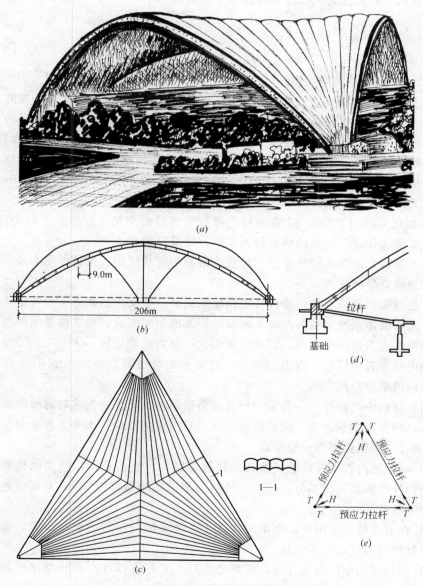

图 6-58　法国巴黎国家工业与技术展览中心大厅

337

2也28），并进行防锈处理。

（2）法国巴黎国家工业与技术展览中心大厅

该展览大厅如图 6-58 所示。大厅为平面三角形，边长 218m，高 43.6m。屋顶采用双层波形薄壁拱壳。拱壳壁厚 60mm，两层之间距离为 1.8m。拱脚附近因压力较大而加厚拱壁。拱身为钢筋混凝土装配整体式薄壁落地拱结构。三个拱脚的推力由三角形布置的预应力拉杆承受，拉杆设在地下。

大厅屋顶每平方米面积的混凝土折算厚度仅有 180mm，而跨度为 206m，厚度与跨度之比竟小于 1/1100。假定鸡蛋壳的厚度为 0.4mm，直径（跨度）为 40mm，则蛋壳的厚跨之比为 1/1000。由此可见，大厅的材料用量非常节省，设计是成功的，其跨度之大也是当今世界少有的。

6.5 网架结构

6.5.1 网架结构的类型

19 世纪末，俄国名誉院士苏霍夫于 1896 年在一次展览会的建筑工程陈列馆中，作为示范建筑，曾展出 13～22m 跨的拱式网架，系采用弯成曲折形的扁铁用铆钉连接而成。20 世纪初叶，德国天象仪概念的创始者饱尔斯费尔德教授，为德国耶拿的蔡斯（Zeiss）天文馆提出了一个用铁杆组成的半球形网壳结构方案，并用数学精确地计算出每根杆件的位置与长度。最后由富勒（B·Fuller）负责施工，并以最小的容许误差建成了球网壳结构的天文馆。

20 世纪 60 年代以来，随着钢材产量与来源日益充足，焊接技术日趋完善，电子技术突飞猛进，网架结构有很大发展，前景广阔。

网架结构是由许多杆件按照一定规律组成的网状结构。按其外形来分，有平板型网架和壳形网架两大类。

平板网架都是双层的，按杆件的构成型式又分为交叉桁架体系和角锥体系两种。交叉桁架体系网架由两向交叉或三向交叉的桁架组成，角锥体系网架由三角锥、四角锥或六角锥等组成。后者刚度更大，受力性能更好。

壳形网架有单层的，也有双层的；有单曲的，也有双曲的。图 6-59 介绍了几种类型网架的简图。

网架结构中的杆件，一般采用钢管或角钢制作。节点多为实心球节点、空心球节点、钢板焊接节点等。钢筋混凝土网架目前应用极少，本书未作介绍。

6.5.2 网架结构的一般特点

1）网架是由若干杆件组成的高次超静定结构。它具有各向受力的性能，其中的个别杆件破损（例如节点开裂、杆件压屈或出现塑性铰等），不致引起整个结构的突然破坏。

2）在节点荷载作用下，网架的杆件主要承受轴向拉力或轴向压力，能够充分发挥材料的强度，节省钢材。

3）网架结构中的各个杆件，既是受力杆，又是支撑杆，而且整体性强，稳定性好，空间刚度大，是一种良好的抗震结构型式。

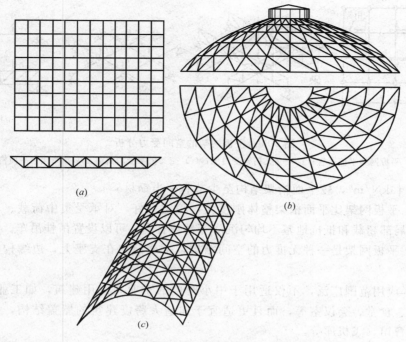

图 6-59　网架型式

（*a*）双层平板型网架；（*b*）单层壳型网架（双曲）；（*c*）单层壳型网架（单曲）

4）网架结构能够利用较小规格的杆件建造大跨度结构，而且具有杆件类型划一，适合于工厂化生产、地面拼装和整体吊装或提升。

5）网架结构对建筑平面的适应性强，造型表现力相当丰富，这给建筑设计带来极大的灵活性与通用性，还能适应发展需要，便于扩建。网架结构如在室内外露，其造型轻巧美观。由于大量杆系有规律地纵横交叉，会产生重叠透视效果。如果对结构空间与下弦辅以恰当的建筑处理和照明设施，将会产生非凡的效果。

6）网架结构制作要求准确、拼装要求严格，在设计中不仅要考虑整个网架的弯曲变形，而且还应考虑其温度变形。

6.5.3　平板网架

（1）平板网架的受力分析

平板网架的受力特点是空间工作。例如图 6-60 所示的双向正交桁架体系，可以将其空间网架简化为相应的交叉梁系，然后进行弯矩、剪力和挠度计算，进而求得桁架各个杆件的内力（主要为轴向拉力或压力）。

由图 6-60（*b*）可知，在两个方向桁架的交叉点处（图中的 1、2、3、4 点），节点荷载 P 由两个方向的桁架共同承担，每个桁架分担 $P/2$。这样，便将一个空间工作的网架，简化为静定的平面桁架，并可按平面桁架计算。

（2）平板网架的优点

1）平板网架为三维空间受力结构，结构自重轻，较平面桁架结构节约钢材。例如，上海体育馆，建筑平面为圆形，直径 110m，屋顶采用钢平板网架，用钢

339

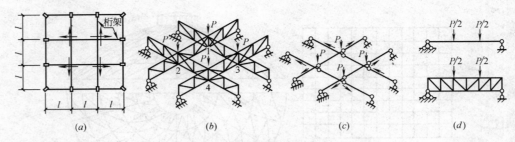

图 6-60　平板网架的空间受力分析

（a）平板网架平面布置；（b）交叉桁架受力图；（c）交叉桁架受力简图；（d）简化为平面桁架

量为 0.46kN/m^2，较平面桁架结构至少节省一半钢材。

2）平板网架比平面桁架整体刚度大，稳定性好，对承受集中荷载、非对称荷载、局部超载和抵抗地基不均匀沉降等都较有利，可以设置吊挂吊车。

3）平板网架是一种无推力的空间结构，一般简支在支座上，边缘构件比较简单。

4）应用范围广泛，不仅适用于中小跨度的工业与民用建筑，如工业厂房、俱乐部、食堂、会议室等，而且更适宜于建造大跨度建筑的屋盖结构，如展览馆、体育馆、飞机库等。

5）平板网架结构高度较小，能更有效地利用建筑空间，同时建筑造型也比较新颖、壮观、轻巧、大方。

（3）平板网架的结构型式

1）交叉桁架体系网架

交叉桁架体系网架结构是由许多平行弦桁架相互交叉联成一体的空间网状结构。各向桁架共同承受外荷载（包括竖向荷载和各向水平作用），相互支撑。因此，具有较大的承载能力和空间刚度。一般情况下，上弦杆受压，下弦杆受拉，长斜腹杆常设计成拉杆，竖腹杆和短斜腹杆常设计成压杆。其节点构造与平面桁架类似。

交叉桁架体系网架的主要型式有：

（A）两向正交正放网架（井字形网架）。

这种网架是由两个方向相互交叉成 90°角的桁架组成，且两个方向的桁架与其相应的建筑平面边线平行，如图 6-61；

这种网架的特点是：网架构造比较简单，适用于中等跨度（50m 左右）的正方形或接近正方形建筑平面。如果平面为长方形，短向桁架相当于主梁，长向桁架相当于次梁，网架的空间作用将大为减小。这种网架适合采用四点支承，而不适于周边支承。因为正放网架的"柱带桁架"起着主桁架作用，缩短了与其垂直的次桁架的荷载传递路线，如果，采用周边支承，不仅用钢量较多，而且不如正交斜放刚度大。这种网架从平面图形看，是几何可变的，为保证网架的几何不变性和有效地传递水平力，必须适当地设置水平支撑。当采用四点支承时，其周边一般均向外悬挑，悬挑长度以 1/4 柱距为宜。

340　（B）两向正交斜放网架

这种网架是由两个方向相互交角为 90°的桁架组成，而桁架与建筑平面边线的交角成 45°，如图 6-62。

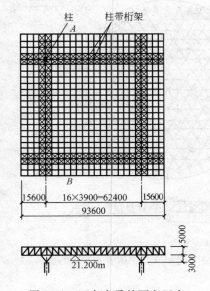

图 6-61 四点支承的两向正交
正放网架（单位：mm）
（巴基斯坦体育馆设计方案）

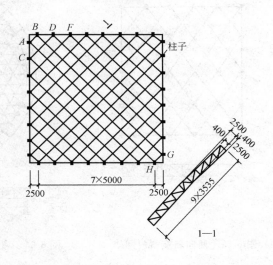

图 6-62 周边支承的两向正交
斜放网架（单位：mm）
（北京国际俱乐部网球馆）

这种网架的特点是：既适用于正方形，也适用于矩形建筑平面，建筑型式美观。当采用周边支承时，比正交正放网架空间刚度大，省钢材。四角短桁架对于对角线方向的长桁架起弹性支承作用，因而使后者跨中正弯矩减小，同时在角部产生负弯矩，特别是对四角支座产生较大的拉力（首都体育馆四角拉力达147t）。因此，要特别注意四角的锚拉，设计特殊的抗拉力支座。

（C）两向斜交斜放网架

这种网架是由两个方向相交成任意角度的桁架组成，而且与建筑平面边线也不平行，如图 6-63。

这种网架的特点是：能适应建筑立面的需要，相邻两个立面的柱距不一定相等。造型活泼，适用于不能正交正放的建筑平面。这种网架两个方向桁架的夹角不宜太小，一般为 30°～60°，否则构造上不合理。

（D）三向交叉网架

这种网架是由三个方向的平面桁架互为 60°夹角组成的空间网架。如图6-64。

这种网架的特点是：比两向网架空间刚度大。在非对称荷载作用下，杆件内力比较均匀，但杆件多，节点构造复杂，适于采用钢管杆件球节点。这种网架适用于大跨度建筑，特别适合于三角形、多边形和圆形平面建筑，如图 6-65 所示。

2）角锥体系网架

角锥体系网架是由三角锥、四角锥或六角锥单元（图 6-66）分别组成空间网架结构。它比交叉桁架体系网架刚度大，受力性能好。它还可以预先做成标准

341

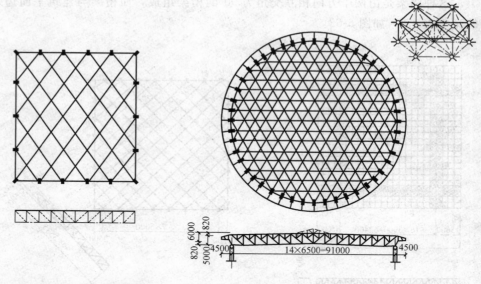

图 6-63　两向斜交斜放网架　　　　图 6-64　三向交叉网架（辽宁体育馆）（单位：mm）

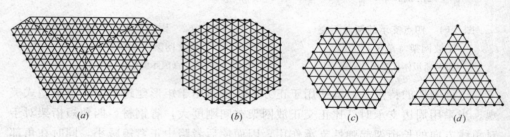

(a)　　　　　　(b)　　　　　　(c)　　　　　　(d)

图 6-65　三向交叉网架的平面型式

(a) 扇形平面（上海文化广场）；(b) 八角形平面（江苏体育馆）；(c) 六角形平面；(d) 三角形平面

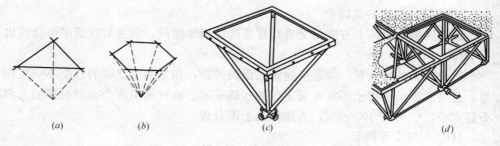

(a)　　　　　　(b)　　　　　　(c)　　　　　　(d)

图 6-66　角锥单元

(a) 三角锥单元；(b) 六角锥单元；(c) 四角锥单元；(d) 四角锥单元拼装

锥体单元。这样存放、运输、安装都较为方便。

（A）四角锥体网架

　　四角锥体网架的上弦和下弦平面，一般为方形网格，上下弦错开半格，用斜腹杆连接上下弦的网格交点，形成一个个相连的四角锥体，如图 6-67 所示。四角锥体网架的网格尺寸不宜太大，仅适用于中小跨度。

　　四角锥体网架一般有正放四角锥体网架和斜放四角锥体网架两种。它们的特

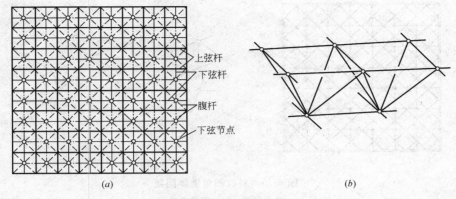

图 6-67 四角锥体网架

点是：

a) 正放四角锥体网架底边与建筑平面的周边平行。锥尖可以向下（图 6-67），锥尖也可以向上（图 6-68），也可以跳格布置四角锥（图 6-69）。这种网架杆件内力比较均匀，屋面板规格比较统一，上下弦杆等长，无竖杆，构造比较简单。适用于接近正方形平面的中、小跨度周边支承的建筑，也适用于大柱网、点支承、有悬挂吊车的工业厂房和屋面荷载较大的建筑。

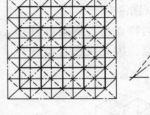
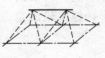

图 6-68 正放四角锥体网架（锥尖向下）

b) 斜放四角锥网架，一般上弦杆与建筑平面周边夹角为 45°，如图 6-70所示。这种网架受力更为合理，上弦杆短对受压有利，下弦杆虽长但为受拉杆件，这样可以充分发挥材料强度，而且型式新颖，经济指标较好，节点汇集的杆件数目少，构造简单。所以近年来应用较多。它适用于中小跨度和矩形平面的建筑。当为点支承时，要注意周边布置封闭的边桁架，以保证网架的稳定性。

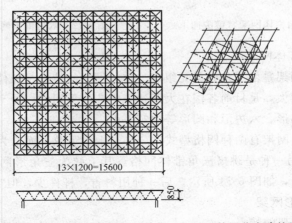

13×1200=15600

850

图 6-69 跳格布置四角锥体网架（单位：mm）（某展览会建筑展览室）

343

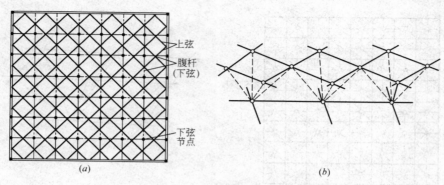

图 6-70 斜放四角锥体网架

（a）平面图；（b）四角锥单元

（B）六角锥体网架

这种网架由六角锥单元组成。当锥尖向下时，上弦为正六边形网格，下弦为正三角形网格（图 6-71）；相反，当锥尖向上时，上弦为正三角形网格，下弦为正六边形网格（图 6-72）。

这种网架的特点是：网架杆件多，节点构造复杂，屋面板为六角形或三角形，施工较困难。因此仅在有特殊要求时采用。

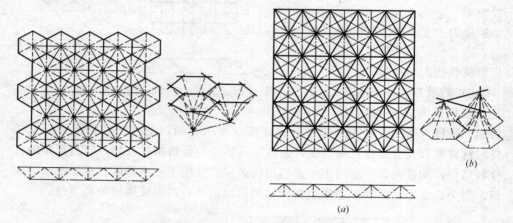

图 6-71 六角锥体网架（锥尖向下）　　图 6-72 六角锥体网架（锥尖向上）

（C）三角锥体网架

三角锥体网架是由三角锥单元组成。这种网架的特点是杆件受力均匀，比其他网架型式刚度大，是目前各国在大跨建筑中广泛采用的一种型式，它适合于矩形、三角形、梯形、六边形和圆形等建筑平面。

三角形锥体网架有两种网格型式。一种是上、下弦平面均为三角形网格，如图 6-73 所示；另一种是跳格三角锥体网架，其上弦为三角形网格，下弦为三角形和六角形网格，如图 6-74 所示。后一种用料省，杆件少，但空间刚度较小。

6.5.4 壳形网架

344

（1）壳形网架的特点

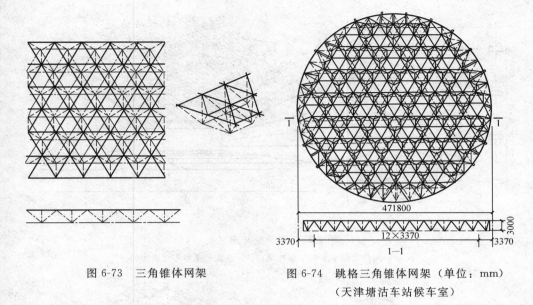

图 6-73　三角锥体网架　　　　图 6-74　跳格三角锥体网架（单位：mm）
（天津塘沽车站候车室）

　　壳形网架，又称曲面网架，习称网壳。单曲面者为筒网壳；双曲面者，目前只有一种球网壳。从受力角度看，如果说悬索结构是以受拉为主的壳形结构，那么，壳形网架可以说是以受压为主的壳形结构。所以它也是覆盖大面积的最佳结构型式之一。然而，由于壳形网架不仅增加了屋面面积，而且曲面网格单元的长度计算与杆件制造要求精度高，构造、安装与支承结构复杂，所以目前在国内很少采用。

　　（2）壳形网架的结构型式

　　1）筒网壳

　　筒网壳是由双向或三向交叉曲线杆系（或桁架）与端部的横向垂直网架组成的单层（或双层）筒形网壳。必要时在筒网壳纵向的中间部位可增设横向垂直网架。

　　双向交叉曲线杆系的夹角成 90°时，其网格成正方形或矩形；当夹角成 45°时，则网格成菱形。后者刚度较大。同济大学学生饭厅兼礼堂（图 6-75a）和奈尔维于 1940 年设计的意大利空军飞机库（图 6-75b 及 6-77）均采用这种网架型式。三向交叉杆系的第三向平分其夹角。

　　当筒网壳较短时，其受力特点类似于单向拱，各杆件以受压为主，且互相支撑防止压曲，故形成较大的空间刚度（图 6-76a）；壳形网架跨度较大时，便形成类似于长筒壳。它相当于由一榀平面桁架沿曲面拼接而成的筒网壳，每榀桁架相当于简支梁的工作状态，所以不如较短的网壳经济。如果将筒网壳的一部分作为悬挑部分（一般可悬挑纵跨的 $\frac{1}{3} \sim \frac{1}{2}$），则可获得较好的经济效果（图 6-76b）。

　　筒壳也属于有推力结构。一般可采用在壳底设置拉杆、在网壳的侧向设置边梁或边桁架或者沿斜推力方向设置墙柱等抗推力构件。

345

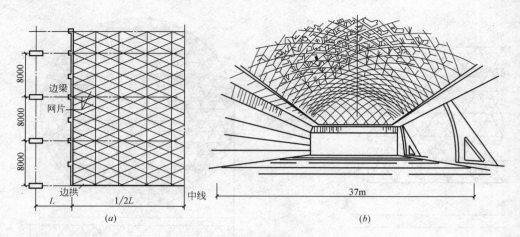

图 6-75　双向交叉筒网壳

（a）同济大学学生饭厅兼礼堂；（b）意大利某空军飞机库

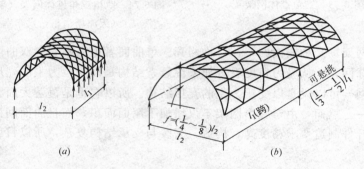

图 6-76　筒网壳

图 6-77　意大利某空军飞机库内景

建筑工程师：迪尔·路易吉·奈尔维

2）球网壳

球网壳是由环向和径向（或斜向）交叉曲线杆系（或桁架）组成的单层（或

双层）球形网壳，如图 6-59（b）所示。

球网壳的建筑平面为圆形或正多边形，但壳体并非半圆球不可。球网壳的底部必须设置环梁以承担球网壳传来的荷载。环梁为受弯构件。

长期以来，球网壳存在的突出问题是如何合理地划分网格，精确地计算杆长，以及如何解决构造、制作与安装。前者，借助于计算机已不成问题。后者，已开始采用圆弧形钢管杆件和充气球架设等解决方法。由于球网壳几何划分复杂，平面适应性差，所以仅用于巨大的中心型建筑，如天文馆、展览馆、体育馆等。目前，世界上跨度最大的美国底特律·韦恩体育馆（直径 266m，圆平面，5.1 万座位）和容纳观众最多的美国新奥尔良"超级穹顶"体育馆（直径207.3m，圆平面，7.2 万座位）都采用球网壳。

6.5.5 网架的主要尺寸

（1）网架的高度

1）平板网架的高度

平板网架，从总体上仍属于受弯构件，因而上弦与下弦之间必须保持一定的高度。网架的高度越大，杆件内力越小，空间刚度越大，但随之腹杆也相应加长，围护结构用料也相应增加。

网架的高度与桁架的高度相比，因前者处于空间受力状态，杆件内力较小（有资料表明网板对角线方向的最大正弯矩，仅相当于同跨单向桁架最大弯矩的40%左右），加上空间刚度较大，故较平面桁架的高度可适当减小。

平板网架的高度 h，一般可在下列范围内取用：

当短向跨度 $l_{sh} \leqslant 30\text{m}$ 时，$h = \dfrac{l_{sh}}{13} \sim \dfrac{l_{sh}}{10}$；

当 $l_{sh} \leqslant 30 \sim 60\text{m}$ 时，$h = \dfrac{l_{sh}}{15} \sim \dfrac{l_{sh}}{12}$；

当 $l_{sh} > 60\text{m}$ 时，$h = \dfrac{l_{sh}}{18} \sim \dfrac{l_{sh}}{14}$。

2）壳形网架的矢高

壳形网架的矢高 f 一般取：

筒网壳 $f = \dfrac{l_2}{8} \sim \dfrac{l_2}{4}$；

球网壳 $f = \dfrac{D}{7} \sim \dfrac{D}{2}$。

式中 l_2——筒网壳的横向跨度；

D——球网壳的外接圆直径。

为避免因空间过大而增加屋面造价与设备（采暖、空调、照明等）维持费，如非属必要，一般球形网架的矢高宜取 $f = \dfrac{D}{7} \sim \dfrac{D}{5}$。

（2）网架的起拱与找坡

由于网架结构一般采用油毡防水，屋面坡度比较平缓（$i = 2\% \sim 5\%$），常采用网架起拱来形成屋面坡度。其起拱高度不大于沿坡度方向跨度的 1/40。为避

347

免杆件复杂化，多采用上、下弦平行起拱的做法。当屋面需要更大的排水坡度时，则可采用在网架上弦节点处加焊短角钢或短钢管找坡的方法。此法，网架本身构造简单，施工方便，坡度也容易控制。

（3）网格尺寸

网格尺寸的大小，主要取决于上弦网格的尺寸。这主要是考虑防止因压杆过长而失稳，同时应与所采用的屋面材料相适应。网格不宜超过 3m×3m。一般可在下列范围内取值：

当　　　　$l_{sh} \leqslant 30m$ 时，网格长度 $l_{sq} = \dfrac{l_{sh}}{12} \sim \dfrac{l_{sh}}{8}$；

当　　　　$l_{sh} = 30 \sim 60m$ 时，$l_{sq} = \dfrac{l_{sh}}{14} \sim \dfrac{l_{sh}}{11}$；

当　　　　$l_{sh} > 60m$ 时，$l_{sq} = \dfrac{l_{sh}}{18} \sim \dfrac{l_{sh}}{13}$。

（4）腹杆的布置

腹杆的布置，应尽量使压杆短、拉杆长。对于交叉桁架体系网架，斜腹杆倾角一般在 40°～55°之间；对于角锥体系网架，斜腹杆倾角宜采用 60°，以便使杆件标准化。腹杆的布置，当跨度较小时，可采用单向斜杆式（豪式）；当跨度较大时，可采用再分式。

6.5.6　网架的杆件与节点

（1）杆件

网架杆件常用的有钢管和角钢两种。单层壳形网架杆件，内力变化幅度较小，故一般均采用同一种截面。平板网架不仅杆件众多，而且内力变化较大，拉压不一。为了做到既节省材料，减轻自重，又使构造简单，施工方便，杆件标准化、系列化，除改进桁架型式使其压杆短、拉杆长，或变化杆件的截面大小以外，宜优先选用圆钢管，最好是采用薄壁钢管。用钢管做的网架，要比用型钢（角钢、槽钢等）做的网架受力性能好，承载力高，刚度大，抗压屈、抗扭转、抗震性能好，而且省材料，自重轻，节点容易焊接，次应力小。钢管的厚度最薄为 1.5mm，根据现有资料分析，比角钢可省钢材 30%～40%。在网架型式比较简单，平面尺寸又比较小的情况下，可采用角钢，因角钢比钢管经济。钢材的种类一般采用 16锰或 Q235 号钢（3 号钢）。采用 16 锰比 Q235 钢可节省钢材 15%～20%。

（2）节点

网架节点汇集的杆件较多，一般约有 10 根左右，而且呈立体几何关系。节点构造应力求受力合理，构造简单，施工方便，节省材料。常用的节点连接方法有下列几种：

1）节点板焊接或螺栓连接（如图 6-78 所示）。

这种节点刚度大，整体性好，制造加工简单，但耗钢量较大。适用于两向正交网架。在高空安装时，适用于螺栓连接，连接质量容易保证。

2）焊接球节点（如图 6-79 所示）

当杆件采用钢管时，宜采用球节点。它的特点是各项杆件轴线容易汇交球心，次应力小，而且构造简单，用钢量少，节点体型小，型式轻巧美观。普通球

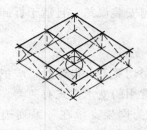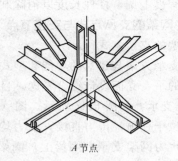

*A*节点

图 6-78 焊接节点

节点是用两块钢板模压成半球，然后焊接成整体。为加强球的刚度，球内可焊上一个加劲环。

3) 螺栓球节点（图 6-80）

这种节点是在实心钢球上钻出螺栓孔，再用螺栓去连接杆件。它不用焊接，避免了焊接变形，同时加快了安装速度，也有利于杆件的标准化，适用于工业化生产。但构造复杂，机械加工量大。目前，我国已由徐州市建筑机械厂正式生产螺栓球节点与钢管杆件。节点为带有九个螺栓孔的 45 号钢实心球，其中八个孔用于正放或斜放四角锥网架，另一个孔用于上弦的屋面支托，或下弦吊顶。杆件长 2～3m，以便于包装运输。杆件两端的高强度螺栓（40 铬钢）不仅能旋紧以固定杆件，

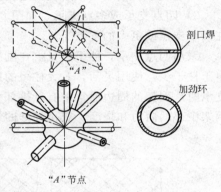

剖口焊

加劲环

"*A*"节点

图 6-79 焊接球节点

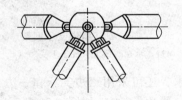

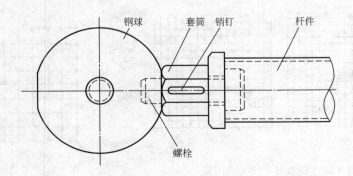

钢球　套筒　销钉　杆件

螺栓

图 6-80 螺栓球节点

349

且能在一定程度上调节杆件长度以消除制作与安装误差，且适于拆卸。

6.5.7 网架的支承方式与支座节点

（1）网架的支承方式

网架的支承方式与建筑的功能和型式有密切关系。设计时，应把结构的支承体系与建筑的平、立面设计综合考虑。目前常用的支承方式有两类。

1）周边支承，如图 6-81 所示。图（a）为网架支承在一系列边柱上。网架的支座节点位于柱顶，传力直接，受力均匀。适用于大跨度及中等跨度的网架。图（b）、（c）为网架支承在圈梁上，圈梁支承在若干个边柱上（或砖墙上）。这种支承方式，柱子间距比较灵活，网格的分割也不受柱距的限制，建筑的平面和立面处理灵活性较大，网架受力也较均匀，对于中、小跨度的网架较为合适。

周边支承的网架可以不设置边桁架，故网架的用钢指标较低。

2）四点支承或多点支承，如图 6-82 所示。这种支承方式是将整个网架支承在四个支点或更多的支点上。

采用四点支承，柱子数量少，刚度大，可以利用柱子采用顶升法安装网架。由于柱子少，使用灵活，对大柱距的厂房或大型仓库等建筑非常合适。采用四点支承时，网架的周边通常带有悬挑部分，其挑出长度以 1/4 柱距为宜，以此减小网架中部的内力和挠度，获得较好的经济效果。

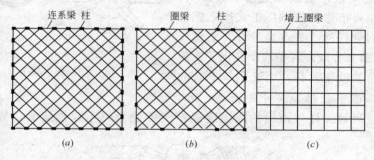

图 6-81 周边支承网架

（a）周边支承在柱上；（b）周边支承在圈梁上（柱子承受）；（c）周边支承在圈梁上（砖墙承受）

有时，由于使用要求，还可采用三边支承和一边自由的支承方式。这时网架的自由边必须设置边梁（或边桁架），如图 6-83 所示。这种支承方式适合于飞机

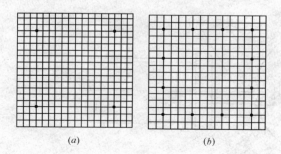

图 6-82 四点与多点支承网架

（a）四点支承；（b）多点支承

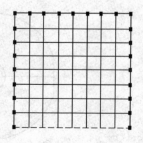

图 6-83 三边支承网架

库或飞机的修理及装配车间等。

（2）支座节点

网架的支座节点一般采用铰支座。铰支座的构造应符合其力学假定，即允许转动。否则网架的实际内力和变形就可能与计算值出入较大，容易造成事故。

根据网架跨度的大小、支座受力特点及温度应力等因素的不同，一般可做成不动铰支座或半滑动铰支座。有的网架（如两向正交斜放网架）角部对支座产生拉力，因此角部应设计成能够抵抗拉力的铰支座。

对于跨度较小的网架可采用平板支座，如图 6-84（a）。对于跨度较大的网架，由于挠度较大和温度应力的影响，宜采用可转动的弧形支座，即在支座板与柱顶板之间加一弧形钢板，如图 6-84（b）、（c）。以上两种，基本上属于不动铰支座。

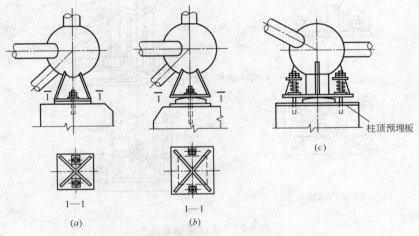

图 6-84　平板支座节点及弧形支座节点

当网架跨度大，或网架处于温差较大的地区，支座的转动和侧移都不能忽略时，为了满足既能转动又能有一定侧移的要求，支座可以做成半滑动铰式的摇摆

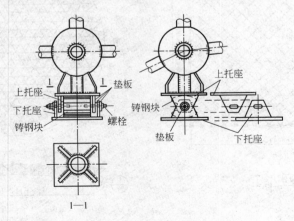

图 6-85　摇摆支座节点

351

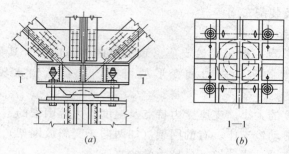

图 6-86　球铰支座节点

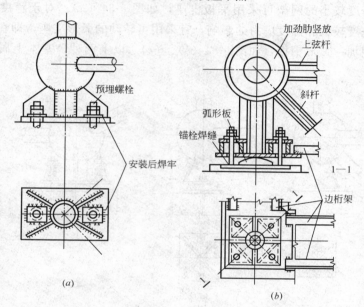

图 6-87　受拉支座节点

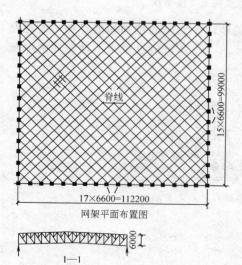

图 6-88　首都体育馆（两向平板网架）

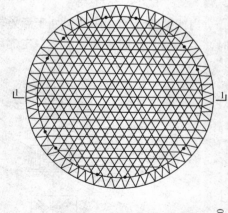

图 6-89　上海体育馆（三向平板网架）

支座，如图 6-85 即在支座的上下托座之间装一块两面为弧形的铸钢块。这种支座的缺点是只能在一个方向转动，且对抗震不利。而球形铰支座，既可以满足两个方向的转动，又有利于抗震，如图 6-86。抗拉支座构造，见图 6-87。

6.5.8 网架结构工程实例

（1）国内钢平板网架实例，见图 6-88～图 6-92。

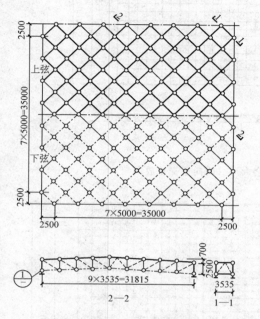

图 6-90　北京国际俱乐部

（两向正交斜放网架）

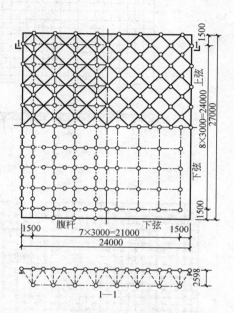

图 6-91　呼和浩特铁路局机关俱乐部

（斜放四角锥体网架）

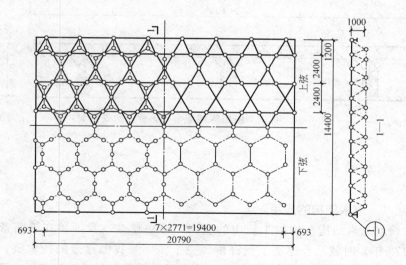

图 6-92　开滦林西矿班前会议室（跳格三角锥网架）

（2）国外钢平板网架实例，见图 6-93、图 6-94。

353

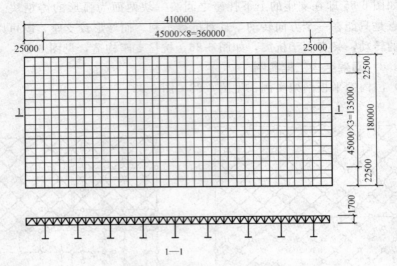

图 6-93　美国芝加哥国会大厅（两向正交正放网架）

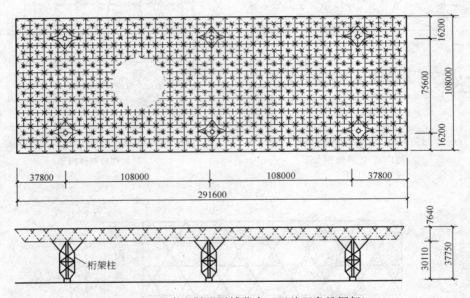

图 6-94　日本大阪国际博览会（正放四角锥网架）

6.6　悬索结构

6.6.1　悬索结构的应用

大跨度悬索结构在桥梁工程中的应用，历史悠久。我国早在汉明帝（公元465～472 年）时就已经建造了铁链桥。一千多年来我国建造的铁索桥，如云南元江铁索桥、澜沧江铁索桥、贵州盘江铁索桥以及著名的四川泸定桥（即大渡河铁索桥，建于公元 1696～1705 年清康熙年间，跨度 104m，宽 2.8m）等，至今仍在使用。我国人民在悬索桥的锚固构造与施工方面积累了丰富的经验，近代的

354

悬索吊桥，承重主缆索多设在桥的两侧，用以吊挂刚性桥面，尚可兼作栏杆。主缆索两端由百米高的竖塔支承，再固定于两岸的锚墩上。美国加利福尼亚州1937年建成的悬索吊桥——金门大桥，主跨1280m，桥面净高68m，可谓近代悬索吊桥的范例。

大跨度在悬索屋盖结构中的应用，始于19世纪末。近几十年来，由于生产和使用需要，房屋的跨度越来越大，采用一般的建筑材料和结构形式，即使可以达到要求，也是材料用量浩大，结构复杂，施工困难，造价很高。悬索屋盖结构就是为适应大跨度需要而发展起来的一种结构形式，随着各国不断的研究改进，使其应用领域更为广泛，建筑形式丰富多彩。

悬索结构一般由钢索、边缘构件及下部支承结构组成。其主要承重构件是受拉钢索。钢索是由直径为 2.5、3、4、5mm 的高强碳素钢丝（强度 1500～1800N/mm²），每七根（中心一根，周围六根）扭绞而成一根直径为 7.5、9、12、15mm 的钢绞线，或采用平行钢丝束。钢索性柔软，只能抗拉，不能抗压、抗弯和抗剪。

悬索结构按其表面形式不同，可分为单曲面悬索结构和双曲面悬索结构两大类（图 6-95）。

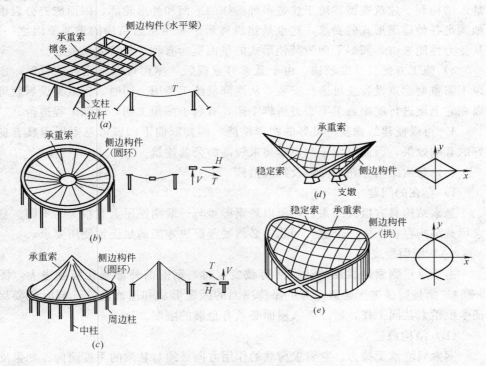

图 6-95 悬索屋盖的结构组成

(a) 单层单曲悬索；(b) 单层双曲悬索（圆形）；(c) 单层双曲悬索（伞形）；
(d) 单层双曲悬索（菱形平面）；(e) 双层双曲索网（交叉拱）

单曲面悬索结构有单层和双层的；双曲面悬索结构不仅有单层的和双层的，还包括一种交叉索网体系（一般为鞍形悬索）。

355

悬索屋盖结构主要用于跨度在 60～100m 左右的体育馆、展览馆、会议厅等大型公共建筑。近年来，也在工业厂房的屋盖中使用。目前，悬索屋盖结构的跨度已达 160m，英国巴特勒根据分析认为：跨度在 100～150m 范围内，悬索结构是非常经济的，并推断：直到 300m 或者更大的跨度，悬索结构仍然可以做到经济合理。

悬索屋盖结构的设计和施工，我国也积累了自己的经验。北京工人体育馆的悬索屋盖，建筑平面为圆形，直径 94m。浙江人民体育馆为鞍形悬索屋盖，建筑平面为椭圆形，长轴 80m，短轴 60m。

6.6.2 悬索结构的一般特点

（1）悬索结构的优点

悬索结构是大跨度建筑中较好的结构型式，而且跨度越大，经济效果越好。其优点如下：

1）受力合理，节省材料。它利用高强度钢索承受拉力，利用钢筋混凝土边缘构件受压或受弯，可以充分利用材料的力学性能，因而大大减少结构的材料用量并减轻屋盖自重，较一般钢结构节约钢材约 50%。

2）能跨越很大的跨度而不需中间支承，从而形成很大的建筑空间。同时，悬索结构利于建筑造型，适于建造多种多样的平面和外形轮廓，因而能充分自由地满足各种建筑形式的要求，这也是建筑师乐于采用悬索结构的重要原因之一。从受力性能来讲，圆形平面较其他形式的平面更为有利，经济效果最好。

3）施工方便且速度较快。由于悬索自重很轻，屋面可以采用轻质材料，所以不需重型起重设备便可进行安装，从而降低施工费用。同时，钢索架设后就可以在它上面进行屋面施工不必另搭脚手架，有利于缩短工期，降低工程造价。

4）可以使建筑物获得良好的物理性能。例如双曲下凹碟形悬索屋盖具有良好的音响效果，因而可用于对声学要求较高的公共建筑。

（2）悬索结构存在的问题及解决措施

1）存在的问题

悬索结构具有极大的柔性，所以悬索屋盖与一般刚性屋盖有很大的不同。悬索屋盖结构存在下列三个重大问题，必须妥善解决才能满足正常使用要求。

（A）屋面刚度

由于承重钢索是柔性的，当活荷载变化时，钢索的外形变化幅度很大（图6-96），而且振荡过于频繁，为了保持屋面的固定形状和屋面防水，同时还要保证多根柔索共同工作，所以要求屋面必须有足够的刚度。

（B）结构稳定

钢索只能承受拉力，它要求荷载的作用方向必须与悬索的垂度同向。如果反向受力（如风吸力或竖向地震作用），则钢索会因形状改变而丧失稳定，严重者可能局部被掀起，甚至全部揭顶。图 6-97 为某游泳池屋盖的风压分布图，风吸力主要分布在迎风面的屋盖部分，局部风力可能达到风压的 1.6～1.9 倍。

（C）共振

因为悬索结构在风荷载或地震作用下会产生振动，所以必须避免屋盖产生共

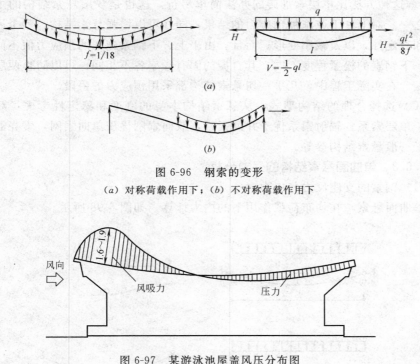

图 6-96　钢索的变形

(a) 对称荷载作用下；(b) 不对称荷载作用下

图 6-97　某游泳池屋盖风压分布图

振，防止因共振而使屋盖遭受破坏。

2）解决措施

一般情况下，对于屋面刚度和结构稳定性两个问题，常结合在一起考虑解决，其解决的办法如下：

（A）采用重屋面。即保证屋面构件具有一定的刚度和重量，并要求屋面板、檩条与悬索结构连接牢固，板与板之间相互挤紧。利用屋盖自重抗衡风吸力，并作为保证结构稳定的主要措施。一般要求屋盖自重与风吸力之比不小于 1.2～1.3，即屋盖自重大约在 $0.3\sim0.6\text{kN/m}^2$ 以上（除特别轻的屋盖以外，一般均能满足此项要求）。应该说，这种办法与大跨度结构宜采用轻屋盖相矛盾，并非上策。

（B）施加预应力。施加预应力的方法，一般包括对屋面板施加预应力和对钢索施加预应力两种。

对屋面板施加预应力，是在悬索上铺好屋面板以后，先用砖块作荷重对屋面板加载，使悬索受拉伸长，板缝加大，然后用混凝土浇灌板缝。待板缝混凝土达到足够强度后，再卸除砖块，使悬索缩短上升，从而达到对屋面施加预应力的目的，并使之成为一个下凹的反拱板。反拱板在风吸力的作用下，承受压力并传给两端支座。同时由于屋面板受到预压力，其刚度和抗震性能也大大增强，并能避免过大的变形。

对钢索施加预应力的方法，一般是对双层钢索的上下弦施加预应力，亦即在承受外荷载之前，先绷紧上下弦（例如将上、下内环撑开，并在上下弦之间增设

357

撑杆）。这种方法比单层索加砖的办法简单易行，这也是双层悬索结构的主要优越性之一。对上、下弦施加预应力的结果，同样可以增强悬索结构与整个屋盖的刚度和稳定性，以及减小变形。而且，由于上、下钢索施加的预应力值不同，使之上、下钢索的松紧程度不同，其自振的固有频率各不相同，可以防止两层钢索的共振。在实际工程中，几乎一切悬索结构都采用预应力的手段。

（C）选择合理的结构型式。从悬索结构本身的刚度和稳定性考虑：双层索系优于单层索系，辐射索系优于并列索系，双向索网优于单向索网，索壳混合结构优于一般悬索结构等等。

6.6.3　单曲面悬索结构的受力分析

（1）钢索的支座反力与内力

单曲面悬索，在均布荷载作用下的内力计算，如图 6-98 所示。

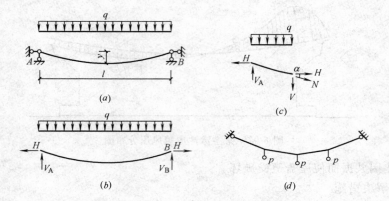

图 6-98　悬索的受力分析

（a）悬索计算简图；（b）悬索支座反力；（c）悬索脱离体图；（d）多点受力悬索

悬索的竖向支座反力可由整个悬索的力平衡条件求得。即：

$$V_A = V_B = \frac{1}{2} ql \qquad (6-10)$$

悬索的水平支座反力（水平拉力 H），可由半个悬索的力平衡条件求得。即：

$$H = \frac{M_0}{y} \qquad (6-11)$$

式中　M_0——跨度相同的简支梁跨中弯矩。

因此可见，悬索在均布荷载作用下的竖向反力与跨度相同的简支梁支座反力相等；水平拉力 H 等于跨度相同的简支梁跨中弯矩 M_0 除以悬索的下垂度 y，且 H 与 y 成反比。当荷载及跨度一定时（即 M_0 为定值时），垂度越小，水平拉力越大。因此，在设计中应选取合理的垂度，同时必须处理好水平拉力 H 的传递与支承结构。当悬索承受均布荷载时，其合理轴线为抛物线；当悬索承受集中荷载时，其合理轴线为折线。可见，悬索的合理轴线随荷载的作用方式而改变，并与其相应的简支梁弯矩图形相似。

悬索的内力——拉力 N，根据图 6-98，由 $\sum x = 0$ 可得出，$N \cdot \cos\alpha = H$，则：

$$N = \frac{H}{\cos\alpha} \tag{6-12}$$

式中，α 为悬索各点处的倾角，可由悬轴线的曲线方程求得。当水平反力 H 求出后，便可以求出悬索各截面的拉力 N。

（2）边缘构件的内力分析

索网锚固在边缘构件上，悬索的边缘构件是索网的支座。根据建筑平面和悬索屋盖类型的不同，边缘构件可以采用多跨连续梁、桁架、环架、拱等结构型式。

图 6-95（a）所示悬索的边缘构件，其计算简图为两跨连续梁。它在悬索拉力 N 的垂直分力与水平分力作用下，分别在垂直方向和水平方向受弯。

（3）下部支承结构的受力状态

边缘构件的下部支承结构，如果是竖柱和斜拉锚索（锚拉绳），则竖柱为受压构件，锚拉绳为受拉构件；如果是外倾斜柱（或其他斜撑杆件），也是受压构件。

6.6.4 悬索结构的结构类型

（1）单曲面悬索结构

1）单曲面单层拉索体系

这种体系由许多平行的单根拉索构成，其表面呈圆筒形凹面，见图 6-99。拉索两端的支点可以是等高的，也可以是不等高的，这种悬索结构可以做成单跨的，也可以做成多跨的。这种结构体系构造简单，但屋面稳定性差、抗风（向上吸力）能力小。为保持屋面稳定性，必须采用重屋盖（一般为装配式钢筋混凝土屋面板），或采用横向加劲肋。然而，即便如此，在不对称荷载作用下，结构仍然处于不稳定状态，还需采取将横向加劲肋向下拉紧的措施，才可以完全保证结构的稳定性（图 6-100）。

在大跨度结构中，为了限制屋面裂缝开展，并防止过大的变形，往往对屋面板施加预应力，使屋面最后形成整个壳体。

拉索中的拉力取决于跨中的垂度，垂度越小，拉力越大。垂度一般取跨度的 $\frac{1}{50} \sim \frac{1}{20}$。

2）单曲面双层拉索体系

这种体系由曲率相反的承重和稳定索构成，见图 6-101。承重索与稳定索之间用圆钢或钢索联系，其形状如同屋架的斜腹杆，因此也称之为拉索桁架。这种悬索结构的主要特点是可以通过斜系杆对上下索施加预应力，从而提高整个屋盖的刚度。同时可以采用轻屋面，减轻屋面重量，节约材料，降低造价，而且具有较好的抗风振和抗地震性能。

双层拉索体系，上索的垂度可取跨度的 $\frac{1}{20} \sim \frac{1}{17}$；下索的拱度可取跨度的

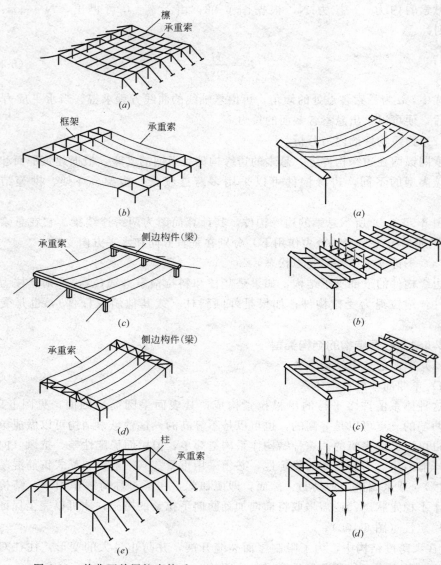

图 6-99　单曲面单层拉索体系　　　　图 6-100　单曲面悬索的稳定性

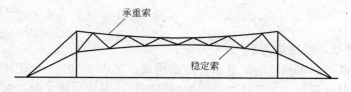

图 6-101　单曲面双层拉索体系

$\frac{1}{25} \sim \frac{1}{20}$。

　　单曲面单层或双层拉索体系适用于矩形建筑平面，一般为单跨建筑，也曾用过多跨建筑。

（2）双曲面悬索结构

1）双曲面单层拉索体系

这种体系常用于圆形建筑平面，拉索呈辐射状，使屋面形成一个斜曲面。拉索的一端固定在受压的外环梁上，另一端固定在中心的受拉的内环或立柱上。后者一般称为伞形悬索结构，见图 6-102。

拉索的垂度与平行的单层拉索体系相同。在均布荷载作用下，圆形平面的全部拉索内力相等，这种悬索体系必须采用钢筋混凝土重屋盖，并施加预应力，最后形成一个旋转面壳体。

2）双曲面双层拉索体系

这种双层体系，由承重索和稳定索构成，主要用于圆形平面。同样，在四周设外环，中心设内环。

屋面可为上凸、下凹或交叉形，作为边缘构件的内、外环可设一道或两道，见图 6-103。这种体系，由于有稳定索，因而层面刚度较大，抗风和抗震性能较好，可以采用轻屋面。故在圆形建筑平面中得到广泛的应用。

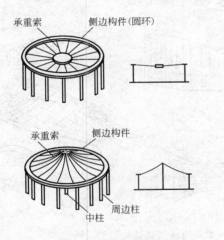

图 6-102　双曲面单层拉索体系

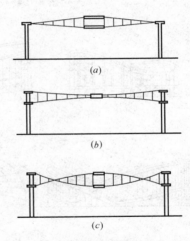

图 6-103　双曲面双层拉索体系

3）双曲面交叉索网体系

这种索网体系由两组曲率相反的拉索交叉而成。其中下凹的一组为承重索，上凸的一组为稳定索。通常对稳定索施加预应力，将承重索张紧，以增强屋面刚度。

交叉索网形成的曲面为双曲抛物面，一般称之为鞍形悬索。参见图 6-95（d）、（e）及图 6-104 双曲面交叉索网（鞍形索）。

鞍形悬索的边缘构件可以根据不同的平面形状和建筑造型的需要而定。其结构形式有双曲环梁、交叉梁（包括落地拱和不落地拱）或设置中间构件，见图6-105。

鞍形悬索屋面刚度大，可以采用轻屋面，屋面排水容易处理。它适用于各种形状的建筑平面，如圆形、椭圆形、菱形等，外形富于起伏变化，因而近年来在国外应用较为广泛。

361

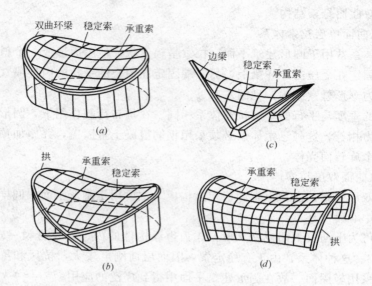

图 6-104 双曲面交叉索网（鞍形索）

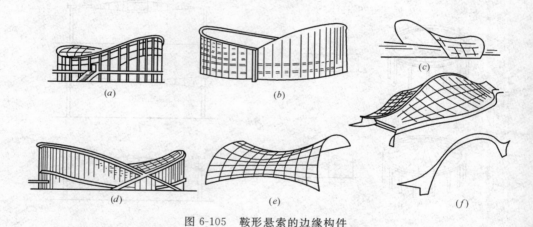

图 6-105 鞍形悬索的边缘构件

6.6.5 悬索结构的边缘构件与下部支承结构

如上所述，边缘构件与下部支承结构是悬索结构的重要组成部分，根据建筑平面和屋盖类型的不同，可以选用多种结构形式，而且在很大程度上决定着整个建筑的造型。

一般将承受索端拉力的水平结构称为边缘构件，而将承受索端拉力的垂直结构称为下部支承结构（又称竖向结构）。

显然，如果下部支承结构设置在索端拉力的切线方向，则此结构既是水平结构，又是竖向结构。总之，其目的是承受索端拉力。

悬索结构的边缘构件与下部支承结构，除采用一般的梁、桁架、拱、柱以及锚拉绳等以外，这里再介绍几个国外设计采用的支承结构形式。图 6-106 中的图（a）为德国乌柏特市游泳馆采用的梁式支承结构；图（b）为某音乐厅的桁架边缘构件；图（c）为德国多特蒙特展览大厅采用的三角板墙加斜拉索作为支承结

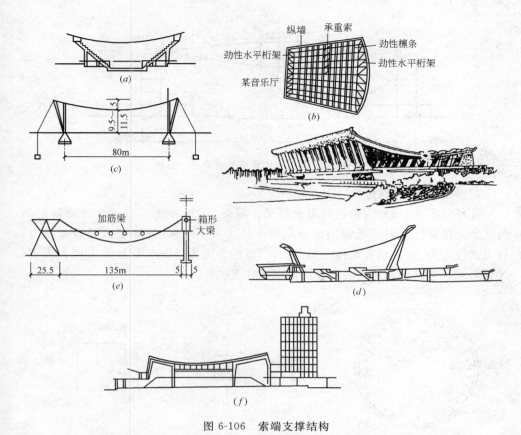

图 6-106　索端支撑结构

(a) 德国乌柏特市游泳馆；(b) 某音乐厅；(c) 德国多特蒙特展览大厅；(d) 美国华盛
顿杜勒斯机场候机楼；(e) 德国法兰克福机场飞机库；(f) 奥地利维也纳航空站

构，图 (d) 为美国华盛顿杜勒斯机场候机楼采用的不等高斜撑杆支承结构；图
(e) 为德国法兰克福机场飞机库采用的双跨连续悬索结构，其悬索中间支于箱形
大梁上，两端的支承结构为钢构架，钢构架的两脚支座相距 25.5m；图 (f) 为
奥地利维也纳航空站采用的门式刚架支承结构。

6.6.6　悬索结构的工程实例

(1) 北京工人体育馆屋盖——圆形悬索结构

北京工人体育馆（图 6-107），建筑平面为圆形，能容纳一万五千观众，比
赛大厅直径 94m。外围为 7.5m 宽的环形框架结构，共四层，为休息廊和附属用
房。大厅屋盖采用圆形双层悬索结构，由索网、外环（边缘构件）和内环三部分
组成。

1) 悬索

悬索采用钢绞线，沿径向呈辐射状布置。索网分上下索两层。上索直接承受
屋面荷载，并作为稳定索，它通过内环将荷载传给下索，并使上下索同时张紧，
以增强屋面刚度。下索为承重索，由它将整个屋盖悬挂起来。上、下索各为 144
根，期间居在内环处为 350mm，外环处为 2050mm。

363

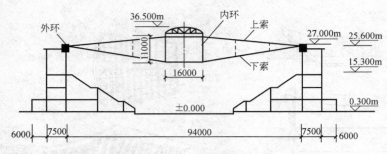

图 6-107　北京工人体育馆悬索的受力分析

2）外环（边缘构件）

外环（图 6-108）为钢筋混凝土环梁，截面为 $2m \times 2m$，支承在外廊框架的内柱上。框架柱为圆形截面的钢筋混凝土柱，共 48 根。外环梁承受悬索拉力：稳定索拉力为 N_2，承重索拉力为 N_1。二者的合力为径向水平力 N 和竖向力 P。N 使环梁产生环向轴心力，P 作用于框架柱上。

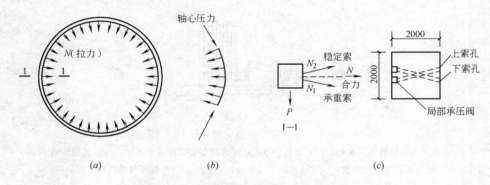

图 6-108　悬索屋盖的边缘构件——外环

（a）外环受力平面；（b）外环受力示意；（c）外环索孔

3）内环

内环（图 6-109）呈圆筒形，主要为连接悬索用。由上、下环以及 24 根工字形组合截面立柱组成。内环直径 16m，高 11m，主要承受环向拉力，因拉力较

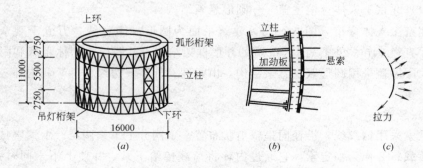

图 6-109　悬索屋盖的边缘构件——内环

（a）内环；（b）悬索与内环连接；（c）内环受力示意图

大，故采用环形钢板梁。

（2）浙江省人民体育馆屋盖——鞍形悬索结构

图 6-110 为浙江省人民体育馆的平面和剖面图，其屋盖为鞍形悬索结构。比赛大厅为椭圆形平面，长轴 80m，短轴 60m，可容纳观众 5420 人。屋盖结构布置如下：

1）索网为双曲交叉索网体系，呈马鞍形。长轴方向为下凹的承重索，中间一根索的垂度为 4.4m，高跨比为 $\frac{1}{18}$，索间距为 1m。短轴方向为上凸的稳定索，中间一根的拱度为 2.6m，高跨比为 $\frac{1}{21}$，索间距 1.5m。承重索与稳定索均施加预应力，相互张紧，构成双曲鞍形索网。因为是双层索，又施加了预应力，所以屋盖刚度大，稳定性好。又由于上下索的受力大小不同，截面也不同，所以不会发生共振现象。每根索由 6 股 7ϕ4～7ϕ12 的高强钢绞线组成。

2）边缘构件为钢筋混凝土空间曲线环梁，截面为 2000mm×800mm（宽×高）。环梁最高点与最低点的高差为 7m（4.4m＋2.6m）。悬索端部用 JM12-6 型锚具锚固在环梁内。

由于索网作用在环梁上的水平拉力很大，环梁本身又是椭圆形的，因此截面内产生很大的弯矩。为此，在每根稳定索的支座处增设水平拉杆，直接承受水平拉力，并在平面的对角方向增设了交叉索，以增强环梁在水平面内的刚度。同时将环梁固定在下面 44 根不同高度的柱子上，以加强整体作用，减小曲线环梁的弯矩，阻止环梁在平面内的变形。这些措施在结构上取得了良好的效果。

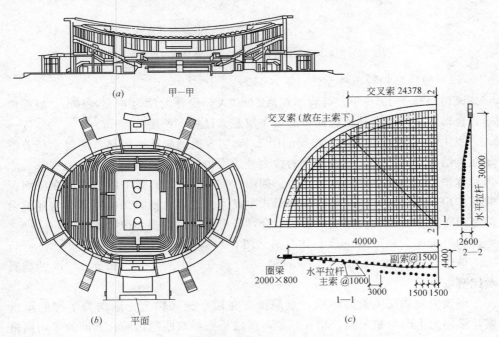

图 6-110　浙江省人民体育馆

（a）剖面图；（b）平面图；（c）索网布置图

图 6-111 为该体育馆的屋面及吊顶做法。当采用钢筋混凝土屋面板时，屋面板与钢索的连接构造见图 6-111（a）、（b）。承重索与稳定索的交叉点处应该夹紧，常用构造做法如图 6-111（c）、（d）。

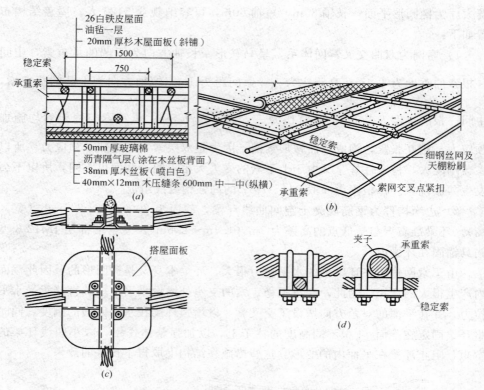

图 6-111　屋面及吊顶做法

（a）、（b）屋面板与索网连接；（c）、（d）承重索与稳定索连接

（3）德国乌柏特市游泳馆（图 6-112）

该馆兴建于 1956 年，可容纳观众 2000 人，比赛大厅为 65m×40m。根据两端看台形式，屋盖设计成纵向单曲面单层悬索结构，跨度为 65m。

大厅看台建在斜梁上，斜梁间距 3.8m，直通到游泳池底部，同时承托着游泳池。结构对称布置，屋盖索网的拉力经边梁传给斜梁，再传到游泳池底部，取得对称平衡。因此地基只承受压力，如图 6-112 所示。斜梁下的立柱，在屋面荷载的作用下是拉杆。该建筑的结构形式不仅受力合理，而且结构的形体与建筑内部平面布置和建筑的使用空间密切配合，外形也比较美观，值得称颂。

（4）美国瑞利（Raleigh）体育场（图 6-113，图 6-114）

该馆建于 1952～1953 年，可容纳 5500 观众。中间为 67.4m×38.7m 的椭圆形比赛场。

屋盖为双曲交叉索网体系，索网锚固在两个交叉拱上。纵向为下凹的承重索，横向为上凸的稳定索，相互张紧，形成马鞍形双曲抛物面，索网的平均网格宽度为 1.83m。

两个斜放相对的钢筋混凝土拱为槽形截面，截面尺寸为 4.2m×0.75m，截

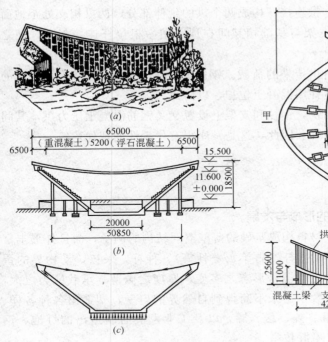

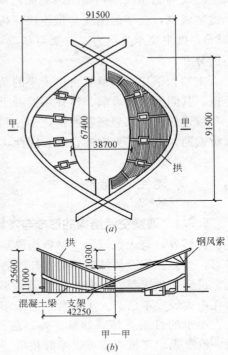

图 6-112 德国乌柏特市游泳馆

(a) 立面图；(b) 剖面图；(c) 受力示意

图 6-113 美国瑞利体育场

(a) 平面；(b) 立面及纵剖面

图 6-114 ［美］北卡罗来那（North Caroina）瑞利（Raleigh）体育场

建筑师：马修·诺维基（Matthew Novicki）

367

面中心线为抛物线形,拱顶距地面高度为 25.6m。两个倒置的 V 形支架支承两个抛物线拱,支架的两腿与拱连接,构成两个拱的延伸部分,两拱相交处距地面 7.5m。拱主要承受压力,支架与基础相互间在地下用一根拉杆连接起来,使之不能分开。

支架和钢柱共同承受由拱传来的荷载。钢柱间距为 2.4m,同时兼做门窗的竖框,其间为保温玻璃。钢柱用混凝土包护,以防火灾。

该建筑设计思想新颖明快,钢柱和支架上设置交叉钢筋混凝土压力拱,其间张拉索网,结构受力明确合理。因此,这是一座很有代表性的现代建筑。

6.7 薄壁空间结构

6.7.1 薄壁空间结构的形成与发展

自然界,有无数以最少材料构成坚硬的薄壁空间结构的例子,而且外形丰富多彩,变化多端。如植物界的茎杆(竹竿、麦秆等)、种籽、果核,动物界的蛋壳、贝壳、龟壳等。其曲线之优美,形态之多变,厚度之微薄,承载能力之大,实在令人惊叹不已。人类在数千年来不断得到自然界的启发,塑造出各种各样、大大小小的日用壳体。如锅、碗、坛、罐,以及工业发展后制造出的灯泡、钢盔、汽车壳、飞机壳等等,不胜枚举。

早期建筑采用壳体的例子,应推仿效洞穴建造的砖石圆顶,只是圆顶厚度竟达 1～3m。由于不理解半球壳的受力状态,建成后的圆顶大部分开裂,以致损毁。

19 世纪初叶,法国学者 G·Lame 和 E·Clapeyron 于 1826～1831 年间,首创壳体结构的薄壳理论及周边支承筒壳的近似分析法,以及后来 A·E·H·Lave1892 年提出的考虑径向剪力与力矩的理论,为以后壳体结构的发展打下了理论基础,然而他们当时并未应用于实际。直到二十世纪初,钢筋混凝土结构发展以后,壳体结构才开始在实际工程中应用。

1910 年,法国首先采用了具有密排拱的短壳。1913 年波兰在布雷斯劳城建造了直径 65m 的钢筋混凝土圆顶百年大厅。随后在德国、俄国也相继建成一些形式不同的壳体屋顶。

20 世纪初壳体发展较慢的主要原因是计算复杂。1932 年德国 V·Finstrmalder 发表了对称长筒壳采用梁理论的选似分析法。此后,1935 年 F·Dischinger 建立了较精确的计算理论。1936 年俄国 B·Z·Власоб 发表了著名的壳体建筑力学,并与另两位学者一起根据试验研究编制成数十篇图表,给设计、计算工作提供了极大的方便。

第二次世界大战期间及战后,因钢材短缺与弹性力学理论的不断完善,钢筋混凝土壳体迅速发展,并开始采用装配式壳体和预应力壳体结构。由于壳体结构覆盖面积大,室内空间开阔宽敞,能够适应各种功能要求,所以在市场、食堂、会堂、剧院、体育馆、厂房、飞机库等建筑中应用较广。

368 解放前,壳体结构在我国应用极少。解放后于 1950 年太原某厂首先建造了筒壳屋盖。1954 年和 1955 年先后建成了北京展览馆和上海展览馆，其工业大厅采用单波多跨短筒壳。1960 年新疆某机械厂金工车间采用了椭圆旋转球壳。1958 年兴建的北京火车站和 1961 年兴建的北京网球馆均采用了双曲扁壳。然而，由于薄壁空间结构计算与制作复杂，模板用料多，故其应用受到一些限制。

6.7.2 薄壳空间的结构曲面形式及其在工程中的应用

薄壁空间结构按其形成的几何特征，可以分为下列几种基本曲面形式：

（1）旋转曲面

旋转曲面是由一条平面曲线作为母线，绕其平面内的竖轴旋转而形成的曲面。在薄壁空间结构中，常用的旋转曲面有球形曲面、旋转抛物面、椭球和旋转双曲面等，见图 6-115。

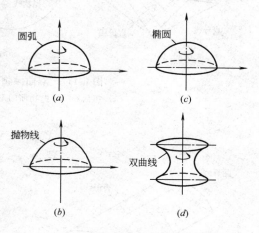

图 6-115　旋转曲面
(a) 球形曲面；(b) 旋转抛物面；
(c) 椭球面；(d) 旋转双曲面

（2）平移曲面

平移曲面是由一条竖向平面内的曲线，沿另一条竖向平面内的曲导线平行移动而形成的曲面（图 6-116）。在工程中常见的椭圆抛物面双曲扁壳，就是平移曲面。它是由一条竖向抛物线作母线，沿另一条凸向相同的抛物线作导线平移而成的曲面。由于这种曲面与水平面的交线为椭圆曲线，所以称为椭圆抛物面。

图 6-116　平移曲面

（3）直纹曲面

直纹曲面是由一段直线的两端，各沿二条固定的直线或曲线移动而成的曲面。它的重要特点是可以用直模板，制成曲面的形状。常用的直纹曲面有如下几种：

1）双曲抛物面（扭面）这种曲面可以用下面的几种方法形成：第一种方法是用十根直母线搭在两根相互倾斜且不相交的直导线上平行移动而成（图 6-117a）；第二种方法是用一根竖向抛物线沿一凸向相反的抛物线移动而成（如图 6-117b）；第三种方法是将两条平行的抛物线划分成若干等份，然后用若干直线逐一连接不同分点而成（图 6-117c）。

2）柱面与柱状面。柱面是由一条直母线，沿一条竖向曲导线移动而形成的曲面（图 6-118a）。工程中的筒壳就是柱面组成的。柱状面是由一条直母线，沿两条曲率不同的竖向曲导线，始终平行于一个导平面移动，而形成的曲面（图 6-118b）。工程中的柱状面壳就是柱状面组成的。

3）锥面与锥状面。锥面是一条直母线，通过一定点，沿一条竖向曲导线移动而形成的曲面（图 6-119a）。工程中的锥面壳就是锥面组成的。锥状面是由

369

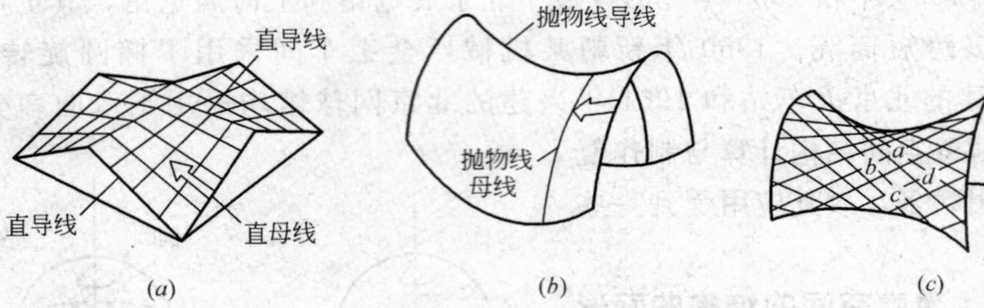

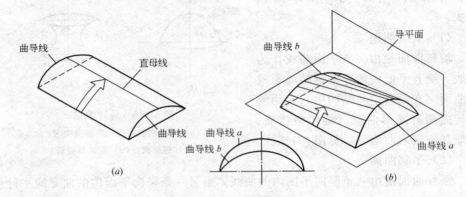

图 6-117 双曲抛物面（直纹曲面）

（a）扭面；（b）抛物面的形成；（c）双曲抛物面

图 6-118 柱面与柱状面（直纹曲面）

（a）柱面；（b）柱状面

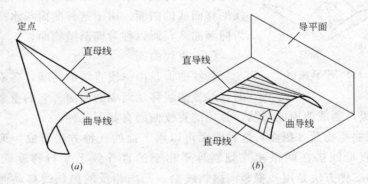

图 6-119 锥面与锥状面（直纹曲面）

（a）锥面；（b）锥状面

一条直母线沿一根直导线和一根竖向曲导线，始终平行于一个导面移动，而形成的曲面（图 6-119b）。工程中的锥状面壳（劈锥壳）就是锥状面组成的。

上述基本曲面形式在薄壁空间结构中的应用，可参见图 6-120。

6.7.3 薄壁空间结构的一般特点

第一，薄壁空间结构是双向受力的空间结构体系，这是与拱壳（单向受力）和双向板（平面结构）的本质区别。薄壁空间结构在竖向均布荷载作用下，在壳

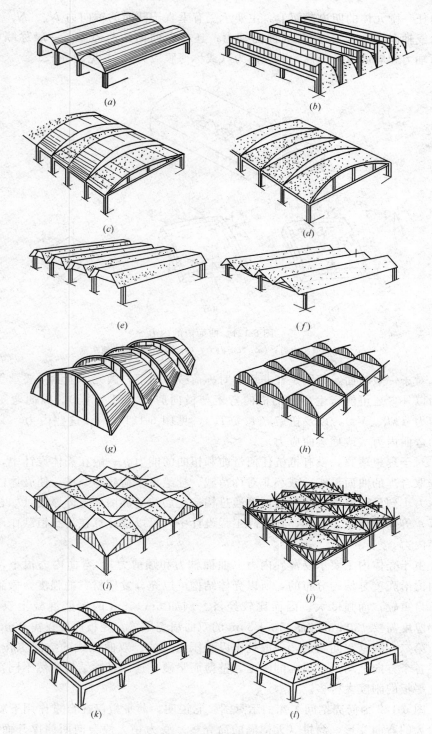

图 6-120　薄壳屋盖

（a）长筒壳（柱面）；（b）锯齿形壳（柱面）；（c）高低跨短壳（柱面）；（d）锯齿形壳（柱状面）；
（e）折板结构（带平板）；（f）折板结构（无平板）；（g）锥形壳（锥面）；（h）劈锥壳（锥状面）；
（i）扭壳（双曲抛物面）；（j）扭壳（双曲抛物面）；（k）椭圆扁壳（椭圆抛物面）；（l）幕结构

371

体内任一微元体的四边截面上，主要承受有垂直于截面的轴向力 N_x、N_y（轴向压力或轴向拉力），一般称为曲面轴力；还有顺曲面的剪力 V，一般称顺剪力。曲面轴力和顺剪力，统称为薄膜内力（或称薄膜应力），参见图 6-121。

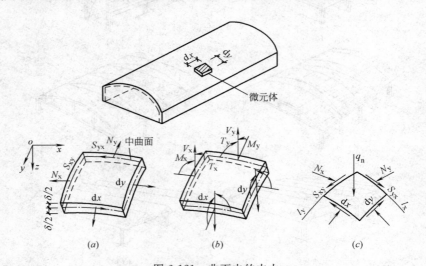

图 6-121　曲面内的内力
(a) 薄膜内力；(b) 弯矩内力；(c) 微元体法向平衡示意

对于一般曲面，特别是在非均匀对称荷载作用下，微元体上除主要承受薄膜应力以外，还可能产生少量的横向弯矩与横向剪力（M_x、V_x）、纵向弯矩与纵向剪力（M_y、V_y）、以及扭矩（T_x、T_y），见图 6-121 (c)。这些内力，又统称之为弯曲内力（或称弯曲应力）。

对于理想薄膜，没有抵抗任何弯曲和扭曲的能力。一般在壳体设计中，通常用选取合理的曲面形式、减小非对称荷载、杜绝集中荷载等办法，使壳体内的弯曲内力小到足可以忽略的程度，再通过构造配筋与局部增加壳体厚度（如在支座附近）等保证措施。这样，在实际工程设计中，可以仅计算在均布恒载作用下的薄膜内力。

由于壳体内主要承受薄膜内力（曲面轴力和顺剪力），弯曲内力很小，且薄膜内力沿壳壁是均匀分布的，所以壳体结构可以充分发挥材料的强度，做到壳体薄、自重轻，而强度大，因而比较经济。例如 6m×6m 的钢筋混凝土双向板，最小厚度需要 130mm，而 35m×35m 的双曲扁壳屋盖，壳板厚度仅需 80mm。

第二，薄壁空间结构，一般处于以受压为主的、双曲板式的空间工作状态，它在各个方向上均具有很大的刚度，壁薄而坚硬，这与悬索结构迥然不同，而且要比平板的刚度大得多。

图 6-122 为筒壳空间工作的示意图。它说明，薄平板仅在自重作用下就会发生很大的弯曲变形，筒拱（无横隔的筒壳板）受力稍大便会向两侧撑开而扒下，而筒壳（有横隔的筒壳板）则具有相当大的承载能力和刚度。

此外，薄壁结构属于梁板合一的结构体系。它不需要另设支撑系统，而是靠壳体本身及其边缘构件形成空间刚度和整体稳定性；而梁、桁架、刚架、拱、悬

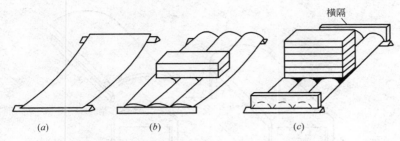

图 6-122　平板、筒拱与筒壳受力示意图
(*a*) 薄平板；(*b*) 筒拱（无横隔）；(*c*) 筒壳（有横隔）

索结构等则不同，它们还需要与屋面板、檩条、支撑系统以及稳定系统等相匹配，才能形成一个完整的屋盖结构体系。

第三，薄壁空间结构对各种建筑的适应性最强。它不仅有筒壳、圆顶、双曲扁壳、双曲抛物面壳、折板以及幕结构等多种不同的结构形式，而且还可以通过对不同曲面的切割与组合，构成任意平面形状和实现各种奇特新颖的建筑造型。

第四，薄壁空间结构，因为体型复杂，一般多采用现浇钢筋混凝土结构，所以费模板，费工时，致使施工与技术对造价的影响往往超过材料本身的用量（参见表 6-3）。在设计方面，由于计算过于复杂，也是使它的应用受到限制的原因之一。

薄壳结构的材料与施工所占费用的百分比　　　　表 6-3

材　料	壳　体　形　式	
	圆球壳	圆柱形短壳（刚性边缘）
	直径 100m	波长 100m
钢　　筋	31%	12%
混　凝　土	12%	15%
模　　板	37%	36%
脚　手　架	20%	37%

其改进方法，有如下几条途径：

1）改现浇混凝土壳体为预制壳块，采用高空装配形成整个壳体；

2）采用地面现浇或装配壳体，然后整体提升；

3）采用钢丝网水泥或柔膜喷涂成壳；

4）采用壳体与索网混合结构，等等。

6.7.4　筒壳

（1）筒壳的组成

筒壳的壳板为柱形曲面，所以也称为柱面壳。

筒壳一般由壳板、边梁和横隔三部分组成。两个横隔之间的距离 l_1 为筒壳的跨度；两边梁之间的水平距离 l_2 为筒壳的波长，见图 6-123。没有横隔的筒壳板只能是筒拱，因为它不能形成空间工作，在竖向荷载作用下，如果不另外设抗推力结构，很快会丧失稳定。

（2）筒壳的分类及其受力特点

373

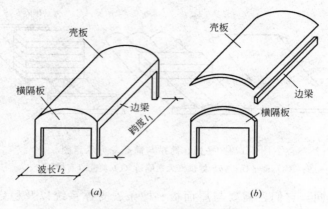

图 6-123　筒壳的组成

筒壳跨度与波长的比值（l_1/l_2）不同，其受力特点也很不相同。在工程中，按其跨度与波长的比值大小，将筒壳分为两类：

当 $l_1/l_2 \geqslant 1$ 时，称为长筒壳；

当 $l_1/l_2 < 1$ 时，称为短筒壳。

1）长筒壳的受力特点

在实际工程中，一般长筒壳 $l_1/l_2 = 1.5 \sim 2.5$，也可达 $3 \sim 4$。当 $l_1/l_2 \geqslant 3$ 时，可按"梁理论"进行内力分析。即认为长筒壳中的壳板与边梁共同工作，相当于弧形截面梁，两端横隔作为梁的支承构件，横隔间距 l_1 为梁的跨度。在纵向均布荷载作用下，壳板主要处于受压状态（相当于梁截面的受压区）；边梁主要处于受拉状态（相当于梁截面的受拉区）；壳板和边梁内的顺剪力，则通过两端截面传给支座——横隔。因而使之横隔成为既受竖向压力，又受横向拉力的拉弯构件。参见图 6-124。

2）短筒壳的受力特点

短筒壳的纵向跨度 l_1，往往比横向波长 l_2 要小。一般 $l_1/l_2 \leqslant 0.5$，此时，可应用"薄膜理论"进行内力分析。即认为壳体内的薄膜内力以顺剪力为主，类似于嵌固在横隔上的拱板。它与拱的不同之处，在于短筒壳将壳板内的顺剪力传给了横隔，而不像拱那样直接向拱脚下的支座传递。

由于短筒壳内力很小，且壳板具有足够的抗剪能力，一般不必计算，仅按构造要求确定壳板的厚度和配置构造钢筋。

（3）筒壳的结构型式与主要尺寸

1）长筒壳

长筒壳大部分是多波形的，其剖面形状如图 6-125（a）所示。长筒壳的曲面线型，一般可采用圆弧形、椭圆形、抛物线形、悬链线形等。其中圆弧形，施工简单，应用较多。所谓曲面线型，通常是以中面为准，其中面系指壳体结构中平分壳板厚度的曲面。

壳板的厚度，一般为 $50 \sim 80$mm。预制钢丝网壳的厚度还可以小一些，但不宜小于 35mm。由于壳板与边梁连接处横向弯矩略大，所以在靠近边梁附近宜局

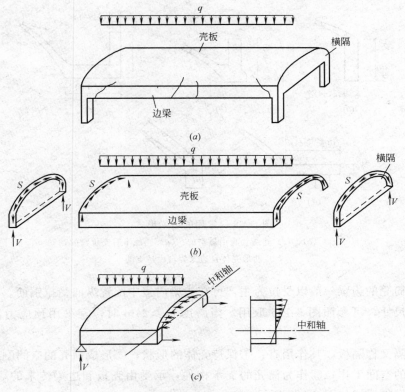

图 6-124　长筒壳受力示意图

（a）试验破坏示意；（b）力的传递示意；（c）截面应力状态

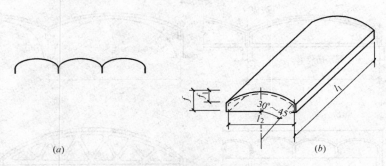

图 6-125　壳面的形式与剖面尺寸

部加厚，参见图 6-126。

一般情况下，长筒壳的适用跨度 $l_1 \leqslant 40\text{m}$，波长 $l_2 \leqslant 20\text{m}$。跨度过大，壳体较厚，边梁偏高，不经济；波长过长，横向弯矩大，也不经济。

长筒壳的矢高（见图 6-125b），一般取 $f_1 = \dfrac{l_2}{8} \sim \dfrac{l_2}{6}$。矢高过小，截面内力太大，板厚增加，浪费材料。壳体截面的总高度 $f \geqslant \dfrac{l_1}{15} \sim \dfrac{l_1}{10}$。否则，将削弱壳体的强度和刚度，与壳板截面相对应的圆心角以 $60° \sim 90°$ 为宜。壳板边缘坡度不宜超过 $40°$，以避免浇灌混凝土时塌落和使用期间沥青流淌。

375

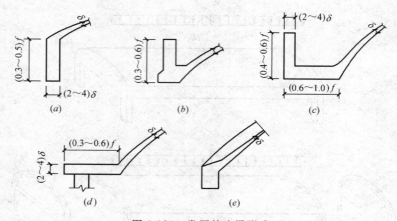

图 6-126　常用的边梁形式

(*a*)、(*b*)、(*c*) 边缘为自由悬空的；(*d*) 边缘下有支承物的；

(*e*) 肋形壳体且边缘为自由悬空的

长筒壳的边梁一般以受拉为主，可在边梁内集中配置纵向受拉钢筋。边梁的形式与尺寸，可参照图 6-126 取用。当跨度 $l_1 \geqslant 24$m 时，宜采用预应力混凝土边梁。

横隔又称隔板，其作用有：①保持壳体的形状；②形成筒壳的空间刚度并保证筒壳的空间工作；③作为筒壳的支承构件，承受由壳板和边梁传来的顺剪力。常见的横隔形式如图 6-127 所示。

2）短筒壳

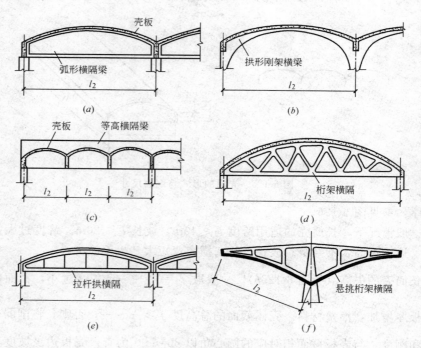

图 6-127　横隔形式

短筒壳大多为单波多跨，其适用跨度 $l_1 = 6 \sim 12m$，波长 $l_2 = 30 \sim 100m$。

当 $l_1 = 6 \sim 12m$，$l_2 \leqslant 18 \sim 30m$，矢高 $f_1 \geqslant \frac{1}{8} l_2$ 时，在恒载与雪载作用下，对于采用 C15～C20 混凝土的壳板厚度，可按表 6-4 取用。

短筒壳的壳板厚度 d　　　　　　　　　　　　　　表 6-4

$l_1(m)$	6	7	8	9	10	11	12
$\delta(mm)$	50	60	70	70～80	80	90	100

短筒壳内的构造钢筋，要求配置 $\phi 4 \sim \phi 6$、间距 100～150mm 的双层方格网片，其配筋率 $\rho \geqslant 0.3\% \sim 0.4\%$。此外，在横隔与边梁附近的壳板上部还应配置 $\phi 4 \sim \phi 6@100 \sim 150$ 的抗拉钢筋网，在横隔处向两侧各伸长 $0.1 l_1$，在边梁处伸长 1250～1500mm。沿跨度 l_1 方向，筒壳每 40m 左右应设置伸缩缝，缝两侧各设置横隔。

短筒壳的边梁，一般采用矩形截面：

梁高 $h = \frac{l_1}{15} \sim \frac{l_1}{10}$，且 $h \geqslant \frac{l_1}{15}$；梁宽 $b = \frac{h}{5} \sim \frac{2h}{5}$。

短筒壳横隔的作用及形式，与长筒壳相同。

（4）筒壳的采光与开洞

筒壳的采光，可采用锯齿形屋盖来解决，参见图 6-128。这种布置方案采光均匀，波谷泄水量较小，建筑造型也较美观。

当采用天窗孔采光时，孔洞宜布置在壳体顶部。洞口的横向尺寸不宜大于波长 l_2 的 1/4，洞口的纵向尺寸可不加限制，但洞口四周必须加肋，沿纵向必须设置横撑，横撑间距 2～3m，如图 6-129 所示。

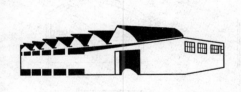

图 6-128　筒壳的锯齿形采光示意　　　　图 6-129　长筒壳的天窗

关于筒壳的悬挑与造型，可参见图 6-130。

（5）筒壳工程实例（6-9）

1）河北保定某室内游泳池，采用多波单跨长筒壳。如图 6-131 所示。

2）瑞士旺根（Wangen）合作社中心仓库，其屋盖采用预制装配式锯齿形筒壳结构，如图 6-132 所示。筒壳由若干个预制单元装配而成。预制单元为肋形曲面板，宽 1.39m，壳板厚 40mm，边肋高 200mm，每跨用 18 块板拼装，再用高强钢筋后张法施加预应力使之成为整体，其弯折部分即成为筒壳的边梁。每跨跨长为 $18 \times 1.4 = 25.2m$。整个设计的构思巧妙合理。

3）某工业厂房屋盖，采用圆弧形曲面短壳结构。圆弧半径为 20.5m，壳板

377

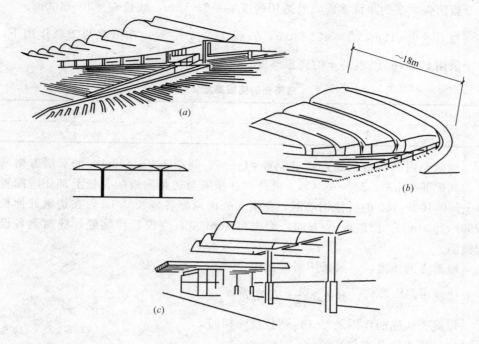

图 6-130 筒壳的悬挑与造型

(a) 德国汉诺威的运动场看台；(b) 哥伦比亚长塔基纳的运动场看台；

(c) 哥伦比亚波哥塔的汽车站

厚 70mm。横隔构件为拱形框架，截面 700mm×1000mm（中间横隔截面 600mm×1000mm）。拱形框架跨度为 24m，间距 9.5m，如图 6-133 所示。

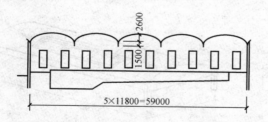

图 6-131 多波单跨长筒壳（平面 25.6m×60m）

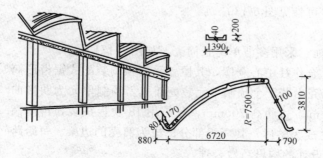

图 6-132 装配式筒壳结构的剖面图

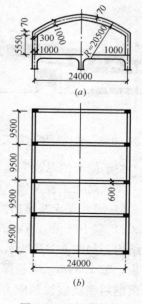

图 6-133 短壳结构

(a) 横剖面；(b) 平面

6.7.5　圆顶结构

（1）结构型式与特点

圆顶结构是极其古老且近代仍然大量应用的一种结构型式。圆顶属于旋转曲面壳，由于它具有良好的空间工作性能，因此，很薄的圆顶壳体可以覆盖很大的跨度。目前，钢筋混凝土圆顶的直径已达 200 多米。圆顶结构可以用于大型公共建筑，如天文馆、展览馆、体育馆、会堂的屋盖，以及圆形水池的顶盖等。

按壳面的构造不同，圆顶结构可以分为平滑圆顶、肋形圆顶和多面圆顶三种，参见图 6-134。

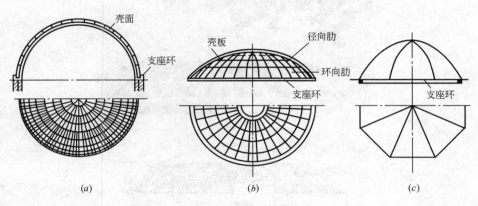

图 6-134　圆顶结构
(a) 平滑圆顶；(b) 肋形圆顶；(c) 多面圆顶

在实际工程中，平滑圆顶应用较多。当建筑平面不完全是圆形，或由于采光要求需要将圆顶表面分成独立区格时，可采用肋形圆顶。肋形圆顶是由径向肋系、环向肋系与壳板组成，肋与壳板整体连接。

多面圆形结构是由数个拱形薄壳相交而成，如图 6-134（c）所示。

圆顶结构除壳体以外，还有一个重要的组成部分——支座环。它对圆顶起箍

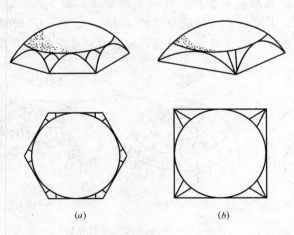

图 6-135　斜拱支承圆顶结构
(a) 六角平面；(b) 正方形平面

379

的作用，圆顶通过它搁置在支承构件上。圆顶可以通过支座环直接支承在房屋的竖向构件上（如砖墙、钢筋混凝土柱等），也可以支承在斜拱或斜柱上。斜拱或柱可以按正多边形布置，并形成相应的建筑平面（图 6-135）。在建筑处理上，通常将斜拱或斜柱外露，圆顶与斜拱形式协调，风格统一。奈尔维设计的罗马奥林匹克体育馆，正是利用顺圆顶边缘相切方向的 V 形柱（图 6-136），将圆顶里面葵花瓣似的网肋承受的外力直接传给基础。充分体现了结构造型与建筑艺术的有机结合。

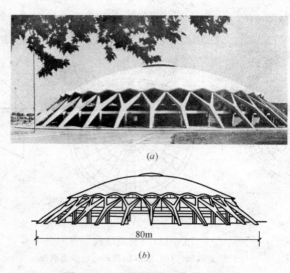

(a)

(b)

图 6-136　罗马奥林匹克体育馆

(a) 外景；(b) V 形支柱（上下端均为铰接）；

建筑工程师：迪尔·路易吉·奈尔维

（2）圆顶结构的受力分析

圆顶结构，在一般情况下不仅可忽略弯曲内力，而且顺剪力也很小。在竖向对称荷载作用下，圆顶径向受压；环向上部受压，而下部可能受压，也可能受拉。对于半球壳，其受压和受拉的分界线（环线）上任一点的辐射角 $\phi = 51°49'$，如图 6-137（c）所示。对于抛物面球壳，在竖向对称荷载作用下，在 $\phi = 0° \sim 90°$

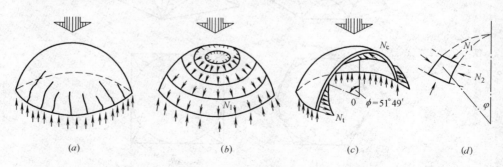

(a)　　　　　　　　(b)　　　　　　　　(c)　　　　　　　　(d)

图 6-137　圆顶结构的受力分析

(a) 圆顶受力破坏示意；(b) 径向应力状态；(c) 环向应力状态；

(d) 壳面微元体的主要内力

范围内，均不会出现拉应力。圆顶壳面中的主要内力——径向应力和环向应力的分布，分别如图 6-137 (b)、(c) 所示。

圆顶结构的支座环承受壳面边缘传来的推力，其截面内力主要是拉力（图 6-138a）。此外，因支座环对壳面边缘的变形起约束（箍）的作用，故壳面边缘附近将会产生径向局部弯矩（图 6-138b）。为此，应适当加厚支座环附近的壳面，并配置双层钢筋网，以承受局部弯矩。对于大跨度圆顶结构，支座环宜采用预应力混凝土构件。

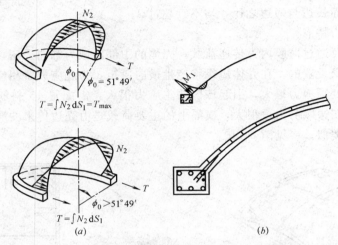

图 6-138　支座环的拉力及壳面边缘局部弯矩

（3）圆顶结构工程实例

1）北京天文馆。顶盖为半球形圆顶结构，直径 25m，厚度 60mm，混凝土采用喷射法施工，每平方米结构自重约 2kN。

2）我国某机械厂金工车间，采用的钢筋混凝土薄壳屋盖为椭圆形旋转曲面，圆顶直径 60m，矢高 11.5m。壳顶标高 17m，沿周长按 6°圆心角等距设置 490mm×1000mm 的砖柱。柱间利用大玻璃窗采光。

6.7.6　双曲扁壳

（1）结构型式与特点

双曲扁壳由壳板和竖直的边缘构件（横隔构件）组成，其顶点处的矢高与其底面最小边长之比 $\frac{f}{l} \leqslant \frac{1}{5}$。双曲扁壳一般采用抛物线平移曲面，见图 6-139。因

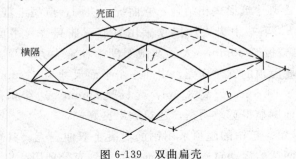

图 6-139　双曲扁壳

为扁壳的矢高比底面尺寸小得多，所以又称微弯平板。

双曲扁壳四周的横隔构件可以采用变截面或等截面的薄腹梁、拉杆拱或拱形桁架等，也可以采用空腹桁架或拱形刚架。横隔在四个交接处应有可靠的连接，使它们形成整体的箍，以约束壳面的变形。同时横隔本身在其平面内应有足够的刚度，否则壳面将产生很大的内力。

双曲扁壳也可以分为单波和多波。为了减少壳体边缘处的剪应力和弯曲应力，用作顶盖的双曲扁壳不宜太扁。双向曲率不同时，较大曲率与较小曲率之比，以及底面长边与短边之比，均不宜超过2。

（2）受力特点

扁壳主要通过薄膜内力传递荷载。壳体的中部区域为轴向受压，其中的钢筋是按构造要求设置的。在壳体边缘将产生横向弯矩，为此应放置相应的钢筋。在壳体的四角处顺剪力很大，引起该区的主应力很大，需配置45°斜筋承受主拉应力。壳体的四边顺剪力也很大，横隔上的主要荷载是由壳边传来的顺剪力。横隔计算与长壳类似。参见图6-140。

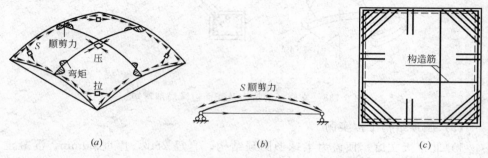

图 6-140　双曲扁壳的受力分析
（a）壳面内力示意；（b）横隔计算简图；（c）壳板配筋示意

扁壳受力合理，经济指标较好。例如20m×40m的屋盖，按计算壳厚仅需30mm。双曲扁壳可以覆盖很大的跨度，当跨度超过30m时，采用双曲扁壳更为合理。双曲扁壳的特点是矢高小，受力性能和经济效果较好，建筑造型也比较美观。

（3）双曲扁壳工程实例

1）北京火车站，其中央大厅和检票口的通廊屋顶共用了六个扁壳。设计者将新结构与中国古典建筑形式相结合，立面统一协调，造型丰富，获得了很好的效果，见图6-141。车站中央大厅屋顶采用方形双曲扁壳，平面尺寸为35m×35m，矢高7m，壳板厚80mm。大厅宽敞明朗，朴素大方，是一个成功的建筑实例。检票口通廊屋顶的五个扁壳，中间一个平面尺寸为21.5m×21.5m，两侧的四个为16.5m×16.5m，矢高3.3m，壳板厚60mm。边缘构件为两铰拱。四面采光，使整个通廊显得宽敞明亮，建筑效果良好。

2）北京网球馆。该馆的屋顶采用钢筋混凝土双曲扁壳。其特点是扁壳隆起的室内空间适应网球的运动轨迹，使建筑空间得到充分利用。扁壳的平面尺寸为

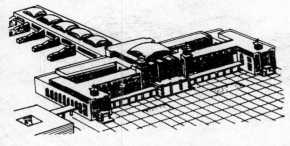

图 6-141 北京车站屋盖

图 6-142 北京网球馆屋盖

$42m \times 42m$，壳板心厚度为 90mm，见图 6-142。

6.7.7 双曲抛物面壳——鞍壳和扭壳

（1）鞍壳和扭壳的形成

由一条竖向凸抛物线沿一条竖向凹抛物线平行移动而形成的双曲抛物面壳体，称为鞍壳。如图 6-143（a）所示。

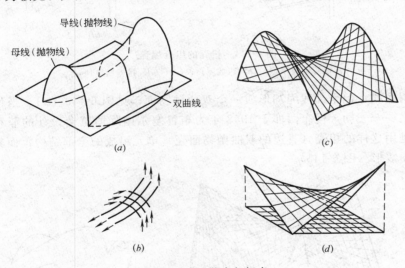

图 6-143 鞍壳与扭壳

鞍壳也可以认为是由下述方法形成的，即：取两个并列的等抛物线，各分成 n 等份，并把一个抛物线上的各分点与相对的抛物线上相隔为 S 的各分点对应相连（这相当于使两条抛物线反向扭动一个距离 S）而成，如图 6-143c。

从鞍壳正中沿两交叉直线切割出来的一块翘曲四边形壳面（四边均为直线，四角不在同一平面上），则称为扭壳；如果从鞍壳的其他部位切割出另一些翘曲的四边形壳面，也称为扭壳（如图 6-143c 中的粗实线部分）。扭壳的壳面虽然仍为双曲抛物面，但其造型表现力与覆盖平面的形状却可千变万化，耐人寻味，参见图 6-144。

扭壳还可以认为是用下述方法形成的，即：把任意四根直杆绑成任意四边形，将其两对边分别作 n 及 m 等分，并用线绳将两对边相应分点联系起来，形成 $n \times m$ 的斜网格，再把两对边反向一扭，使四角不在同一平面内。扭后各线绳

383

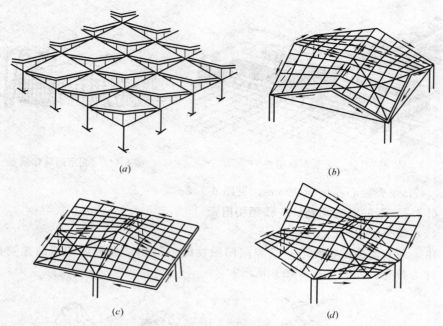

图 6-144　扭壳的组合屋盖

（a）锯齿屋顶；（b）四坡屋顶；（c）、（d）挑檐四坡顶

均保持为直线，但全部线绳却形成一个双曲抛物面，见图 6-143（d）。当代著名建筑师之一——勒·柯布西耶于 1958 年为布鲁塞尔国际博览会设计的菲利浦斯馆，就是用这样的扭壳（直边的双曲抛物面壳）单元组成的全部结构，而其平面图则为曲线形（图 6-145）。

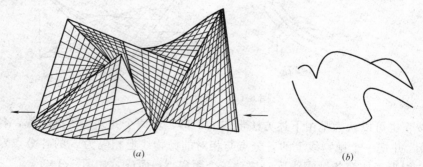

图 6-145　1958 年布鲁赛尔国际博览会中的菲利浦斯馆

（a）由直边双曲抛物面组成的扭壳结构；（b）平面图

由图 6-146 可知，如果将图中的平行四边形平面 ABCD，旋转成菱形平面 AB'CD'，再垂直向上截取的扭壳边缘则为曲线，Ab' 为拱起的曲边 1'，Ad' 为下垂的曲边 2'，这就构成带曲边的双曲抛物面单元。用这种方法调整曲线的锐度和方向可以改变边缘的表现力。这说明，设计师可以充分发挥想像力，任选其他的曲边形状，组合起来以探索新的建筑造型。

（2）双曲抛物面壳板的受力分析

384

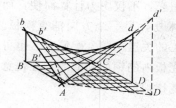 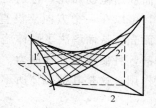 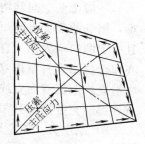

图 6-146　曲边的双曲抛物面单元　　　　图 6-147　双曲抛物面壳的受力分析

双曲抛物面壳体，一般按无弯矩理论计算。这种结构在竖向均布荷载作用下，曲面内不产生曲面轴力（法向力），仅产生顺剪力。由顺剪力 S 引起的主拉应力和主压应力，作用在与剪力成 45°角的截面上（图 6-147）。整个壳面可以想像为一系列受拉索与受压拱正交而组成的曲面（参见图 6-143b）。

在壳板与边缘构件邻接的区段中，由于壳板与边缘构件的整体作用，而产生局部弯矩。

在一般情况下，壳板中的内力都很小，壳板厚度不由强度计算决定，而由稳定及施工条件确定。

扭壳的四周应设置直杆作边缘构件，用它承受壳板传来的顺剪力 S。如果屋顶为单个扭壳，并直接支承在 A 和 B 两个基础上，如图 6-148 所示，顺剪力将通过边缘构件以合力 R 的方式传至基础。R 的水平分力对基础产生推力（图 6-148b），如果地基不足以抵抗，则应在两基础之间设置拉杆，以保证壳体体型不变。当屋盖为四块扭壳组合的四坡顶时，扭壳的边缘构件又是四周横隔桁架的上弦（上弦受压，下弦受拉），如图 6-149。

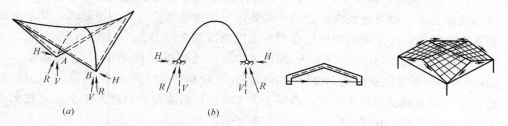

　　　　（a）　　　　　　　　　　（b）

图 6-148　单个扭壳力的传递及推力分析　　　图 6-149　组合扭壳力的传递

（3）双曲抛物面壳的主要特点

1）受力合理，材尽其用

从受力合理的角度，显然是横向受弯不如轴向受力，单向受力不如双向受力，平面受力不如空间受力，单种结构不如混合结构。在这些方面，双曲抛物面壳全部占有优势。其受力特点是双向空间一拉一压（图 6-147），充分利用混凝土的抗压强度和钢筋的抗拉强度。而且，壳体本身既是结构层，又是屋面层。所以这种壳体很薄，用料较省，自重较轻，也较经济。扭壳的厚度一般只有 20～30mm。

2）便于支模和配筋

385

一般薄壁空间结构的主要缺点是，壳体形状变化大，模板用料多，支模困难，钢筋的配置也麻烦。而双曲抛物面壳，特别是扭壳，不仅内力计算简便，而且由于两向均为相交直线，可以在一个方向支设直木楞，另一个方向铺直模板。亦即全部用直料制作双曲面壳，从而解决了壳体施工的关键难题。配筋时，也可以沿直纹配置双向直线钢筋，且便于施加预应力。壳板内的钢筋和混凝土在任意点处都能充分发挥其强度作用，这是其他壳体所不能比拟的。

3）刚度大，稳定性好

壳体曲面两个主方向曲率的乘积（$K = K_1 \cdot K_2$），称为高斯曲率。单曲面壳体（如筒壳、锥壳等）$K = 0$，称为零高斯曲率曲面；同向双曲壳体（如球壳、椭圆抛物面等）$K > 0$，称为正高斯曲率曲面；反向双曲壳体（如鞍壳、扭壳等）$K < 0$，称为负高斯曲率曲面。

作为反向双曲（$K < 0$）的扭壳，任一方向（拱向或索向）有偏离曲面的倾向时，都会受到另一方向的牵制。如果受压拱产生压曲，则受拉索拉应力增大，可以将受压拱绷紧，避免壳板压曲；如果受拉应力过大，变形过大时，受压拱还可以向上承托受拉索，减小受拉索的拉应力和变形，参见图 6-143（b）。所以，在薄壁空间结构中，扭壳的刚度最大，稳定性最好。在一般荷载作用下，无需设置加劲肋来加强刚度和保持壳形。

4）应用灵活，造型多变

工程中常用的是以双曲抛物面中沿直纹方向切取的扭壳。扭壳可以用单块作屋盖，也可以结合成多种组合型扭壳，它能较灵活地适应建筑功能和造型的需要。因此深受设计者欢迎，应用甚为广泛。

（4）双曲抛物面薄壳屋盖工程实例

1）大连海港转运仓库，1971 年建成。该建筑为了满足机械装卸对柱距和净空的功能要求，以及地处海港之滨，需要适当注意美观的建筑造型要求，并考虑到施工之简便，决定采用四块组合型双曲抛物面扭壳屋盖。

仓库柱距为 23m×23.5m 和 23m×24m，每个扭壳的平面尺寸为 23m×23m，共 16 个组合型扭壳。壳厚为 60mm。边缘构件为人字形拉杆拱。壳板及边拱均为现浇钢筋混凝土结构，混凝土为 C30，预制装配式钢筋混凝土柱，截面为 700mm×700mm，柱顶标高 7m。见图 6-150。

2）通用的预制预应力双曲抛物面薄壳，见图 6-151。这是一种板架合一的新型屋面构件，同时具有承重、围护、防水等多种功能。受力性能好，自重轻，材料省，造价低，有明显的经济效益。它可以配置直线预应力钢筋，板面成型也较容易。所以在国际上得到迅速推广。我国在浙江杭州地区应用较多，如用于食堂、礼堂、仓库、车站等屋盖中，也可用于有吊车的工业厂房屋盖。最大跨度已达 28m，壳板宽度为 1.2～3.0m，厚度 30～80mm。以 15m 跨度为例，比一般屋盖可至少节约 15％钢材，25％混凝土。

6.7.8 折板结构

（1）折板结构的组成及其作用

植物界的扇形大叶片，例如棕叶，从密集皱折的叶柄起呈放射线状向外伸

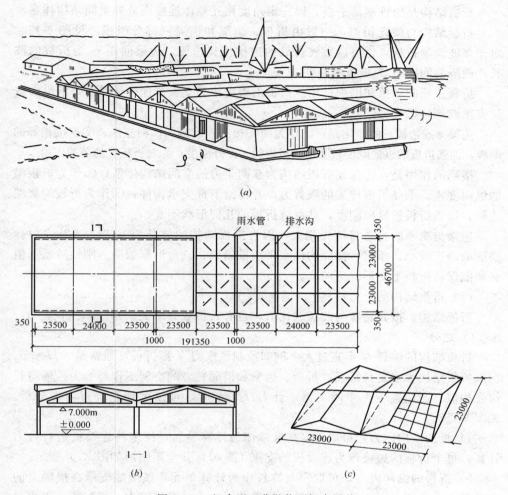

图 6-150　组合型双曲抛物面扭壳屋盖

(a) 透视图；(b) 平、剖面；(c) 扭壳几何图形

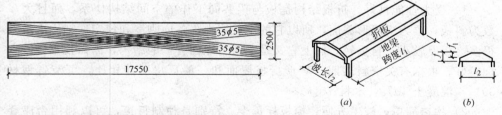

图 6-151　预制预应力双曲抛物面薄壳　　　　图 6-152　折板结构的组成

展，折叶逐渐展开但仍相连为一体，再向外就分裂成单个折叶且更趋平坦，这种悬臂构件式的造型，称为自然界的折板结构。它与图 6-159（c）的圆折扇形屋盖颇为相似。人类在大自然的启发下制作出折叠拼风、折扇、手风琴、波形石棉瓦、瓦楞铁皮、压型钢板等。但折板结构用于建筑结构，还是近半个世纪才出现的。

387

折板结构是由许多薄平板，以一定角度相互整体连接而成的空间结构体系。

折板结构与筒壳相似，一般由折板、边梁和横隔三部分组成。见图 6-152。对于多波预制折板，也可以靠转折处的边棱代替边梁。边梁间距 l_2 为折板的波长；横隔的间距 l_1 为折板的跨度。

折板主要起承重和围护作用。折板沿横向按简支板或连续板受力，沿纵向按简支梁或连续梁受力。

边梁（或边棱）的作用是：①作为简支板或连续板的横向支座；②连接相邻的斜板，加强折板的纵向刚度；③增强折板的平面外刚度；④对折板起加劲的作用。

横隔的作用是：①保证折板结构为双向受力的空间结构体系；②作为折板梁的纵向支座，承受折板传来的顺剪力，并传给下部支承构件；③作为折板的板端边框，加强折板的横向刚度，并保持折板的几何形状不变。

边梁与横隔的构造与筒壳相似，因为折板结构的波长 l_2 一般在 12m 以内，横隔的跨度较小，所以，横隔构件多采用横隔梁、三角形框架梁、刚性砖墙（但必须能保证折板不变形）等型式。

（2）折板结构的受力特点

折板结构，按其跨度与波长的比值，也有长折板（$l_1/l_2 \geqslant 1$）和短折板（$l_1/l_2 < 1$）之分。

折板结构的波长 l_2 不宜过大，例如预制预应力 V 形折板，通常是 $l_1/l_2 \geqslant 5$。所以折板结构大多是长折板。折板、边梁和横隔三者的空间工作与受力性能与长筒壳相似。当边梁下无中间支撑，且 $l_1/l_2 \geqslant 3$ 时，可按梁理论进行内力分析。见图 6-153。

1）板的横向内力，可取 1m 宽板带作为计算单元，按多跨连续板进行内力计算，每个折板的边棱作为连续板的支座（图 b），其弯矩图形如图（c）所示。

2）折板的纵向内力，可取一个波长作为计算单元，按两端支承在横隔上的梁进行内力分析，再按材料力学公式计算截面内力。梁端剪力（即折板平面内的顺剪力）作用于横隔框架的上梁，并引起上梁受拉，支承构件受压。

（3）折板结构的优缺点

1）受力性能良好。折板结构是板与梁共同工作的空间结构体系，而且大多数为斜板，梁为折线形截面，所以它的承载能力、各向刚度和稳定性都比平板大得多，板厚较小，自重轻，加上它又是承重与屋面合一的结构，因而技术经济指标较好。根据有关资料表明：V 形折板屋面和一般厂房屋盖相比，可节省钢材30%，混凝土 40%，木材 70%。

2）构造简单，施工方便，模板耗量少。特别是预制折板，可以利用台座叠层预制，无需底板。采用预应力混凝土折板，可以防止出现运输、吊装与使用中的裂缝、变形、压曲等影响正常使用的问题，其优越性更为显著。所以，近年来折板结构发展较快。

3）造型别致，风格独特。折板结构可以将若干平板组合成各种截面形式。它的几何关系规律严谨，棱角明显，具有晶体般的建筑造型。给人以明快清晰、锋芒锐利、生动朴素的感觉，与其他壳体截然不同。尤其是折板上映衬的阳光与

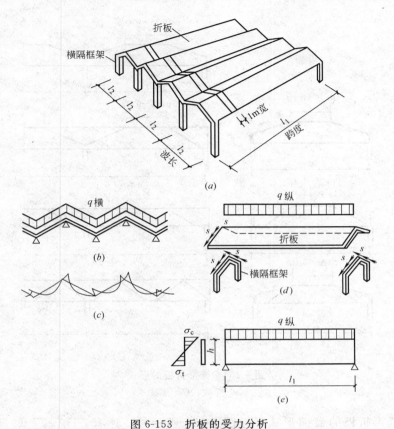

图 6-153 折板的受力分析
(a) 折板结构；(b) 折板横向计算简图；(c) 折板横向弯矩图；
(d) 折板结构的纵向受力分析；(e) 折板纵向计算简图与截面应力

阴影随太阳移动，变化微妙，其独特的建筑风格也绝非一般结构可相比拟。

此外，由于折板很薄，一般需要增设保温隔热材料；由于折板结构在室内表面不平，可利用于造型，也可吊顶或装饰。

(4) 折板结构的形式与尺寸

折板结构有单波的，也有多波的（图 6-154）；有现浇的，也有预制的。可以用作屋盖，也可以用作墙体；既可用于工业厂房，也可用于民用房屋。

折板结构的形式有多种，例如壳形折板、V 形折板、伞形折板、折板墙与折板刚架等。现分述如下：

1) 壳形折板

壳形折板的截面形状，如图 6-154 所示。波长 l_2 一般不应大于 12m，跨度 l_1 可达 27m，甚至更大。顶板的宽度为 $0.25l_2 \sim 0.40l_2$。每条板的宽度一般不宜大于 3.5m，板厚不超过 100mm。否则，板的横向弯矩过大，板厚增加，自重大，不经济。多波板应做成同样厚度。现浇折板的倾角不宜大于 30°，否则须采用上下双模板。

一般情况下，长折板的矢高 $f \geqslant \dfrac{l_1}{15} \sim \dfrac{l_1}{10}$；短折板矢高 $f_1 \geqslant \dfrac{l_2}{8}$（参见图 6-

389

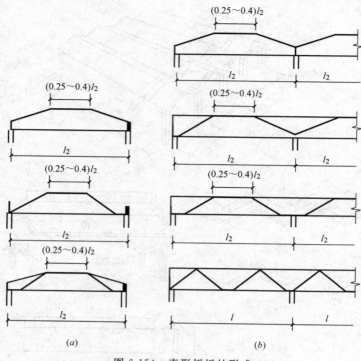

图 6-154　壳形折板的形式
（a）单波；（b）多波

152）。壳形折板的截面形式，除图 6-154 所示外，还有冂形、乙形等，见图 6-155。

2）预制折叠式预应力 V 形折板

V 形折板，又称预制装配整体式折板。它先以平板形式在预应力长线台座上叠层生产，然后再弯成 V 形，并装配连接成整体式折板结构。因此制作方便，节约模板。由于采用预应力钢丝配筋，板厚很小，一般为 35～50mm，所以省材料，自重轻。它可以作为板架合一的较大跨度的屋盖，近几年来发展很快。

V 形折板的形式和基本尺寸如下：

（A）波宽：一般有 2m 和 3m 两种，有时也采用 3.5m，但采用 2m 宽的较多。

（B）倾角：板与水平面的交角称之为倾角，一般采用 30°～42°，跨度大倾角也大。目前常用的折板最小倾角为 26°，最大为 45°。

（C）折板高度：为了保证折板结构的刚度，折板高度不宜小于 $\frac{l_1}{20}$。

（D）板厚：板厚可取 $\frac{b}{50} \sim \frac{b}{40}$（$b$ 为一块板的宽度），一般为 25～45mm。钢筋保护层不宜小于 10mm。

390

V 形折板结构，多采用油毡卷材防水，也可采用自防水，或在板面上刷防

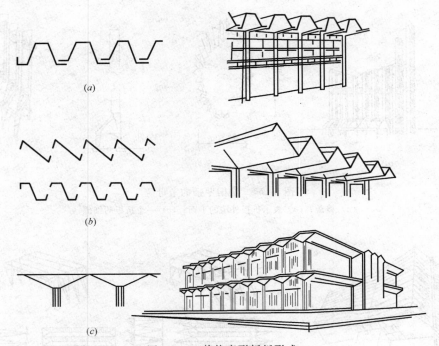

图 6-155　其他壳形折板形式

(a) ⊓形折板；(b) Z形折板；(c) 三角形折板

水涂料等做法，但均应注意做好上下折缝处的防水处理。目前主要采用加气混凝土、泡沫混凝土或吊顶等保温隔热措施；主要采用侧窗或天窗的办法解决通风采光问题。图 6-156 为郑州第二砂轮厂食堂采用的 V 形折板结构屋盖。

图 6-156　郑州第二砂轮厂食堂

3）折板墙与折板刚架

折板结构既能受弯，又能受压，因此它也能用作偏心受压构件的墙与柱。图 6-157 为法国罗扬的圣母院，高大的外墙采用折板形式。

梁式折板与折板墙（或柱）刚接，便成为折板刚架，参见图 6-158，其中的左图为奈尔维设计的联合国教科文组织总部会堂的两跨折板刚架结构。

（5）折板结构的造型变化

折板结构，通过外伸悬挑、形状变化、不同组合等手段，可以获得多种建筑造型。图 6-159 为几种造型变化的示意图，以供借鉴。

391

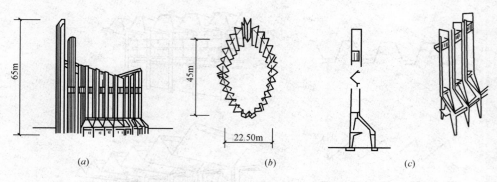

图 6-157 法国罗扬的圣母院
(*a*) 概貌；(*b*) 表示折板外墙的平面；(*c*) 一个折板的细部

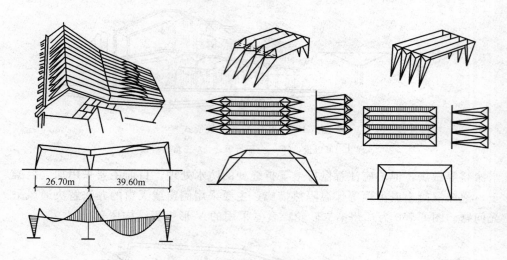

图 6-158 折板刚架

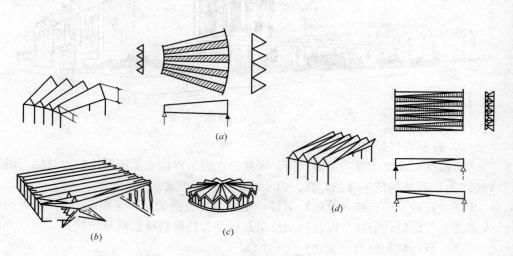

图 6-159 折板结构的造型变化
(*a*) 扇形组合；(*b*) 悬挑；(*c*) 圆形组合；(*d*) 反相并列组合

6.7.9　幕结构

幕结构是由双曲壳和折板演变而成的一种结构型式。一般由整体连接的三角形或梯形薄板组成，见图 6-160。

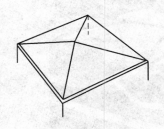 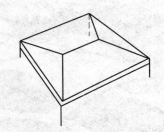 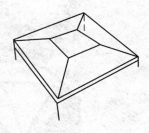

图 6-160　幕结构的型式

由于幕板双向曲折连续，因而具有双曲薄壳的受力性能。它是一种受力较好，施工较方便的壳体结构之一。幕结构可以是单跨的，也可以是两个方向多跨连续的。

采用幕结构代替梁板结构，用作建筑上的屋盖或楼盖，可以节省钢材和混凝土，而且空间效果较好。幕结构有时还可用作地下室的顶盖，或倒置后用作结构的基础，均可获得较好的经济效果。但幕结构模板制作较复杂，用料也较多，且当用于多跨时，在低凹处容易积水、漏水。

幕结构一般支承在柱子上（带柱帽或无柱帽）。对于方形柱网，柱距以 8～10m 为宜，矢高可取 $f=\dfrac{l}{12}\sim\dfrac{l}{8}$。组成幕结构的壳板，其最大宽度、厚度、倾角均与折板结构的要求相同。由于幕结构的空间工作性能比折板结构更好，所以板宽可适当放大。

幕结构的内力与强度计算包括：对于每个幕的中间水平板，一般不考虑多跨的连续性，全按单跨两个方向的单向板计算，而对于幕结构的折板，则可按多跨连续板计算。此外，尚应对幕角与柱帽的连接处进行承压强度验算。

6.7.10　曲面的切割与组合

曲面的切割与组合，常常是设计好曲面结构的重要手段。在进行切割与组合时，除应满足平面和造型要求外，还要严格遵守画法几何的科学法则，否则会给设计、制图和施工造成困难，甚至无法建造。下面介绍两个工程实例，仅供借鉴。

例一，美国圣路易航空港候机室（图 6-161）。该建筑由三组壳体组成，每组由两个圆柱形曲面正交而成，每组壳面切割成八角形的覆盖平面。两个柱形曲面的交线为十字形交叉拱，用以加强壳体并将荷载传给支座。拱的断面凸出壳面以外，使室内形成光滑简洁的曲面。

壳体的边缘设有加劲肋，并向上卷起。壳体为现浇钢筋混凝土结构，板厚 115mm，边缘局部加厚，三组壳体的相交处为采光带。屋顶覆盖铜板面层。

393

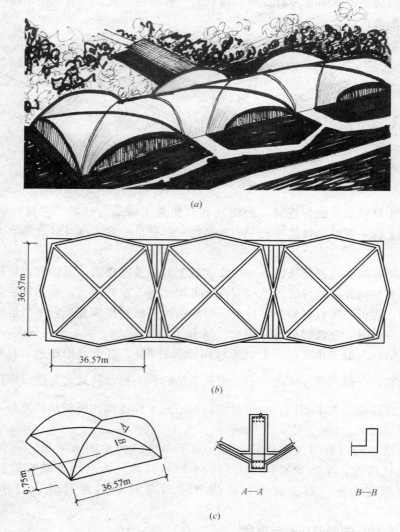

图 6-161　美国圣路易航空港候机室

(a) 鸟瞰图；(b) 壳体组合顶视图；(c) 两圆柱壳正交几何图

　　例二，墨西哥霍奇米洛科的餐厅（见图 6-162）。该建筑建于墨西哥首都附近花田市的游览中心，是由墨西哥著名工程师坎迪拉（Felix·Candela）设计的。

　　该建筑由四个双曲抛物面薄壳交叉组成，壳厚仅 40mm，在交叉部位，壳面加厚，形成四条有力的拱肋，直接支承在八个基础上。建筑平面为 30m×30m 的正方形，两对点的距离约 42.5m。壳体的外围八个立面是斜切的。室内采光、通风、音响效果甚佳。整个餐厅犹如一朵覆地的莲花，以其构思独特、造型别致的艺术风姿丰富着游览环境，使人流连忘返，从而成为该市区明显的标志性建筑。

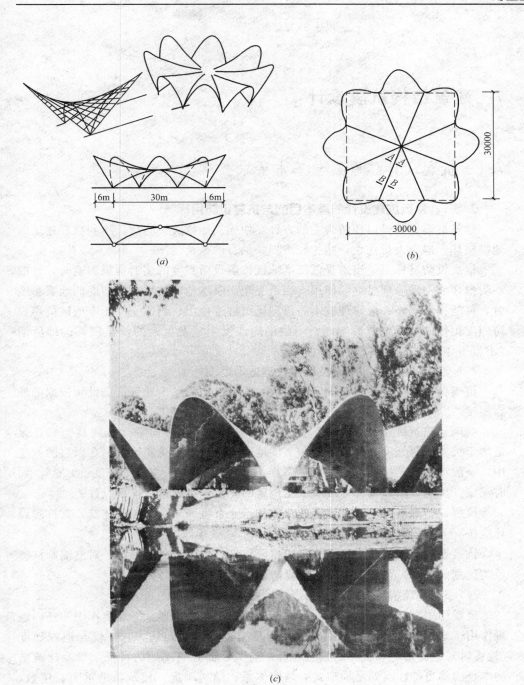

图 6-162　墨西哥花田市霍奇米洛科的薄壳餐厅
(a) 几何形体；(b) 平面；(c) 外景

7 建筑结构抗震设计

7.1 抗震设计总原则与基本要求

7.1.1 建筑抗震设计的基本目的与抗震设防目标

建筑抗震设计是以预防为主的方针,使建筑经抗震设防后,达到减轻建筑的地震破坏,避免人员伤亡,减少经济损失的目的。

抗震设防目标是:当遭受低于本地区抗震设防烈度的多遇地震影响时,一般不受损坏或不需修理可继续使用;当遭受相当于本地区抗震设防烈度的地震影响时,可能损坏,经一般修理或不需修理仍可继续使用;当遭受高于本地区抗震设防烈度预估的罕遇地震影响时,不致倒塌或发生危及生命的严重破坏。即所谓"小震不坏,中震可修,大震不倒"。

7.1.2 抗震设防烈度与抗震设计的适用范围

抗震设防烈度,系指按国家规定的权限批准作为一个地区抗震设防依据的地震烈度。

我国《建筑抗震设计规范》GB 50011—2001(以下简称《抗震规范》),仅适用于抗震设防烈度为6、7、8和9度地区建筑工程的抗震设计。在以后的叙述中,一般将略去"抗震设防烈度"字样,简称为"6度、7度、8度、9度"。同时规定,抗震设防烈度为6度及以上地区的建筑,必须进行抗震设计。

抗震设防烈度大于9度地区的建筑和行业有特殊要求的工业建筑,其抗震设计应按有关专门规定执行。

抗震设防烈度必须按国家规定的权限审批、颁发的文件确定。对已编制抗震设防区划的城市,可按批准的抗震设防烈度进行抗震设防。

7.1.3 建筑抗震设防分类和设防标准

地震作用,系指由地震动引起的结构动态作用,包括水平地震作用和竖向地震作用。地震作用对建筑物引起的效应是个很复杂的问题。它不仅与地震烈度(地震时对地面影响和破坏的强烈程度)有关,而且与场地的特征,以及建筑结构本身的动力特性(如结构型式、结构体系、结构刚度、建筑物的重力、层数、高度等)有关。为了实现"小震不坏,中震可修,大震不倒"的设防目标,需要对建筑物进行抗震设计。其中包括进行必要的地震作用计算和采取必要的抗震设防措施。

在进行建筑抗震设计时,建筑物应根据其使用功能的重要性分为甲类、乙类、丙类、丁类四个抗震设防类别。

甲类建筑:属于重大建筑工程和地震时可能发生严重次生灾害的建筑;

乙类建筑：属于地震时使用功能不能中断或需尽快恢复的建筑；

丙类建筑：属于甲、乙、丁类以外的一般的建筑；

丁类建筑：属于抗震次要建筑。

各类抗震设防类别建筑的抗震设防标准，应符合下列要求：

（A）甲类建筑，地震作用应高于本地区抗震设防烈度的要求。抗震措施，当为6～8度时，应符合本地区抗震设防烈度提高一度的要求；当为9度时，应符合比9度抗震设防更高的要求。

（B）乙类建筑，地震作用应符合本地区抗震设防烈度的要求。抗震措施，一般情况下，当为6～8度时，应符合本地区抗震设防烈度提高一度的要求；当为9度时，应符合比9度抗震设防更高的要求。对较小的乙类建筑，当其结构改用抗震性能较好的结构类型时，应允许仍按本地区抗震设防烈度的要求采取抗震措施。

（C）丙类建筑，地震作用和抗震措施均应符合本地区抗震设防烈度的要求。

（D）丁类建筑，一般情况下，地震作用仍应符合本地区抗震设防烈度的要求；抗震措施，应允许比本地区抗震设防烈度的要求适当降低；但6度时，不应降低。

《抗震规范》还规定，抗震设防烈度为6度时，除本规范有具体规定外，对乙、丙、丁类建筑可不进行地震作用计算。

7.1.4 地震对建筑的影响

建筑所遭受到的地震影响的大小，与本地区抗震设防烈度相对应的设计基本地震加速度和设计特征周期有关。所谓"设计基本地震加速度"为50年设计基准期超越概率10%的地震加速度的设计取值。其取值为6度$0.05g$、7度$0.10g$、8度$0.20g$、9度$0.40g$（g为重力加速度）。所谓"设计特征周期"为抗震设计用的地震影响系数曲线中，反映地震震级、震中距和场地类别等因素的下降段起始点对应的周期值。

为了更好地体现震级和震中距的影响，将建筑所在地的设计地震共分为三组。即将设计特征周期为0.35s和0.40s的区域作为第一组；将多数0.45s的区域作为第二组；其中少数有地震加速度衰减影响的区域作为第三组。这种对抗震设计的区别对待的用意在于，有针对性的考虑地震影响，从而达到既能合理使用建筑投资，又能保证抗震安全的目的。具体设计时，关于我国主要城镇的抗震设防烈度、设计基本地震加速度和设计地震分组，统一由《抗震规范》给出。例如，西安地区，抗震设防烈度为8度，设计基本地震加速度值为$0.2g$，属Ⅱ类场地，设计地震分组为第一组。由表5-12查得，建筑设计特征周期$T_g=0.35s$。

7.1.5 建筑场地的选择与场地类别的划分

如上所述，地震作用的大小，不仅与地震烈度、结构特征有关，而且与场地特征有关。因此，在选择建筑工程的场地时，应根据工程需要，掌握地震活动情况，工程地质和地震地质有关资料，以及对抗震有利、不利和危险地段等做出综合评价。对不利地段，应提出避开要求；当无法避开时应采取有效措施；不应在危险地段建造甲、乙、丙类建筑。

对建筑抗震有利、不利和危险地段的划分，见表 7-1。

有利、不利和危险地段的划分　　　　　　表 7-1

地段类别	地质、地形、地貌
有利地段	稳定基岩，坚硬土，开阔、平坦、密实、均匀的中硬土等
不利地段	软弱土，液化土，条状凸出的山嘴，高耸孤立的山丘，非岩质的陡坡，河岸和边坡的边缘，平面分布上成因、岩性、状态明显不均匀的土层（如古河道、疏松的断层破碎带、暗埋的塘浜沟谷和半填半挖地基等）
危险地段	地震时可能发生滑坡、崩塌、地陷、地裂、泥石流等及发震断裂带上可能发生地表位错的部位

建筑的场地类别，应根据土层等效剪切波速和场地覆盖层厚度，按表 7-2 划分为四类。当有可靠的剪切波速和场地覆盖层厚度，其值处于表 7-2 所列的场地类别的分界线附近时，应允许按插值方法确定地震作用计算所用的设计特征周期。

各类建筑场地的覆盖层厚度　　　　　　表 7-2

等效的剪切波速 (m/s)	场 地 类 别			
	I	II	III	IV
$v_{se}>500$	0			
$500 \geqslant v_{se}>250$	<5	≥5		
$250 \geqslant v_{se}>140$	<3	3～5	>50	
$v_{se} \leqslant 140$	<3	3～15	>15～80	>80

其中，等效剪切波速，一般应通过场地勘察测量得出。对丁类建筑和层数不超过 10 层且高度不超过 30m 的丙类建筑，当无实测剪切波速时，可根据土的类型、岩土名称和性状，在表 7-3 的剪切波速范围内估计各土层的剪切波速。

土的类型划分和剪切波速范围　　　　　　表 7-3

土的类型	岩土名称和性状	土层剪切波速范围 (m/s)
坚硬土或岩石	稳定基岩，密实的碎石土	$v_s>500$
中硬土	中密、稍密的碎石土，密实、中密的砾、粗、中砂，$f_{ak}>200$ 的黏性土和粉土，坚硬黄土	$500 \geqslant v_s>250$
中软土	密稍的砾、粗、中砂，除松散外的细、粉砂，$f_{ak} \leqslant 200$ 的黏性土和粉土，$f_{ak}>130$ 的填土，可塑黄土	$250 \geqslant v_s>140$
软弱土	淤泥和淤泥质土，松散的砂，新近沉积的黏性土和粉土，$f_{ak} \leqslant 130$ 的填土，流塑黄土	$v_s \leqslant 140$

注：f_{ak} 为由载荷试验等方法得到的地基承载力特征值（kPa）；v_s 为岩土剪切波速。

场地覆盖层厚度，一般情况下，应按地面至剪切波速大于 500m/s 的土层顶面的距离确定。当地面 5m 以下存在剪切波速大于相邻上层土剪切波速 2.5 倍的土层，且其下卧岩土的剪切波速均不小于 400m/s 时，可按地面在该土层顶面的距离确定。

7.1.6　高层建筑结构的抗震设防类别和抗震等级

高层建筑混凝土结构，为了根据其抗震设防烈度、结构类型和房屋的不同，有针对性地进行结构或构件的抗震设计，使其既能满足地震作用计算和抗震措施的要求，又能做到经济合理，在抗震设计时，对甲类、乙类、丙类三个抗震设防类别，提出不同的抗震措施要求；并将高层建筑混凝土结构分为特一级、一级、二级、三级、四级共五个抗震等级，见表7-4和表7-5。随着抗震设防类别和抗震等级的不同，其抗震设计要求，逐次降低。

各抗震设防类别的高层建筑结构，其抗震措施应符合下列要求：

（1）甲、乙类建筑：当本地区的抗震设防烈度为6～8度时，应符合本地区抗震设防烈度提高一度的要求；当本地区的抗震设防烈度为9度时，应符合比9度抗震设防更高的要求。当建筑场地为Ⅰ类时，应允许仍按本地区抗震设防烈度的要求采取抗震构造措施。

（2）丙类建筑：应符合本地区抗震设防烈度的要求，当建筑场地为Ⅰ类时，除6度外，应允许按本地区抗震设防烈度降低一度的要求采取抗震构造措施。

各类抗震等级的高层建筑混凝土结构，应符合相应的计算和构造措施要求。A级高度丙类建筑的抗震等级应按表7-4确定。B级高度丙类建筑的抗震等级按表7-5确定。当本地区为9度时，A级高度乙类建筑的抗震等级应按表7-5的特一级采用，甲类建筑应采用更有效的抗震措施。

A级高度的高层建筑结构抗震等级 表7-4

结构类型		烈　度						
		6度		7度		8度		9度
框架	高度（m）	≤30	>30	≤30	>30	≤30	>30	≤25
	框架	四	三	三	二	二	一	一
框架—剪力墙	高度（m）	≤60	>60	≤60	>60	≤60	>60	≤50
	框架	四	三	三	二	二	一	一
	剪力墙	三		二		一		一
剪力墙	高度（m）	≤80	>80	≤80	>80	≤80	>80	≤60
	剪力墙	四	三	三	二	二	一	一
框支剪力墙	非底部加强部位剪力墙	四	三	三	二	二	一	不应采用
	底部加强部位剪力墙	二		二		一		
	框支框架	二		二		一		
筒体	框架—核心筒	框架	三		二		一	
		核心筒	二		二		一	
	核心筒	内筒	三		二		一	
		外筒						
板柱—剪力墙	板柱的柱	三		二		一		不应采用
	剪力墙	二		二		二		

B 级高度的高层建筑结构抗震等级   表 7-5

结 构 类 型		烈 度		
		6度	7度	8度
框架—剪力墙	框架	二	一	一
	剪力墙	二	一	特一
剪力墙	剪力墙	二	一	特一
框支剪力墙	非底部加强部位剪力墙	二	一	一
	底部加强部位剪力墙	二	一	特一
	框支框架	一	特一	特一
框架—核心筒	框架	二	一	一
	筒体	二	一	特一
筒中筒	外筒	二	一	特一
	内筒	二	一	特一

建筑场地为Ⅲ、Ⅳ类时，对设计基本地震加速度为 0.15s 和 0.30s 的地区，宜分别按抗震设防烈度 8 度（0.20s）和 9 度（0.40s）时，各类建筑的要求采取抗震构造措施。

7.1.7 建筑抗震概念设计

建筑抗震概念设计，系指根据地震灾害和工程经验等所形成的基本设计原则和设计思想，进行建筑和结构总体布置并确定细部构造的过程。要做好概念设计，需要的知识是多方面的，包括理论分析、设计经验、施工技术、事故或震害分析和处理等。同时，还应不断总结经验，勤于思考，加深对若干概念的理解。

单就抗震设计来说，概念设计有时比抗震计算更为重要。因为抗震计算所考虑的因素毕竟是局部的，而真正导致地震震害的因素是错综复杂的。

因此，要做好高层建筑抗震概念设计，至少应从以下诸方面综合考虑：

1）建筑设计方案的合理性。建筑设计是抗震概念设计的重要内容之一。为此，要求建筑设计不应采用严重不规则的设计方案。对于体形复杂、平立面特别不规则的建筑结构，可按实际需要在适当部位设置防震缝，形成多个较规则的抗侧力结构单元。

2）科学预测地震作用对结构的作用效应。地震作用的时间、方向、强度、频数和震源与震中距都是随机的，难以精确地预测，只能做到定性上正确，定量上大致接近并留有余地。

3）优先选择有利地段作为建筑场地。尽量避开地质断裂、错位、滑塌、液化等不利地段。当无法避开时，应进行场地判别和评价，设计时应采取有效措施。

4）注重地震震害的特殊性。地震震害的特殊性表现为地震震害存在着选择性、累积性和重复性。地震作用总是选择最薄弱的构件先行破坏，坚硬场地土的短周期结构比中、长周期结构震害严重，软弱场地上的中、长周期结构比短周期结构震害严重；处在大震级远震中距下的柔性建筑，其震害要比中、小震级近震中距的情况严重得多。地震的累积性表现为，在前震、主震和余震的同一地震序列中结构多次受损的累积效应。结构震害的重复性表现为，同一场地上，特性相同的结构，在多次地震下出现相似的震害。

5）注意地震作用方向的随机性。总体上地震作用分水平地震作用和竖向地震作用，实际上，地震作用的方向是随机性的。有时，竖向地震作用常与水平地震作用组合形成震害，对于大跨结构和悬挑结构，很可能竖向地震作用是震害的主因。

6）历次震害表明，次生灾害对人类生命财产的危害，有时比结构损坏更为严重。

以上所述，仅仅是考虑总体抗震设计的部分内容。概念设计的内容十分丰富，需要不断积累经验，及时总结提高。那种只注重具体计算、孤立地对待个别问题而忽视概念设计的做法，是应当避免的。

7.2 多层砌体房屋抗震设计

7.2.1 震害分析

本节所述的多层砌体房屋，主要包括由烧结普通粘土砖（简称普通砖）、烧结多孔粘土砖（简称多孔砖）和混凝土小型空心砌块（简称小砌块）作为砌体承重的多层房屋。其他如底层或底部两层框架—抗震墙和多排柱内框架砖砌体房屋，以及配筋混凝土小型空心砌块抗震墙房屋的抗震设计，尚应符合《抗震规范》的有关规定。

多层砌体房屋，由于所用材料的脆性性质，抗拉、抗弯、抗剪强度很低，因而抗震能力较差。特别是未经抗震设计的多层砌体房屋，震害更为严重。在我国1976年唐山地震中，在对地震烈度为10~11度的123幢砖房震害调查表明：实际破坏率达95.8%，尚能修复使用的只有4.2%。而在位于地震烈度为6~7度的地震区，经过抗震设计，仅有约10%~15%的房屋有不同程度的破坏，绝大部分基本完好。实践证明：凡是认真进行了抗震设计（包括在构造上采取抗震措施和必要的抗震计算）的多层砌体房屋，在很大程度上，能够抵抗地震的破坏。

下面仅就多层砌体房屋在地震中发生的震害情况，做些简要分析，以此作为抗震设计的依据。

1）房屋整体倒塌。引起的原因，一般是：结构底层墙体不足以抵抗由地震作用引起的剪力；房屋上部自重大，而墙体强度或刚度差，连接不好，或平面、立面处理不当；等等。

2）墙体开裂以致破坏。墙体裂缝形式主要有水平缝、斜缝、交叉缝和竖向裂缝等。水平缝大都发生在窗间墙上下截面以及楼板与墙体连接处。其主要原因是由于横墙间距大，楼盖刚度差，引起纵墙平面外受弯、受剪，或者楼盖与墙体连接不足所致。斜裂缝和交叉裂缝主要发生在底层窗间墙和山墙上，这主要是由地震作用产生的主拉应力超过砌体抗拉强度引起的。当纵、横墙交接处连接不足时，则很可能出现竖向裂缝，甚至导致整片纵墙倒塌或外闪。

3）墙角破坏。产生的主要原因是房屋尽端整体约束作用差，地震作用引起的扭转效应大，而且应力集中。当尽端布置空旷房间，横墙少时，更容易造成建筑物转角处的局部倒塌。

4）楼梯间墙体破坏。这主要是由于楼梯间墙体沿高度方向缺乏有力支撑，又无完整楼盖加强，故空间刚度差。特别是在顶层空间，墙高而稳定性差，更容易破坏。若楼梯设在房屋尽端，破坏尤为严重。

5）楼盖与屋盖破坏。在地震中，很少有因楼盖或屋盖本身强度与刚度不足而破坏的。其破坏原因主要是：①由于墙体倒塌而引起；②因梁、板在墙体上的支承长度过小或梁垫尺寸不足而引起；③板与板之间缺少足够的拉结而引起等。

6）附属构件破坏。主要是指突出于建筑物外面的小构件，如：小烟囱、女儿墙、门脸等，在6～7度时就有大量倒塌。其他如无筋砖过梁的开裂、下坠，板条抹灰开裂、剥落，隔墙开裂等，就更为普遍。

7.2.2　抗震措施

震害分析表明，多层砌体房屋在地震中的破坏，除部分因墙体强度不足以外，在很大程度上是由于建筑物的整体性不强，构件之间的相互连接不牢所致。所以，对地震区建筑，应按《抗震规范》有关抗震设防标准的规定采取必要的抗震构造措施，这是建筑抗震设计的主要组成部分。

（1）一般规定

1）多层砌体房屋的总高度和层数，不应超过表7-6的规定。对医院、教学楼等横墙较少的房屋总高度应比表7-6的规定相应降低3m，层数相应减少一层。各层横墙很少的房屋，多层砌体还应根据具体情况再适当降低总高度和减少层数。多层砌体房屋的层高，不应超过3.6m。

房屋的层数和总高度限值（m）　　　　　　　　　　　表7-6

房屋类别		最小墙厚度 (mm)	烈　度							
			6度		7度		8度		9度	
			高度	层数	高度	层数	高度	层数	高度	层数
多层砌体	普通砖	240	24	8	21	7	18	6	12	4
	多孔砖	240	21	7	21	7	18	6	12	4
	多孔砖	190	21	7	18	6	15	5		
	小砌块	190	21	7	21	7	18	6		
底部框架—抗震墙		240	22	7	22	7	19	6		
多排柱内框架		240	16	5	16	5	13	4		

注：1. 房屋的总高度指室外地面到主要屋面板板顶或檐口的高度，半地下室从地下室室内地面算起，全地下室和嵌固条件好的半地下室应允许从室外地面算起；对带阁楼的坡屋面应算到山墙尖的1/2高度处；

2. 室内外高差大于0.6m时，房屋总高度应允许比表中数据适当增加，但不应多于1m；

3. 本表小砌块砌体房屋不包括配筋混凝土小型空心砌块砌体房屋。

2）多层砌体房屋总高度与总宽度（单面走廊房屋的总宽度不包括走廊宽度）的最大比值，应符合表7-7的要求。

3）多层砌体房屋抗震横墙的间距，不应超过表7-8的要求。

4）多层砌体房屋的局部尺寸限值，宜符合表 7-9 的要求。

房屋最大高宽比　　　　　　　　　　　　表 7-7

烈　　　度	6	7	8	9
最大高宽比	2.5	2.5	2.0	1.5

注：1. 单面走廊房屋的总宽度不包括走廊宽；
　　2. 建筑平面接近正方形时，其高宽比适当减小。

房屋抗震横墙最大间距　　　　　　　　表 7-8

房　屋　类　型		烈　　　度			
		6	7	8	9
多层砌体	现浇或装配整体式钢筋混凝土楼、屋盖	18	18	15	11
	装配式钢筋混凝土楼、屋盖	15	15	11	7
	木楼、屋盖	11	11	7	4
底部框架—抗震墙	上部各层	同多层砌体房屋			—
	底层或底部两层	21	18	15	—
多排柱内框架		25	21	18	

注：1. 多层砌体房屋的顶层，最大横墙间距应允许适当放宽；
　　2. 表中木楼、屋盖的规定，不适用于小砌块砌体房屋。

房屋的局部尺寸限值　　　　　　　　　表 7-9

部　　　位	烈　　　度			
	6	7	8	9
承重窗间墙最小宽度	1.0	1.0	1.2	1.5
承重外墙尽端至门窗洞边的最小距离	1.0	1.0	1.2	1.5
非承重外墙尽端至门窗洞边的最小距离	1.0	1.0	1.0	1.0
内墙阳角至门窗洞边的最小距离	1.0	1.0	1.5	2.0
无锚固女儿墙（非出入口处）的最大高度	0.5	0.5	0.5	0.0

注：1. 局部尺寸不足时应采用局部加强措施弥补；
　　2. 出入口处的女儿墙应有锚固；
　　3. 多层排柱内框架房屋的纵向窗间墙宽度，不应小于 1.5m。

5）多层砌体房屋的结构体系，应符合下列要求：

（A）应优先采用横墙承重或纵横墙共同承重的结构体系；

（B）纵横墙的布置宜均匀对称，沿平面内宜对齐，沿竖向应上下连续；同一轴线上的窗间墙宽度宜均匀；

（C）房屋有下列情况之一时宜设置防震缝，缝两侧均应设置墙体，缝宽应根据抗震设防烈度和房屋高度确定，可采用 50～100mm：

a）房屋立面高差在 6m 以上；

b）房屋有错层，且楼板高差较大；

c）各部分结构刚度、质量截然不同。

（D）楼梯间不宜设置在房屋的尽端和转角处；

（E）烟道、风道、垃圾道等不应削弱墙体；当墙体被削弱时，应对墙体采

403

取加强措施，不宜采用无竖向配筋的附墙烟囱及出屋面的烟囱；

（F）不宜采用无锚固的钢筋混凝土预制挑檐。

（2）构造措施

1）构造柱

多层普通砖、多孔砖房，应按下列要求设置现浇钢筋混凝土构造柱（以下简称构造柱）：

（A）构造柱设置部位，一般情况下应符合表 7-10 的要求。

砖房构造柱设置要求　　　　　　　　　　　　　　表 7-10

房屋层数				设 置 部 位	
6 度	7 度	8 度	9 度		
四、五	三、四	二、三		外墙四角，错层部位横墙与外纵墙交接处，大房间内外墙交接处，较大洞口两侧	7、8 度时，楼、电梯间的四角；隔 15m 或单元横墙与外纵墙交接处
六、七	五	四	二		隔开间横墙（轴线）与外墙交接处，山墙与内纵墙交接处；7～9 度时，楼、电梯间的四角
八	六、七	五、六	三、四		内墙（轴线）与外墙交接处，内墙局部较小墙垛处；7～9 度时，楼、电梯间的四角；9 度时内纵墙与横墙（轴线）交接处

（B）外廊式和单面走廊式的多层房屋，应根据房屋增加一层的层数，按表 7-10 的要求设置构造柱，且单面走廊两侧的纵墙均应按外墙处理。

（C）教学楼、医院等横墙较少的房屋，应根据房屋增加一层后的层数按表 7-10 要求设置构造柱；当教学楼、医院等横墙较少的房屋为外廊式或单面走廊式时，应按 2 款要求设置构造柱，但 6 度不超过四层、7 度不超过三层、8 度不超过二层时按增加二层后的层数对待。

构造柱的作用有：①构造柱能够提高砌体的抗剪强度 10%～30% 左右；②构造柱同各层圈梁一起对砌体起约束作用，增强房屋抵抗变形的能力。

构造柱应当设置在震害较重，连接构造比较薄弱和易于应力集中的部位。其最小截面可采用 240mm × 180mm，纵筋宜采用 4ϕ12、箍筋间距不宜大于 250mm，且宜在柱上下端适当加密。当 7 度时超过六层、8 度时超过五层和 9 度时，纵筋宜采用 4ϕ14，箍筋间距不应大于 200mm，且在房屋四角处可适当加大截面及配筋。

构造柱必须先砌墙，后浇柱。在与墙体连接处宜砌成马牙槎，并应沿墙高每隔 500mm 设 2ϕ6 拉结钢筋，每边伸入墙内不宜少于 1m。

构造柱必须与圈梁有可靠连接，且构造的纵筋应穿过圈梁，保证构造柱纵筋上下贯通。

构造柱可不单独设置基础，但应伸入室外地面下 500mm 或与埋深小于 500mm 的基础圈梁相连。

2）圈梁

多层普通砖、多孔砖房屋，应按下列要求设置现浇钢筋混凝土圈梁：

（A）装配式钢筋混凝土楼、屋盖或木楼屋盖的砖房、横墙承重时应按表

7-11的要求设置圈梁；纵墙承重时每层均应设置圈梁，且抗震横墙上的圈梁间距应比表内要求适当加密。

（B）现浇或装配整体式钢筋混凝土楼、屋盖与墙体有可靠连接的房屋，应允许不另设圈梁，但楼板沿墙体周边应加强配筋并应与相应的构造柱钢筋可靠连接。

圈梁的作用是：①加强纵横墙的连接，以增强房屋的整体性，提高房屋的抗震能力；②箍住楼盖和屋盖，以增强墙体的稳定性；③与构造柱一起约束墙体的裂缝开展，增强墙体的变形能力；④减少地基的不均匀沉降等。对纵向承重房屋，每层均应设置圈梁，且横向圈梁应适当加密。现浇楼板不设圈梁时，楼板内必须有足够的钢筋（利用分布筋或另设钢筋）伸入构造柱内并满足锚固要求。

圈梁构造应符合下述要求：①圈梁应闭合，遇有洞口应上下搭接；②圈梁宜与预制板设在同一标高处或紧靠板底；③在表 7-11 要求的间距内无横墙时，应利用梁或板缝中配筋替代圈梁；④圈梁的截面高度不应小于 120mm，配筋应符合表 7-12 的要求。基础圈梁截面高度不应小于 180mm，配筋不应小于 4ϕ12。

砖房现浇钢筋混凝土圈梁设置要求 表 7-11

墙 类	烈 度		
	6、7 度	8 度	9 度
外墙及内纵墙	屋盖处及隔层楼盖处	屋盖处及每层楼盖处	屋盖处及每层楼盖处
内横墙	同上；屋盖处间距不应大于 7m；楼盖处间距不应大于 15m；构造柱对应部位	同上；屋盖处沿所有横向墙，且间距不应大于 7m；楼盖处间距不应大于 7m；构造柱对应部位	同上；各层所有横墙

圈梁配筋要求 表 7-12

配 筋	烈 度		
	6、7 度	8 度	9 度
最小纵筋	4ϕ8	4ϕ10	4ϕ12
最大纵筋间距(mm)	250	200	150

（C）楼盖、屋盖

多层砌体房屋的横向地震作用主要由横墙承担，其条件是楼盖须有足够的水平刚度将地震作用传递给横墙。为了满足楼盖传递地震所需的刚度，除横墙间距不应超过规范规定的限值以外，尚应对楼、屋盖采取必要的构造措施。

多层粘土砖房屋，屋盖的抗震构造，包括楼板搁置长度、楼板与圈梁、墙体的拉结，屋架（梁）与墙、柱的锚固、拉结等。对此，规范作如下的规定：现浇钢筋混凝土楼板或屋面板伸入纵、横墙的长度，均不应小于 120mm；装配式钢筋混凝土楼板或屋面板，当圈梁未设在板的同一标高时，板端伸进外墙的长度不应小于 120mm，伸进内墙的长度不应小于 100mm，且不应小于 80mm，在梁上不应小于 80mm；当板的跨度大于 4.8m 并与外墙平行时，靠外墙的预制板侧边应与墙或圈梁拉结，对于房屋端部大房间的楼盖，8 度时房屋的屋盖和 9 度时房

405

屋的楼、屋盖，当圈梁在板底时，钢筋混凝土预制板应相互拉结，并应与梁、墙或圈梁拉结。

楼、屋盖的钢筋混凝土梁或屋架应与墙、柱（包括构造柱）或圈梁可靠连接，梁与砖柱的连接不应削弱柱截面，各层独立砖柱顶部应在两个方向均有可靠连接。

7度时长度大于7.2m的大房屋，及8度和9度时，外墙转角及内外墙交接处，应沿墙高每隔500mm配置2φ6拉结钢筋，并每边伸入墙内不宜小于1m。

坡屋顶房屋的屋架应与顶层圈梁可靠连接，檩条或屋面板与墙及屋架可靠连接，房屋出入口处的檐口瓦应与屋面构件锚固，8度和9度时，顶层内纵墙顶宜增砌支撑端山墙的踏步或墙垛。

（D）楼梯间

楼梯间是地震时疏通的要道，而且震害又较严重，故对其抗震构造要求应予足够重视。为此，规范规定：

a）8度和9度时，顶层楼梯间横墙和外墙宜沿墙高每隔500mm设2φ6通长钢筋，9度时其他各层楼梯间可在休息平台或楼层半高处，设置60mm厚的配筋砂浆带，砂浆强度等级不宜低于M5，钢筋不宜少于2φ10；

b）8度和9度时，楼梯间及门厅内墙阳角处的大梁支承长度不应小于500mm，并应与圈梁连接；

c）装配式楼梯段，应与平台梁有可靠连接；不应采用墙中悬挑式踏步，或踏步竖肋插入墙体的楼梯，不应采用无筋砖砌栏板；

d）突出屋顶的塔楼、电梯间，构造柱应伸到顶部，并与顶部圈梁连接，内外墙交接处应沿墙高每隔500mm设2φ6拉结钢筋，且每边伸入墙内不宜小于1m。

（E）墙体、阳台与过梁

墙体除在施工时应重视砌筑质量，注意纵横墙的咬槎等以外，构造要求：7度时层高超过3.6m或长度大于7.2m的大房间，以及8度和9度时，外墙转角及内外墙交接处，当未设构造柱时，应沿墙高每隔500mm配置2φ6拉结钢筋，并每边伸入墙内不宜小于1m。

此外，预制阳台应与圈梁和楼板的现浇板带可靠连接。门窗洞处不应采用无筋砖过梁；过梁支承长度，6～8度不应小于240mm，9度时不应小于360mm。预制阳台应与圈梁和楼板的现浇板带可靠连接。

（F）基础

房屋同一结构单元，宜采用同一类型的基础，且底面宜埋置在同一标高上。否则容易因地面运动传递到基础的不同高度处而造成震害。如有困难时，则应设置基础圈梁，并应按1:2的台阶逐步放坡，避免高差突变过大。

对于较弱地基上的房屋，应在外墙及所有承重墙下设置基础圈梁，以增强抵抗不均匀沉陷和加强房屋基础部分的整体性。

（G）其他

406

横墙较少的多层普通砖、多孔砖住宅楼，当房屋总高度和层数接近或达到表

7-6 规定的限值时，应采取下列加强措施：

　　a）房屋最大开间尺寸不宜大于 6.6m；

　　b）同一结构单元内，横墙错位数量不宜超过横墙总数的 1/3，且连续错位不宜多余两道；错位的墙体交接处均应增设构造柱，且楼、屋面板应采用现浇钢筋混凝土板；

　　c）横墙和内纵墙上洞口宽度不宜大于 1.5m；外纵墙上洞口宽度不宜大于 2.1m 或开间尺寸的一半，且内外墙上洞口位置不应影响内外纵墙与横墙的整体连接；

　　d）所有纵横墙均应在楼、屋盖标高处设置加强的现浇钢筋混凝土圈梁；圈梁的截面高度不宜小于 150mm，上下纵筋各不应小于 3ϕ10，箍筋不小于 ϕ6，间距不大于 300mm；

　　e）所有纵横墙交接处及横墙的中部，均应增设不宜小于 240mm×240mm 的构造柱，横墙构造柱柱距不宜小于层高；纵墙构造柱柱距不宜大于 4.2m。

7.2.3　抗震计算要点

　　震害分析表明，多层砌体房屋在地震中的破坏，主要是由于建筑物整体性不强和墙体的强度不足而引起的。所以除应采取必要的抗震构造措施，以加强房屋的整体性以外，规范还要求对甲类建筑的地震作用，应按专门研究的地震动参数计算；对其他各类建筑的地震作用，当设防烈度为 7、8、9 度时，应按本地区的设防烈度计算，而当设防烈度为 6 度时，一般可不进行地震作用计算。

　　地震时，在水平及垂直方向都有地震作用产生，在某些情况下，还可能产生扭转作用。对于多层砌体结构房屋的抗震计算，一般只考虑水平方向的地震作用，通常对建筑物的两个主轴方向进行计算。

　　由于对房屋的高度、层数、高宽比以及横墙间距等都做了一定的规定与限制，并采取了必要的抗震措施，房屋的整体刚度较大，沿高度分布也比较均匀。所以，地震作用时，房屋的整体弯曲变形所占的比重很小，房屋是以剪切变形为主。因此，可以采用底部剪力法进行计算。

　　对于刚性方案房屋，当承受水平地震作用时，可认为楼盖在其水平面内无变形、无扭转、仅发生整体平移、各墙体的水平位移相等，故每道墙体所承受的地震作用，可按平行于地震作用方向墙体的侧移刚度，按比例进行分配。

　　抗震计算中，只需对纵、横向的不利墙段进行截面强度验算，包括抗剪承载力验算和抗震承载力验算。不利墙段宜选取：①承载面积较大的墙段；②竖向压应力较小的墙段；③横截面较小的墙段。具体验算要求，见《抗震规范》第 7.2 节。

7.3　单层工业厂房抗震设计

7.3.1　震害分析

　　单层钢筋混凝土厂房，由于厂房的跨度、跨数、柱距、柱高变化较大，而且屋盖较重，整体性较差，所以震害反映比较复杂。历次地震震害表明：未经专门抗震设防的单层钢筋混凝土厂房，绝大多数在经历了6度和7度地震之后，主体结构基本完好；8度时，主体结构有不同程度的震害；9度时，主体结构损坏严重，围护墙大量倒塌，突出屋面的天窗架倾倒，屋盖局部塌落；在遭遇9度以上强烈地震时，则普遍出现围护结构倒塌；柱身折断，重屋盖塌落等严重震害，而在1976年的唐山大地震中，经过8度抗震设防的唐山钢铁公司第二炼钢厂房，实际上经历了10度强烈地震之后，主体结构仍然保持完好。

大量震害调查及试验研究表明，钢筋混凝土单层厂房，经过抗震设防之后，具有良好的抗震性能，是一种良好的抗震结构。下面主要研讨钢筋混凝土单层厂房的震害特点。

（1）横向地震作用下主体结构的震害

横向地震作用，主要由横向排架或刚架承受。其传递路线是

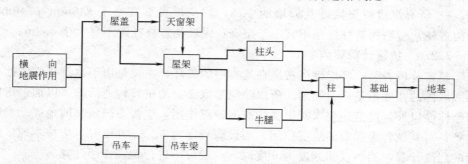

在地震作用的传递过程中所涉及的构件或节点，可能因强度不足或变形过大而引起破坏。其中较典型的有以下几方面：

1）柱头及屋架连接的破坏。在地震时，柱头承受着横向地震、垂直荷载以及竖向地震的共同作用。当屋架与柱头焊缝强度不足时，可能引起焊缝被切断；当预埋构件锚固不足时，可能将锚筋拔出而使连接破坏；当节点连接强度不足时，可能使柱头混凝土在剪压复合受力状态下，出现斜裂缝，甚至酥落，钢筋拔出等，以上破坏均可能导致屋架由柱顶塌落。

2）上柱变截面处开裂或折断。一般上柱截面较小，在由屋盖与吊车引起的地震作用下，上柱承受的剪力很大，因而使其处于压弯剪的复合受力状态。在上柱的变截面处因刚度突变而产生应力集中现象，故常在吊车梁顶面附近产生裂缝，甚至被折断。

3）下柱开裂或折断。下柱常在地坪以上窗台以下的一段，因抗弯强度不足出现水平裂缝，或因抗剪强度不足出现斜裂缝。在9度以上的高烈度区，有过柱根折断而使厂房整片倒塌的例子。其中以薄壁工字型截面柱和空腹柱（特别是中柱）最为严重。平腹杆双肢柱则出现腹杆环向拉裂的现象。

4）柱肩竖向拉裂。高低跨厂房的中柱，常用柱肩或牛腿支承低跨屋架。地震时，由于高振型影响，高低跨两个屋盖可能产生相反方向的运动，如果柱肩或牛腿内的水平钢筋配置不足，就会被拉，产生竖向裂缝，或导致低跨屋架塌落。

5）Π形天窗架与屋架连接节点的破坏。Π型天窗架突出于屋面，天窗上的屋盖重量大，重心高，刚度突变，且受高振型影响，因而使地震作用增大数倍。

由此造成天窗架立柱折断，连接焊缝或螺栓被切断，以致天窗架下塌。

6）围护墙体开裂、外闪、局部或大面积倒塌。这种破坏一般发生在重量和刚度突变处，其中以高悬墙、女儿墙破坏最为严重。

（2）纵向地震作用下主体结构的震害

纵向地震作用，主要由纵向柱列承受。其传递路线是

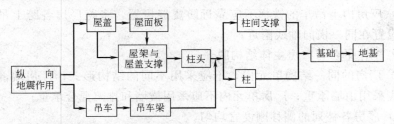

在地震作用的传递过程中，若某一环节强度不足，便会引起震害。较典型的破坏情况，可归纳如下：

1）屋面板错动坠落。多由屋面板与屋架焊接不牢，或屋面板边肋预埋件锚固不足而引起。屋面坠落常砸坏厂房设备，甚至引起屋架平面外失稳倾斜或倒塌。

2）屋架破坏。表现为屋架的支墩（用于支承端部屋面板）被切断，屋架端节间上弦被剪断；当屋盖支承较弱时，屋架产生失稳和倾斜，等等。

3）∏形天窗架倾倒，立柱在平面外折断。多因纵向支撑杆件压曲失稳或连接失效，以及侧向挡风板与天窗架焊接产生的应力集中而引起。

4）支撑破坏。纵向地震作用主要由支撑系统承担。在一般情况下，支撑仅按构造设置，与抗震要求相比，构件刚度偏弱，强度偏低，节点构造单薄。由于以上原因，地震时普遍发生杆件压曲、节点板扭折、焊缝开裂、锚件拉脱、锚筋拉断、甚至个别杆件被拉断等现象。由此致使支撑失效，导致主体结构倾倒。在整个支撑系统中，以天窗垂直支撑震害最重，其次是屋盖支撑及柱间支撑。有时因柱间支撑刚度过强，设置间距过大，造成纵向柱列应力集中而使柱身被切断。

5）围护结构的震害。在纵向地震作用下的震害有山墙、山尖外闪或局部塌落；伸缩缝两侧的砖墙因相互碰撞而造成局部破坏；当纵墙在柱间嵌砌时，导致屋架与柱头节点沿纵向破坏；等等。

（3）其他震害

除上述地震作用引起的震害以外，由于厂房平面布置、构件造型或构造上不利于抗震，或是因车间内设备、平台布置不均，使厂房沿横向刚度中心与质量中心不一致而产生扭转。扭转作用使得厂房四角的柱子震害加重。此外，由于主厂房与毗连的附属车间、生活间之间未设防震缝或缝宽不够时，高振型影响使之彼此发生碰撞，结果使毗连建筑倾斜以致倒塌。

7.3.2　抗震措施

（1）一般规定

1）厂房结构布置，应符合下列要求：

（A）多跨厂房宜等高和等长；

（B）厂房的贴建房屋和构筑物，不宜布置在厂房角部和紧临防震缝处；

（C）厂房体型复杂或贴建的房屋和构筑物，宜设防震缝；在厂房纵横跨交界处，大柱网厂房或不设支撑的厂房，防震缝宽度可采用 100～150mm，其他情况可采用 50～90mm；

（D）两个主厂房之间的过渡跨至少应有一侧采用防震缝与主厂房脱开；

（E）厂房内上吊车的铁梯不应靠近防震缝设置，多跨厂房各跨上吊车的铁梯不宜设置在同一横向轴线附近；

（F）工作平台与厂房主体结构脱开；

（G）厂房的同一结构单元内，不应采用不同的结构形式；厂房端部应设屋架，不应采用山墙承重；厂房单元内不应采用横墙和排架混合承重；

（H）厂房各柱列的侧移刚度宜均匀。

2）厂房屋架的设置，应符合下列要求：

（A）厂房宜采用钢屋架或重心较低的预应力混凝土、钢筋混凝土屋架；

（B）跨度不大于 15m 时，可采用钢筋混凝土屋面梁；

（C）跨度不大于 24m 或 8 度 III、IV 类场地和 9 度时，应优先采用钢屋架；

（D）柱距为 12m 时，可采用预应力混凝土托架（梁），当采用钢屋架时，亦可采用钢托架（梁）；

（E）有突出屋面天窗架的屋盖不宜采用预应力混凝土或钢筋混凝土空腹屋架；

3）厂房天窗的设置，应符合下列要求：

（A）天窗宜采用突出屋面较小的避风型天窗，有条件或 9 度时宜采用下沉式天窗；

（B）突出屋面的天窗宜采用钢天窗架，6～8 度时，可采用矩形截面杆件的钢筋混凝土天窗架；

（C）8 度和 9 度时，天窗架宜从厂房单元端部第三柱间开始设置；

（D）天窗屋盖、端壁板和侧板，宜采用轻型板材。

4）厂房柱的设置，应符合下列要求：

（A）8 度和 9 度时，宜采用矩形、工字形截面柱或斜腹杆双肢柱，不宜采用薄壁工字形柱、腹板开孔工字形柱、预制腹板的工字形柱和管柱；

（B）柱底至室内地坪以上 500mm 范围内和阶形柱的上柱宜采用矩形截面。

（2）抗震构造措施

1）有檩屋盖体系，其构件的连接与支撑布置，应符合下列要求：

（A）檩条应与屋架（屋面梁）焊牢，并应有足够的支承长度；

（B）双脊檩应在跨度 1/3 处相互拉结；

（C）压型钢板应与檩条可靠连接，瓦楞铁、石棉瓦等应与檩条拉结；

（D）支撑布置宜符合表 7-13 的要求；

2）无檩屋盖体系，其构件的连接及支撑布置，应符合下列要求：

（A）大型屋面板应与屋架（屋面梁）焊牢，靠柱列的屋面板与屋架（屋面梁）的连接焊缝不宜小于 80mm；

有檩屋盖的支撑布置 表 7-13

支 撑 名 称		烈 度		
		6、7	8	9
屋架支撑	上弦横向支撑	厂房单元端开间各设一道	厂房单元端间及厂房单元长度大于 66m 的柱间支撑开间各设一道；天窗开洞范围的两端各增设局部的支撑一道	厂房单元端开间及厂房单元长度大于 42m 的柱间支撑开间各设一道；天窗开洞范围的两端各增设局部的上弦横向支撑一道
	下弦横向支撑	同非抗震设计		
	跨中竖向支撑			
	端部竖向支撑	屋架端部高度大于 900mm 时，厂房单元端开间及柱间支撑开间各设一道		
天窗架支撑	上弦横向支撑	厂房单元天窗端开间各设一道	厂房单元天窗端开间及每隔 30m 各设一道	厂房单元天窗端开间及每隔 18m 各设一道
	两侧竖向支撑	厂房单元天窗端开间及每隔 36m 各设一道		

（B）6 度和 7 度时，有天窗厂房单元的端开间，或 8 度和 9 度时各开间，宜将垂直屋架方向两侧相邻的大型屋面板的顶面彼此焊牢；

（C）8 度和 9 度时，大型屋面板端头底面的预埋件宜采用角钢并应与主筋焊牢；

（D）非标准屋面板宜采用装配整体式接头，或将板四角切掉后与屋架（屋面梁）焊牢；

（E）屋架（屋面梁）端部顶面预埋件的锚筋，8 度时不宜小于 $4\phi10$，9 度时不宜小于 $4\phi12$；

（F）支撑的布置宜符合表 7-14 的要求；有中间井式天窗时宜符合表 7-15 的要求；8 度和 9 度时，跨度不大于 15m 的屋面梁屋盖，可仅在厂房单元两端各设一道竖向支撑。

3）钢筋混凝土屋架的截面和配筋，应符合下列要求：

（A）屋架的上弦第一节间和梯形屋架端竖杆的配筋，6 度和 7 度时不宜少于 $4\phi12$，8 度和 9 度时不宜少于 $4\phi14$；

（B）梯形屋架的端杆截面宽度宜与上弦宽度相同；

（C）屋架上弦端部支承屋面板的小立柱的截面不宜小于 $200mm \times 200mm$，高度不宜大于 500mm，主筋宜用 Π 形，6 度和 7 度时的不宜少于 $4\phi12$，8 度和 9 度时不宜少于 $4\phi14$，箍筋可采用 $\phi6@100$。

4）厂房柱子的箍筋，应符合下列要求：

（A）箍筋加密范围：

a）柱头，取柱顶以下 500mm，且不小于柱截面长边尺寸；

b）上柱，取阶形柱自牛腿顶面至吊车梁顶面以上 300mm；

c）牛腿（柱肩），取全高；

d）柱根，取下柱柱底至室内地坪以上 500mm；

411

无檩屋盖的支撑布置　　　　　　　　　　　表 7-14

支　撑　名　称		烈　　度		
		6、7	8	9
屋架支撑	上弦横向支撑	屋架跨度小于18m 时同非抗震设计,跨度不小于 18m 时在厂房单元端开间各设一道	厂房单元端开间及柱间支撑开间各设一道,天窗开洞范围的两端各增设局部的支撑一道	
	上弦通长水平系杆	同非抗震设计	沿屋架跨度不大于15m 设一道,但装配整体式屋面可不设;围护墙在屋架上弦高度有现浇圈梁时,其端部处可不另设	沿屋架跨度不大于12m 设一道,但装配整体式屋面可不设;围护墙在屋架上弦高度有现浇圈梁时,其端部处可不另设
	下弦横向支撑		同非抗震设计	同上弦横向支撑
	跨中竖向支撑			
	两端竖向支撑 屋架端部高度 ≤900mm		厂房单元端开间各设一道	厂房单元端开间及每隔 48m 各设一道
	两端竖向支撑 屋架端部高度 ＞900mm	厂房单元端开间各设一道	厂房单元端开间及柱间支撑开间各设一道	厂房单元端开间、柱间支撑开间及每隔 30m 各设一道
天窗架支撑	天窗两侧竖向支撑	厂房单元天窗端开间及每隔 30m 各设一道	厂房单元天窗端开间及每隔 24m 各设一道	厂房单元天窗端开间及每隔 18m 各设一道
	上弦横向支撑	同非抗震设计	天窗跨度≥9m 时,厂房单元天窗端开间及柱间支撑开间各设一道	厂房单元天窗端开间及柱间支撑开间各设一道

中间井式天窗无檩屋盖支撑布置　　　　　　表 7-15

支　撑　名　称		6、7度	8度	9度
上弦横向支撑 下弦横向支撑		厂房单元端开间各设一道	厂房单元端开间及柱间支撑开间各设一道	
上弦通长水平系杆		天窗范围内屋架跨中上弦节点处设置		
下弦通长水平系杆		天窗两侧及天窗范围内屋架下弦节点处设置		
跨中竖向支撑		有上弦横向支撑开间设置,位置与下弦通长系杆相对应		
两端竖向支撑	屋架端部高度 ≤900mm	同非抗震设计		有上弦横向支撑开间,且间距不大于48m
	屋架端部高度 ＞900mm	厂房单元端开间各设一道	有上弦横向支撑开间,且间距不大于48m	有上弦横向支撑开间,且间距不大于30m

　　e) 柱间支撑与柱连接节点和柱变位受平台、嵌砌内隔墙等约束的部位,取上、下各 300mm。

（B）加密区的箍筋间距不应大于 100mm，最小箍筋直径应符合表 7-16 的规定。

柱加密区箍筋最大肢距和最小箍筋直径   表 7-16

烈度和场地类别		6 度和 7 度 Ⅰ、Ⅱ类场地	7 度Ⅲ、Ⅳ类场地和 8 度Ⅰ、Ⅱ类场地	8 度Ⅲ、Ⅳ类 场地和 9 度
箍筋最大肢距(mm)		300	250	200
箍筋最小直径	一般柱头和柱根	$\phi6$	$\phi8$	$\phi8(\phi10)$
	角柱柱头	$\phi8$	$\phi10$	$\phi10$
	上柱牛腿和支撑的柱根	$\phi8$	$\phi8$	$\phi10$
	有支撑的柱头和柱变位受 约束部位	$\phi8$	$\phi10$	$\phi10$

注：括号内数值用于柱根。

5）山墙抗风柱的配筋，应符合下列要求

（A）抗风柱柱顶以下 300mm 和牛腿（柱肩）面以上 300mm 范围内的箍筋，直径不宜小于 6mm，间距不应大于 100mm，肢距不宜大于 250mm；

（B）抗风柱的变截面牛腿（柱肩）处，宜设置纵向受拉钢筋。

6）厂房柱间支撑的布置，应符合下列要求：

（A）一般情况下，应在厂房单元中部设置上、下柱间支撑，且下柱支撑应与上柱支撑配套设置；

（B）有吊车或 8 度和 9 度时，宜在厂房单元两端增设上柱支撑；

（C）厂房单元较长或 8 度Ⅲ、Ⅳ类场地和 9 度时，可在厂房单元中部 1/3 区段内设置两道柱间支撑；

（D）柱间支撑应采用型钢，支撑形式宜采用交叉式，其斜杆与水平面的交角不宜大于 55°；

（E）单层钢结构厂房，有吊车时，应在厂房单元中部设置上下柱间支撑，并应在厂房单元两端增设上柱支撑；7 度时结构单元长度大于 120m，8、9 度时结构单元长度大于 90m，宜在单元中部 1/3 区段内设置两道上下柱间支撑。

7）厂房结构构件的连接节点，应符合下列要求：

（A）屋架（屋面梁）与柱顶的连接，8 度时宜采用螺栓，9 度时宜采用钢板铰，也可采用螺栓；屋架（屋面梁）端部支承垫板的厚度不宜小于 16mm；

（B）柱顶预埋件的锚筋，8 度时宜采用 $4\phi14$，9 度时不宜少于 $4\phi16$；有柱间支撑的柱子，柱顶预埋件还应增设抗剪钢板；

（C）山墙端抗风柱的柱顶，应设置预埋板，使柱顶与端屋架的上弦（屋面梁的上翼缘）可靠连接；

（D）支撑低跨屋盖的中柱牛腿（柱肩）的预埋件，应与牛腿（柱肩）中按计算承受水平拉力部分的纵向钢筋焊接，且焊接的钢筋，6 度和 7 度时不应少于 $2\phi12$，8 度时不应少于 $2\phi14$，9 度时不应少于 $2\phi16$；

（E）柱间支撑与柱连接节点预埋件的锚件，8 度Ⅲ、Ⅳ类场地和 9 度时，宜采用角钢加端板，其他情况可采用 HRB335 级或 HRB400 级热轧钢筋，但锚固

413

长度不应小于 30 倍锚筋直径或增设端板。

7.3.3 抗震计算要点

单层厂房的抗震计算可分别在横向和纵向两个方向进行。对于设防烈度为 7 度的 I、II 类场地，且柱高不超过 10m 的单跨及多跨等高厂房（锯齿形厂房除外），可不进行横向及纵向抗震计算，但应符合抗震构造措施的要求。

单层厂房横向抗震计算，可只取一榀横向排架作为计算单元，一般情况下，宜按多质点空间结构分析。单跨和多跨等高厂房可简化为单质点体系，两跨不等高厂房可简化为二质点体系，三跨不对称厂房（中跨升高）可简化为三质点体系。对于设有桥式吊车的厂房，除了将厂房重力集于屋盖处以外，还应考虑吊车重力对柱子的不利影响。一般是把某跨吊车的重力集中在该跨任一个柱子的吊车梁顶面处。如两跨不等高厂房均有桥式吊车，则应按四个质点体系计算地震作用。

单层厂房纵向抗震计算，一般情况下，可按质点进行空间结构分析。纵墙对称布置的单跨厂房和轻型屋盖的多层厂房，可按柱列分析独立计算。

单层厂房的地震作用，亦可用底部剪力法计算。在求得各质点处的水平地震作用（两个方向均有可能）以后，便可将其视为静力荷载进行排架内力分析，求得各柱由地震作用引起的内力，再与其他荷载效应进行组合，依此进行截面设计。

此外，对于有天窗厂房，突出屋面天窗架，有斜撑杆的三铰拱式钢筋混凝土和钢天窗架，其横向抗震计算，可采用底部剪力法，跨度大于 9m 或 9 度时，天窗架的地震作用效应应乘以增大系数 1.5。突出屋面天窗架的纵向抗震计算，对标高不超过 15m 的单跨和多跨混凝土无檩屋盖厂房的天窗架纵向地震作用计算，可采用底部剪力法。

单层钢结构厂房的横向抗震计算，一般情况下，宜计入屋盖变形进行空间分析；当采用轻型屋盖时，可按平面排架或框架计算。单层钢结构厂房的纵向抗震计算，当采用轻质墙板或与柱柔性连接的大型墙板时，可按单质点计算；当采用与柱贴砌的烧结普通粘土砖围护墙时，可参照钢筋混凝土结构厂房的纵向抗震计算。

7.4 多层和高层钢筋混凝土房屋抗震设计

7.4.1 震害分析

基于国内外的大量震害调查分析，可以将未经抗震计算或设防的框架结构房屋震害情况概括为：地震烈度为 6 度和 7 度区的主体结构基本完好，仅填充墙有轻微裂缝；8 度和 9 度区主体结构局部破坏，填充墙及屋顶突出部分严重开裂或倒塌；10 度区梁柱严重破坏，少量倒塌，填充墙许多倒塌。震害调查还表明，只要在结构设计中经过抗震计算并采取妥善的设防措施，在一般烈度区建造多层框架房屋是可以保证安全的。例如，天津广谊宾馆为 8 层钢筋混凝土框架大孔砖填充墙结构，按 7 度设防烈度进行了抗震设计，建成后不久，遭遇了 1976 年的唐山大地震，天津震区高于 8 度，调查资料表明，震后该建筑物主体结构破坏轻微，仅填充墙有一定震害。

从震害调查资料可以看出，框架结构震害严重部位多发生在框架梁柱节点和填充墙处。当下部填充墙较多时，上部震害严重；当上部填充墙较多时，下部震害严重。现将框架结构房屋的震害情况及特点归纳如下。

（1）框架的震害

框架的震害主要发生在梁柱节点处。一般的震害规律是：柱的震害重于梁，柱顶的震害重于柱底，角柱的震害重于内柱，短柱的震害重于一般柱。

1）柱：柱顶周围出现水平裂缝（斜裂缝或者交叉裂缝），重者混凝土被压碎崩落，柱内纵筋压屈外凸呈灯笼状，导致上部梁板倾斜。主要原因是由于节点处的弯矩、剪力和轴力都比较大，而柱头的箍筋配置不足，或混凝土浇筑质量欠佳。这种破坏较为普遍，且难以修复。柱底震害，常见的是距地面 $100\sim400\text{mm}$ 处产生周围水平裂缝，但由于此处箍筋较密，浇筑质量较好，震害较轻。柱身也有的由于抗剪强度不足而出现裂缝。

角柱所受扭转剪力最大，同时受有双向弯矩作用，横梁约束又小，所以震害比内柱严重。在有错层、夹层、半高填充墙或不适当地设置拉梁时，则容易形成 $H/b<4$ 的短柱（H 为柱高、b 为截面边长）。短柱刚度大，吸引的地震作用也大，从而使之受到剪力也大。当混凝土的抗剪强度不足时，便会产生交叉裂缝乃至脆性错断。此外，框架柱的明牛腿，由于在设计中忽略其抗侧力性能，引起靠柱边拉裂的震害也较为普遍。

2）梁：梁的两端，在节点附近产生周围的竖向裂缝，一般比较轻。这是由于往复的水平地震作用使梁受拉而引起的。

3）梁柱节点：主要反应在节点核心区出现交叉的斜向贯通裂缝，这主要是由轴向压力和反号弯矩对节点产生的剪力，使节点核心区混凝土处于剪压复合应力状态。当其主拉应力超过混凝土的抗拉强度时，随之出现斜向贯通裂缝。

4）整体框架破坏：主要发生在框架的刚度沿垂直或水平方向有突变处。例如设在钢筋混凝土筒仓下的框架，在 8 度以上地区均遭到破坏。又如 1972 年美国圣弗尔南多地震中，奥立弗医疗中心主楼（1～2 层为框架结构；3～6 层为框架—剪力墙结构），由于上下刚度相差悬殊，造成底层柱子严重酥裂，钢筋压屈，侧移达 600mm。当平面刚度不均匀时，常因刚心与质心不重合而导致扭转，如天津人民印刷厂印刷车间，为 L 形平面的 6 层现浇框架，地震后角柱严重酥裂，主筋外露压弯。天津 794 厂的 5 层框架结构厂房，因电梯间设在端部，刚度过大，而使第二层 11 根柱严重扭转开裂。

（2）填充墙的震害

框架结构的填充墙，多采用实心砖墙，在地震作用下与框架共同工作。墙体受框架的约束，框架受墙体的支撑，从而使框架的早期刚度大为增加。但由于填充墙框架吸引了较大的地震作用，而填充墙抗剪强度又很低，所以，填充墙破坏较早也较严重。试验表明，当框架的层间相对侧移达到 2/10000 时，墙面就出现初裂。在地震的反复作用下，产生墙面交叉裂缝。9 度以上地区填充墙大部分倒

415

塌，空心砖填充墙更为严重。

由于框架结构的变形以剪切型为主，下部层间侧移大，故下部几层填充墙破坏严重，而框架—抗震墙结构的变形呈弯剪型，故填充墙在上部几层破坏严重。

（3）地基或其他原因造成的震害

建造在软弱地基上的高大柔性建筑物，地震烈度虽然不高，但由于结构自振周期与地基土卓越周期（地基土自振加速度最大时的周期）接近而发生共振现象，致使结构破坏程度加重。这种破坏实例很多，例如 1985 年 9 月 19 日的墨西哥地震中，震害集中反映在距震中 350km 的墨西哥城，该城坐落于海拔二千米的高原湖洪积层土层上，其软土层卓越周期为 1.5～2s，结果是 7～15 层建筑破坏和倒塌率最高；而古老的砖石结构和高度更大的建筑破坏却很少，其中 44 层拉丁美洲大厦基本无损。又如 1976 年委内瑞拉发生 6.5 级地震，距震中 56km 的加拉斯加洲冲积层地区，有 4 幢 10～12 层的钢筋混凝土框架公寓倒塌。1976 年唐山发生 7.8 级地震时，距震中 70km 的天津塘沽地区天津碱厂蒸吸塔，为 13 层 55m 高的框架结构工程，地质条件为淤泥质软土层，结果 7 层以上全部倒塌。许多震害分析论文一致认为，7～15 层框架与软土地基发生共振，会引起建筑的严重破坏。

此外，也有因抗震缝宽度过小而引起两侧墙体碰幢，面砖掉落，或因施工质量欠佳而引起震害严重的实例。

7.4.2　抗震措施

（1）一般规定

1）结构体系的选择

《抗震规范》在考虑了地震烈度，不同结构类型的抗震性能，以及使用要求和经济效果的基础上，综合地震经验，对现浇钢筋混凝土房屋的最大适用高度作出了规定，见表 5-1 和表 5-2。

框架结构的水平刚度较差，在地震区一般适用于 10 层左右体型简单、刚度均匀的建筑物；对于层数较多、体型复杂、刚度不均匀的建筑，为减小侧移，减轻震害，宜采用框架—抗震墙或抗震墙结构。

本章的"抗震墙"即国家标准《混凝土结构设计规范》GB 50010—2002 中的剪力墙。

结构体系的选择，还应考虑结构刚度与地质条件的关系。在设计之前应事先了解场地和场地土的卓越周期，然后调整结构刚度以避开共振周期。同时，应尽可能选择轻质高强和多功能的建筑材料以减轻自重，降低造价。

基础形式的合理选择，对减轻震害关系很大。震害调查表明，凡设置地下室的房屋，不仅受面波影响小；而且由于地下室降低了结构重心，加强了整体稳定性，因而使震害减轻。对于软弱地基，宜选用桩基、筏形基础或箱形基础。当岩层起伏不平，或为砂土液化土层时，最好采用桩基。但后者必须穿过液化层、以防止失稳。

2）抗震等级的确定

钢筋混凝土房屋应根据烈度、结构类型和房屋高度采用不同的抗震等级，并应符合相应的计算和构造措施。丙类建筑的抗震等级应按表 7-4 和 7-5 确定。

钢筋混凝土房屋抗震等级尚应符合下列要求：

（A）框架抗震墙结构，在基本振型地震作用下，若框架部分承受的地震倾覆力矩大于结构总地震倾覆力矩的 50％，其框架部分的抗震等级应按框架结构确定，最大适用高度可比框架结构适当增加；

（B）裙房与主楼相连，除应按裙房本身确定外，不应低于主楼的抗震等级；主楼结构在裙房顶层及相邻上下各一层应适当加强抗震构造措施。裙房与主楼分离时，应按裙房本身确定抗震等级；

（C）当地下室顶板作为上部结构的嵌固部位时，地下一层的抗震等级应与上部结构相同，地下一层以下的抗震等级可根据具体情况采用三级或更低等级。地下室中无上部结构的部分，可根据具体情况采用三级或更低等级；

（D）抗震设防类别为甲、乙、丁类的建筑，应根据抗震设防标准和表 7-4 和 7-5 确定抗震等级；其中，8 度乙类建筑高度超过表 7-4 和 7-5 规定的范围时，应经专门研究采取比一级更有效的抗震措施。

3）结构布置要求

（A）框架结构和框架—抗震墙结构中，框架和抗震墙均应双向设置，柱中线与抗震墙中线、梁中线与柱中线之间，偏心距不宜大于柱宽的 1/4。

（B）框架—抗震墙和板柱—抗震墙结构中，抗震墙之间无大洞口的楼、屋盖的长宽比，不宜超过表 7-17 的规定；超过时，应计入楼盖平面变形的影响。

抗震墙之间楼、屋盖的长宽比　　　　　　表 7-17

楼、屋盖类型	烈　　度			
	6	7	8	9
现浇、叠合梁板	4	4	3	2
装配式楼盖	3	3	2.5	不宜采用
框支层和板柱—抗震墙的现浇梁板	2.5	2.5	2	不应采用

（C）采用装配式楼、屋盖时，应采取措施保证楼、屋盖的整体性及其与抗震墙的可靠连接。采用配筋现浇面层的加强时，厚度不宜小于 50mm。

（D）框架—抗震墙结构中的抗震墙设置，宜符合下列要求：

a）抗震墙宜贯通房屋全高，且横向与纵向的抗震墙宜相连；

b）抗震墙宜设置在墙面不需要开大洞口的位置；

c）房屋较长时，刚度较大的纵向抗震墙不宜设置在房屋的端开间；

d）抗震墙洞口宜上下对齐，洞边距端柱不宜小于 300mm；

e）一、二级抗震墙的洞口连梁，跨高比不宜大于 5，且梁截面高度不宜小于 400mm。

（E）抗震墙结构和部分框支抗震墙结构中的抗震墙设置，宜符合下列要求：

a）较长的抗震墙宜开设洞口，将一道抗震墙分成长度较均匀的若干墙段，洞口连梁的跨高比宜大于 6，各墙段的高宽比不应小于 2；

b）墙肢的长度沿结构全高不宜有突变；抗震墙有较大洞口时，以及一、二

417

级抗震墙的底部加强部位，洞口宜上下对齐；

c）矩形平面的部分框支抗震墙结构，其框支层的楼层侧向刚度不应小于相邻非框支楼层侧向刚度的 50%；框支层落地抗震墙间距不宜大于 24m，框支层的平面布置尚宜对称，且宜设抗震筒体；

（F）部分框支抗震墙结构的抗震墙，其底部加强部位的高度，可取框支层加框支层以上二层的高度及落地抗震墙总高度的 1/8 二者的较大值，且不大于 15m；其他结构的抗震墙，其底部加强部位的高度可取墙肢总高度的 1/8 和底部二层二者的较大值，且不大于 15m。

（G）框架单独柱基有下列情况之一时，宜沿两个主轴方向设置基础连系梁：

a）一级框架和Ⅳ类场地的二级框架；

b）各柱基承受的重力荷载代表值差别较大；

c）基础埋置较深，或各基础埋置深度差别较大；

d）地基主要受力层范围内存在软弱黏性土层、液化土层和严重不均匀土层；

e）框基承台之间。

（2）框架结构抗震构造措施

1）框架梁、柱截面的截面尺寸及柱轴压比限值，见第 5 章。

2）框架梁设计应符合下列要求：

（A）抗震设计时，计入受压钢筋作用的梁端截面混凝土受压区高度与有效高度之比值，一级不应大于 0.25，二、三级不应大于 0.35；

（B）纵向受拉钢筋的最小配筋百分率 ρ_{min}（%），抗震设计时，不应小于表 7-18 规定的数值；

梁纵向受拉钢筋最小配筋百分率 ρ_{min}（%）　　　　表 7-18

抗 震 等 级	位 置	
	支座（取较大值）	跨中（取较大值）
一级	0.40 和 $80f_t/f_y$	0.30 和 $65f_t/f_y$
二级	0.30 和 $65f_t/f_y$	0.25 和 $55f_t/f_y$
三、四级	0.25 和 $55f_t/f_y$	0.20 和 $45f_t/f_y$

（C）抗震设计时，梁端纵向受拉钢筋的配筋率不应大于 2.5%；

（D）抗震设计时，梁端截面的底面和顶面纵向钢筋截面面积的比值，除按计算确定外，一级不应小于 0.5，二、三级不应小于 0.3；

（E）抗震设计时，梁端箍筋的加密区长度、箍筋最大间距和最小直径应符合表 7-19 的要求；当梁端纵向钢筋配筋率大于 2% 时，表中箍筋最小直径应增大 2mm。

梁端箍筋加密区的长度、箍筋最大间距和最小直径　　　　表 7-19

抗震等级	加密区长度（取最大值）（mm）	箍筋最大间距（取最小值）（mm）	箍筋最小直径（mm）
一	$2.0h_b$，500	$h_b/4,6d,100$	10
二	$1.5h_b$，500	$h_b/4,8d,100$	8
三	$1.5h_b$，500	$h_b/4,8d,150$	8
四	$1.5h_b$，500	$h_b/4,8d,150$	6

注：d 为纵向钢筋直径，h_b 为梁截面高度。

3）框架柱设计应符合下列要求：

（A）柱全部纵向钢筋的配筋率，不应小于表 7-20 的规定值，且柱截面每一侧纵向钢筋配筋率不应小于 0.2%；抗震设计时，对 Ⅳ 类场地土较高的高层建筑，表中数值应增加 0.1。

柱纵向钢筋最小配筋百分率（%）   表 7-20

柱类型	抗 震 等 级				非抗震
	一级	二级	三级	四级	
中柱、边柱	1.0	0.8	0.7	0.6	0.6
角柱	1.2	1.0	0.9	0.8	0.6
框支柱	1.2	1.0	—	—	0.8

注：1. 当混凝土强度等级大于 C60 时，表中的数值应增加 0.1；
  2. 当采用 HRB400、RRB400 级钢筋时，表中数值应允许减小 0.1。

（B）抗震设计时，柱箍筋在规定的范围内应加密，加密区的箍筋间距和直径，应符合下列要求：

a）一般情况下，箍筋的最大间距和最小直径，应按表 7-21 采用；

柱端箍筋加密区的构造要求   表 7-21

抗震等级	箍筋最大间距（mm）	箍筋最小直径（mm）
一级	6d 和 100 的较小值	10
二级	8d 和 100 的较小值	8
三级	8d 和 150（柱根 100）的较小值	8
四级	8d 和 150（柱根 100）的较小值	6（柱根 8）

注：1. d 为柱纵向钢筋直径（mm）；
  2. 柱根指框架柱底部嵌固部位。

b）二级框架柱箍筋直径不小于 10mm，肢距不大于 200mm 时，除柱根外最大间距应允许采用 150mm；三级框架柱的截面尺寸不大于 400mm 时，箍筋最小直径应允许采用 6mm；四级框架柱的剪跨比不大于 2 或柱中全部纵向钢筋的配筋率大于 3% 时，箍筋直径不应小于 8mm；

c）剪跨比不大于 2 的柱，箍筋间距不应大于 100mm，一级时尚不应大于 6 倍的纵向钢筋直径。

（C）抗震设计时，柱箍筋加密区的范围应符合下列要求：

a）底层柱的上端和其他各层柱的两端，应取矩形截面柱之长边尺寸（或圆形截面柱之直径）、柱净高之 1/6 和 500mm 三者之最大值范围；

b）底层柱刚性地面上、下各 500mm 的范围；

c）底层柱柱根以上 1/3 柱净高的范围；

d）剪跨比不大于 2 的柱和因填充墙等形成的柱，净高与截面高度之比不大于 4 的柱全高范围；

e）一级及二级框架角柱的全高范围；

f）需要提高变形能力的柱的全高范围。

419

4）钢筋的连接和锚固

（A）受力钢筋的连接头宜设置在构件受力较小部位；抗震设计时，宜避开梁端、柱端箍筋加密区范围。钢筋连接可采用机械连接、绑扎搭接或焊接。

（B）抗震设计时，钢筋混凝土结构构件纵向受力钢筋的锚固和连接，应符合下列要求：

a）抗震设计时，纵向受拉钢筋的最小锚固长度应按下列各式采用：

二级抗震等级 $\qquad l_{aE}=1.15l_a$ （7-1）

三级抗震等级 $\qquad l_{aE}=1.05l_a$ （7-2）

四级抗震等级 $\qquad l_{aE}=1.00l_a$ （7-3）

式中 l_{aE}——抗震设计时受拉钢筋的锚固长度；

l_a——受拉钢筋的锚固长度。

b）当采用绑扎搭接接头时，其搭接长度不应小于下式的计算值：

$$l_{1E}=\zeta l_{aE}$$ （7-4）

式中 l_{1E}——抗震设计时受拉钢筋的搭接长度；

ζ——受拉钢筋搭接长度修正系数，按表 7-22 采用。

纵向受拉钢筋搭接长度修正系数 ζ 表 7-22

同一连接区段内搭接钢筋面积百分率（%）	≤25	50	100
受拉钢筋搭接长度修正系数 ζ	1.2	1.4	1.6

注：同一连接区段内搭接钢筋面积百分率取同一连接区段内有搭接接头的受力钢筋与全部受力钢筋面积之比。

c）受拉钢筋直径大于 28mm；受压钢筋直径大于 32mm 时，不宜采用绑扎搭接接头。

（3）抗震墙结构抗震构造措施

1）抗震墙的厚度一、二级不应小于 160mm，且不应小于层高的 1/20；三、四级不应小于 140mm，且不应小于层高的 1/25。底部加强部位的墙厚，一、二级不应小于 200mm，且不应小于层高的 1/16；无端柱或翼墙时不应小于层高的 1/12。

2）抗震墙厚度大于 140mm 时，竖向和横向分布钢筋应双排布置；双排分布钢筋间拉筋的间距不应小于 600mm，直径不应小于 6mm；底部加强部位的范围见第 5 章第 5.2 节。

3）抗震墙钢筋的配置应符合下列要求：

（A）一般抗震墙竖向和横向分布筋的最小配筋率，一、二、三级抗震时均不应小于 0.25%，四级抗震时不应小于 0.20%；

（B）一般抗震墙，竖向和横向分布钢筋间距均不应大于 300mm，分布钢筋直径均不应小于 8mm。部分框支抗震墙结构的抗震墙底部加强部位，纵向及横向分布钢筋配筋率均不应小于 0.3%，钢筋间距不应大于 200mm。

4）抗震墙构造边缘构件，宜符合下列要求：

（A）构造边缘构件的范围，宜按图 5-42 采用；

（B）抗震边缘构件的最小配筋量应符合表 7-23 的规定。箍筋的无支长度不应大于 300mm。

抗震等级	底部加强部位			其 他 部 位		
	纵向钢筋最小量（取较大值）	箍 筋		纵向钢筋最小量（取较大值）	拉 筋	
		最小直径（mm）	沿竖向最大间距（mm）		最小直径（mm）	沿竖向最大间距（mm）
一	$0.010A_c$，$6\phi16$	8	100	$6\phi14$	8	150
二	$0.008A_c$，$6\phi14$	8	150	$6\phi12$	8	200
三	$0.005A_c$，$4\phi12$	6	150	$4\phi12$	6	200
四	$0.005A_c$，$4\phi12$	6	200	$4\phi12$	6	250

注：1. A_c 为计算边缘构件纵向构造钢筋的暗柱或端柱面积；

　　2. 对其他部位，拉筋的水平间距不应大于纵筋间距的 2 倍，转角处宜用箍筋；

　　3. 当端柱承受集中荷载时，其纵向钢筋、箍筋直径和间距应满足柱的相应要求。

5）连梁配筋应满足下列要求（参见图 5-36）：

（A）连梁顶面、底面纵向受力钢筋伸入墙内的锚固长度不应小于 l_{aE}；

（B）连梁内箍筋，全长按加密区采用；

（C）顶层连梁的纵筋伸入墙体的长度范围内，应配置间距不大于 150mm 的构造钢筋，箍筋直径应与连梁箍筋直径相同；

（D）墙体水平分布钢筋应作为连梁的腰筋，在连梁范围内拉通连续配置。

（4）框架—抗震墙结构抗震构造措施

1）抗震墙的布置及抗震墙的间距要求，见第 5 章。

抗震设计时，房屋的周边尚应设置框架梁，房屋的顶层及地下一层顶板宜采用梁板结构；有楼梯、电梯间等较大开洞时，洞口周围宜设置框架梁或边梁。

2）框架—抗震墙结构、板柱—抗震墙结构中，抗震墙竖向和横向分布钢筋的配筋率，抗震设计时，均不应小于 0.25%，并应至少双层布置。各排分布钢筋之间应设置拉筋，拉筋直径不应小于 6mm，间距不应小于 600mm。

3）带边框抗震墙的构造应符合下列要求：

（A）带边框抗震墙的截面厚度，一、二级抗震墙的底部加强部位均不应小于 200mm，且不应小于层高的 1/16；其他情况下，不应小于 160mm，且不应小于层高的 1/20；

（B）抗震墙的水平钢筋应全部锚入边框柱内，锚固长度不应小于 l_{aE}。

4）框架—抗震墙结构的其他构造措施，应符合框架结构与抗震墙结构的有关要求。

（5）筒体结构抗震构造措施

1）核心筒或内筒的外墙与外框柱间的中距，非抗震设计大于 12m，抗震设计大于 10m，超过时宜采取另设内柱等措施。核心筒与外框柱之间的楼板宜采用梁板体系。

2）9 度时不应采用加强层，低于 9 度采用加强层时，加强层的大梁或桁架应与核心筒内的墙肢贯通；大梁或桁架与周边框架柱的连接宜采用铰接或半刚性连接。

3）核心筒或内筒的墙厚和配筋应符合抗震墙结构的有关规定。

4）核心筒或内筒在水平方向不宜连续开洞，且门洞不宜靠近转角。开洞时，转角墙内壁至洞口的距离不应小于 500mm；相邻两洞之间的墙肢截面高度不宜小于 1.2m。

5）楼层梁不宜集中支承在核心筒或内筒的转角处，也不宜支承在洞口的连梁上。核心筒或内筒支承楼层梁的位置下宜设暗柱。

6）关于其他外框筒梁、核心筒或内筒连梁、约束边缘构件，以及暗梁、暗撑、暗柱等的构造要求，详见《建筑抗震设计规范》与《高层建筑混凝土结构技术规程》的有关规定。

思考题与计算题

一、思考题

1. 什么是结构单元？一个较大型的建筑，为什么要划分结构单元？在建筑结构设计中，结构单元的划分主要应从哪几个方面考虑？

2. 在着手进行建筑结构设计时，应明确哪些统一技术条件？

3. 砖混房屋的结构布置方案与三种静力计算方案有什么关系？如何保证结构布置方案与静力计算方案相符？

4. 装配整体式砖混房屋的结构布置图，应表明哪些具体内容？

5. 简支梁（板）的计算跨度应如何确定？为什么？

6. 现浇梁式楼梯斜梁的内力计算与一般简支梁（水平梁）有什么异同？

7. 雨篷梁与简支梁的受力状态有什么异同？

8. 在雨篷梁设计中，一般应进行哪三种承载力计算和倾覆验算？倾覆力矩和抗倾覆力矩各有哪些荷载构成？按计算和构造要求所需的抗弯和抗扭纵筋在截面内应如何布置？

9. 简述圈梁的作用及圈梁的设置原则？

10. 何谓刚性角？什么是基础台阶宽高比？为什么说无筋扩展基础属于刚性基础？

11. 单向板和双向板有什么不同？按照《混凝土结构设计规范》的规定，四边支承板，何时应按双向板计算？何时可按单向板计算？

12. 现浇单向板肋梁楼盖，在按弹性理论计算内力时，为什么连续单向板、连续次梁和连续主梁，均可按连续梁计算？在什么情况下，主梁不能按连续梁计算？为什么？

13. 按弹性理论计算与按考虑塑性内力重分布理论计算，连续梁某一跨的计算跨度各如何取值？为什么有所不同？

14. 连续梁上活荷载的最不利布置规律有哪些？

15. 何谓内力包络图？绘制内力包络图有什么实用意义？

16. 什么是钢筋混凝土受弯构件的塑性铰？塑性铰与普通理想铰有些什么区别？

17. 什么是考虑塑性内力重分布？考虑塑性内力重分布进行内力计算有哪些优缺点？

18. 何谓弯矩调幅法？调幅的原则有哪些？为什么？

19. 利用双向板内力系数表计算板内弯矩时的表中系数主要考虑哪些因素？

20. 按弹性理论计算内力时，怎样利用单块双向板的内力系数表，计算连续双向板的跨中正弯矩和支座负弯矩？为什么可以这样算？

21. 在按弹性理论计算无梁楼盖内力时，何谓等代框架法，何谓经验系数法？二者有什么不同？

22. 单层厂房结构，一般由哪四个结构体系组成？每个结构体系的作用是什么？每个结构体系各包括哪些主要构件？

23. 试比较三角形屋架、梯形屋架、拱形屋架和折线形屋架的优缺点及适用条件？

24. 常用的钢筋混凝土吊车梁有哪几种类型？其适用条件如何？

25. 常用的钢筋混凝土柱有哪几种类型？其特点及适用条件如何？

26. 单层厂房常用的基础类型有哪几种？其特点及适用条件如何？

27. 何谓单层厂房的柱网布置？柱网布置应遵守哪些规定和要求？

28. 何谓封闭式和非封闭式定位轴线？何谓插入距？

29. 在单层厂房设计中，柱顶高度应如何确定？

30. 简述横向平面排架承受竖向荷载和横向水平荷载的传递路线，纵向平面排架承受纵向水平荷载的传递路线。

31. 单层厂房排架结构，一般应设置哪些支撑？简述这些支撑的作用及布置原则。

32. 抗风柱与屋架的连接应满足哪些要求？在构造上应如何满足这些要求？

33. 在确定钢筋混凝土横向排架计算简图时作了哪些假定？在哪些情况下会不符合这些假定？

34. 横向平面排架所受竖向荷载和吊车横向水平荷载的作用位置应如何确定？

35. 吊车荷载有什么特点？如何根据吊车轮压计算吊车竖向反力和吊车横向水平制动力？

36. 按照《建筑结构荷载规范》的规定，在有多台吊车的单跨或多跨排架分析中，其竖向荷载和横向水平荷载的吊车台数应如何考虑？对于多台吊车为什么要乘以荷载折减系数？

37. 何谓等高排架？何谓不等高排架？简述用剪力分配法计算等高排架内力的基本原理。

38. 何谓单根悬臂柱的柔度系数和刚度系数（即抗剪刚度）？何谓剪力分配系数？

39. 等高排架在柱顶水平集中力作用下如何用剪力分配法求得柱内弯矩和剪力？

40. 等高排架在任意荷载作用下，如何用剪力分配法求得柱内弯矩和剪力？

41. 如何用力法，求解不等高排架的内力？

42. 在单阶柱厂房中，一般选取哪几个截面作为控制截面（计算截面）？为什么？

43. 什么是荷载组合？什么是内力组合？内力组合应遵守和注意哪些事项？

44. 单层厂房柱的截面设计，主要包括哪些内容？设计时应着重考虑哪些问题？

45. 简述牛腿的三种主要破坏形态。牛腿的截面高度和牛腿水平受拉钢筋应如何确定？

46. 柱下独立基础的基础底面尺寸和基础高度如何确定？基础底板配筋如何计算？

47. 为什么说水平作用是高层建筑结构设计的主要控制因素？

48. 为什么说结构刚度是高层建筑结构设计的关键因素？

49. 高层建筑的建筑体型和高宽比对高层建筑结构设计有怎样的影响？

50. 高层建筑结构布置的一般原则有哪些？

51. 高层建筑结构的竖向荷载和水平作用主要有哪些？在计算中应考虑哪些问题？

52. 作用于建筑物上的风荷载有哪三种表现形式？风荷载有什么特点？

53. 垂直作用于建筑表面上的风荷载标准值应如何计算？

54. 何谓底部剪力法？底部剪力法适用于哪些多层与高层建筑结构？

55. 如何采用底部剪力法计算结构的总水平地震作用和各层水平地震作用？

56. 抗震设计和非抗震设计的作用效应组合有什么不同？在什么情况下的抗震设计可以不考虑风荷载？

57. 简述框架结构的组成及受力特点。

58. 框架结构的柱网布置应满足哪些要求？

59. 框架结构的承重方案主要有几种？各有何特点？适用范围如何？

60. 框架梁、柱的截面尺寸如何确定？其中应考虑哪些因素？

61. 在现浇整体式框架结构内力与位移计算时，为什么对二层以上框架柱的线刚度要进行折减？底层框架柱为什么不折减？对框架横梁的惯性矩的取值为什么要比矩形截面的惯性矩大？

62. 何谓分层法？分层法计算框架内力都做了哪些假定？

63. 何谓反弯点法？反弯点法计算框架内力都做了哪些假定？

64. 何谓柱的侧移刚度？如何用反弯点法计算各层反弯点处的剪力？又如何根据柱反弯点处的剪力求得柱端弯矩和梁端弯矩？

65. 何谓 D 值法（改进反弯点法）？为什么要对反弯点法加以改进？

66. 改进后的柱侧移刚度（D 值）和改进前的柱侧移刚度（D_0 值）有什么不同？

67. 侧移刚度修正系数 α_c 与哪些因素有关？

68. 改进后的反弯点位置与哪些因素有关？

69. 在水平荷载作用下，框架的总侧移由哪两部分组成？何谓局部侧移？何谓整体侧移？

70. 在水平荷载作用下框架的局部侧移应如何计算？在什么条件下可以忽略整体侧移？

71. 为什么要对建筑结构进行侧移验算？如何验算？

72. 简述剪力墙的分类及其受力特点。

73. 剪力墙的截面厚度（b_w）和截面高度（h_w）指的是什么？短肢剪力墙和

一般剪力墙有什么不同？

74. 剪力墙结构在抗震设计时，剪力墙底部加强部位的高度应如何确定？

75. 剪力墙结构体系中，剪力墙的平面和立面以怎样的布置为宜？

76. 为什么每个墙肢长度（截面高度）不宜过短，也不宜过长？当墙肢过短或过长时应采取哪些改进措施？

77. 简述框架—剪力墙结构的受力特点。

78. 框架—剪力墙结构在初步设计阶段，剪力墙的数量应如何确定？

79. 简述框架—剪力墙结构中，剪力墙的布置要点，并说明为什么要这样布置？

80. 何谓板柱—剪力墙结构？无柱帽的板柱—剪力墙结构应在何处设置暗梁？

81. 框架—剪力墙结构中，为什么要控制剪力墙的最大间距？

82. 筒体结构的结构类型有哪几种？其主要结构特征是什么？

83. 以矩形平面框筒结构为例，说明筒体结构的受力特点？

84. 筒体结构的外筒和内筒的平面尺寸（边长）有何要求？

85. 筒体结构对内筒（或核心筒）和外筒的开洞大小有何要求？

86. 多层与高层建筑基础形式常见的有几种？各适用于何种建筑和地质条件？

87. 为什么高层建筑基础的埋置深度比其他一般建筑要深些？

88. 何谓后浇缝（或后浇带）？后浇缝的设置部位以及对后浇缝的施工有何特殊要求？

89. 简述钢筋混凝土条形基础的适用条件与地基设计要求。

90. 简述钢筋混凝土交叉梁基础的适用条件，并说明交叉节点处的轴向力如何向纵横向基础分配？

91. 简述筏形基础的适用条件与基础设计要点。

92. 箱形基础具有哪些优点？适用于哪些建筑？

93. 箱形基础由哪些结构构件组成？各承受哪些荷载？

94. 如何利用基底反力系数法计算地基反力？

95. 简述桩基础的优缺点及适用条件。

96. 桩基础按受力状态分哪两类？二者的受力状态有何不同？

97. 何谓单桩极限承载力？单桩竖向承载力特征值如何确定？

98. 每个桩基的桩数如何确定？桩的布置应符合哪些要求？

99. 中跨与大跨结构的基本特点有哪些？

100. 中跨与大跨结构设计应考虑哪些主要问题？

101. 确定桁架及屋架形式应从几个方面考虑？屋架形式与屋架杆件内力的关系如何？

102. 简述单层刚架的类型及其受力特点。

103. 如何计算三铰拱的支座反力（竖向反力和水平推力）和拱的截面内力？

104. 简述三铰拱的受力特征及承受水平推力的措施。

105. 拱的矢高对拱的受力和建筑外形有何影响？什么叫合理拱轴？

106. 简述网架结构的一般特点，平板网架有哪些优点？

107. 悬索结构由哪些主要构件组成？

108. 悬索结构有哪些优缺点？对其缺点宜采取哪些解决措施？

109. 如何计算承重索的竖向和水平支座反力与悬索内力？

110. 基本曲面形式有哪几种？各是怎样形成的？

111. 薄壁空间结构有哪些特点？

112. 筒壳结构由哪三部分组成？长筒壳和短筒壳的受力特点有什么不同？

113. 薄壁空间结构型式有哪些？各有什么特点？

114. 何谓抗震设防烈度？它与地震烈度有什么不同？

115. 建筑按抗震设防类别分哪四类？每个设防类别建筑的抗震设防标准有什么不同？

116. 在抗震设计中，为什么要对钢筋混凝土房屋采用不同的抗震等级？其计算和构造措施要求有什么不同？

117. 什么是建筑抗震概念设计？建筑抗震概念设计有什么特点？

118. 多层砌体房屋一般应采取哪些抗震构造措施？

119. 单层厂房一般应采取哪些抗震构造措施？

120. 高层建筑一般应采取哪些抗震构造措施？

二、计算题

1. 有一钢筋混凝土简支梁，结构安全等级为二级，环境类别为一类，该梁计算跨度 $l=5.8\mathrm{m}$，矩形截面 $bh=250\mathrm{mm}\times550\mathrm{mm}$。梁上承受均布荷载，其中永久荷载标准值（包括梁自重）24kN/m，可变荷载标准值 7.2kN/m，该梁所用材料为 C25 混凝土，HRB335 级纵向受力钢筋和 HPB235 级箍筋。试对此梁进行正截面和斜截面承载力计算并选配纵向受力钢筋和箍筋。

2. 有一承受均布荷载的钢筋混凝土伸臂梁，其支承情况、计算跨度与荷载设计值如图计-2 所示。梁截面尺寸 $bh=250\mathrm{mm}\times650\mathrm{mm}$，所用材料：混凝土强度等级为 C25，纵向受力钢筋为 HRB400 级，箍筋为 HPB235 级。试通过正截面和斜截面承载力计算配置纵向受力钢筋和箍筋。

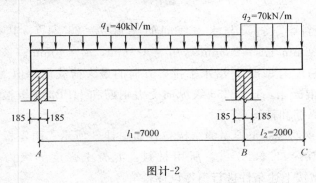

图计-2

3. 某普通钢筋混凝土多孔板（焊接网配筋）的支承情况与截面尺寸如图计-3所示。所用材料：混凝土强度等级为 C25，钢筋为螺栓肋钢丝（ϕ^{H}），$f_{\mathrm{py}}=$

1180N/mm², 该多孔板承受均布永久荷载标准值（包括板自重）$g_k = 6.52$kN/m², 均布可变荷载标准值 $q_k = 2.0$kN/m²。试对此多孔板进行配筋计算。

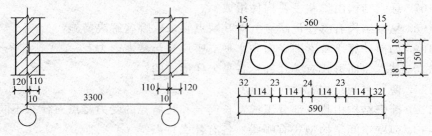

图计-3

4. 某办公楼钢筋混凝土现浇梁式楼梯的结构布置如图计-4所示。所用材料为 C20 混凝土，HPB235 级钢筋。楼梯均布可变荷载标准值 2.0kN/m²。试对此楼梯的踏步板（TB-1）、斜梁（TL-1）和平台梁（PL-1）进行配筋计算。

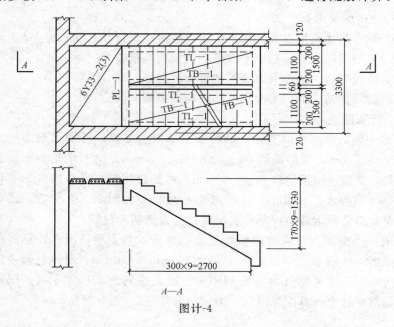

图计-4

5. 某楼梯斜梁（斜梁与水平线间的夹角 $\alpha = 26°24'$），其截面尺寸 $b = 150$mm，$h = 300$mm（$h_0 = 265$mm），$b_f' = 633$mm，$h_f' = 40$mm。该斜梁在水平投影方向的计算跨度为 3.8m，沿水平投影方向的最大荷载设计值为 8.687kN/m，斜梁采用 C30 混凝土，HRB335 级纵向受力钢筋和 HPB235 级箍筋。试对此斜梁进行配筋（纵筋和箍筋）。

6. 某楼房钢筋混凝土雨篷的结构布置如图计-6所示。雨篷板上承受均布可变荷载标准值 $q_k = 2.0$kN/m²，所用材料：混凝土强度等级为 C20，钢筋为 HPB235 级。试按上述条件进行雨篷设计。

注：雨篷设计的主要内容应包括：

① 雨篷板按悬臂板进行受弯承载力计算；

② 雨篷梁按简支梁进行正截面受弯承载力和斜截面受剪承载力计算；

③ 雨篷梁按两端固定的单跨梁进行受扭承载力计算；

④ 对整个雨篷进行抗倾覆验算。

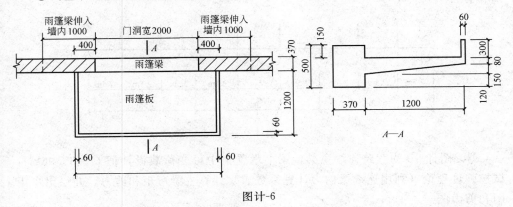

图计-6

7. 图计-7为九跨钢筋混凝土连续单向板，板厚 $h = 70\text{mm}$。所用材料：混凝土强度等级为 C30，钢筋为 HPB235 级。板上承受均布永久荷载标准值 $g_k = 4.53\text{kN/m}^2$（包括板自重），均布可变荷载标准值 $q_k = 3.5\text{kN/m}^2$。试按考虑塑性内力重分布理论对此连续单向板进行内力与配筋计算。

注：次梁纵向跨度（即主梁间距）为 6.25m。

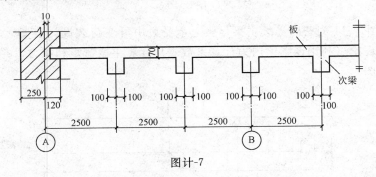

图计-7

8. 图计-8为五跨钢筋混凝土连续次梁，其截面如图所示。所用材料：混凝土强度等级为 C30，纵筋为 HRB400 级，箍筋为 HPB235 级。梁上承受均布永久荷载标准值 $g_k = 13.2\text{kN/m}$（包括次梁自重），均布可变荷载标准值 $q_k = 8.75\text{kN/m}$。试按考虑塑性内力重分布理论对此次梁进行内力与配筋计算。

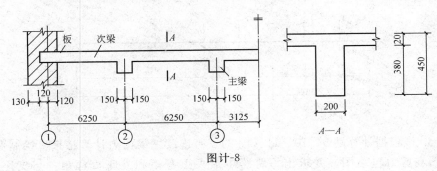

图计-8

9. 图计-9 为三跨连续主梁，梁上承受集中永久荷载设计值 $G=12.24\text{kN}$，试按弹性理论（利用连续梁内力计算系数表）计算主梁弯矩和剪力，并绘出弯矩图和剪力图。

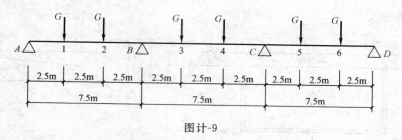

图计-9

10. 图计-10 为三跨连续主梁，梁上承受集中可变荷载设计值 $Q=35.98\text{kN}$，试按弹性理论（利用连续梁内力计算系数表）计算主梁弯矩和剪力，并绘出弯矩图和剪力图。

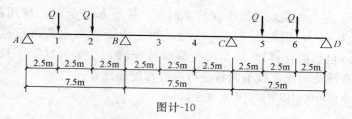

图计-10

11. 图计-11 为三跨连续主梁，梁上承受集中可变荷载设计值 $Q=35.98\text{kN}$，试按弹性理论（利用连续梁内力计算系数表）计算主梁弯矩和剪力，并绘出弯矩图和剪力图。

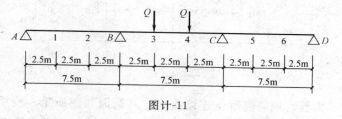

图计-11

12. 图计-12 为三跨连续主梁，梁上承受集中可变荷载设计值 $Q=35.98\text{kN}$，试按弹性理论（利用连续梁内力计算系数表）计算主梁弯矩和剪力，并绘出弯矩图和剪力图。

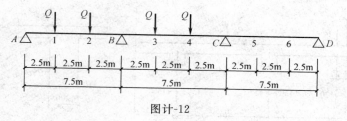

图计-12

13. 试根据计算题 9、10、11、12 的三跨连续主梁内力计算结果，绘制弯矩包络图和剪力包络图。并求出每跨跨中最大正弯矩和支座负弯矩，与支座 A、

B、C、D 的截面剪力。

14. 试对计算题 13 的三跨连续主梁进行配筋（纵筋和箍筋）计算。

已知技术条件：

① 主梁为现浇整体式钢筋混凝土梁板结构；

② 主梁截面与计算简图，见图计-14；

③ 材料选用：混凝土强度等级为 C30，纵筋为 HRB400 级，箍筋为 HPB235 级；

④ 结构安全等级为二级，环境类别为一类。

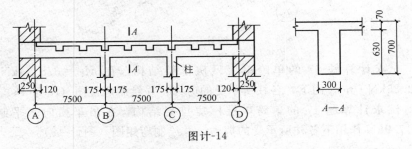

图计-14

15. 图计-15 所示为钢筋混凝土四边固定板，板厚 100mm，混凝土强度等级为 C25，钢筋为 HPB235 级，板上承受总的均布荷载设计值 $q=9.4\text{kN/m}^2$。试对此单块板进行配筋计算。

16. 图计-16 所示为钢筋混凝土两跨双向板，板厚 80mm，混凝土强度等级为 C25，钢筋为 HPB235 级。板上承受均布永久荷载标准值为 6kN/m^2（包括板自重），均布可变荷载标准值 2.0kN/m^2。该板周边搁置在墙上，中间与钢筋混凝土梁（截面 $bh=200\text{mm}\times450\text{mm}$）整体浇筑。试对此两跨双向板进行配筋计算并选配受力筋直径与间距。

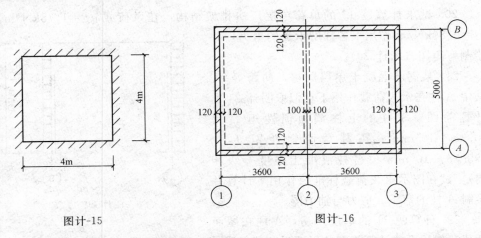

图计-15   图计-16

17. 某单跨单层厂房排架结构，如图计-17 所示。两柱截面尺寸相同，上柱 $I_1=25.0\times10^8\text{mm}^4$，下柱 $I_2=174.8\times10^8\text{mm}^4$，混凝土强度等级为 C30。试求该排架在柱顶水平力作用下各柱所承受的剪力，并绘制弯矩图（图中尺寸单位为 mm）。

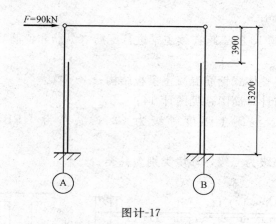

图计-17

18. 试求计算题 17 的单跨单层厂房排架结构，在 $M_1 = 378.94\text{kN} \cdot \text{m}$，$M_2 = 63.25\text{kN} \cdot \text{m}$ 作用下，各柱所承受的剪力，并绘制弯矩图（图计-18）。

19. 试求计算题 17 的单跨单层厂房排架结构，在吊车横向水平制动力 $T_{\max} = 17.9\text{kN}$ 作用下各柱所承受的剪力，并绘制弯矩图（图计-19）。

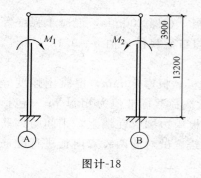

图计-18

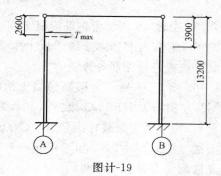

图计-19

20. 试求计算题 17 的单跨单层厂房排架结构，在风荷载 $q_1 = 1.78\text{kN/m}$，$q_2 = 0.89\text{kN/m}$ 作用下各柱所承受的剪力，并绘制弯矩图（图计-20）。

21. 某钢筋混凝土单层厂房，两跨等高。其中 A 柱在永久荷载作用下近似取图计-21 的计算简图。A 柱的上柱截面惯性矩 $I_1 = 30.38 \times 10^8 \text{mm}^4$；下柱截面惯性矩 $I_2 = 195.38 \times 10^8 \text{mm}^4$（各柱混凝土强度等级相同）。试在图示永久荷载标准值作用下计算并绘制 A 柱的弯矩、剪力与轴力图。

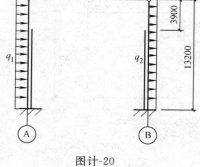

图计-20

22. 计算题 21 的单层厂房，A 柱在屋面活荷载作用下的计算简图和屋面活荷载标准值如图计-22 所示。试计算并绘制 A 柱的弯矩、剪力与轴力图。

23. 计算题 21 的单层厂房，在吊车竖向荷载作用下的计算简图和吊车荷载标准值如图计-23 所示。其中，B 柱的上柱截面惯性矩 $I_1 = 72 \times 10^8 \text{mm}^4$；下柱

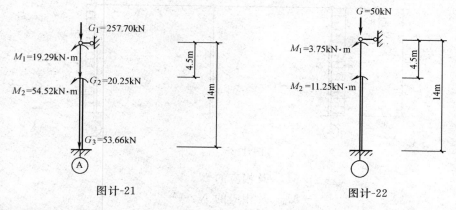

图计-21   图计-22

截面惯性矩 $I_2 = 256.34 \times 10^8 \, \text{mm}^4$；$C$ 柱与 A 柱相同。试计算并绘制 A 柱的弯矩、剪力与轴力图。

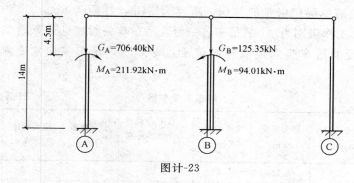

图计-23

24. 计算题 21 的单层厂房，在吊车水平制动力作用下的计算简图和吊车水平荷载标准值如图计-24 所示。试计算并绘制 A 柱的弯矩、剪力与轴力图。

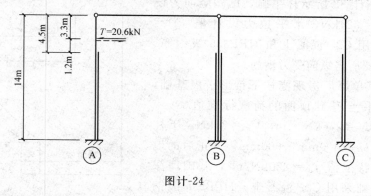

图计-24

25. 计算题-21 的单层厂房，在风荷载作用下的计算简图和风荷载标准值如图计-25 所示。试计算并绘制 A 柱的弯矩、剪力与轴力图。

26. 根据计算题-21～计算题-25 的计算结果，按照 "$S = 1.2 S_{Gk} + 0.9 \sum\limits_{i=1}^{n} \gamma_{Qi} \cdot S_{Qik}$" 的荷载组合原则，对 A 柱的上柱底截面和下柱底截面，分别组合出以下四组内力：

433

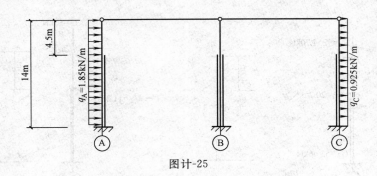

图计-25

$$+M_{max} \text{ 及相应的 } N、V$$
$$-M_{max} \text{ 及相应的 } N、V$$
$$N_{max} \text{ 及相应的 } M、V$$
$$N_{min} \text{ 及相应的 } M、V$$

27. 某单跨单层厂房排架结构，跨度为 24m，柱距为 6m，厂房内设有 10t 和（30/5）t 工作级别为 A_4 的吊车各一台，吊车有关参数见计算题 27 表。试计算排架柱承受的吊车竖向荷载标准值 D_{max}、D_{min}，吊车横向水平制动力标准值 T_{max}。

吊车有关参数　　　　　　　　　　　　　　　　　　　计算题 27 表

起重量 /t	跨度 L_k(mm)	最大宽度 B(m)	大车轮距 K(m)	轨道中心到吊车外缘的距离 B_1(mm)	小车重量 Q_1(t)	最大轮压 P_{max}(kN)	最小轮压 P_{min}(kN)
10	22.5	5.55	4.40	230	3.8	12.5	4.7
30/5	22.5	6.15	4.80	300	11.8	29.0	7.0

28. 图计-28 所示柱牛腿。已知竖向力设计值 $F_v = 324kN$，水平拉力设计值 $F_h = 78kN$，采用 C25 混凝土和 HRB335 级钢筋。试计算牛腿所需纵向受力钢筋。

29. 某单层厂房现浇柱下锥形扩展基础，承受由柱传至基础顶面的荷载标准值 $N_k = 920kN$，$M_k = 276kN \cdot m$，$V_k = 25kN$。下柱截面尺寸 $bh = 400mm \times 600mm$，修正后的地基承载力特征值 $f_a = 220kN/m^2$，基础埋深 1.5m。基础采用 C20 混凝土，HPB235 级钢筋。试计算所需基础底面尺寸，并按一般构造要求设计基础的相关尺寸。

30. 试对计算题 29 的柱下锥形扩展基础，在基础顶面荷载设计值 $N = 1000kN$，$M = 310kN \cdot m$，$V = 28kN$ 的作用下，进行基础底面配筋计算。

图计-28

31. 试用分层法计算图计-31 所示框架的弯矩，并画弯矩图。该框架底层柱

截面尺寸为 $400\text{mm} \times 500\text{mm}$，二、三层柱截面尺寸为 $400\text{mm} \times 400\text{mm}$；各层横梁截面尺寸均为 $250\text{mm} \times 600\text{mm}$。框架采用现浇整体式钢筋混凝土结构，混凝土强度等级为 C30，其弹性模量 $E_c = 3.0 \times 10^4 \text{N/mm}^2$。

提示：1）横梁抗弯刚度取 $EI = E_c I \left(I = 2I_0, \ I_0 = \dfrac{bh^3}{12} \right)$。

2）底层柱抗弯刚度取 $EI = E_c I \left(I = \dfrac{bh^3}{12} \right)$；

二、三层柱抗弯刚度取 $EI = 0.9 E_c I \left(I = \dfrac{bh^3}{12} \right)$。

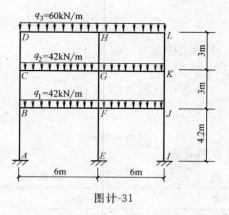

图计-31

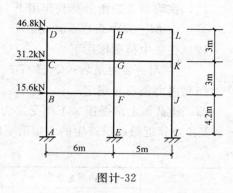

图计-32

32. 试用反弯点法计算图计-32 所示框架的弯矩，并画弯矩图。该框架横梁、柱的截面尺寸与抗弯刚度同计算题 31。

33. 试用改进反弯点法（D 值法）计算图计-32 所示框架的弯矩，并画弯矩图，以及由梁、柱弯曲变形产生的局部侧移 Δ_M。该框架横梁、柱的截面尺寸与抗弯刚度同计算题 31。

附　　录

附录一　等截面等跨度连续梁在常用荷载作用下的内力系数表

(1) 在均布及三角形荷载作用下

　　　　$M=$ 表中系数 $\times q$(或 $g)l^2$　　　　$V=$ 表中系数 $\times q$(或 $g)l$

(2) 在集中荷载作用下

　　　　$M=$ 表中系数 $\times Q$(或 $G)l$　　　　$V=$ 表中系数 $\times Q$(或 $G)$

(3) 内力正负号规定

　　M：使截面上部受压、下部受拉为正

　　V：对邻近截面所产生的力矩沿顺时针方向者为正

两　跨　梁　　　　　　　　　　　　　　　　　　　　　附表 1-1

荷 载 图	跨内最大弯矩		支座弯矩	剪　　力		
	M_1	M_2	M_B	V_A	$V_{B左}$ $V_{B右}$	V_C
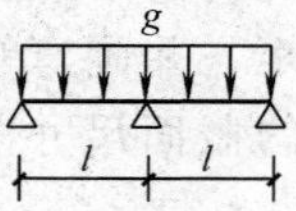	0.070	0.070	-0.125	0.375	-0.625 0.625	-0.375
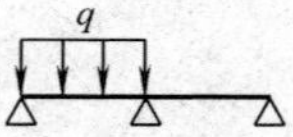	0.096	—	-0.063	0.437	-0.563 0.063	0.063
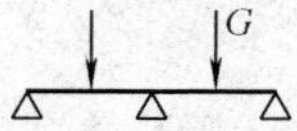	0.156	0.156	-0.188	0.312	-0.688 0.688	-0.312
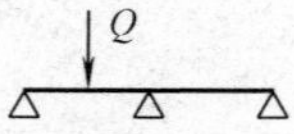	0.203	—	-0.094	0.406	-0.594 0.094	0.094
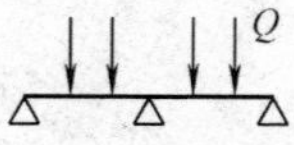	0.222	0.222	-0.333	0.667	-1.333 1.333	-0.667
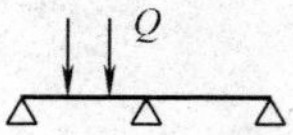	0.278	—	-0.167	0.833	-1.167 0.167	0.167

三　跨　梁　　　　　　　　　　　　　　　附表 1-2

荷载图	跨内最大弯矩		支座弯矩		剪　力			
	M_1	M_2	M_B	M_C	V_A	$V_{B左}$ / $V_{B右}$	$V_{C左}$ / $V_{C右}$	V_D
均布 g 三跨	0.080	0.025	−0.100	−0.100	0.400	−0.600 / 0.500	−0.050 / 0.600	−0.400
q 1、3跨	0.101	—	−0.050	−0.050	0.450	−0.550 / 0	0 / 0.550	−0.450
q 2跨	—	0.075	−0.050	−0.050	−0.050	−0.050 / 0.500	−0.500 / 0.050	0.050
q 1、2跨	0.073	0.054	−0.117	−0.033	0.383	−0.617 / 0.583	−0.417 / 0.033	0.033
q 1跨	0.094	—	−0.067	0.017	0.433	−0.567 / 0.083	−0.083 / −0.017	−0.017
G 三跨	0.175	0.100	−0.150	−0.150	0.350	−0.650 / 0.500	−0.500 / 0.650	−0.350
Q 1、3跨	0.213	—	−0.075	−0.075	0.425	−0.575 / 0	0 / 0.575	−0.425
Q 2跨	—	0.175	−0.075	−0.075	−0.075	−0.075 / 0.500	−0.500 / 0.075	0.075
Q 1、2跨	0.162	0.137	−0.175	−0.050	0.325	−0.675 / 0.625	−0.375 / 0.050	0.050
Q 1跨	0.200	—	−0.100	0.025	0.400	−0.600 / 0.125	0.125 / −0.025	−0.025
G 三跨	0.244	0.067	−0.267	−0.267	0.733	−1.267 / 1.000	−1.000 / 1.267	−0.733
Q 1、3跨	0.289	—	−0.133	−0.133	0.866	−1.134 / 0	0 / 1.134	−0.866
Q 2跨	—	0.200	−0.133	−0.133	−0.133	−0.133 / 1.000	−1.000 / 0.133	0.133
Q 1、2跨	0.229	0.170	−0.311	−0.089	0.689	−1.311 / 1.222	−0.778 / 0.089	0.089
Q 1跨	0.274	—	−0.178	0.044	0.822	−1.178 / 0.222	0.222 / −0.044	−0.044

437

四 跨 梁

附表 1-3

荷载图	跨内最大弯矩				支座弯矩			剪　力				
	M_1	M_2	M_3	M_4	M_B	M_C	M_D	V_A	$V_{B左}$ / $V_{B右}$	$V_{C左}$ / $V_{C右}$	$V_{D左}$ / $V_{D右}$	V_E
	0.077	0.036	0.036	0.077	−0.107	−0.071	−0.107	0.393	−0.607 / 0.536	−0.464 / 0.464	−0.536 / 0.607	−0.393
	0.100	—	0.081	—	−0.054	−0.036	−0.054	0.446	−0.554 / 0.018	0.018 / 0.482	−0.518 / 0.054	0.054
	0.072	0.061	—	0.098	−0.121	−0.018	−0.058	0.380	−0.620 / 0.603	−0.397 / 0.040	−0.040 / 0.558	−0.442
	—	0.056	0.056	—	−0.036	−0.107	−0.036	−0.036	−0.036 / 0.429	−0.571 / 0.571	−0.429 / 0.036	0.036
	0.094	—	—	—	−0.067	0.018	−0.004	0.433	−0.567 / 0.085	0.085 / −0.022	−0.022 / 0.004	0.004
	—	0.074	—	—	−0.049	−0.054	0.013	−0.049	−0.049 / 0.496	−0.504 / 0.067	0.067 / −0.013	−0.013
	0.169	0.116	0.116	0.169	−0.161	−0.107	−0.161	0.339	−0.661 / 0.554	−0.446 / 0.446	−0.554 / 0.661	−0.339
	0.210	—	0.183	—	−0.080	−0.054	−0.080	0.420	−0.580 / 0.027	0.027 / 0.473	−0.527 / 0.080	0.080
	0.159	0.146	—	0.206	−0.181	−0.027	−0.087	0.319	−0.681 / 0.654	−0.346 / −0.060	−0.060 / 0.587	−0.413
	—	0.142	0.142	—	−0.054	−0.161	−0.054	−0.054	−0.054 / 0.393	−0.607 / 0.607	−0.393 / 0.054	0.054

续表

荷载图	跨内最大弯矩 M_1	M_2	M_3	M_4	支座弯矩 M_B	M_C	M_D	剪力 V_A	$V_{B左}$ / $V_{B右}$	$V_{C左}$ / $V_{C右}$	$V_{D左}$ / $V_{D右}$	V_E
	0.200	—	—	—	-0.100	0.027	-0.007	0.400	-0.600 / 0.127	0.127 / -0.033	-0.033 / 0.007	0.007
	—	0.173	—	—	-0.074	-0.080	0.020	-0.074	-0.074 / 0.493	-0.507 / 0.100	0.100 / -0.020	-0.020
	0.238	0.111	0.111	0.238	-0.286	-0.191	-0.286	0.714	-1.286 / 1.095	-0.905 / 0.905	-1.095 / 1.286	-0.714
	0.286	—	0.222	—	-0.143	-0.095	-0.143	0.857	-1.143 / 0.048	0.048 / 0.952	-1.048 / 0.143	0.143
	0.226	0.194	—	0.282	-0.321	-0.048	-0.155	0.679	-1.321 / 1.274	-0.726 / -0.107	-0.107 / 1.155	-0.845
	—	0.175	0.175	—	-0.095	-0.286	-0.095	-0.095	-0.095 / 0.810	-1.190 / 1.190	-0.810 / 0.095	0.095
	0.274	—	—	—	-0.178	0.048	-0.012	0.822	-1.178 / 0.226	0.226 / -0.060	-0.060 / 0.012	0.012
	—	0.198	—	—	-0.131	-0.143	0.036	-0.131	-0.131 / 0.988	-1.012 / 0.178	0.178 / -0.036	-0.036

439

五　跨　梁

附表 1-4

荷载图	跨内最大弯矩			支座弯矩				剪　　力					
	M_1	M_2	M_3	M_B	M_C	M_D	M_E	V_A	$V_{B左}$ / $V_{B右}$	$V_{C左}$ / $V_{C右}$	$V_{D左}$ / $V_{D右}$	$V_{E左}$ / $V_{E右}$	V_F
	0.078	0.033	0.046	−0.105	−0.079	−0.079	−0.105	0.394	−0.606 / 0.526	−0.474 / 0.500	−0.500 / 0.474	−0.526 / 0.606	−0.394
	0.100	—	0.085	−0.053	−0.040	−0.040	−0.053	−0.447	−0.553 / 0.013	0.013 / 0.500	−0.500 / −0.013	−0.013 / 0.553	−0.447
	—	0.079	—	−0.053	−0.040	−0.040	−0.053	−0.053	−0.553 / 0.013	−0.487 / 0	0 / 0.487	−0.513 / 0.053	0.053
	0.073	②0.059 / 0.078	0.064	−0.119	−0.022	−0.044	−0.051	0.380	−0.620 / 0.598	−0.402 / −0.023	−0.023 / 0.493	−0.507 / 0.052	0.052
	① — / 0.098	0.055	—	−0.035	−0.111	−0.020	−0.057	−0.035	−0.035 / 0.424	−0.576 / 0.591	−0.409 / −0.037	−0.037 / 0.557	−0.443
	0.094	—	—	−0.067	0.018	−0.005	0.001	0.433	−0.567 / 0.085	0.085 / −0.023	−0.023 / 0.006	0.006 / −0.001	−0.001
	—	0.074	—	−0.049	−0.054	0.014	−0.004	−0.049	−0.049 / 0.495	−0.505 / 0.068	0.068 / −0.018	−0.018 / 0.004	0.004
	—	—	0.072	0.013	−0.053	−0.053	0.013	0.013	0.013 / −0.066	−0.066 / 0.500	−0.500 / 0.066	0.066 / −0.013	−0.013

续表

荷载图	跨内最大弯矩			支座弯矩				剪　　力					
	M_1	M_2	M_3	M_B	M_C	M_D	M_E	V_A	$V_{B左}$ / $V_{B右}$	$V_{C左}$ / $V_{C右}$	$V_{D左}$ / $V_{D右}$	$V_{E左}$ / $V_{E右}$	V_F
	0.171	0.112	0.132	-0.158	-0.118	-0.118	-0.158	0.342	-0.658 / 0.540	-0.460 / 0.500	-0.500 / 0.460	-0.540 / 0.658	-0.342
	0.211	—	0.191	-0.079	-0.059	-0.059	-0.079	0.421	-0.579 / 0.020	0.020 / 0.500	-0.500 / -0.020	-0.020 / 0.579	-0.421
	—	0.181	—	-0.079	-0.059	-0.059	-0.079	-0.079	-0.079 / 0.520	-0.480 / 0	0 / 0.480	-0.520 / 0.079	0.079
	①— / 0.207	②0.144 / 0.178	—	-0.179	-0.032	-0.066	-0.077	0.321	-0.679 / 0.647	-0.353 / -0.034	-0.034 / 0.489	-0.511 / 0.077	0.077
	0.200	0.140	0.151	-0.052	-0.167	-0.031	-0.086	-0.052	-0.052 / 0.385	-0.615 / 0.637	-0.363 / -0.056	-0.056 / 0.586	-0.414
	—	0.173	—	-0.100	0.027	-0.007	0.002	0.400	-0.600 / 0.127	0.127 / -0.034	-0.034 / 0.009	0.009 / -0.002	-0.002
	—	—	—	-0.073	-0.081	0.022	-0.005	-0.073	-0.073 / 0.493	-0.507 / 0.102	0.102 / -0.027	-0.027 / 0.005	0.005
	—	—	0.171	0.020	-0.079	-0.079	0.020	0.020	0.020 / -0.099	-0.099 / 0.500	-0.500 / 0.099	0.099 / -0.020	-0.020

续表

荷载图	跨内最大弯矩			支座弯矩				剪力					
	M_1	M_2	M_3	M_B	M_C	M_D	M_E	V_A	$V_{B左}$ / $V_{B右}$	$V_{C左}$ / $V_{C右}$	$V_{D左}$ / $V_{D右}$	$V_{E左}$ / $V_{E右}$	V_F
(荷载图)	0.240	0.100	0.122	-0.281	-0.211	-0.211	-0.281	0.719	-1.281 / 1.070	-0.930 / 1.000	-1.000 / 0.930	-1.070 / 1.281	-0.719
(荷载图)	0.287	—	0.228	-0.140	-0.105	-0.105	-0.140	0.860	-1.140 / 0.035	0.035 / 1.000	-1.000 / -0.035	-0.035 / 1.140	-0.860
(荷载图)	—	0.216	—	-0.140	-0.105	-0.105	-0.140	-0.140	-0.140 / 1.035	-0.965 / 0	0.000 / 0.965	-1.035 / 0.140	0.140
(荷载图)	0.227	②0.189 / 0.209	0.198	-0.319	-0.057	-0.118	-0.137	0.681	-1.319 / 1.262	-0.738 / -0.061	-0.061 / 0.981	-1.019 / 0.137	0.137
(荷载图)	①— / 0.282	0.172	0.198	-0.093	-0.297	-0.054	-0.153	-0.093	-0.093 / 0.796	-1.204 / 1.243	-0.757 / -0.099	-0.099 / 1.153	-0.847
(荷载图)	0.274	—	—	-0.179	0.048	-0.013	0.003	0.821	-1.179 / 0.227	0.227 / -0.061	-0.061 / 0.016	0.016 / -0.003	-0.003
(荷载图)	—	0.198	—	-0.131	-0.144	0.038	-0.010	-0.131	-0.131 / 0.987	-1.013 / 0.182	0.182 / -0.048	-0.048 / 0.010	0.010
(荷载图)	—	—	0.193	0.035	-0.140	-0.140	0.035	0.035	0.035 / -0.175	-0.175 / 1.000	-1.000 / 0.175	0.175 / -0.035	-0.035

注: 1. 分子及分母分别为 M_1 及 M_5 的弯矩系数; 2. 分子及分母分别为 M_2 及 M_4 的弯矩系数。

附录二 双向板弯矩与挠度计算系数表

符号说明

$$刚度：B_c = \frac{Eh^3}{12(1-\mu^2)}$$

式中
- E——弹性模量；
- h——板厚；
- μ——泊松比。

表中

f，f_{max}——分别为板中心点的挠度和最大挠度；

f_{ox}，f_{oy}——分别为平行于 l_x 和 l_y 方向自由边的中点挠度；

m_x，m_{xmax}——分别为平行于 l_x 方向板中心点单位板宽内的弯矩和板跨内最大弯矩；

m_y，m_{ymax}——分别为平行于 l_y 方向板中心点单位宽板内的弯矩和板跨内最大弯矩；

m_{ox}，m_{oy}——分别为平行于 l_x 和 l_y 方向自由边的中点单位板宽内的弯矩；

m'_x——固定边中点沿 l_x 方向单位板宽内的弯矩；

m'_y——固定边中点沿 l_y 方向单位板宽内的弯矩；

m'_{xE}——平行于 l_x 方向自由边上固定端单位板宽内的支座弯矩。

——代表自由边；

＝＝代表简支边；

凵凵代表固定边。

正负号的规定：

弯矩——使板的受荷面受压者为正；

挠度——变位方向与荷载方向相同者为正。

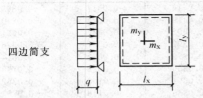

四边简支

挠度＝表中系数$\times \dfrac{ql^4}{B_c}$

$\mu=0$，弯矩＝表中系数$\times ql^2$。

式中 l 取用 l_x 和 l_y 中之较小者。

附表 2-1

l_x/l_y	f	m_x	m_y	l_x/l_y	f	m_x	m_y
0.50	0.01013	0.0965	0.0174	0.80	0.00603	0.0561	0.0334
0.55	0.00940	0.0892	0.0210	0.85	0.00547	0.0506	0.0348
0.60	0.00867	0.0820	0.0242	0.90	0.00496	0.0456	0.0358
0.65	0.00796	0.0750	0.0271	0.95	0.00449	0.0410	0.0364
0.70	0.00727	0.0683	0.0296	1.00	0.00406	0.0368	0.0368
0.75	0.00663	0.0620	0.0317				

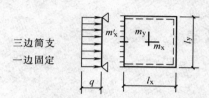

三边简支
一边固定

挠度＝表中系数$\times\dfrac{ql^4}{B_c}$；

$\mu=0$，弯矩＝表中系数$\times ql^2$。

式中 l 取用 l_x 和 l_y 中之较小者。

附表 2-2

l_x/l_y	l_y/l_x	f	f_{max}	m_x	m_{xmax}	m_y	m_{ymax}	m'_x
0.50		0.00488	0.00504	0.0583	0.0646	0.0060	0.0063	−0.1212
0.55		0.00471	0.00492	0.0563	0.0618	0.0081	0.0087	−0.1187
0.60		0.00453	0.00472	0.0539	0.0589	0.0104	0.0111	−0.1158
0.65		0.00432	0.00448	0.0513	0.0559	0.0126	0.0133	−0.1124
0.70		0.00410	0.00422	0.0485	0.0529	0.0148	0.0154	−0.1087
0.75		0.00388	0.00399	0.0457	0.0496	0.0168	0.0174	−0.1048
0.80		0.00365	0.00376	0.0428	0.0463	0.0187	0.0193	−0.1007
0.85		0.00343	0.00352	0.0400	0.0431	0.0204	0.0211	−0.0965
0.90		0.00321	0.00329	0.0372	0.0400	0.0219	0.0226	−0.0922
0.95		0.00299	0.00306	0.0345	0.0369	0.0232	0.0239	−0.0880
1.00	1.00	0.00279	0.00285	0.0319	0.0340	0.0243	0.0249	−0.0839
	0.95	0.00316	0.00324	0.0324	0.0345	0.0280	0.0287	−0.0882
	0.90	0.00360	0.00368	0.0328	0.0347	0.0322	0.0330	−0.0926
	0.85	0.00409	0.00417	0.0329	0.0347	0.0370	0.0378	−0.0970
	0.80	0.00464	0.00473	0.0326	0.0343	0.0424	0.0433	−0.1014
	0.75	0.00526	0.00536	0.0319	0.0335	0.0485	0.0494	−0.1056
	0.70	0.00595	0.00605	0.0308	0.0323	0.0553	0.0562	−0.1096
	0.65	0.00670	0.00680	0.0291	0.0306	0.0627	0.0637	−0.1133
	0.60	0.00752	0.00762	0.0268	0.0289	0.0707	0.0717	−0.1166
	0.55	0.00838	0.00848	0.0239	0.0271	0.0792	0.0801	−0.1193
	0.50	0.00927	0.00935	0.0205	0.0249	0.0880	0.0888	−0.1215

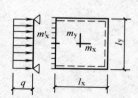

对边简支
对边固定

挠度＝表中系数$\times\dfrac{ql^4}{B_c}$；

$\mu=0$，弯矩＝表中系数$\times ql^2$。

式中 l 取用 l_x 和 l_y 中之较小者。

附表 2-3

l_x/l_y	l_y/l_x	f	m_x	m_y	m'_x
0.50		0.00261	0.0416	0.0017	−0.0843
0.55		0.00259	0.0410	0.0028	−0.0840
0.60		0.00255	0.0402	0.0042	−0.0834
0.65		0.00250	0.0392	0.0057	−0.0826
0.70		0.00243	0.0379	0.0072	−0.0814
0.75		0.00236	0.0366	0.0088	−0.0799
0.80		0.00228	0.0351	0.0103	−0.0782
0.85		0.00220	0.0335	0.0118	−0.0763
0.90		0.00211	0.0319	0.0133	−0.0743
0.95		0.00201	0.0302	0.0146	−0.0721
1.00	1.00	0.00192	0.0285	0.0158	−0.0698
	0.95	0.00223	0.0296	0.0189	−0.0746
	0.90	0.00260	0.0806	0.0224	−0.0797
	0.85	0.00303	0.0314	0.0266	−0.0850
	0.80	0.00354	0.0319	0.0316	−0.0904
	0.75	0.00413	0.0321	0.0374	−0.0959
	0.70	0.00482	0.0318	0.0441	−0.1013
	0.65	0.00560	0.0308	0.0518	−0.1066
	0.60	0.00647	0.0292	0.0604	−0.1114
	0.55	0.00743	0.0267	0.0698	−0.1156
	0.50	0.00844	0.0234	0.0798	−0.1191

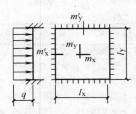

四边固定

挠度＝表中系数$\times\dfrac{ql^4}{B_C}$；

$\mu=0$，弯矩＝表中系数$\times ql^2$。

式中 l 取用 l_x 和 l_y 中之较小者。

附表 2-4

l_x/l_y	f	m_x	m_y	m'_x	m'_y
0.50	0.00253	0.0400	0.0038	-0.0829	-0.0570
0.55	0.00246	0.0385	0.0056	-0.0814	-0.0571
0.60	0.00236	0.0367	0.0076	-0.0793	-0.0571
0.65	0.00224	0.0345	0.0095	-0.0766	-0.0571
0.70	0.00211	0.0321	0.0113	-0.0735	-0.0569
0.75	0.00197	0.0296	0.0130	-0.0701	-0.0565
0.80	0.00182	0.0271	0.0144	-0.0664	-0.0559
0.85	0.00168	0.0246	0.0156	-0.0626	-0.0551
0.90	0.00153	0.0221	0.0165	-0.0588	-0.0541
0.95	0.00140	0.0198	0.0172	-0.0550	-0.0528
1.00	0.00127	0.0176	0.0176	-0.0513	-0.0513

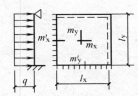

邻边简支
邻边固定

挠度＝表中系数$\times\dfrac{ql^4}{B_C}$；

$\mu=0$，弯矩＝表中系数$\times ql^2$。

式中 l 取用 l_x 和 l_y 中之较小者。

附表 2-5

l_x/l_y	f	f_{max}	m_x	m_{xmax}	m_y	m_{ymax}	m'_x	m'_y
0.50	0.00468	0.00471	0.0559	0.0562	0.0079	0.0135	-0.1179	-0.0786
0.55	0.00445	0.00454	0.0529	0.0530	0.0104	0.0153	-0.1140	-0.0785
0.60	0.00419	0.00429	0.0496	0.0498	0.0129	0.0169	-0.1095	-0.0782
0.65	0.00391	0.00399	0.0461	0.0465	0.0151	0.0183	-0.1045	-0.0777
0.70	0.00363	0.00368	0.0426	0.0432	0.0172	0.0195	-0.0992	-0.0770
0.75	0.00335	0.00340	0.0390	0.0396	0.0189	0.0206	-0.0938	-0.0760
0.80	0.00308	0.00313	0.0356	0.0361	0.0204	0.0218	-0.0883	-0.0748
0.85	0.00281	0.00286	0.0322	0.0328	0.0215	0.0229	-0.0829	-0.0733
0.90	0.00256	0.00261	0.0291	0.0297	0.0224	0.0238	-0.0776	-0.0716
0.95	0.00232	0.00237	0.0261	0.0267	0.0230	0.0244	-0.0726	-0.0698
1.00	0.00210	0.00215	0.0234	0.0240	0.0234	0.0249	-0.0677	-0.0677

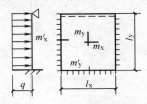

一边简支
三边固定

挠度＝表中系数$\times\dfrac{ql^4}{B_C}$；

$\mu=0$，弯矩＝表中系数$\times ql^2$。

式中 l 取用 l_x 和 l_y 中之较小者。

附表 2-6

l_x/l_y	l_y/l_x	f	f_{max}	m_x	m_{xmax}	m_y	m_{ymax}	m'_x	m'_y
0.50		0.00257	0.00258	0.0408	0.0409	0.0028	0.0089	-0.0836	-0.0569
0.55		0.00252	0.00255	0.0398	0.0399	0.0042	0.0093	-0.0827	-0.0570
0.60		0.00245	0.00249	0.0384	0.0386	0.0059	0.0105	-0.0814	-0.0571
0.65		0.00237	0.00240	0.0368	0.0371	0.0076	0.0116	-0.0796	-0.0572

445

l_x/l_y	l_y/l_x	f	f_{max}	m_x	m_{xmax}	m_y	m_{ymax}	m'_x	m'_y
0.70		0.00227	0.00229	0.0350	0.0354	0.0093	0.0127	−0.0774	−0.0572
0.75		0.00216	0.00219	0.0331	0.0335	0.0109	0.0137	−0.0750	−0.0572
0.80		0.00205	0.00208	0.0310	0.0314	0.0124	0.0147	−0.0722	−0.0570
0.85		0.00193	0.00196	0.0289	0.0293	0.0138	0.0155	−0.0693	−0.0567
0.90		0.00181	0.00184	0.0268	0.0273	0.0159	0.0163	−0.0663	−0.0563
0.95		0.00169	0.00172	0.0247	0.0252	0.0160	0.0172	−0.0631	−0.0558
1.00	1.00	0.00157	0.00160	0.0227	0.0231	0.0168	0.0180	−0.0600	−0.0550
	0.95	0.00178	0.00182	0.0229	0.0234	0.0194	0.0207	−0.0629	−0.0599
	0.90	0.00201	0.00206	0.0228	0.0234	0.0223	0.0238	−0.0656	−0.0653
	0.85	0.00227	0.00233	0.0225	0.0231	0.0255	0.0273	−0.0683	−0.0711
	0.80	0.00256	0.00262	0.0219	0.0224	0.0290	0.0311	−0.0707	−0.0772
	0.75	0.00286	0.00294	0.0208	0.0214	0.0329	0.0354	−0.0729	−0.0837
	0.70	0.00319	0.00327	0.0194	0.0200	0.0370	0.0400	−0.0748	−0.0903
	0.65	0.00352	0.00365	0.0175	0.0182	0.0412	0.0446	−0.0762	−0.0970
	0.60	0.00386	0.00403	0.0153	0.0160	0.0454	0.0493	−0.0773	−0.1033
	0.55	0.00419	0.00467	0.0127	0.0133	0.0496	0.0541	−0.0780	−0.1093
	0.50	0.00449	0.00468	0.0099	0.0103	0.0534	0.0588	−0.0784	−0.1146

附录三　单阶柱柱顶反力与位移计算系数表

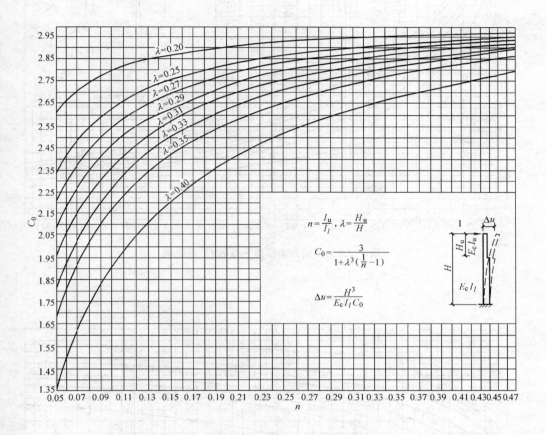

附图 3-1　柱顶单位集中荷载作用下系数 C_0 的数值

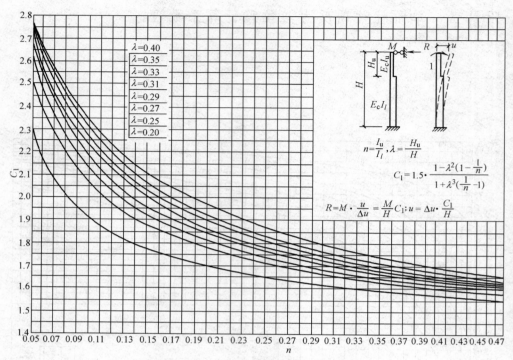

附图 3-2　柱顶力矩作用下系数 C_1 的数值

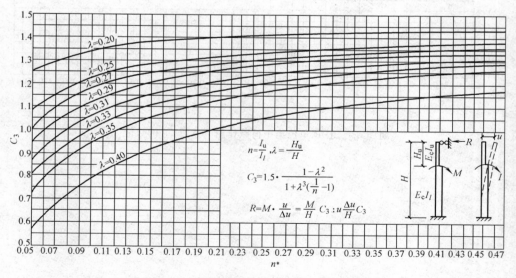

附图 3-3　力矩作用在牛腿顶面时系数 C_3 的数值

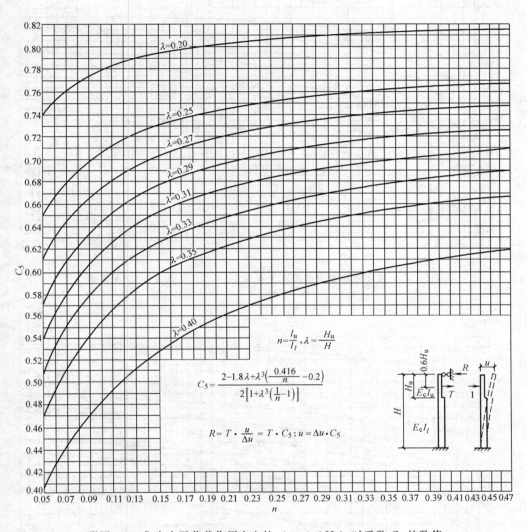

附图 3-4　集中水平荷载作用在上柱（$y=0.6H_u$）时系数 C_5 的数值

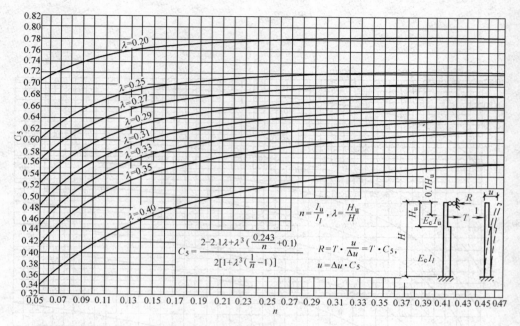

附图 3-5　集中水平荷载作用在上柱（$y=0.7H_u$）时系数 C_5 的数值

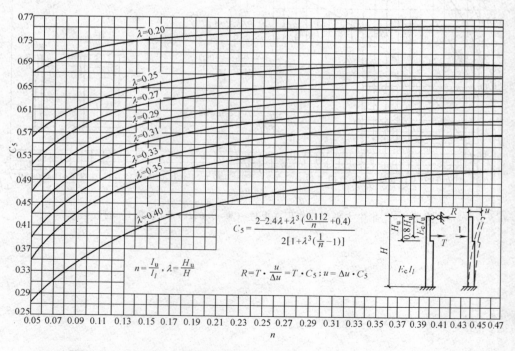

附图 3-6　集中水平荷载作用在上柱（$y=0.8H_u$）时系数 C_5 的数值

450

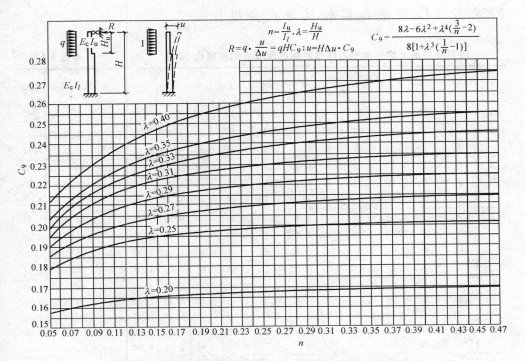

附图 3-7　水平均布荷载作用在整个上柱时系数 C_9 的数值

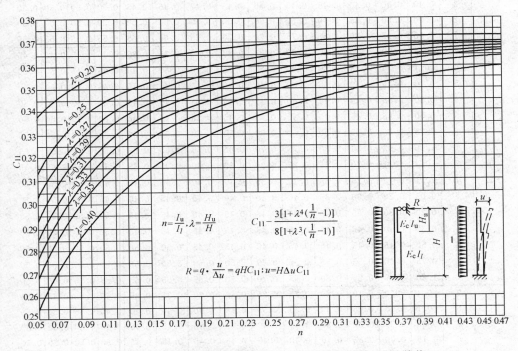

附图 3-8　水平均布荷载作用在整个上、下柱时系数 C_{11} 的数值

附录四　D值法各层柱反弯点高度比

规则框架承受均布水平力作用时标准反弯点的高度比 y_0 值　　　　　附表 4-1

n	j	0.1	0.2	0.3	0.4	0.5	0.6	0.7	0.8	0.9	1.0	2.0	3.0	4.0	5.0
1	1	0.80	0.75	0.70	0.65	0.65	0.60	0.60	0.60	0.60	0.55	0.55	0.55	0.55	0.55
2	2	0.45	0.40	0.35	0.35	0.35	0.35	0.40	0.40	0.40	0.40	0.45	0.45	0.45	0.45
	1	0.95	0.80	0.75	0.70	0.65	0.65	0.65	0.60	0.60	0.60	0.55	0.55	0.55	0.50
3	3	0.15	0.20	0.20	0.25	0.30	0.30	0.30	0.35	0.35	0.35	0.40	0.45	0.45	0.45
	2	0.55	0.50	0.45	0.45	0.45	0.45	0.45	0.45	0.45	0.45	0.50	0.50	0.50	0.50
	1	1.00	0.85	0.80	0.75	0.70	0.70	0.65	0.65	0.65	0.60	0.55	0.55	0.55	0.55
4	4	−0.05	0.05	0.15	0.20	0.25	0.30	0.30	0.35	0.35	0.35	0.40	0.45	0.45	0.45
	3	0.25	0.30	0.30	0.35	0.35	0.40	0.40	0.40	0.40	0.45	0.50	0.50	0.50	0.50
	2	0.65	0.55	0.50	0.50	0.45	0.45	0.45	0.45	0.45	0.45	0.50	0.50	0.50	0.50
	1	1.10	0.90	0.80	0.75	0.70	0.70	0.65	0.65	0.65	0.60	0.55	0.55	0.55	0.55
5	5	−0.20	0.00	0.15	0.20	0.25	0.30	0.30	0.30	0.35	0.35	0.40	0.45	0.45	0.45
	4	0.10	0.20	0.25	0.30	0.35	0.35	0.40	0.40	0.40	0.40	0.45	0.45	0.50	0.50
	3	0.40	0.40	0.40	0.40	0.40	0.45	0.45	0.45	0.45	0.45	0.50	0.50	0.50	0.50
	2	0.65	0.55	0.50	0.50	0.50	0.50	0.50	0.50	0.50	0.50	0.50	0.50	0.50	0.50
	1	1.20	0.95	0.80	0.75	0.75	0.70	0.70	0.65	0.65	0.65	0.55	0.55	0.55	0.55
6	6	−0.30	0.00	0.10	0.20	0.25	0.25	0.30	0.30	0.35	0.35	0.40	0.45	0.45	0.45
	5	0.00	0.20	0.25	0.30	0.35	0.35	0.40	0.40	0.40	0.40	0.45	0.45	0.50	0.50
	4	0.20	0.30	0.35	0.35	0.40	0.40	0.40	0.45	0.45	0.45	0.45	0.50	0.50	0.50
	3	0.40	0.40	0.40	0.45	0.45	0.45	0.45	0.45	0.45	0.45	0.50	0.50	0.50	0.50
	2	0.70	0.60	0.55	0.50	0.50	0.50	0.50	0.50	0.50	0.50	0.50	0.50	0.50	0.50
	1	1.20	0.95	0.85	0.80	0.75	0.70	0.70	0.65	0.65	0.65	0.55	0.55	0.55	0.55
7	7	−0.35	−0.05	0.10	0.20	0.20	0.25	0.30	0.30	0.35	0.35	0.40	0.45	0.45	0.45
	6	−0.10	0.15	0.25	0.30	0.35	0.35	0.35	0.40	0.40	0.40	0.45	0.45	0.50	0.50
	5	0.10	0.25	0.30	0.35	0.40	0.40	0.40	0.45	0.45	0.45	0.45	0.50	0.50	0.50
	4	0.30	0.35	0.40	0.40	0.40	0.45	0.45	0.45	0.45	0.45	0.50	0.50	0.50	0.50
	3	0.50	0.45	0.45	0.45	0.45	0.45	0.45	0.45	0.45	0.45	0.50	0.50	0.50	0.50
	2	0.75	0.60	0.55	0.55	0.50	0.50	0.50	0.50	0.50	0.50	0.50	0.50	0.50	0.50
	1	1.20	0.95	0.85	0.80	0.75	0.70	0.65	0.65	0.65	0.65	0.55	0.55	0.55	0.55
8	8	−0.35	−0.15	0.10	0.15	0.25	0.25	0.30	0.30	0.35	0.35	0.40	0.45	0.45	0.45
	7	−0.10	0.15	0.25	0.30	0.35	0.35	0.40	0.40	0.40	0.40	0.45	0.50	0.50	0.50
	6	0.05	0.25	0.30	0.35	0.40	0.40	0.40	0.45	0.45	0.45	0.45	0.50	0.50	0.50
	5	0.20	0.30	0.35	0.40	0.40	0.45	0.45	0.45	0.45	0.45	0.50	0.50	0.50	0.50
	4	0.35	0.40	0.40	0.45	0.45	0.45	0.45	0.45	0.45	0.45	0.50	0.50	0.50	0.50
	3	0.50	0.45	0.45	0.45	0.45	0.45	0.45	0.45	0.50	0.50	0.50	0.50	0.50	0.50
	2	0.75	0.60	0.55	0.55	0.50	0.50	0.50	0.50	0.50	0.50	0.50	0.50	0.50	0.50
	1	1.20	1.00	0.85	0.80	0.75	0.70	0.70	0.65	0.65	0.65	0.55	0.55	0.55	0.55
9	9	−0.40	−0.05	0.10	0.20	0.25	0.25	0.30	0.30	0.35	0.35	0.45	0.45	0.45	0.45
	8	−0.15	0.15	0.25	0.30	0.35	0.35	0.35	0.40	0.40	0.40	0.45	0.45	0.50	0.50
	7	0.05	0.25	0.30	0.35	0.40	0.40	0.40	0.45	0.45	0.45	0.45	0.50	0.50	0.50
	6	0.15	0.30	0.35	0.40	0.40	0.45	0.45	0.45	0.45	0.45	0.50	0.50	0.50	0.50
	5	0.25	0.35	0.40	0.40	0.45	0.45	0.45	0.45	0.45	0.45	0.50	0.50	0.50	0.50

续表

n	j \ K	0.1	0.2	0.3	0.4	0.5	0.6	0.7	0.8	0.9	1.0	2.0	3.0	4.0	5.0
9	4	0.40	0.40	0.40	0.45	0.45	0.45	0.45	0.45	0.45	0.45	0.50	0.50	0.50	0.50
	3	0.55	0.45	0.45	0.45	0.45	0.45	0.45	0.45	0.50	0.50	0.50	0.50	0.50	0.50
	2	0.80	0.65	0.55	0.55	0.50	0.50	0.50	0.50	0.50	0.50	0.50	0.50	0.50	0.50
	1	1.20	1.00	0.85	0.80	0.75	0.70	0.70	0.65	0.65	0.65	0.55	0.55	0.55	0.55
10	10	−0.40	−0.05	0.10	0.20	0.25	0.30	0.30	0.30	0.35	0.35	0.40	0.45	0.45	0.45
	9	−0.15	0.15	0.25	0.30	0.35	0.35	0.40	0.40	0.40	0.40	0.45	0.45	0.50	0.50
	8	0.00	0.25	0.30	0.35	0.40	0.40	0.40	0.45	0.45	0.45	0.45	0.50	0.50	0.50
	7	0.10	0.30	0.35	0.40	0.40	0.45	0.45	0.45	0.45	0.45	0.50	0.50	0.50	0.50
	6	0.20	0.35	0.40	0.40	0.45	0.45	0.45	0.45	0.45	0.45	0.50	0.50	0.50	0.50
	5	0.30	0.40	0.40	0.45	0.45	0.45	0.45	0.45	0.45	0.50	0.50	0.50	0.50	0.50
	4	0.40	0.40	0.45	0.45	0.45	0.45	0.45	0.45	0.45	0.50	0.50	0.50	0.50	0.50
	3	0.55	0.50	0.45	0.45	0.45	0.50	0.50	0.50	0.50	0.50	0.50	0.50	0.50	0.50
	2	0.80	0.65	0.55	0.55	0.55	0.50	0.50	0.50	0.50	0.50	0.50	0.50	0.50	0.50
	1	1.30	1.00	0.85	0.80	0.75	0.70	0.70	0.65	0.65	0.65	0.60	0.55	0.55	0.55
11	11	−0.40	0.05	0.10	0.20	0.25	0.30	0.30	0.30	0.35	0.35	0.40	0.45	0.45	0.45
	10	−0.15	0.15	0.25	0.30	0.35	0.35	0.40	0.40	0.40	0.40	0.45	0.45	0.50	0.50
	9	0.00	0.25	0.30	0.35	0.40	0.40	0.45	0.45	0.45	0.45	0.45	0.50	0.50	0.50
	8	0.10	0.30	0.35	0.40	0.40	0.45	0.45	0.45	0.45	0.45	0.50	0.50	0.50	0.50
	7	0.20	0.35	0.40	0.45	0.45	0.45	0.45	0.45	0.45	0.45	0.50	0.50	0.50	0.50
	6	0.25	0.35	0.40	0.45	0.45	0.45	0.45	0.45	0.45	0.45	0.50	0.50	0.50	0.50
	5	0.35	0.40	0.40	0.45	0.45	0.45	0.45	0.45	0.45	0.50	0.50	0.50	0.50	0.50
	4	0.40	0.45	0.45	0.45	0.45	0.45	0.45	0.50	0.50	0.50	0.50	0.50	0.50	0.50
	3	0.55	0.50	0.50	0.50	0.50	0.50	0.50	0.50	0.50	0.50	0.50	0.50	0.50	0.50
	2	0.80	0.65	0.60	0.55	0.55	0.50	0.50	0.50	0.50	0.50	0.50	0.50	0.50	0.50
	1	1.30	1.00	0.85	0.80	0.75	0.70	0.70	0.65	0.65	0.65	0.60	0.55	0.55	0.55
12以上	↓1	−0.40	−0.05	0.10	0.20	0.25	0.30	0.30	0.30	0.35	0.35	0.40	0.45	0.45	0.45
	2	−0.15	0.15	0.25	0.30	0.35	0.35	0.40	0.40	0.40	0.40	0.45	0.45	0.50	0.50
	3	0.00	0.25	0.30	0.35	0.40	0.40	0.40	0.45	0.45	0.45	0.50	0.50	0.50	0.50
	4	0.10	0.30	0.35	0.40	0.40	0.45	0.45	0.45	0.45	0.45	0.50	0.50	0.50	0.50
	5	0.20	0.35	0.40	0.40	0.45	0.45	0.45	0.45	0.45	0.45	0.50	0.50	0.50	0.50
	6	0.25	0.35	0.40	0.45	0.45	0.45	0.45	0.45	0.45	0.45	0.50	0.50	0.50	0.50
	7	0.30	0.40	0.40	0.45	0.45	0.45	0.45	0.45	0.50	0.50	0.50	0.50	0.50	0.50
	8	0.35	0.40	0.45	0.45	0.45	0.45	0.45	0.50	0.50	0.50	0.50	0.50	0.50	0.50
	中间	0.40	0.40	0.45	0.45	0.45	0.45	0.50	0.50	0.50	0.50	0.50	0.50	0.50	0.50
	4	0.45	0.45	0.45	0.45	0.50	0.50	0.50	0.50	0.50	0.50	0.50	0.50	0.50	0.50
	3	0.60	0.50	0.50	0.50	0.50	0.50	0.50	0.50	0.50	0.50	0.50	0.50	0.50	0.50
	2	0.80	0.65	0.60	0.55	0.55	0.50	0.50	0.50	0.50	0.50	0.50	0.50	0.50	0.50
	↑1	1.30	1.00	0.85	0.80	0.75	0.70	0.70	0.65	0.65	0.65	0.55	0.55	0.55	0.55

注：

$$\begin{array}{c|c} i_1 & i_2 \\ \hline & i \\ \hline i_3 & i_4 \end{array} \qquad K = \frac{i_1 + i_2 + i_3 + i_4}{2i}$$

规则框架承受倒三角形分布水平力作用时标准反弯点的高度比 y_0 值　　附表 4-2

n	j \ K	0.1	0.2	0.3	0.4	0.5	0.6	0.7	0.8	0.9	1.0	2.0	3.0	4.0	5.0
1	1	0.80	0.75	0.70	0.65	0.65	0.60	0.60	0.60	0.60	0.55	0.55	0.55	0.55	0.55
2	2	0.50	0.45	0.40	0.40	0.40	0.40	0.40	0.40	0.40	0.45	0.45	0.45	0.45	0.50
	1	1.00	0.85	0.75	0.70	0.70	0.65	0.65	0.65	0.60	0.60	0.55	0.55	0.55	0.55
3	3	0.25	0.25	0.25	0.30	0.30	0.35	0.35	0.35	0.40	0.40	0.45	0.45	0.45	0.50
	2	0.60	0.50	0.50	0.50	0.50	0.45	0.45	0.45	0.45	0.45	0.50	0.50	0.50	0.50
	1	1.15	0.90	0.80	0.75	0.75	0.70	0.70	0.65	0.65	0.65	0.60	0.55	0.55	0.55
4	4	0.10	0.15	0.20	0.25	0.30	0.30	0.35	0.35	0.35	0.40	0.45	0.45	0.45	0.45
	3	0.35	0.35	0.35	0.40	0.40	0.40	0.40	0.45	0.45	0.45	0.45	0.50	0.50	0.50
	2	0.70	0.60	0.55	0.50	0.50	0.50	0.50	0.50	0.50	0.50	0.50	0.50	0.50	0.50
	1	1.20	0.95	0.85	0.80	0.75	0.70	0.70	0.70	0.65	0.65	0.55	0.55	0.55	0.55
5	5	−0.05	0.10	0.20	0.25	0.30	0.30	0.35	0.35	0.35	0.35	0.40	0.45	0.45	0.45
	4	0.20	0.25	0.35	0.35	0.40	0.40	0.40	0.40	0.40	0.45	0.45	0.50	0.50	0.50
	3	0.45	0.40	0.45	0.45	0.45	0.45	0.45	0.45	0.45	0.45	0.50	0.50	0.50	0.50
	2	0.75	0.60	0.55	0.55	0.50	0.50	0.50	0.50	0.50	0.50	0.50	0.50	0.50	0.50
	1	1.30	1.00	0.85	0.80	0.75	0.70	0.70	0.65	0.65	0.65	0.65	0.55	0.55	0.55
6	6	−0.15	0.05	0.15	0.20	0.25	0.30	0.30	0.35	0.35	0.35	0.40	0.45	0.45	0.45
	5	0.10	0.25	0.30	0.35	0.35	0.40	0.40	0.40	0.45	0.45	0.45	0.50	0.50	0.50
	4	0.30	0.35	0.40	0.40	0.45	0.45	0.45	0.45	0.45	0.45	0.50	0.50	0.50	0.50
	3	0.50	0.45	0.45	0.45	0.45	0.45	0.45	0.45	0.45	0.50	0.50	0.50	0.50	0.50
	2	0.80	0.65	0.55	0.55	0.55	0.55	0.50	0.50	0.50	0.50	0.50	0.50	0.50	0.50
	1	1.30	1.00	0.85	0.80	0.75	0.70	0.70	0.65	0.65	0.65	0.60	0.55	0.55	0.55
7	7	−0.20	0.05	0.15	0.20	0.25	0.30	0.30	0.35	0.35	0.35	0.45	0.45	0.45	0.45
	6	0.05	0.20	0.30	0.35	0.35	0.40	0.40	0.40	0.40	0.45	0.45	0.50	0.50	0.50
	5	0.20	0.30	0.35	0.40	0.40	0.45	0.45	0.45	0.45	0.45	0.50	0.50	0.50	0.50
	4	0.35	0.40	0.40	0.45	0.45	0.45	0.45	0.45	0.45	0.45	0.50	0.50	0.50	0.50
	3	0.55	0.50	0.50	0.50	0.50	0.50	0.50	0.50	0.50	0.50	0.50	0.50	0.50	0.50
	2	0.80	0.65	0.60	0.55	0.55	0.55	0.50	0.50	0.50	0.50	0.50	0.50	0.50	0.50
	1	1.30	1.00	0.90	0.80	0.75	0.70	0.70	0.70	0.65	0.65	0.60	0.55	0.55	0.55
8	8	−0.20	0.05	0.15	0.20	0.25	0.30	0.30	0.35	0.35	0.35	0.45	0.45	0.45	0.45
	7	0.00	0.20	0.30	0.35	0.35	0.40	0.40	0.40	0.40	0.45	0.45	0.50	0.50	0.50
	6	0.15	0.30	0.35	0.40	0.40	0.45	0.45	0.45	0.45	0.45	0.50	0.50	0.50	0.50
	5	0.30	0.45	0.40	0.45	0.45	0.45	0.45	0.45	0.45	0.45	0.50	0.50	0.50	0.50
	4	0.40	0.45	0.45	0.45	0.45	0.45	0.45	0.50	0.50	0.50	0.50	0.50	0.50	0.50
	3	0.60	0.50	0.50	0.50	0.50	0.50	0.50	0.50	0.50	0.50	0.50	0.50	0.50	0.50
	2	0.85	0.65	0.60	0.55	0.55	0.55	0.50	0.50	0.50	0.50	0.50	0.50	0.50	0.50
	1	1.30	1.00	0.90	0.80	0.75	0.70	0.70	0.70	0.65	0.65	0.60	0.55	0.55	0.55
9	9	−0.25	0.00	0.15	0.20	0.25	0.30	0.30	0.35	0.35	0.40	0.45	0.45	0.45	0.45
	8	−0.00	0.20	0.30	0.35	0.35	0.40	0.40	0.40	0.45	0.45	0.45	0.50	0.50	0.50
	7	0.15	0.30	0.35	0.40	0.40	0.45	0.45	0.45	0.45	0.45	0.50	0.50	0.50	0.50
	6	0.25	0.35	0.40	0.40	0.45	0.45	0.45	0.45	0.45	0.50	0.50	0.50	0.50	0.50
	5	0.35	0.40	0.45	0.45	0.45	0.45	0.45	0.50	0.50	0.50	0.50	0.50	0.50	0.50
	4	0.45	0.45	0.45	0.45	0.45	0.50	0.50	0.50	0.50	0.50	0.50	0.50	0.50	0.50
	3	0.60	0.50	0.50	0.50	0.50	0.50	0.50	0.50	0.50	0.50	0.50	0.50	0.50	0.50
	2	0.85	0.65	0.60	0.55	0.55	0.55	0.50	0.50	0.50	0.50	0.50	0.50	0.50	0.50
	1	1.35	1.00	0.90	0.80	0.75	0.75	0.70	0.70	0.65	0.65	0.60	0.55	0.55	0.55

续表

n	j	0.1	0.2	0.3	0.4	0.5	0.6	0.7	0.8	0.9	1.0	2.0	3.0	4.0	5.0
10	10	−0.25	0.00	0.15	0.20	0.25	0.30	0.30	0.35	0.35	0.40	0.45	0.45	0.45	0.45
	9	−0.05	0.20	0.30	0.35	0.35	0.40	0.40	0.40	0.40	0.45	0.45	0.50	0.50	0.50
	8	0.10	0.30	0.35	0.40	0.40	0.40	0.45	0.45	0.45	0.45	0.50	0.50	0.50	0.50
	7	0.20	0.35	0.40	0.40	0.45	0.45	0.45	0.45	0.45	0.50	0.50	0.50	0.50	0.50
	6	0.30	0.40	0.40	0.45	0.45	0.45	0.45	0.45	0.45	0.50	0.50	0.50	0.50	0.50
	5	0.40	0.45	0.45	0.45	0.45	0.45	0.45	0.50	0.50	0.50	0.50	0.50	0.50	0.50
	4	0.50	0.45	0.45	0.50	0.50	0.50	0.50	0.50	0.50	0.50	0.50	0.50	0.50	0.50
	3	0.60	0.55	0.50	0.50	0.50	0.50	0.50	0.50	0.50	0.50	0.50	0.50	0.50	0.50
	2	0.85	0.65	0.60	0.55	0.55	0.55	0.50	0.50	0.50	0.50	0.50	0.50	0.50	0.50
	1	1.35	1.00	0.90	0.80	0.75	0.75	0.70	0.70	0.65	0.65	0.60	0.55	0.55	0.55
11	11	−0.25	0.00	0.15	0.20	0.25	0.30	0.30	0.30	0.35	0.35	0.45	0.45	0.45	0.45
	10	−0.05	0.20	0.25	0.30	0.35	0.40	0.40	0.40	0.40	0.45	0.45	0.45	0.45	0.45
	9	0.10	0.30	0.35	0.40	0.40	0.40	0.45	0.45	0.45	0.45	0.50	0.50	0.50	0.50
	8	0.20	0.35	0.40	0.40	0.45	0.45	0.45	0.45	0.45	0.45	0.50	0.50	0.50	0.50
	7	0.25	0.40	0.40	0.45	0.45	0.45	0.45	0.45	0.45	0.50	0.50	0.50	0.50	0.50
	6	0.35	0.40	0.45	0.45	0.45	0.45	0.45	0.50	0.50	0.50	0.50	0.50	0.50	0.50
	5	0.40	0.45	0.45	0.45	0.45	0.50	0.50	0.50	0.50	0.50	0.50	0.50	0.50	0.50
	4	0.50	0.50	0.50	0.50	0.50	0.50	0.50	0.50	0.50	0.50	0.50	0.50	0.50	0.50
	3	0.65	0.55	0.50	0.50	0.50	0.50	0.50	0.50	0.50	0.50	0.50	0.50	0.50	0.50
	2	0.85	0.65	0.60	0.55	0.55	0.55	0.55	0.50	0.50	0.50	0.50	0.50	0.50	0.50
	1	1.35	1.05	0.90	0.80	0.75	0.75	0.70	0.70	0.65	0.65	0.60	0.55	0.55	0.55
12 以 上	↓1	−0.30	0.00	0.15	0.20	0.25	0.30	0.30	0.30	0.35	0.35	0.40	0.45	0.45	0.45
	2	−0.10	0.20	0.25	0.30	0.35	0.40	0.40	0.40	0.40	0.40	0.45	0.45	0.45	0.50
	3	0.05	0.25	0.35	0.40	0.40	0.40	0.45	0.45	0.45	0.45	0.45	0.50	0.50	0.50
	4	0.15	0.30	0.40	0.40	0.45	0.45	0.45	0.45	0.45	0.45	0.50	0.50	0.50	0.50
	5	0.25	0.35	0.50	0.45	0.45	0.45	0.45	0.45	0.45	0.50	0.50	0.50	0.50	0.50
	6	0.30	0.40	0.50	0.45	0.45	0.45	0.50	0.50	0.50	0.50	0.50	0.50	0.50	0.50
	7	0.35	0.40	0.55	0.45	0.45	0.45	0.50	0.50	0.50	0.50	0.50	0.50	0.50	0.50
	8	0.35	0.45	0.55	0.45	0.50	0.50	0.50	0.50	0.50	0.50	0.50	0.50	0.50	0.50
	中间	0.45	0.45	0.55	0.45	0.50	0.50	0.50	0.50	0.50	0.50	0.50	0.50	0.50	0.50
	4	0.55	0.50	0.50	0.50	0.50	0.50	0.50	0.50	0.50	0.50	0.50	0.50	0.50	0.50
	3	0.65	0.55	0.50	0.50	0.50	0.50	0.50	0.50	0.50	0.50	0.50	0.50	0.50	0.50
	2	0.70	0.70	0.60	0.55	0.55	0.55	0.55	0.50	0.50	0.50	0.50	0.50	0.50	0.50
	↑1	1.35	1.05	0.90	0.80	0.75	0.70	0.70	0.70	0.65	0.65	0.60	0.55	0.55	0.55

上下层横梁线刚度比对 y_0 的修正值 y_1　　　　附表 4-3

I \ K	0.1	0.2	0.3	0.4	0.5	0.6	0.7	0.8	0.9	1.0	2.0	3.0	4.0	5.0
0.4	0.55	0.40	0.30	0.25	0.20	0.20	0.20	0.15	0.15	0.15	0.05	0.05	0.05	0.05
0.5	0.45	0.30	0.20	0.20	0.15	0.15	0.15	0.10	0.10	0.10	0.05	0.05	0.05	0.05
0.6	0.30	0.20	0.15	0.15	0.10	0.10	0.10	0.10	0.05	0.05	0.05	0.05	0	0
0.7	0.20	0.15	0.10	0.10	0.10	0.10	0.05	0.05	0.05	0.05	0.05	0	0	0
0.8	0.15	0.10	0.05	0.05	0.05	0.05	0.05	0.05	0.05	0	0	0	0	0
0.9	0.05	0.05	0.05	0.05	0	0	0	0	0	0	0	0	0	0

注：

i_1	i_2
	i
i_3	i_4

$I = \dfrac{i_1 + i_2}{i_3 + i_4}$，当 $i_1 + i_2 > i_3 + i_4$ 时，取 $I = \dfrac{i_3 + i_4}{i_1 + i_2}$，同时在查得的 y_1 值前加负号 "−"。

$K = \dfrac{i_1 + i_2 + i_3 + i_4}{2i_c}$

上下层高变化对 y_0 的修正值 y_2 和 y_3　　　　　附表 4-4

a_2	$\dfrac{\overline{K}}{a_2}$	0.1	0.2	0.3	0.4	0.5	0.6	0.7	0.8	0.9	1.0	2.0	3.0	4.0	5.0
2.0		0.25	0.15	0.15	0.10	0.10	0.10	0.10	0.10	0.05	0.05	0.05	0.05	0.0	0.0
1.8		0.20	0.15	0.10	0.10	0.10	0.05	0.05	0.05	0.05	0.05	0.05	0.0	0.0	0.0
1.6	0.4	0.15	0.10	0.10	0.05	0.05	0.05	0.05	0.05	0.05	0.05	0.0	0.0	0.0	0.0
1.4	0.6	0.10	0.05	0.05	0.05	0.05	0.05	0.05	0.05	0.05	0.0	0.0	0.0	0.0	0.0
1.2	0.8	0.05	0.05	0.05	0.0	0.0	0.0	0.0	0.0	0.0	0.0	0.0	0.0	0.0	0.0
1.0	1.0	0.0	0.0	0.0	0.0	0.0	0.0	0.0	0.0	0.0	0.0	0.0	0.0	0.0	0.0
0.8	1.2	−0.05	−0.05	−0.05	0.0	0.0	0.0	0.0	0.0	0.0	0.0	0.0	0.0	0.0	0.0
0.6	1.4	−0.10	−0.05	−0.05	−0.05	−0.05	−0.05	−0.05	−0.05	−0.05	0.0	0.0	0.0	0.0	0.0
0.4	1.6	−0.15	−0.10	−0.10	−0.05	−0.05	−0.05	−0.05	−0.05	−0.05	−0.05	0.0	0.0	0.0	0.0
	1.8	−0.20	−0.15	−0.10	−0.10	−0.10	−0.05	−0.05	−0.05	−0.05	−0.05	0.0	0.0	0.0	0.0
	2.0	−0.25	−0.15	−0.15	−0.10	−0.10	−0.10	−0.10	−0.10	−0.05	−0.05	−0.05	−0.05	0.0	0.0

注：　$\dfrac{d_2 h}{h}$　y_2——按照 $\overline{K}$ 及 a_2 求得，上层较高时为正值；

　　　$d_3 h$　y_3——按照 $\overline{K}$ 及 a_3 求得。

附录五　钢筋截面面积表

钢筋截面面积（mm²）　　　　　　　　　　　　　　　附表 5-1

直径 (mm)	钢筋截面面积 A_s (mm²) 及钢筋排列成一排时梁的最小宽度 b/mm													μ/mm $\left(\dfrac{面积 A_s}{周长 s}\right)$	单根钢筋公称质量 (kg/m)
	1根	2根	3根		4根		5根		6根	7根	8根	9根			
	A_s	A_s	A_s	b	A_s	b	A_s	b	A_s	A_s	A_s	A_s			
2.5	4.9	9.8	14.7		19.6		24.5		29.4	34.3	39.2	44.1	0.624	0.039
3	7.1	14.1	21.2		28.3		35.3		42.4	49.5	56.5	63.6	0.753	0.055
4	12.6	25.1	37.7		50.2		62.8		75.4	87.9	100.5	113	1.00	0.099
5	19.6	39	59		79		98		118	138	157	177	1.25	0.154
6	28.3	57	85		113		142		170	198	226	255	1.50	0.222
6.5	33.2	66	100		133		166		199	232	265	299	1.63	0.260
8	50.3	101	151		201		252		302	352	402	453	2.00	0.395
8.2	52.8	106	158		211		264		317	370	423	475	2.05	0.432
9	63.6	127	191		254		318		382	445	509	572	2.25	0.499
10	78.5	157	236		314		393		471	550	628	707	2.50	0.617
12	113.1	226	339	150	452	200/180	565	250/220	678	791	904	1017	3.00	0.888
14	153.9	308	462	150	615	200/180	769	250/220	923	1077	1230	1387	3.50	1.21
16	201.1	402	603	180/150	804	200	1005	250	1206	1407	1608	1809	4.00	1.58
18	254.5	509	763	180/150	1018	220/200	1272	300/250	1526	1780	2036	2290	4.50	2.00
20	314.2	628	942	180	1256	220	1570	300/250	2884	2200	2513	2827	5.00	2.47
22	380.1	760	1140	180	1520	250/220	1900	300	2281	2661	3041	3421	5.50	2.98
25	490.9	982	1473	200/180	1964	250	2454	300	2945	3436	3927	4418	6.25	3.85
28	615.8	1232	1847	200	2463	250	3079	350/300	3695	4310	4926	5542	7.00	4.83
30	706.9	1414	2121		2827		3534		4241	4948	5655	6362	7.50	5.55
32	804.3	1609	2413	220	3217	300	4021	350	4826	5630	6434	7238	8.00	6.31
36	1017.9	2036	3054		4072		5089		6107	7125	8143	9161	9.00	7.99
40	1256.6	2513	3770		5027		6283		7540	8796	10053	11310	10.00	9.87

注：1. 表中 $d=8.2$mm 的计算截面面积及理论重量仅适用于有纵肋的热处理钢筋；

2. 表中梁最小宽度 b 为分数时，斜线以上数字表示钢筋在梁顶部时所需宽度，斜线以下数字表示钢筋在梁底部时所需宽度（mm）。

每米板宽内的钢筋截面面积

钢筋间距(mm)	当钢筋直径(mm)为下列数值时的钢筋截面面积(mm²)													
	3	4	5	6	6/8	8	8/10	10	10/12	12	12/14	14	14/16	16
70	101	179	281	404	561	719	920	1121	1369	1616	1908	2199	2536	2872
75	94.3	167	262	377	524	671	859	1047	1277	1508	1780	2053	2367	2681
80	88.4	157	245	354	491	629	805	981	1198	1414	1669	1924	2218	2513
85	83.2	148	231	333	462	592	758	924	1127	1331	1571	1811	2088	2365
90	78.5	140	218	314	437	559	716	872	1064	1257	1484	1710	1972	2234
95	74.5	132	207	298	414	529	678	826	1008	1190	1405	1620	1868	2116
100	70.5	126	196	283	393	503	644	785	958	1131	1335	1539	1775	2011
110	64.2	114	178	257	357	457	585	714	871	1028	1214	1399	1614	1828
120	58.9	105	163	236	327	419	537	654	798	942	1112	1283	1480	1676
125	56.5	100	157	226	314	402	515	628	766	905	1068	1232	1420	1608
130	54.4	96.6	151	218	302	387	495	604	737	870	1027	1184	1366	1547
140	50.5	89.7	140	202	281	359	460	561	684	808	954	1100	1268	1436
150	47.1	83.8	131	189	262	335	429	523	639	754	890	1026	1183	1340
160	44.1	78.5	123	177	246	314	403	491	599	707	834	962	1110	1257
170	41.5	73.9	115	166	231	296	379	462	564	665	786	906	1044	1183
180	39.8	69.8	109	157	218	279	358	436	532	628	742	855	985	1117
190	37.2	66.1	103	149	207	265	339	413	504	595	702	810	934	1058
200	35.3	62.8	98.2	141	196	251	322	393	479	565	668	770	888	1005
220	32.1	57.1	89.3	129	178	228	292	357	436	514	607	700	807	914
240	29.4	52.4	81.9	118	164	209	268	327	399	471	556	641	740	838
250	28.3	50.2	78.5	113	157	201	258	314	383	452	534	616	710	804
260	27.2	48.3	75.5	109	151	193	248	302	368	435	514	592	682	773
280	25.2	44.9	70.1	101	140	180	230	281	342	404	477	550	634	718
300	23.6	41.9	65.5	94	131	168	215	262	320	377	445	513	592	670
320	22.1	39.2	61.4	88	123	157	201	245	299	353	417	481	554	628

注：表中钢筋直径中的 6/8，8/10，…系指两种直径的钢筋间隔放置。

参 考 文 献

1. 中华人民共和国国家标准. 建筑结构可靠度设计统一标准 GB 50068—2001. 北京：中国建筑工业出版社，2001

2. 中华人民共和国国家标准. 建筑结构荷载规范 GB 50009—2002. 北京：中国建筑工业出版社，2002

3. 中华人民共和国国家标准. 钢结构设计规范 GB 50017—2003. 北京：中国建筑工业出版社，2003

4. 中华人民共和国国家标准. 木结构设计规范 GB 50005—2003. 北京：中国建筑工业出版社，2003

5. 中华人民共和国国家标准. 混凝土结构设计规范 GB 50010—2002. 北京：中国建筑工业出版社，2002

6. 中华人民共和国国家标准. 砌体结构设计规范 GB 50003—2001. 北京：中国建筑工业出版社，2001

7. 中华人民共和国国家标准. 建筑地基基础设计规范 GB 50007—2001. 北京：中国建筑工业出版社，2001

8. 中华人民共和国国家标准. 建筑抗震设计规范 GB 50011—2001. 北京：中国建筑工业出版社，2001

9. 中华人民共和国行业标准. 高层建筑混凝土结构技术规程 JGJ 3—2002. 北京：中国建筑工业出版社，2003

10. 宋占海，贾建东，宋东编著. 建筑结构基本原理（第二版）. 北京：中国建筑工业出版社，2006

11. 东南大学，同济大学，天津大学合著. 清华大学主审. 混凝土结构（中册）. 混凝土建筑结构设计. 北京：中国建筑工业出版社，2003

12. 陈绍蕃主编. 钢结构（下册）. 房屋建筑钢结构设计. 北京：中国建筑工业出版社，2003

13. ［意］P·L·奈尔维著. 建筑的艺术与技术. 北京：中国建筑工业出版社，1981

14. 宋东，贾建东，宋占海合著. 论建筑结构与建筑艺术的统一.《工程力学》第二届全国结构工程学术会议论文集. 清华大学出版社，1996